Android系统应用开发实战详解

罗雷 韩建文 汪杰 编著

人民邮电出版社
北京

图书在版编目（CIP）数据

Android系统应用开发实战详解 / 罗雷，韩建文，汪杰编著. -- 北京 : 人民邮电出版社，2014.3
ISBN 978-7-115-28837-0

Ⅰ. ①A… Ⅱ. ①罗… ②韩… ③汪… Ⅲ. ①移动终端—应用程序—程序设计 Ⅳ. ①TN929.53

中国版本图书馆CIP数据核字(2013)第032018号

内 容 提 要

本书通过“理论+实例说明”的形式，对 Android 系统下的应用开发进行了详细的介绍，还特别增加了最新的 Android 4.0 的相关知识。全书共分 16 章，分别介绍了 Android 概况、Android 开发环境及常用工具、Activity 和 Intent、界面编程、Android 事件处理、数据存储和数据共享、Service（服务程序）和 Broadcast Rceeiver（广播接收器）、国际化、图形与图像处理、多媒体应用开发、OpenGL ES 与 3D 应用、Android 网络应用、Android 手机桌面、Android 传感器应用、GPS 定位和 Google Maps 地图服务以及 Android 4.0 新特性等相关内容。

本书的内容编排深入浅出、循序渐进，适合具备 Java 基础知识并想从事 Android 应用开发工作的读者阅读，也适合作为 Android 应用开发人员的案头参考手册。

◆ 编　　著　罗　雷　韩建文　汪　杰
责任编辑　贾鸿飞
责任印制　程彦红　杨林杰

◆ 人民邮电出版社出版发行　　北京市丰台区成寿寺路 11 号
邮编　100164　　电子邮件　315@ptpress.com.cn
网址　http://www.ptpress.com.cn
中国铁道出版社印刷厂印刷

◆ 开本：787×1092　1/16
印张：29.5
字数：736 千字　　2014 年 3 月第 1 版
印数：1－3 000 册　　2014 年 3 月北京第 1 次印刷

定价：69.00 元（附光盘）

读者服务热线：（010）81055410　印装质量热线：（010）81055316
反盗版热线：（010）81055315

前言

随着移动互联网技术的不断进步，智能手机成为越来越多人的必需品。作为互联网的巨头，Google 审时度势地推出了 Android 操作系统。在短短几年时间内，Android 已经和苹果的 iOS 并驾齐驱，成为全球最为成功的智能手机操作系统。与 iOS 相比，Android 以其完全开放的开源特性，吸引了众多设备厂商和开发者的眼光，越来越多的 IT 开发人员加入到 Android 开发的行列中，这在一定程度上也推动了移动互联网的不断发展。

作为一本 Android 开发的入门书籍，本书为 Android 开发的入门者提供指南。本书内容深入浅出，循序渐进地向读者讲解了诸多 Android 开发的知识，同时紧贴 Android 提供的开发新特性。

在技术内容的讲解上，本书注重对读者实际编程动手能力的指导，提供了完整的源代码及其相应的注释讲解内容。在遵循技术内容知识体系的同时，对程序实现过程以编者手记的形式进行了殷实的强调说明。这些强调与说明包括如下内容。

错误的使用方法

不易理解的知识点

开发小技巧

另外，在本书中所有涉及实例的选取上，也都为 Android 开发入门者提供了颇具指导价值的知识内容，希望读者通过这些实例的学习能够尽快掌握 Android 开发的具体细节知识。

本书内容

本书作为一本 Android 开发编程的入门书籍，系统地介绍了 Android 开发的基本知识。全书共分为 16 章，主要内容如下。

第 1 章　Android 概述。本章作为本书的开篇内容，对 Andoid 操作系统进行了整体的介绍，为读者概述 Android 的发展过程、现状以及系统的诸多特点，力求使读者通过本章的阅读，快速地认识 Android 操作系统，同时也为本书后面章节所要讲述的具体开发内容做好铺垫。

第 2 章　开发环境及常用工具。本章向读者介绍如何搭建 Android 的开发环境以及常用开发工具的使用方法，同时为了更好地引导读者进入精彩的 Android 世界，将创建第一款 Android 程序 HelloWorld，并通过该程序对 Android 程序设计的基础知识进行简单的讲解，力求使读者通过本章的阅读，快速直观地进入 Android 开发之旅。

第 3 章　Activity 和 Intent。本章对 Android 中最为常见的组件 Activity 以及在 Activity 之间充当信使的 Intent 进行详细介绍，力求使读者更加清晰地了解基本的 Android 程序的技术实现细节内容。

第 4 章　界面编程。本章对 Android 界面编程中常用的组件和布局进行详细的介绍，力求使读者通过本章的阅读，充分掌握 Android UI 组件的使用方法和技巧，为后续开发打下坚实的基础。

第 5 章　Android 事件处理。本章向读者介绍如何响应用户在界面上执行的各种动作，即界面事件处理，力求使读者通过本章的阅读，结合第 4 章的内容能够全面掌握 Android 界面编程的相关内容。

第 6 章　数据存储和数据共享。本章向读者详细介绍 Android 应用程序的几种数据存储和数据共享的机制及使用场合，力求使读者通过本章的阅读，学会如何选择、使用及实现数据存储共享方式。

第 7 章　Service（服务程序）和 Broadcast Receiver（广播接收器）。本章向读者介绍 Android 中另外两个非常重要的组件 Service 和 Broadcast Receiver 的使用方法，力求使读者通过本章的阅读，更加深入理解 Android 应用程序的实现方式。

第 8 章　国际化。本章向读者介绍 Android 应用的国际化支持技术，力求使读者通过本章的阅读，可以轻松实现自己个性化的多语言国际化应用程序。

第 9 章　图形与图像处理。本章向读者详细介绍 Android 的 2D 图形图像处理内容，力求使读者通过本章的阅读，掌握 Android 提供的图形图像处理的相关使用方法和技术。

第 10 章　多媒体应用开发。本章向读者详细介绍 Android 多媒体应用的相关知识，力求使读者通过本章的阅读，可以轻松实现自己的独具特色的多媒体应用。

第 11 章　OpenGL ES 与 3D 应用。本章向读者介绍有关 Android 平台的 OpenGL ES 编程基础知识，力求使读者通过本章的阅读，掌握 Android 的 3D 应用编程，为自己开发的程序增添极具立体感的用户体验。

第 12 章　Android 网络应用。本章向读者详细介绍 Android 网络编程的相关知识，力求使读者通过本章的阅读，能够为自己的应用提供丰富的互联网交互内容。

第 13 章　Android 手机桌面。本章向读者介绍 Android 桌面组件的相关知识，力求使读者通过本章的阅读，能够实现自己更加个性化的桌面体验。

第 14 章　Android 传感器应用。本章向读者介绍 Android 支持的各种传感器的原理以及使用方法，力求使读者通过本章的阅读，学会如何配合使用 Android 的各种传感器选项来开发一些颇具特色和创意的应用程序。

第 15 章　GPS 定位和 Google Maps 地图服务。本章向读者详细介绍 GPS 定位和 Google Maps 地图导航的相关知识，力求使读者通过本章的阅读，学会如何为自己开发的应用提供精彩的导航服务。

第 16 章　Android 4.0 新特性。本章向读者介绍 Android 4.0 为用户和开发人员提供的诸多新特性，力求使读者通过本章的阅读，能够了解 Android 4.0 的新特性。

目录

第 1 章　Android 概述

第 2 章　Android 开发环境及常用工具

第 3 章　Activity 和 Intent

第 4 章 界面编程

第 5 章 Android 事件处理

第 6 章 数据存储和数据共享

第 7 章 Service（服务程序）和 Broadcast Receiver（广播接收器）

第 8 章 国际化

第 9 章 图形与图像处理

第10章 多媒体应用开发

第 11 章　OpenGL ES 与 3D 应用

第 12 章　Android 网络应用

第 13 章 Android 手机桌面

第 14 章 Android 传感器应用

第 15 章 GPS 定位和 Google Maps 地图服务

第 16 章 Android 4.0 新特性

第 1 章　Android 概述

嵌入式处理器计算能力和无线技术的不断提升，带动了移动互联网的逐步发展。在这个过程中，有着巨大市场空间的移动互联网终端设备，自然成为了业界各大公司争夺的重要领域。如何将成熟的互联网业务扩展到移动设备上，为用户提供无缝的、具有优越用户体验的服务逐渐成为了移动终端领域的发展方向和业界竞争的主战场。作为互联网搜索巨头的 Google 当然不会错失这样的商机。

2007 年 11 月 5 日，Google 联合业界 34 家著名企业，成立开放手机联盟，发布了 Android 这一基于 Linux 平台的开源手机操作系统，旨在创建一个统一的移动终端平台，在移动互联网的发展中抢占先机。

Android 作为一款开放的、开源的操作系统，对设备厂商、用户和开发者都提供了众多的方便。首先，对于设备厂商而言，Android 的源代码基于 Apache 2.0 许可进行开放，这意味着厂商不需要将开发的代码反馈到社区，这更有利于厂商的商业行为；其次，对于用户而言，用户可以根据自己的喜好对手机终端上的内容、主题以及安装程序等进行选择和控制，这极大地提升了用户的体验；另外，对于开发者而言，开源的许可允许所有人查看和修改 Android 代码，重新编译经开发者自定义的 Android 系统镜像，以及集成、扩展和替换系统的组件。所有这些特性都极大地激发了整个产业的激情，这无疑对移动互联网起到了巨大的推动作用。

本章作为 Android 开发指南的开始，将对 Android 操作系统做一个大体的介绍，为读者概述 Android 的发展过程、现状以及系统的诸多特点，力求使读者通过本章的阅读，对 Android 操作系统有一个全面和深入的认识，同时也为后面章节所要讲述的具体开发内容做好铺垫。

1.1　Android 的演化史

Android 一词的英文本义是指“机器人”，最早出现于法国作家利尔亚当的科幻小说《未来夏娃》中，他将外表像人的机器起名为 Android。如今，Android 是 Google 公司于 2007 年 11 月 5 日发布的基于 Linux 平台的开源操作系统，主要用于移动设备。该系统主要由操作系统、中间件、用户界面和应用程序组成。系统底层是一个 Linux2.6 内核，负责系统的安全性、进程管理、网络协议栈和驱动模型等功能，同时该内核也作为硬件和软件栈之间的抽象层。Android 上层应用程序由强大的 Java 语言编写，也支持一些如 C、Perl 等。另外，Android 操作系统提供了非常漂亮的用户界面和极佳的用户体验，如图 1-1 和 1-2 所示。

图 1-1　Android 操作系统桌面

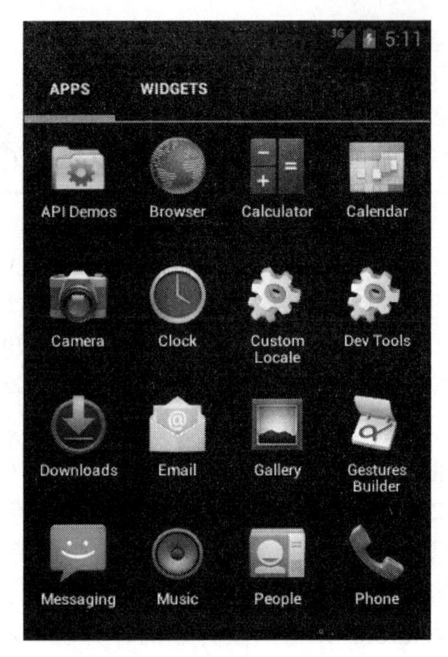

图 1-2　Android 操作系统图标

1.1.1　Android 的诞生

Android 一开始并不是 Google 自己研发的产品。2005 年 8 月 17 日，Google 公司宣布收购成立仅 22 个月的美国 Android 公司，从而得到了移动终端相关的优秀技术和杰出人才，取得了移动终端业务的根本性跨越，同时也标志着 Android 操作系统的萌芽。Android 公司的创始人 Andy Rubin（如图 1-3 所示）之后也成为了 Google 的移动服务总监，而 Andoird 操作系统的名字也源自 Andy Rubin 对机器人的强烈爱好。

图 1-3　Android 发明者 Andy Rubin

2007 年 11 月 5 日，Google 公司对外正式发布 Android 1.0 手机操作系统，标志着 Android 操作系统的诞生。援引 Andy Rubin 的介绍，“Android 是一个真正意义上的开放性移动设备综合平台。它包括操作系统、用户界面以及应用程序等移动电话工作所需的全部软件，而且不存在任何以往阻碍移动产业创新的专有权障碍。”到目前为止，Andoird 的最新版本为 4.0。

1.1.2　Android 的发展

Android 从诞生到现在，短短不到 5 年的时间，已经成为了一个炙手可热的产品，而且还拥有巨大的潜力，这充分证明了 Android 的成功之处。我们选取了几个比较关键的里程碑式的发展阶段来回顾 Android 的整个发展历程。

1. 开放手机联盟成立

2007 年 11 月 5 日，Google 联合 34 家业界著名的终端和运营企业创建开放手机联盟（Open Handset Alliance）。图 1-4 所示为 OHA 的标志。这一联盟将会支持 Google 公司发布的手机操作系统或者应用软件，共同开发名为 Android 的开源移动操作系统。该联盟旨在开发多种技术，大幅削减移动设备和服务的开发和推广成本，厂商和移动运营商可以自由定制 Android 系统。截至目前，该联盟已经拥有 84 个成员。成员包括 Google、中国移动、T-Mobile、宏达电、高通、摩托罗拉等业界领军企业。

图 1-4　OHM 的 Logo 标志

2. 第一版 Android SDK 发布

2007 年 11 月 13 日，Goolge 发布了第一版的 Android SDK 供开发者下载，这使得所有的开发者可以开发基于 Android 操作系统的应用程序。

3. 举办 Android 开发者竞赛

2008 年 4 月 17 日，Google 举办总奖金为 1000 万美元的 Android 开发者大赛，邀请开发者们为业界第一个完全开放并免费的 Android 平台开发移动应用，旨在鼓励开发以 Android 为基础的创新和支持开发者群体。在竞赛规定的时间内，迅速收到了 1788 件来自世界各地的作品，在一定程度上，极大地推动了 Android 应用开发的进度。

4. Android Market 上线

2008 年 8 月 28 日，Google 宣布名为 Android Market 的互联网平台正式上线，为使用 Android 系统的移动设备提供软件发布和下载的服务。图 1-5 所示为 Android Market 的首页。

图 1-5　Android Market 首页

5. 基于Android 操作系统的手机 HTC T-Mobile G1 上市

2008 年 9 月 23 日，美国移动运营商 T-Mobile USA 在纽约正式发布了全球第一款基于 Google Android 操作系统的手机—T-Mobile G1，如图 1-6 所示。该款手机由台湾地区宏达电（HTC）代工制造，支持 WCDMA/HSPA 网络，理论下载速率为 7.2Mbit/s，支持 Wi-Fi 以及 GPS 功能。之后，包括摩托罗拉、宏达电、三星、联想以及华为等业界各大手机厂商纷纷发布基于 Android 操作系统的手机。

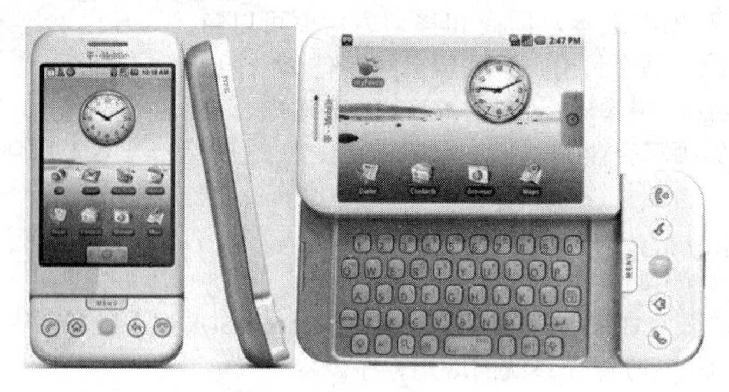

图 1-6　全球第一款基于 Android 操作系统的手机 T-Mobile G1

6. 开放Android 操作系统源代码

2008 年 10 月 21 日，Google 正式发布 Android 1.0 平台，并开放源代码供用户下载、学习和开发。之后按照半年升级一次的原则，Google 每 6 个月便会发布一个升级版本。整个升级版本过程如表 1-1 所示，其中 3.x 的 Honeycomb 是平板电脑专用版本，而 4.0 版本则实现了手机和平板设备的版本统一。

表 1-1　　Android 版本发展过程

版本号	发布时间	版本代号
Android 1.0	2008-10	
Android 1.1	2009-03	
Android 1.5	2009-04	Cupcake
Android 1.6	2009-07	Donut
Android 2.0	2009-10	Eclair
Android 2.1	2010-01	Eclair
Android 2.2	2010-05	Foryo
Android 2.3	2010-12	Gingerbread
Android 3.0	2011-02	Honeycomb
Android 3.1	2011-05	Honeycomb
Android 3.2	2011-07	Honeycomb
Android 4.0	2011-10	Ice Cream Sandwich

7. *Google 发布其自主研发手机 Nexus One*

2010 年 1 月 6 日，Google 推出其自主研发手机 Nexus One，如图 1-7 所示。

图 1-7　Google 自主研发手机 Nexus One

Nexus One 手机由 HTC 代工制造，使用当时最新版本 Android 2.1 操作系统，拥有 3.7 英寸液晶屏幕，使用高通公司的 1GHz 芯片。这款手机在功能、外观、时尚以及用户体验诸多方面都可以和 iPhone 有之一拼，这似乎也预示着 Google 开始正式挑战 Apple 的霸主地位。

1.2　Android 的两面性

任何事物都有其两面性，Android 当然也不例外。这其中有些是技术层面上的，也有部分是来自于 Android 的商业原因。

正如前面所提到的，Android 是基于 Linux 内核，使用 Java 开发应用程序的嵌入式操作系统。但是与这两者之间又有着一些及其重要的差别。首先，Android 不是一个嵌入式 Linux 系统，只是利用 Linux 内核实现系统管理和驱动等功能，它并不支持如 X-Windows 和 GUN C 库等标准 Linux 工具。另外，开发者使用 Java 框架编写 Android 应用程序，但它并不是 Java 语言，并不支持 Swing 等标准 Java 库和 Timer 等常用 Java 库，这些已经被 Android 用自己的库替换，并针对有限资源的嵌入式平台进行了大幅度的优化。

Android 采用了开源的商业模式，允许开发人员查看和修改系统的所有源代码，但是 Android 设备也包含一些开发者无法访问的专有软件，如 GPS 导航。Android 平台的开源特色提供给第三方开发商十分宽泛、自由的环境，这有助于更多新颖别致的软件诞生，但血腥、暴力、情色方面的程序和游戏如何控制却是留给 Android 的难题。另外，由此带来的诸如版权和版本分化等诸多方面的问题也有待 Google 采用更加合理化的方案加以解决。

1.3　使用 Android 的设备

自从 T-Mobile G1 问世以来，全球各大移动设备制造厂商纷纷推出基于 Android 操作系统的移动终端设备，从一开始的手机到平板电脑和电子阅读器，Android 移动设备的家族正在不断添加新成员。其中，全球最为主要的 Android 设备厂商包括三星、HTC 以及摩托罗拉。当然还有一些其他的移动设备厂商也推出了许多搭载Android系统的设备。我们选取了一些有代表性的 Android 设备供读者浏览，如表 1-2 所示。

表 1-2　　一些代表性的 Android 设备

设备名	上市时间	CPU	操作系统版本
HTC　T-Mobile G1	2008-10	QCOM MSM7201A@528MHz	Android 1.5
Motorola Milestone	2009-11	OMAP3430@550MHz	Android 2.0
Samsung Moment	2009-11	ARM 1176 JZF-S@800MHz	Android 1.5
Nexus One	2010-01	QCOM Snapdragon@1GHz	Android 2.1
HTC EVO 4G	2010-06	QCOM Snapdragon@1GHz	Android 2.1
Motorola Droid X	2010-06	OMAP3630@1GHz	Android 2.2
Samsung Galaxy S Pro	2010-08	Samsung Hummingbird@1GHz	Android 2.1
HTC Incredible S	2011-03	MSM8255@1GHz	Android 2.2
Motorola ME863	2011-09	OMAP 4430@1GHz	Android 2.3
Samsung GALAXY Tab	2011-03	ARM Cortex-A8@1GHz	Android 3.0
联想　乐 Pad K1	2011-10	Snapdragon 8650A@1GHz	Android 3.1
Sony SGPT112CN/S	2011-09	Nvidia Tegra 2@1GHz	Android 3.2
Samsung Galaxy Nexus	2011-11	OMAP4460@1228MHz	Android 4.0

1.4　Android 设备的硬件差异

Android 开源特性使得设备制造商在硬件设计时拥有了极大的自由度，这也造就了 Android 硬件设备上的多样性，大部分的差异对开发人员是透明的，了解这些硬件的差异有助于开发独立于设备的应用。以下我们将为读者介绍显示屏、用户输入和传感器方面的差异。

1.4.1　显示屏

目前显示设备使用的两种技术分别是液晶显示屏（LCD）和发光二极管（LED）。薄膜晶体管(TFT)的 LCD 显示屏和有源矩阵有机发光二极管显示屏(AMOLED)便是两种技术在 Android 设备上的应用体现。TFT LCD 的优势在于使用寿命较长，而 AMOLED 的优势在于没有背光，因此显示的黑色更加深且功耗更低。在对 Android 设备的屏幕进行描述时，通常有两种：一种是按屏幕大小描述，如 4.0 英寸、3.7 英寸和 3.5 英寸；另一种是按屏幕分辨率进行描述，如 320dpi×480dpi（点/英寸）。

1.4.2　用户输入

目前，绝大多数 Android 设备的用户输入方式已经抛弃了传统的键盘输入，而采用触摸屏方式，这种方式在交互过程中更加直观，极大地提升了用户体验。其中主要有以下 3 种触摸屏技术，并且几乎都支持多点触摸技术。

1. 电阻屏

在玻璃屏幕的顶部覆盖了两层电阻材料。当手指、手写笔或任何对象下压时，两层电阻材料接触在一起，便确定了触摸位置。电阻屏的优势在于性价比高，但透光率只有 75%。

2. 电容屏

在玻璃屏幕上覆盖了一层带电材料。当手指或导电物体接触该层，便引起电量变化，改变电容，就可以测量出接触位置。电容屏的优势在于透光率高达 90%，但其精度不如电阻屏。

3. 表面声波

表面声波技术采用超声波的发送和接收来进行定位。当手指或任何物体触碰屏幕时，声波便会被吸收。通过测量声波以达到定位目的。这种技术比较适用于大屏幕的设备，如银行自动柜员机等。

除了触摸屏之外，Android 设备还配置一些辅助替代方法，如：

（1）D-pad 十字方向键盘，通过上下左右的控制杆对方向进行控制；

（2）轨迹球，类似于鼠标指针的一种滚珠设备；

（3）触摸板，类似于笔记本的触摸板，用作指针设备。

1.4.3　传感器

随着技术的不断发展，越来越多的传感器被使用在移动设备上，从起初的麦克风和摄像头到如今功能多样的传感器设备。目前，大多数 Android 智能手机至少支持 3 种基本的传感器：三轴加速度计，用于测量重力加速度；三轴磁力计，用于测量周围的磁场强度；温度传感器，用于测量环境温度。另外，被广泛应用于Android的设备传感器还有用于测定方向的方向传感器和测定当前环境光强度的光传感器。Android 设备的这些传感器允许开发人员创建许多极具特色的应用，我们将在第 14 章向读者介绍如何开发使用传感器的应用。

1.5　Android 的特点

Android 作为一个优秀的移动设备操作系统，自然拥有一些独特之处，正是这些特点造就了如今 Android 的广受欢迎。

1.5.1　多进程和应用程序微件

Android 操作系统支持多线程功能，允许处理器同一时刻执行若干个应用程序。这样做的好处在于，当用户使用设备运行前台进程时，后台任务可以继续同时执行，这也极大地丰富了用户体验。例如，用户可以一边上网，一边听音乐。

微件（Widget，也称为窗口小部件）是一款小型应用程序，它采用 JIL（Joint Innovation Lab）Widget 标准。JIL Widget 是一款采用 HTML、JavaScript 和 CSS 等网络技术的应用程序。Widget 应用是在 Widget 引擎上独立运行的应用程序。Widget 已经成为手机行业非常流行的技术，为用户带来良好的移动互联网体验，让用户随时随地获取“游泳”的咨询，如天气预报、股票信息、精彩新闻等。

1.5.2 触摸、手势和多点触控

采用触摸作为用户输入方式，可以使得用户与设备之间的交互更加直观，增强了交互的真实感。用户可以方便地利用手指拖动、点击和翻转图标。而多点触控技术允许用户在同一时间跟踪按下的多个手指，使得用户可以方便地缩放和旋转视图。另外，开发者可以根据需要自定义的手势，采用一些触摸事件直观简洁地与应用程序进行交互，增强游戏等的操作体验。

1.5.3 硬键盘和软键盘

Android 支持采用硬键盘和软键盘的设备，这也是满足不同用户的使用要求，两者之间应该说是各有千秋，硬键盘更有真实触感，而软键盘更加直观简洁。对于开发者在设计开发应用程序时，应该同时考虑到两者的不同需求，在用户界面（UI）布局时做到更加合理。

第 2 章　Android 开发环境及常用工具

在开始进行 Android 开发之前，首先需要搭建 Android 开发环境以及配置相关的开发工具和 SDK 开发包。本章将会向读者介绍如何搭建 Android 的开发环境以及常用开发工具的使用方法，同时为了更好地引导读者进入精彩的 Android 世界，将创建第一个 Android 程序 HelloWorld，并通过该程序对 Android 程序设计的基础知识进行简单的讲解，力求使读者通过本章的阅读，能够快速进入 Android 开发之旅。

2.1　搭建 Android 开发环境

搭建 Android 开发环境，主要分为两大步骤，获取 Android 开发所需的软件、安装开发软件并配置环境。

2.1.1　获取 Android 开发所需软件

搭建 Android 开发环境所需的软件主要有如下 4 个部分。

1.　JDK

由于 Android 的应用开发采用 Java 语言实现，因此 Java 开发所需的 JDK 也是必不可少的。Android 开发对 JDK 的版本要求是 1.5 版本以上，笔者在此所用的是 JDK 1.6，读者可以在 http://www.oracle.com/technetwork/java/javase/downloads/index.html 网页上下载所需的 JDK。

2.　Eclipse

Eclipse IDE 作为一个基于 Java 的可扩展开发平台，为 Android 的开发提供了极大的便利。虽然开发人员也可以采用 ant 进行开发，但是官方还是强烈推荐采用 Eclipse 进行开发，这样显然效率更高，调试也更加方便。Android 官方要求 Eclipse 在 3.3 版本以上。读者可以在 http://www.eclipse.org/downloads/网页上下载所需的 Eclipse 软件。

3.　Android SDK 启动包

Android SDK 启动包并不是完整的 Android 开发环境，它仅仅包含了核心的 SDK 工具，但是需要利用它下载其他的 SDK 部分，如最新的 Android 平台等，读者可以进入 Android 开发者网站的 SDK 下载页面 http://developer.android.com/sdk/index.html 找到所需要的 SDK 启动包，如图 2-1 所示。

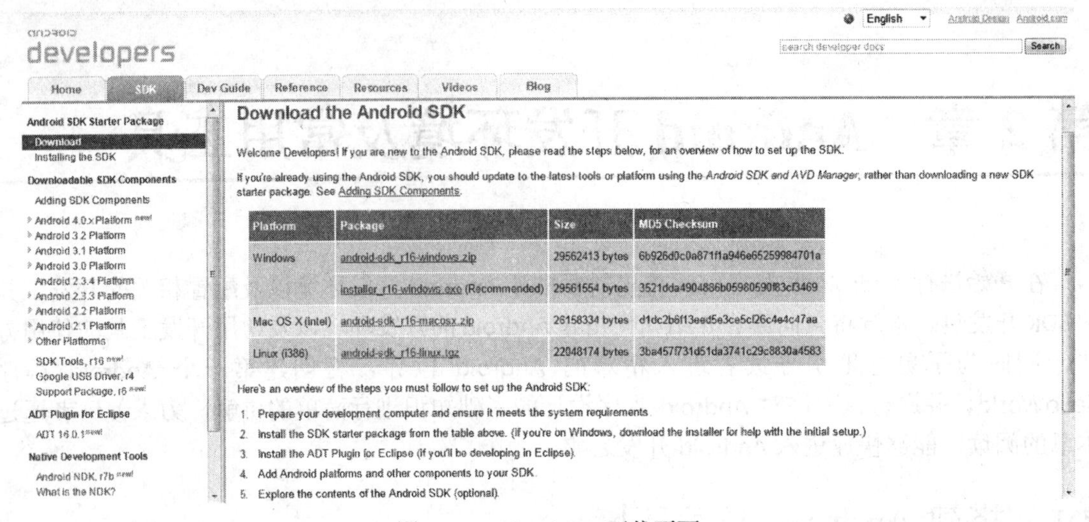

图 2-1 Android SDK 下载页面

从图 2-1 中可以看到，当前最新的版本是 android-sdk-r16。这里，我们选择适用于 Windows 平台的“android-sdk-R16-windows.zip”，单击该项目进行下载。

编者手记

本书采用基于 Windows 平台的 Android 开发环境，有关 Linux 以及 Mac OX 开发平台的内容请读者查阅 Android 开发者官方网站进行学习。

4. *ADT 插件*

Android 开发工具（ADT）是一个为 Eclipse IDE 设计的旨在提供一个强大的、集成的环境来建立 Android 应用程序的插件。ADT 扩展了 Eclipse 的功能，可以快速建立新的 Android 项目，创建一个应用程序界面。它添加了基于 Android 框架 API 的组件，使用 Android SDK 工具调试你的应用程序，甚至导出签名（或未签名）APKs 以分发你的应用程序。在 Eclipse 中强烈建议使用 ADT 进行开发，ADT 提供了令人难以置信的提高开发 Android 应用程序的效率。读者可以在 http://developer.android.com/sdk/eclipse-adt.html 网页上下载所需的 ADT 插件，当前最新的版本是 ADT 16.0.1。

2.1.2 安装开发软件并配置环境

在下载完所需的 4 个开发软件之后，接下来要做的便是安装这些开发软件并正确配置开发环境。

1. *安装 JDK*

双击下载的可执行安装文件“jdk-6u24-windows-i586.exe”打开安装向导，选择需要安装的组件和安装路径，如图 2-2 所示。然后，单击“下一步”按钮，就可以自动完成安装。

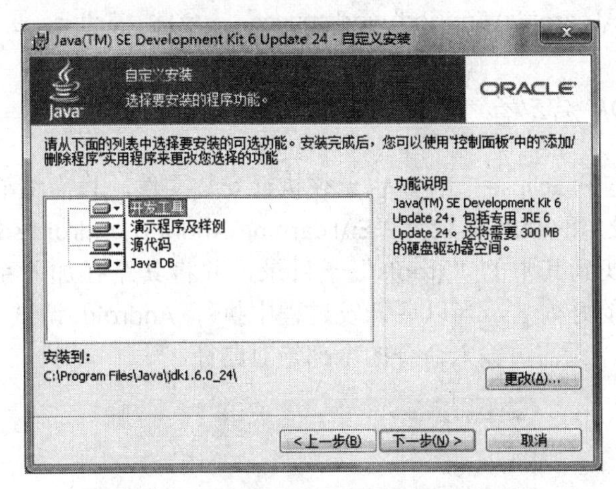

图 2-2　选择 JDK 安装组件和安装路径

当 JDK 安装完成之后，需要检查是否安装成功。具体的方法是：在 Commnd 命令窗口中输入命令“java -version”，如果 JDK 安装成功，则会在 Command 命令窗口中显示如图 2-3 所示的信息，否则说明 JDK 安装失败。

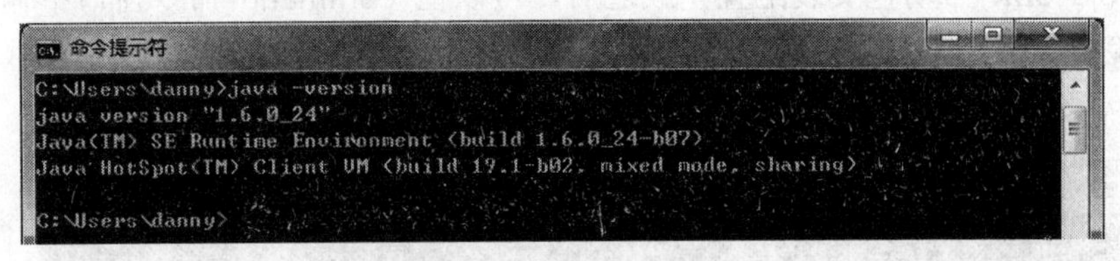

图 2-3　JDK 版本信息

2.　*安装 Eclipse*

对于 Eclipse 的安装而言，它无须执行安装程序，找到下载完成的 Eclipse 软件压缩包文件“eclipse-rcp-helios-SR2-win32.zip”，将该压缩文件解压之后便可以正常使用 Eclipse 了。本文设定的解压目录为“E:\Learning\Andriod\eclipse”。

当解压完成之后，进入解压后的目录，双击运行可执行文件“eclipse.exe”，Eclipse 将自动查找之前安装的 JDK 路径，启动界面如图 2-4 所示。

图 2-4　Eclipse 启动界面

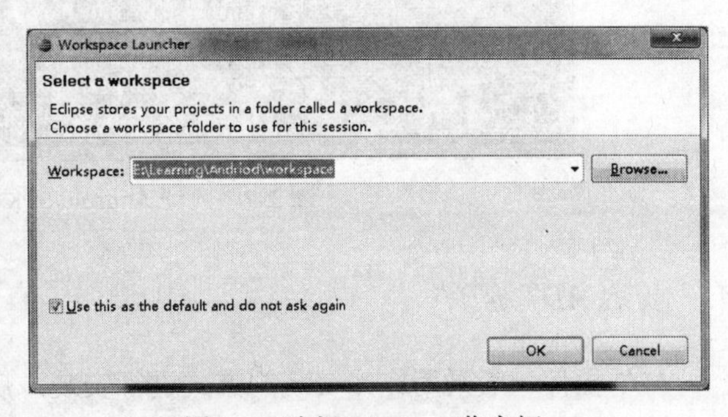

图 2-5　选择 Eclipse 工作空间

当用户第一次安装并启动 Eclipse 时，将会提示用户选择工作空间，如图 2-5 所示。本文设定的工作空间为“E:\Learning\Andriod\workspace”。至此，Eclipse 便安装完毕。

3. 安装 Android SDK 启动包

Android SDK 启动包和 Eclipse 一样，也无须执行安装文件，只需将下载完成的压缩文件解压便可以使用，本文设定的 SDK 目录为“E:\Learning\Andriod\android-sdk-windows”。当 SDK 文件解压完成之后，找到其中的“\tools”子目录，并将其路径加入系统 Path 路径中，如图 2-6 所示。这样做的好处是，当以后开发过程中执行 Android 调试 ADB（Android Debug Bridge）和其他命令时，无需再输入命令的全部绝对路径。

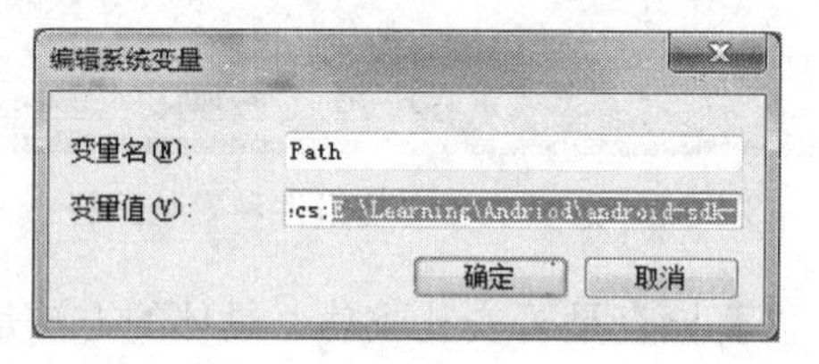

图 2-6　设置系统 PATH 变量

当 Android SDK 启动包安装配置完成之后，可以在 Command 命令窗口中输入“android -h”命令来验证安装是否成功，如果 Command 显示如图 2-7 所示的信息，则表示 Android SDK 软件开发包安装成功，否则说明 SDK 安装失败。

```
C:\Users\danny>android -h

       Usage:
       android [global options] action [action options]
       Global options:
  -h --help    : Help on a specific command.
  -v --verbose : Verbose mode, shows errors, warnings and all messages.
  -s --silent  : Silent mode, shows errors only.

                                                       Valid
                                                       actions
                                                       are
                                                       composed
                                                       of a verb
                                                       and an
                                                       optional
                                                       direct
                                                       object:
-   sdk              : Displays the SDK Manager window.
-   avd              : Displays the AVD Manager window.
-   list             : Lists existing targets or virtual devices.
-   list avd         : Lists existing Android Virtual Devices.
-   list target      : Lists existing targets.
-   list sdk         : Lists remote SDK repository.
- create avd         : Creates a new Android Virtual Device.
```

图 2-7　验证 Android SDK 是否安装成功

4. 安装 ADT 插件

ADT 插件一般采用在线安装的方式进行安装，启动 Eclipse 开发环境，依次选择菜单中的【Help】→【Install New Software】项，如图 2-8 所示。

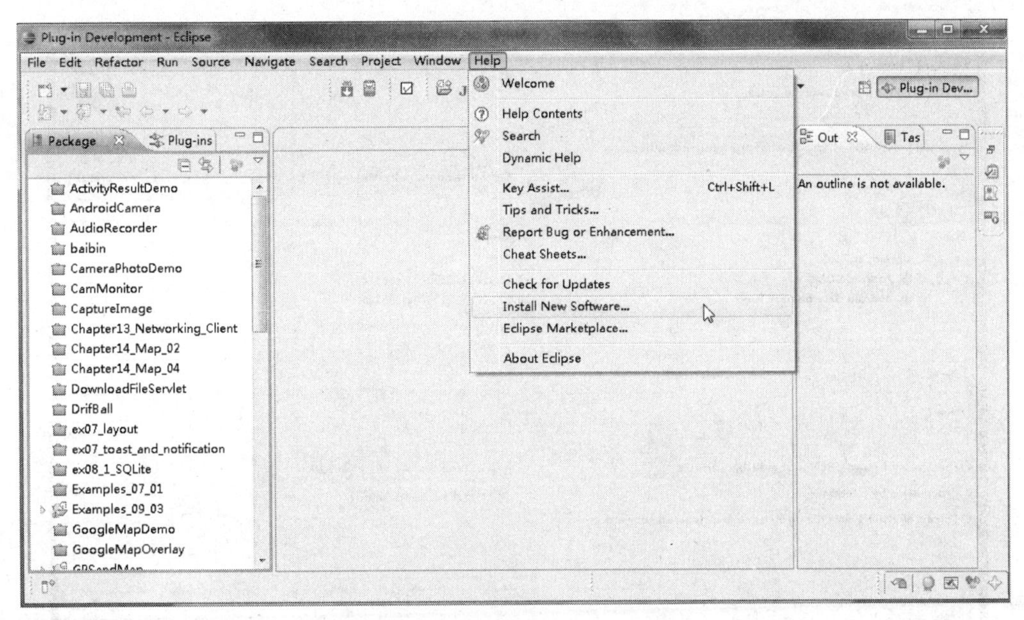

图 2-8　Install New Software 界面

在弹出的对话框“Available Software”安装界面中，单击“Add”按钮，将会弹出如图 2-9 所示的对话框“Add Repository”设置界面，在其中的“Name”字段中输入读者希望的任何名称，如“NewADT”，并且在“Location”字段输入 URL “http://dl-ssl.google.com/android/eclipse/”，单击“OK”按钮。

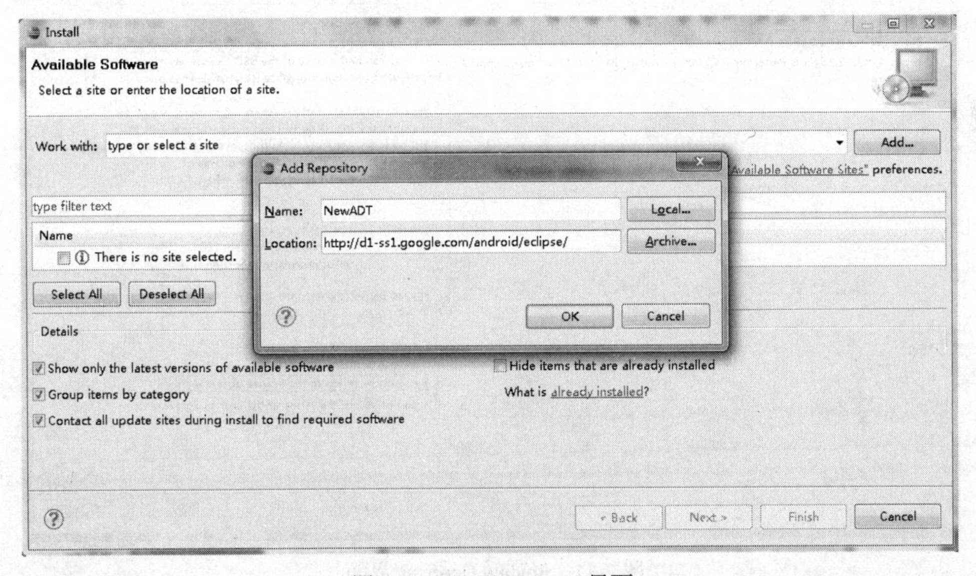

图 2-9　Add Repository 界面

回到“Available Software”安装界面之后，将会看到可用的插件，如图 2-10 所示。

一般而言，建议读者选择所有所用的插件，单击“Next”按钮，并在如图 2-11 所示的“Review Licenses”界面中选择“I accept terms of the license agreement”，单击“Finish”按钮，开始安装 ADT 插件。

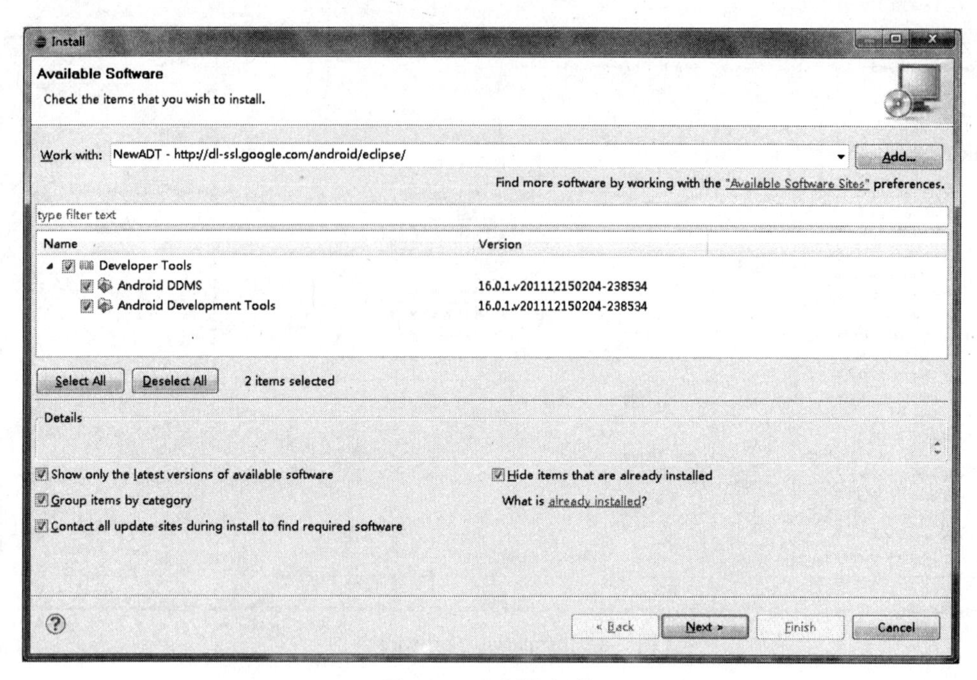

图 2-10　可用的插件

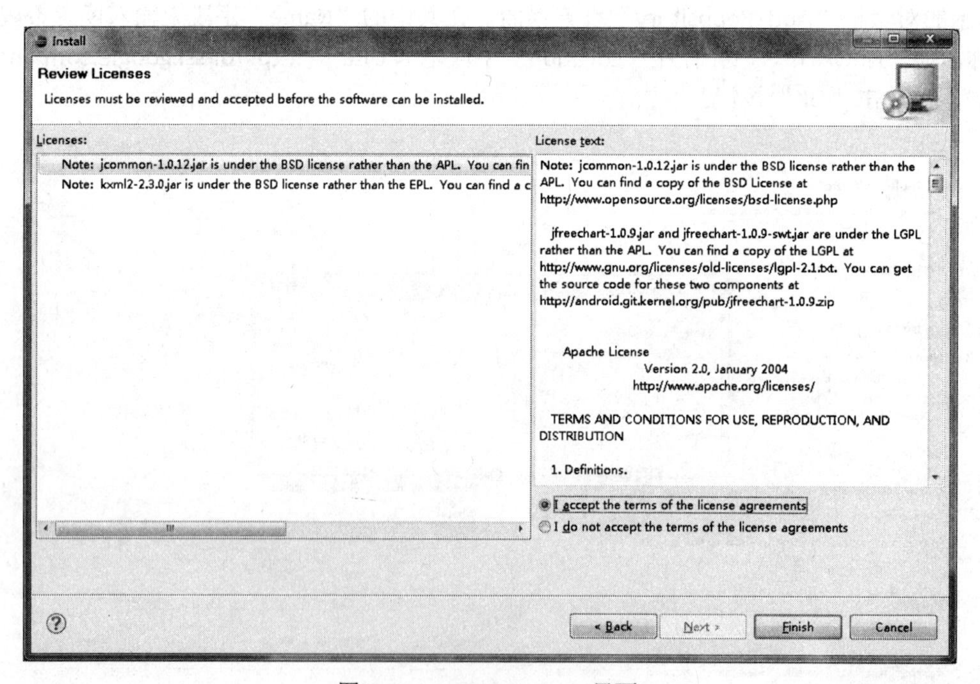

图 2-11　Review Licenses 界面

需要注意的是，不同版本的 Eclipse 安装 ADT 插件的方法和步骤略有不同，本文演示的是 3.6 版本的安装方法，其他版本的安装方法与其类似，详细介绍可以查阅 Android 开发者官方网站。

5. 添加 Android 平台以及其他 SDK 开发包

当安装好 ADT 插件之后，接下来需要通过 Android SDK Manager 为开发环境下载实际的 SDK 开发包。启动 Eclipse 开发环境，依次选择【Window】→【Android SDK Manager】项，如图 2-12 所示。

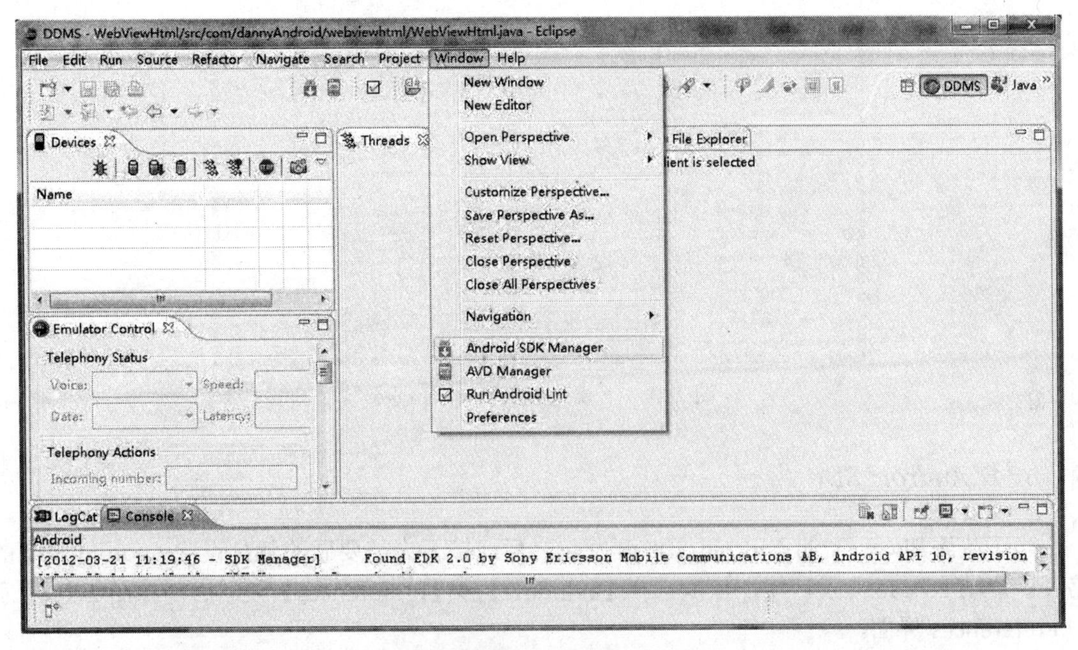

图 2-12 启动 Android SDK Manager

在弹出的如图 2-13 所示的 Android SDK Manager 窗口中，读者可以看到当前可用且没有安装的 SDK Packages，选中这些未安装的 Packages，单击 Install 按钮进行下载安装。

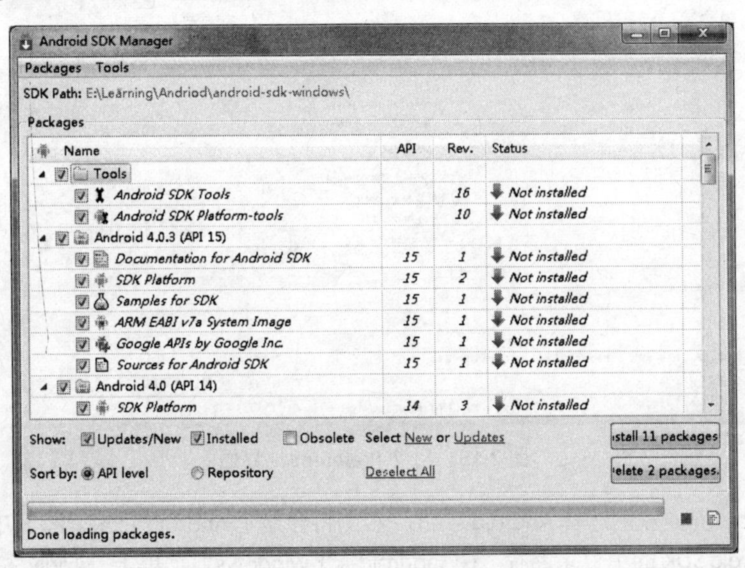

图 2-13 启动 Android SDK Manager

当选中的 Packages 下载安装完毕之后，重新打开 Android SDK Manager，此时所有之前未安装的 Packages 的状态将变为已安装，如图 2-14 所示，这表明 SDK Packages 已经安装成功。

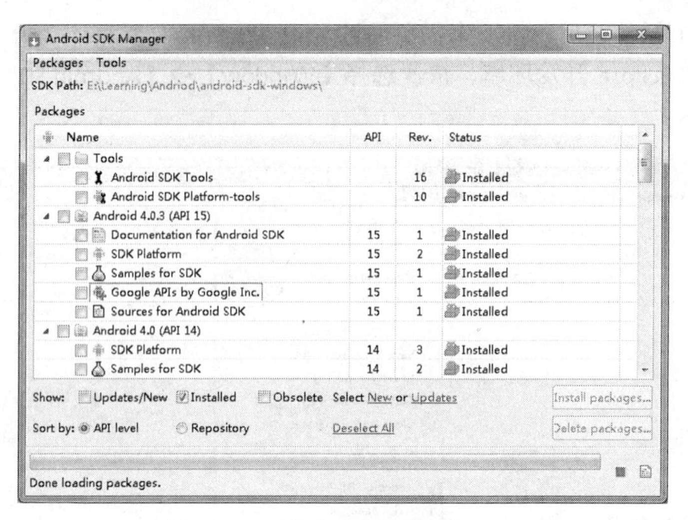

图 2-14　下载尚未安装的 Packages

6.　*设置 Android SDK 路径*

当下载添加好所需的 Android SDK 开发包之后，接下去需要做的就是设置 Android SDK 的路径。启动 Eclipse 开发环境，依次选择【Window】→【Preferences】项，启动如图 2-15 所示的 Preferences 界面。

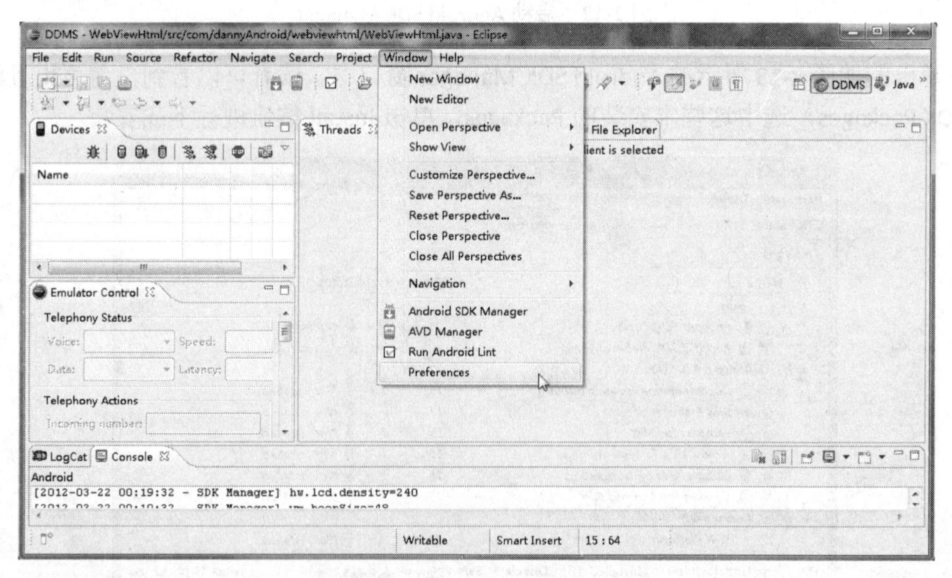

图 2-15　启动 Preferences 界面

在 Preferences 界面左侧选择 Android 项目，右侧将会显示 Android 目录，将其中的 SDK Location 字段设置为 Android SDK 的主目录路径“G: \android-sdk-windows”，单击“Apply”按钮，之后将会列出所有已安装好的 Android 平台版本，如图 2-16 所示。最后，单击“OK”按钮完成设置。

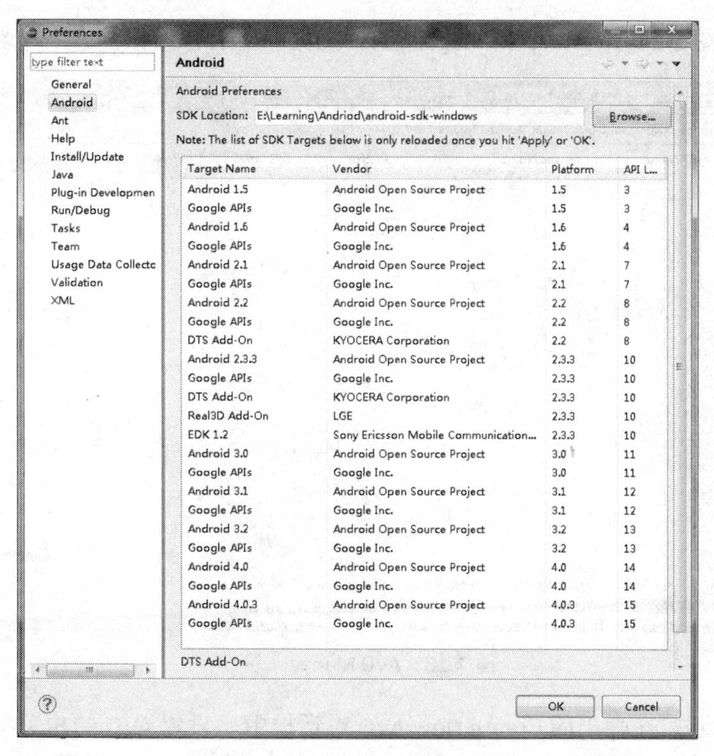

图 2-16　设置 Android SDK 路径

7. *创建 Android 虚拟设备（Android Virtual Device，AVD）*

Android 虚拟设备用于模拟 Android 实际手机设备的运行，它用于自己的核心程序、系统镜像、外观显示以及仿真 SD 卡等，开发者可以利用 AVD 调试及运行自己开发的程序，因此 Android 开发重要的一步就是创建 AVD。具体方法是：启动 Eclipse 开发环境，依次选择【Window】→【AVD Manager】项，如图 2-17 所示。

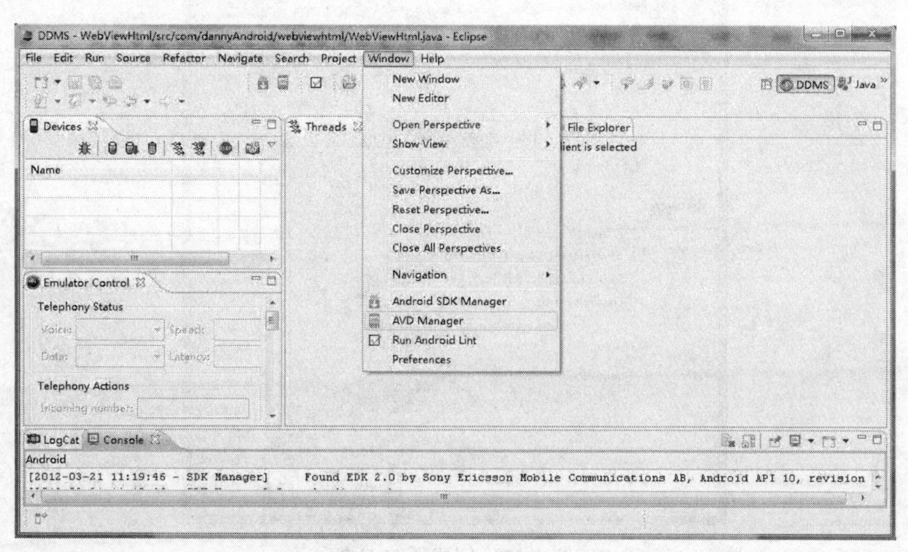

图 2-17　启动 AVD Manager

在弹出的如图 2-18 所示 AVD Manager 窗口中，单击 New 按钮创建一个新的 AVD。

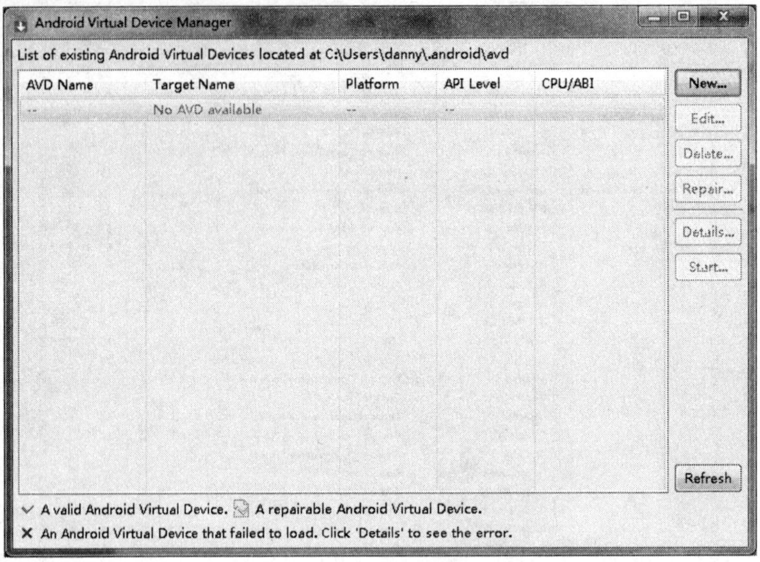

图 2-18　AVD Manager 窗口

如图 2-19 所示，在弹出的 Create New AVD 对话框中，设置 AVD 的相关参数，如 Name 为 AVD43，Target 为 Android 4.0.3 – API Level 15，SD 卡大小为 600Mb 以及 AVD 显示屏分辨率为 WVGA，其他保持默认参数，单击 Create AVD 按钮创建新的 AVD。

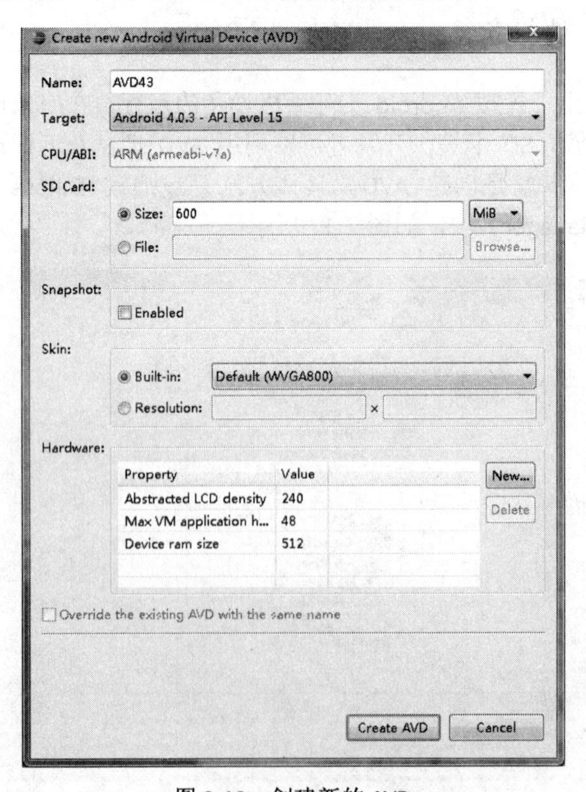

图 2-19　创建新的 AVD

此时，AVD Manager 窗口将会显示所有 AVD 的列表，如图 2-20 所示。选中新创建的 AVD，单击“Start”按钮，便可以启动AVD。需要注意的是，在第一次启动AVD时，可能会等待较长时间，当 AVD 启动完毕之后，将显示如图 2-21 所示的 Android 虚拟设备。

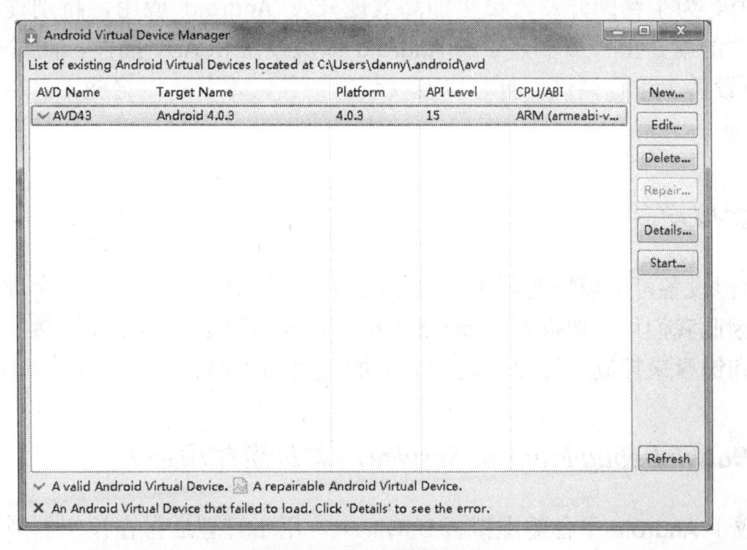

图 2-20　AVD 设备列表

图 2-21　Android 4.0.3 虚拟设备

2.2 Android 开发常用工具

Android SDK 为了帮助开发人员更加高效地开发 Android 应用，特别提供了各种开发工具，其中最重要的就是上一节中介绍的 Android 虚拟设备和 ADT 插件，同时 SDK 还提供一些用于在Android设备上进行调试、打包以及安装的工具，本节将对这些工具以及它们的用法进行一一介绍。

1 *Android 虚拟设备*

Android 虚拟设备可以模拟实际手机设备的功能，提供给开发人员一个虚拟的设计、调试和测试环境，因此我们可以像操作Android手机一样操控该虚拟设备，当然所不同的是，我们需要利用鼠标和键盘来控制虚拟设备的行为，如使用 Ctrl+F11 切换虚拟设备的显示方向等。

2. *DDMS（Dalvik Debug Monitor Service，调试监控服务）*

DDMS 集成于 Android 平台的虚拟机 Dalvik 中，用于管理运行在模拟器或真实设备上的进程，并提供调试协助功能，如图 2-22 所示。使用 DDMS，可以删除进程、选择特定程序进行调试、生成程序 Log 信息、查看堆和线程数据，对模拟器或真实设备进行屏幕拍照及文件上传下载等功能。

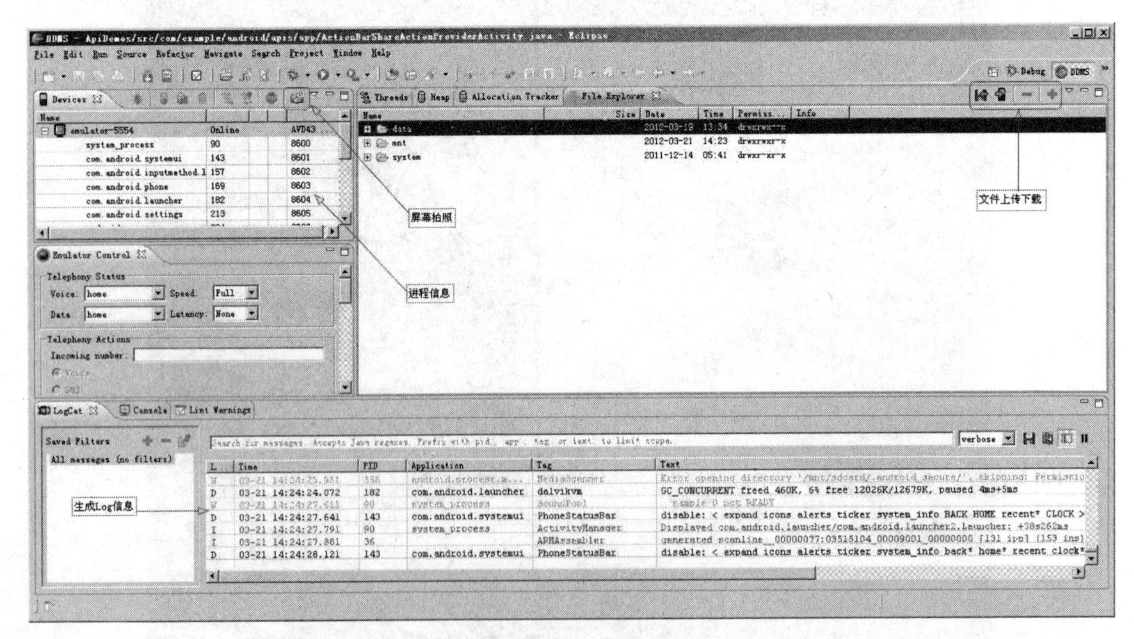

图 2-22　DDMS 工具

3. *Android 调试桥（Android Debug Bridge，ADB）*

ADB 用于向模拟器或手机设备安装应用程序的 apk 文件以及从命令行访问模拟器或手机

设备。另外，ADB 还可以用于将标准的调试器连接到运行在 Android 模拟器或手机设备上的应用代码。常用的 ADB 命令如下：

```
adb install HelloWorld.apk // 安装 HelloWorld.apk 程序
adb uninstall com.dannyAndroid.HelloWorld // 卸装 HelloWorld 程序
adb devices // 列举所有正在运行的 Android 设备或模拟器
```

由于篇幅限制，本节只是对 Android 中常见的 3 个工具进行了简单的介绍，有关这些工具的详细介绍请读者查阅 Android 开发者网站进行学习。

2.3 第一个 Android 应用 HelloWorld

通过前面两节的介绍，相信读者对 Android 中的开发环境和常用开发工具已经有了一个整体的认识。遵照所有程序语言的学习惯例，在这一节中我们将创建第一个 Android 应用程序 HelloWorld。通过本节的介绍，相信读者将会对 Android 的整个开发过程有一个系统的了解。

实例 2-1 HelloWorld 实例（\Chapter2\HelloWorld）

创建第一个 Android 应用程序 HelloWorld，向读者介绍 Android 应用开发的详细流程。

（1）创建工程

打开 Eclipse 开发环境，依次选择【File】→【New】→【Android Project】项，打开【New Android Project】（新建项目）对话框，如图 2-23 所示。

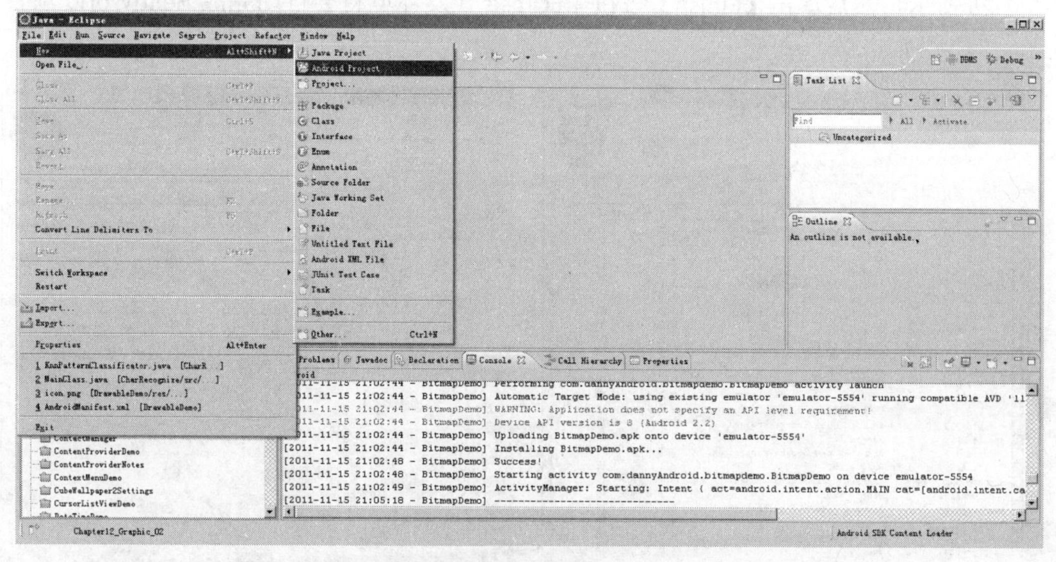

图 2-23 新建 HelloWorld 工程

（2）填写工程信息

当选择【Android Project】项之后，将出现【New Android Project】（新建项目）对话框，如图 2-24 所示。

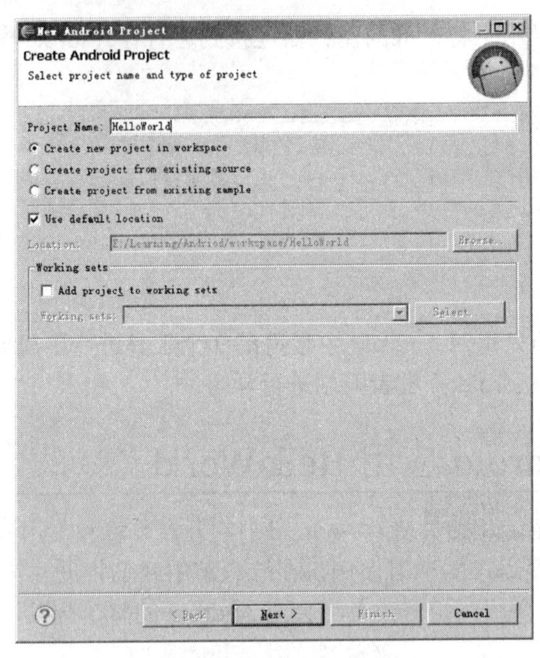

图 2-24 新建 Android 项目

在“Project Name”文本框中输入“HelloWorld”，然后点击 Next 按钮，在“Build Target”选项框中选择“Android 4.0.3”，点击 Next 按钮，在“Application Name”字段输入应用程序名“HelloWorld”，在“Package Name”字段输入包名“com.dannyAndroid.HelloWorld”，在“Create Activity”文本框中输入 Activity 的名字“HelloWorldActivity”，如图 2-25 所示，然后单击【Finish】按钮，Eclipse 开发环境将会自动完成 HelloWorld 项目的创建。

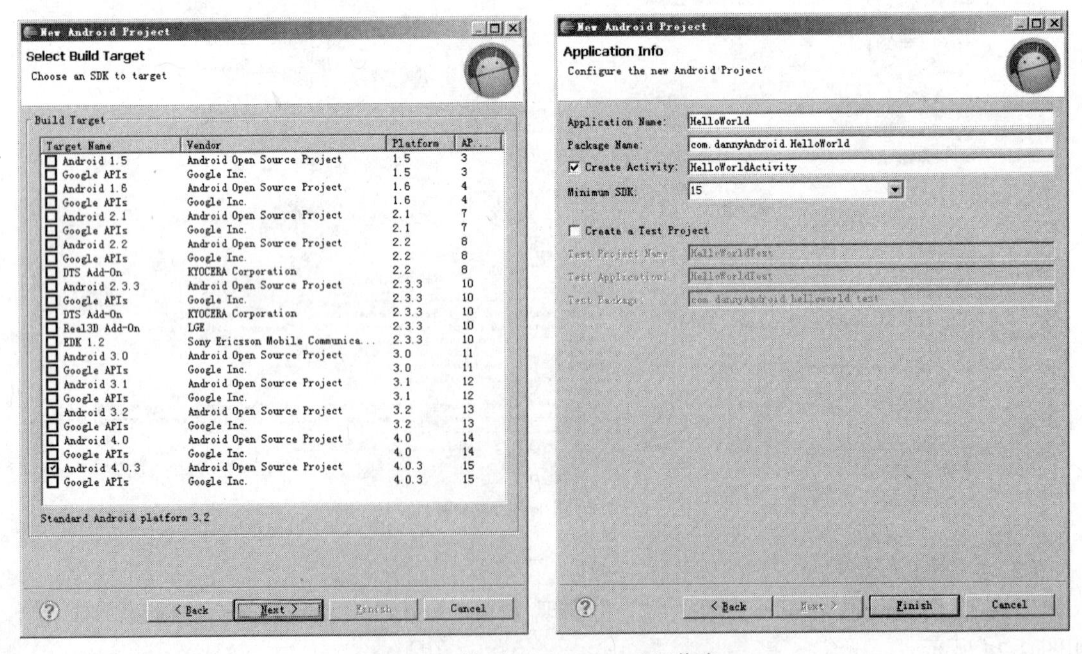

图 2-25 填写 HelloWorld 工程信息

（3）编写代码

打开 HelloWorld 工程目录中的 HelloWorld.java 文件，会看到系统自动生成的代码：

```
package com.dannyAndroid.helloworld;

import android.app.Activity;
import android.os.Bundle;

public class HelloWorld extends Activity {
    /** Called when the activity is first created. */
    @Override
    public void onCreate(Bundle savedInstanceState) {
        super.onCreate(savedInstanceState);
        setContentView(R.layout.main);
    }
}
```

该程序可以正确执行，但是不会显示任何东西，将该段代码稍加修改，以便实现 HelloWorld 语句的显示，修改后的代码如代码 2-1 所示。

代码 2-1　HelloWorld.java

```
package com.dannyAndroid.helloworld;

import android.app.Activity;
import android.os.Bundle;
import android.widget.TextView;

public class HelloWorld extends Activity {
    public void onCreate(Bundle savedInstanceState) {
        super.onCreate(savedInstanceState);
        TextView mTV = new TextView(this);
        mTV.setText("HelloWorld");
        setContentView(mTV);
    }
}
```

代码说明

这段代码先是在一个 Activity 类中创建了一个 TextView 文本框，并在该文本框中设置了文本的内容“HelloWorld”，然后将该文本框设置为 Activity 将要显示的 View，从而就实现了在屏幕上显示 HelloWorld 的功能。读者现在可能对这段代码不是很理解，这不要紧，只要有一个大致的印象即可，在随后的章节中，将对技术的细节进行详细的介绍。

（4）运行程序

保存上述代码后，右键单击 HelloWorld 项目，依次选择【Run AS】→【Android Application】项，如图 2-26 所示。这样便可以运行该程序了，之后便会看到如图 2-27 所示的执行结果。

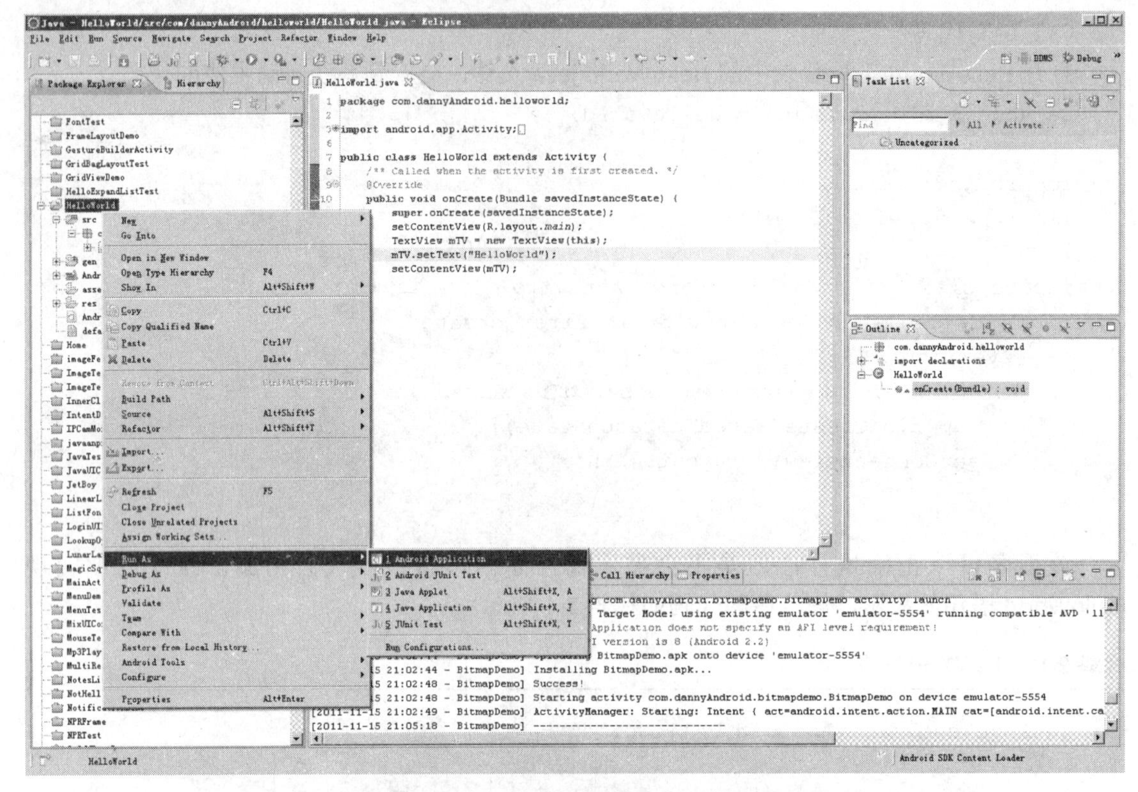

图 2-26　运行 HelloWorld 程序

图 2-27　HelloWorld 程序执行结果

2.4　Android 应用程序结构分析

在上一节中，我们完整实现了第一个 Android 应用程序 HelloWorld 的开发。在这一节中，将通过该程序向读者介绍 Android 应用程序的结构。如图 2-28 所示为 HelloWorld 工程的目录结构，下面对各级目录的内容向读者进行逐一介绍。

1. src 文件夹

顾名思义，src 文件夹用于存放项目的源代码（source code）。其中，源代码以 java 包的格式进行组织，如这里的 com.dannyAndroid.helloworld 包及包中的 HelloWorldActivity.java 代码。

2. gen 文件夹

gen 文件夹下面存放的是由系统自动生成的 R.java 文件，该文件是只读模式，不能更改。

其中，R.java 中定义了一个名为 R 的类，该类中包含很多静态类，且类名与 res 文件夹中的资源文件名一一对应，即 R 类定义了该项目中所有资源的索引，如图 2-29 所示。

HelloWorld
src
com.dannyAndroid.helloworld
HelloWorldActivity.java
gen [Generated Java Files]
com.dannyAndroid.helloworld
R.java
Android 4.0.3
android.jar - G:\android-sdk-windows\platforms\android-15
assets
bin
res
classes.dex
HelloWorld.apk
resources.ap_
res
drawable-hdpi
ic_launcher.png
drawable-ldpi
ic_launcher.png
drawable-mdpi
ic_launcher.png
layout
main.xml
values
strings.xml
AndroidManifest.xml
proguard.cfg
project.properties

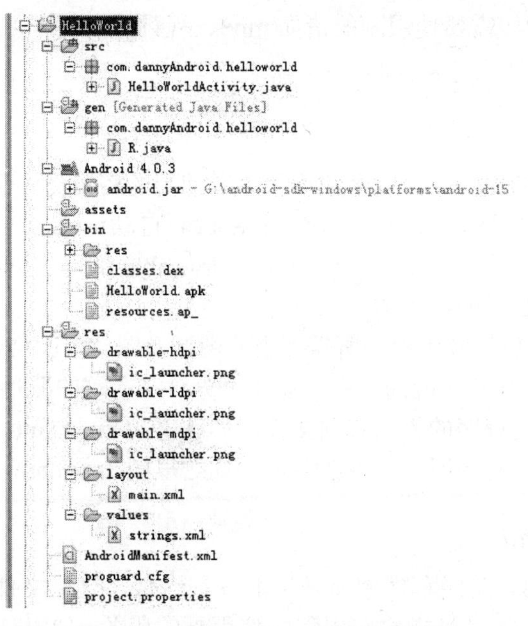

图 2-28　HelloWorld 工程的目录结构

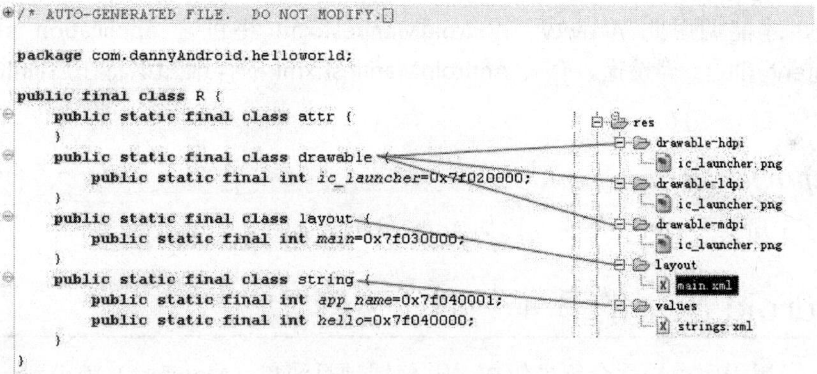

/* AUTO-GENERATED FILE. DO NOT MODIFY.
package com.dannyAndroid.helloworld;
public final class R {
public static final class attr {
}
public static final class drawable {
public static final int ic_launcher=0x7f020000;
}
public static final class layout {
public static final int main=0x7f030000;
}
public static final class string {
public static final int app_name=0x7f040001;
public static final int hello=0x7f040000;
}
}
res
drawable-hdpi
ic_launcher.png
drawable-ldpi
ic_launcher.png
drawable-mdpi
ic_launcher.png
layout
main.xml
values
strings.xml

图 2-29　R.java 对应 res 文件夹

3.　*Android 4.0.3 文件夹*

该文件夹下包含 android.jar 文件，这是一个 Java 归档文件，其中包含构建应用程序所需的所有的 Android SDK 库（如 Views、Controls）和 APIs。通过将 android.jar 中的包导入到自己的应用程序以绑定到 Android SDK，这允许你使用所有 Android 的库和包，且使你的应用程序在适当的环境中调试。如 HelloWorldActivity.java 通过如下代码导入 android.jar 中的包：

```
import android.app.Activity;
import android.os.Bundle;
import android.widget.TextView;
```

4. *assets 文件夹*

该文件夹包含应用程序需要使用到的诸如 mp3、视频等文件。

5. *res 文件夹*

res 为应用程序的资源文件夹，包含应用程序所使用的资源文件且这些资源文件将会被编译进应用程序中。向此目录添加资源时，会被 R.java 自动记录。一般而言，新建一个项目后，res 目录下会有 5 个子目录：drawable-hdpi、drawable-mdpi、drawable-ldpi、layout 以及 values。其中，这 5 个子目录的用途如下：

（1）drawable-hdpi：包含应用程序所需使用的图标及图片资源文件（*.png、*.jpg 等）。其中，hdpi、mdpi 和 ldpi 分别对应高、中、低 3 个分辨率所用的图片资源文件。

（2）layout：包含应用程序的界面布局文件，如这里的 main.xml。

（3）values：包含应用程序所需使用的数据，如这里的 app_name 和 hello 两个字符串。

6. *AndroidManifest.xml*

应用程序的清单文件，记录程序中所使用的各种组件。这个文件列出了应用程序所提供的功能，在这个文件中，你可以指定应用程序使用到的服务（如电话服务、互联网服务、短信服务、GPS 服务等）。另外当新添加一个 Activity 时，也需在这个文件中进行相应配置，只有配置好后，才能调用此 Activity。AndroidManifest.xml 将包含 application permissions、Activities、intent filters 等设置。有关 AndroidManifest.xml 的详细知识将在后面的章节中向读者不断讲解。

7. *default.properties*

记录程序中所需要的环境信息，比如 Android 的版本等。

2.5 Android 应用的基本组件介绍

Android 应用程序由松耦合组件组成，并使用项目清单（Manifest）绑定到一起。项目清单描述了每一个组件以及它们之间是如何交互的，还包含了应用程序的硬件和平台需要的元数据（metadata）。下面对 Android 应用中的 6 种基本组件进行简要介绍，关于这些组件的具体用法将在后续章节中向读者进行详细的介绍。

2.5.1 Activity 和 View

Activity 是 Android 应用程序的表现形式，应用程序中的每一个屏幕都是 Activity 类的扩展。Activity 使用 View 在一个屏幕上形成显示信息和响应用户动作的图形界面，它相当于桌面开发环境中的窗体（Form）。一般来说，一个 Android 应用程序由多个 Activity 构成，这多个 Activity 之间可以进行相互跳转，即在多个屏幕之间进行跳转，这种跳转是很简单的。在一些应用中，一个屏幕甚至会返回值给前一个屏幕。

当一个新的屏幕打开后，前一个屏幕将会暂停，并保存在历史堆栈中。用户可以返回到历史堆栈中的前一个屏幕。当屏幕不再使用时，还可以从历史堆栈中删除。默认情况下，Android 将会保留从主屏幕到每一个应用的运行屏幕。

View 是 Android 中用户图形界面的基类，为用户提供了可视化的界面。View 又可以分为 View 和 ViewGroup 两个子类，其中 View 是界面的基本组件，如按钮、菜单、列表和滑动条等。而 ViewGroup 则是界面的布局控件，它将负责界面上的各种组件如何进行布局排列。关于 View 的更多知识，将在第 4 章向读者进行详细的介绍。

2.5.2　Intent 和 IntentFilter

Intent 是 Android 应用程序中的消息传递者，通过它才能实现 Activity 之间的跳转。Intent 类用于描述一个应用将会做什么事。在 Intent 的描述结构中，有两个最重要的部分：动作和动作对应的数据。典型的动作类型有：MAIN（Activity 的门户）、VIEW、PICK、EDIT 等。而动作对应的数据则以 URI 的形式进行表示。例如：要查看一个人的联系方式，你需要创建一个动作类型为 View 的 Intent，以及一个表示这个人的 URI。

与 Intent 有关系的一个类叫 IntentFilter。相对于 Intent 是一个有效的做某事的请求，一个 Intent Filter 则用于描述一个 Activity（或者 Intent Receiver）能够操作哪些 Intent。一个 Activity 如果要显示一个人的联系方式时，需要声明一个 IntentFilter，这个 IntentFilter 要知道怎么去处理 VIEW 动作和表示一个人的 URI。IntentFilter 需要在 AndroidManifest.xml 中定义。

通过解析 Intent，Activity 通过调用 StartActivity（Intent myIntent）方法便实现了屏幕之间的跳转。然后，系统会在所有安装的应用程序中定义的 IntentFilter 中查找，知道查找到最匹配 MyIntent 的 Intent 对应的 Activity。新的 Activity 在接收到 MyIntent 的通知后开始运行。

2.5.3　Service

Service 是 Android 应用程序中的隐形工作者，它是一段长生命周期的，没有用户界面并且运行在后台的程序。一个简单的例子就是正在从播放列表中播放歌曲的媒体播放器。在媒体播放器的应用中，应该会有多个 Activity，让使用者可以选择歌曲并播放歌曲。然而，音乐重放这个功能并没有对应的 Activity，因为用户认为在导航到其他屏幕时音乐应该继续播放。在这个例子中，媒体播放器这个 Activity 会使用 Context.startService()来启动一个 Service，从而可以在后台保持音乐的播放。同时，系统也将保持这个 Service 一直执行，直到这个 Service 运行结束。另外，我们还可以通过使用 Context.bindService()方法，连接到一个 Service 上（如果这个 Service 还没有运行将启动它）。当连接到一个 Service 之后，我们还可以用 Service 提供的接口与它进行通信，如对音乐进行暂停、重播等操作。

2.5.4　Broadcast Receiver

Broadcast Receiver 是 Android 中 Intent 的接收者，当你希望你的应用能够对一个外部的事件（如当电话呼入或者数据网络可用）做出响应时，你便可以使用一个 Broadcast Receiver。虽然 Broadcast Receiver 在感兴趣的事件发生时，会使用 NotificationManager 通知用户，但它并不能生成一个 UI。Broadcast Receiver 在 AndroidManifest.xml 中注册，但也可以在代码中使用 Context.registerReceiver()进行注册。当一个 Broadcast Receiver 被触发时，你的应用不必对请求调用 Broadcast Receiver，系统会在需要的时候启动你的应用。各种应用还可以通过使用 Context.broadcastIntent()将它们自己的 Broadcast Receiver 广播给其他应用程序。

2.5.5 Content Provider

Content Provider 是 Android 中的一个可共享的数据仓库。Content Provider 用于管理和共享应用程序数据库。是跨应用程序边界的数据共享的优先方式。这就是说你可以配置自己的 Content Provider 以允许其他应用程序的访问，用他人提供的 Content Provider 来访问他人存储的数据。Android 设备包括几个本地 Content Provider，提供了像媒体库和联系人明细这样有用的数据库。

第 3 章　Activity 和 Intent

Android 应用程序主要由 Activity、Service、Broadcast Receiver 以及 Content Provider 组成。其中 Activity 是应用程序的基本单元，它为 Android 应用程序提供了可视化的用户界面。如图 3-1 所示，一个 Android 应用的可视界面最底层是 Activity，在它之上是一个 Window 对象，在 Window 之上通常是布局容器（如 LinearLayout），再上面才是用户直接进行交互的组件，如按钮、文本框等。

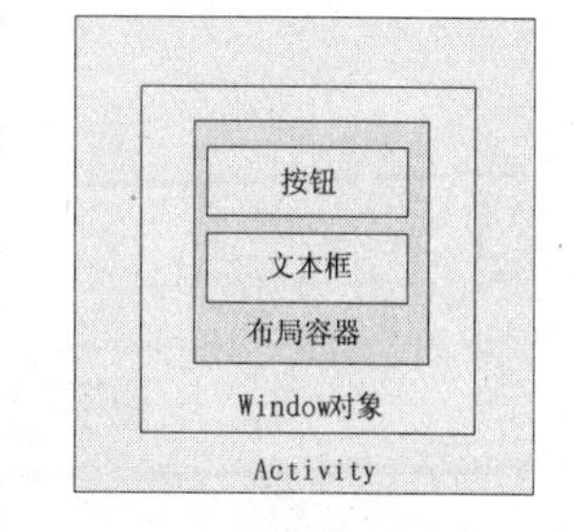

图 3-1　Android 可视界面结构

通常来讲，一个综合的 Android 应用由多个 Activity 组成，它们以栈的形式组织在一起，当前活动的 Activity 位于栈的顶部。这多个 Activity 之间可以进行相互之间的跳转，而这种跳转则是借助于 Intent 实现的。Intent 是 Android 应用程序的消息传递者，它描述了一个应用将要进行什么动作以及传递动作对应的数据。

在本章中，将对 Activity 以及在 Activity 之间充当信使的 Intent 进行详细介绍。

3.1　Activity 的生命周期

上面提到 Activity 是以栈的形式进行管理的，当前活动的 Activity 位于栈顶，而位于栈顶以下的 Activity 则处于非活动状态。当 Activity 之间执行跳转操作时，则会相应地发生 Activity 状态的转变。一个 Activity 从被创建到销毁会经历一个和人类从出生到死亡类似的生命周期，如图 3-2 所示。而在这个生命周期中，有 4 个重要的状态，如表 3-1 所示。

表 3-1　　Activity 生命周期中 4 个重要的状态

状态	状态描述
活动	处于前景位置，获得焦点，用户可进行交互
暂停	可见但失去焦点，用户不能进行交互
停止	不可见
销毁	被系统和进程杀死

在 Activity 的整个生命周期中，有 3 个关键的嵌套的周期：

（1）完整的生命周期，它是从 Activity 第一次调用 onCreate()到最后调用 onDestroy()方法为止。onCreate()方法中经常做一些全局的初始化操作，onDestroy()则负责释放这些资源。例如如果需要一个 Thread 在后台下载网络上的资源，那么需要在 onCreate()时候创建它并且在 onDestory()时候释放它。

（2）可见的生命周期，它是从调用 onStart()到对应调用一次 onStop()方法为止。在这个周期中，用户可以在屏幕上看到 Activity，但不一定能与之交互，可以在这期间维护向用户显示的资源。伴随着 Activity 状态的变化，onStart()和 onStop()这两个方法可以被多次调用。

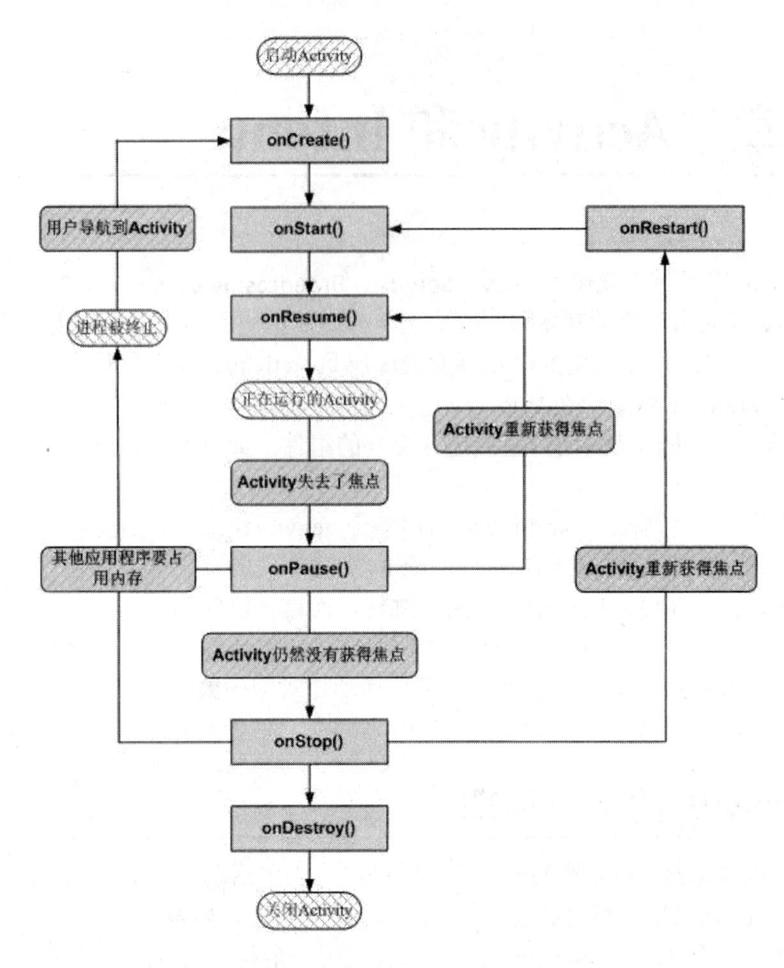

图 3-2　Activity 的生命周期

（3）前景生命周期，它是从调用 onResume()到对应调用一次 onPause()方法为止。在这个周期中，Activity 处在其他 Activity 之前，即在 Activity 栈的最顶端，负责与用户进行交互，伴随着状态的变化，这两个方法可以被调用多次。

Activity 在整个生命周期中定义了以下方法，这些方法是以 hook 的形式定义的，你可以在子类中重写它们以完成正确的工作。所有子类都需要覆盖 onCreate（Bundle）来初始化一些数据，许多应用还需要重写 onPause()来提交用户的数据。另外，在对该方法重写之后，需要同时调用父类的相应方法。

```
public class Activity extends ApplicationContext {
    protected void onCreate(Bundle savedInstanceState);
    protected void onStart();
    protected void onRestart();
    protected void onResume();
    protected void onPause();
    protected void onStop();
    protected void onDestroy();
}
```

这些方法的详细说明如表 3-2 所示。

表 3-2 Activity 生命周期状态转换的方法

方法	方法描述
onCreate(Bundle savedInstanceState)	当 Activity 第一次被创建时调用。一般情况下，都需要重写该方法作为应用程序的入口点，在这里做一些初始化、设置用户界面等工作。同时该方法还提供了一个保存 Activity 前一次状态的 Bundle。该方法之后总是紧跟着调用 onStart()方法
onRestart()	在之前被停止的 Activity 重新被启动时被调用。该方法之后总是紧跟着调用 onStart()方法
onStart()	当 Activity 转换为用户可见时被调用。该方法之后将总是紧跟着调用 onResume()或 onStop()方法，前者使 Activity 处于前景周期，而后者则使 Activity 不可见
onResume ()	当 Activity 将要与用户交互时被调用。调用该方法之后，Activity 将处于 Activity 栈顶，该方法之后总是紧跟着调用 onPause()方法
onPause()	当系统重启前一个 Activity 时被调用。该方法被用于保存一些持久数据以及停止一些消耗 CPU 的工作。该方法的实现必须非常快，因为下一个 Activity 将会在该方法返回之后才能重启。该方法将会紧接着调用 onResume()方法使 Activity 回到前景，或者 onStop()方法使其不可见
onStop()	当 Activity 不再需要对用户可见时被调用，这里有两种情形，一是一个新的 Activity 被启动或一个已存在的 Activity 需要覆盖当前 Activity，而是该 Activity 即将被销毁。该方法之后将紧跟 onRestart()方法使其重新与用户交互，或者紧跟 onDestroy()销毁该 Activity
onDestroy()	当需要销毁 Activity 时被调用，这可能出现两种情形，一是用户调用 finish()方法结束当前 Activity，而是系统为了节省空间而暂时销毁该 Activity。可以通过 isFinishing()区分这两种情形

下面，通过一个实例向读者演示 Activity 的生命周期过程。

实例 3-1 Activity 生命周期实例（Chapter3\ActivityLifeCycle）

演示 Activity 的生命周期过程，通过 DDMS 的 Logcat 工具显示 Activity 的生命周期。

（1）创建工程

创建一个新的 Android 工程，工程名为 ActivityLifeCycle，并为该工程添加如下文件。

ActivityLifeCycle.java：重写 Activity 生命周期的所有方法。

（2）编写代码

代码 3-1 ActivityLifeCycle.java

```
01. public class ActivityLifeCycle extends Activity {
02.     private static final String TAG = "ActivityLifeCycle";
03.     /** Called when the activity is first created. */
04.     @Override
05.     public void onCreate(Bundle savedInstanceState) {
06.         super.onCreate(savedInstanceState);
07.         setContentView(R.layout.main);
08.         Log.v(TAG, "onCreate");
09.     }
```

```
10.     @Override
11.     protected void onDestroy() {
12.         Log.v(TAG, "onDestroy");
13.         super.onDestroy();
14.     }
15.     @Override
16.     protected void onPause() {
17.         Log.v(TAG, "onPause");
18.         super.onPause();
19.     }
20.     @Override
21.     protected void onRestart() {
22.         Log.v(TAG, "onRestart");
23.         super.onRestart();
24.     }
25.     @Override
26.     protected void onResume() {
27.         Log.v(TAG, "onResume");
28.         super.onResume();
29.     }
30.     @Override
31.     protected void onStart() {
32.         Log.v(TAG, "onStart");
33.         super.onStart();
34.     }
35.     @Override
36.     protected void onStop() {
37.         Log.v(TAG, "onStop");
38.         super.onStop();
39.     }
40. }
```

代码说明

①上述代码重写了 Activity 生命周期中的所有 7 个方法，并且在每次调用这些方法时，都在 DDMS 工具的 Logcat 中打印对应的调用信息。

②代码第 7 行调用 setContentView 方法将事先定义好的 xml 设置为用户界面。一般地，应用程序都需要用此方法加载用户界面，当然也可以使用自定义的 View 作为用户界面。

③代码 Log.v（TAG，“onStart”）将在 Logcat 中打印日志，其中 TAG 为日志标签，字符串 onStart 为打印的内容。这是一种常见的调试方法。

（3）运行程序

运行上述程序，将 Eclipse 切换到 DDMS 标签，并在 Logcat 中创建名为“ActivityLifeCycle”的 Log 过滤器，打印的 Log 信息如图 3-3 所示。可以看到，启动该程序之后，程序的运行顺序为：onCreate→onStart→onResume。

Level	Time	PID	Application	Tag	Text
V	02-06 12:51:33.457	646	com.dannyAndroid.activitylifecycle	ActivityLifeCycle	onCreate
V	02-06 12:51:33.457	646	com.dannyAndroid.activitylifecycle	ActivityLifeCycle	onStart
V	02-06 12:51:33.457	646	com.dannyAndroid.activitylifecycle	ActivityLifeCycle	onResume

图 3-3　启动程序后打印的 Log 信息

颠倒手机屏幕方法（模拟器使用快捷键 Ctrl + F11），打印的 Log 信息如图 3-4 所示。可以看到，这一动作将使得该 Activty 将经历被暂停、停止并销毁，然后重新被启动的过程。

Level	Time	PID	Application	Tag	Text
V	02-06 12:53:13.316	646	com.dannyAndroid.activitylifecycle	ActivityLifeCycle	onPause
V	02-06 12:53:13.316	646	com.dannyAndroid.activitylifecycle	ActivityLifeCycle	onStop
V	02-06 12:53:13.316	646	com.dannyAndroid.activitylifecycle	ActivityLifeCycle	onDestroy
V	02-06 12:53:13.376	646	com.dannyAndroid.activitylifecycle	ActivityLifeCycle	onCreate
V	02-06 12:53:13.376	646	com.dannyAndroid.activitylifecycle	ActivityLifeCycle	onStart
V	02-06 12:53:13.387	646	com.dannyAndroid.activitylifecycle	ActivityLifeCycle	onResume

图 3-4　颠倒手机屏幕后打印的 Log 信息

点击手机的 Home 按键，将打印如图 3-5 所示的 Log 信息。可以看到，这一动作将导致该 Activity 被暂停并停止，但并未被销毁。

Level	Time	PID	Application	Tag	Text
V	02-06 12:54:16.266	646	com.dannyAndroid.activitylifecycle	ActivityLifeCycle	onPause
V	02-06 12:54:17.886	646	com.dannyAndroid.activitylifecycle	ActivityLifeCycle	onStop

图 3-5　点击 Home 按键之后打印的 Log 信息

重新点击程序图标运行该程序，打印的 Log 信息如图 3-6 所示。可以看到，该 Activity 只是调用 onRestart 方法重启而已，并未调用 onCreate 重新创建一个新的 Activity，这也表明之前点击 Home 按键并未销毁该 Activity。

Level	Time	PID	Application	Tag	Text
V	02-06 12:55:06.107	646	com.dannyAndroid.activitylifecycle	ActivityLifeCycle	onRestart
V	02-06 12:55:06.107	646	com.dannyAndroid.activitylifecycle	ActivityLifeCycle	onStart
V	02-06 12:55:06.117	646	com.dannyAndroid.activitylifecycle	ActivityLifeCycle	onResume

图 3-6　点击程序图标重启该程序之后打印的 Log 信息

点击手机的关机按钮，使手机处于休眠状态，打印的 Log 信息如图 3-7 所示。可以看到，这一动作将暂停 Activity，当屏幕重新被唤醒之后，将调用 onResume 方法继续该 Activity，如图 3-8 所示。

Level	Time	PID	Application	Tag	Text
V	02-06 12:55:48.829	646	com.dannyAndroid.activitylifecycle	ActivityLifeCycle	onPause

图 3-7　手机处于休眠状态后打印的 Log 信息

Level	Time	PID	Application	Tag	Text
V	02-06 12:56:24.217	646	com.dannyAndroid.activitylifecycle	ActivityLifeCycle	onResume

图 3-8　手机重新被唤醒之后打印的 Log 信息

最后，点击 Back 按键，打印的 Log 信息如图 3-9 所示。可以看到，这一动作将在顺序调用 onPause、onStop 和 onDestroy 方法之后结束并销毁该 Activity。

Level	Time	PID	Application	Tag	Text
V	02-06 12:57:10.207	646	com.dannyAndroid.activitylifecycle	ActivityLifeCycle	onPause
V	02-06 12:57:10.896	646	com.dannyAndroid.activitylifecycle	ActivityLifeCycle	onStop
V	02-06 12:57:10.896	646	com.dannyAndroid.activitylifecycle	ActivityLifeCycle	onDestroy

图 3-9　点击 Back 按键之后打印的 Log 信息

3.2　控制 Activity 的生命周期

在实例 3-1 中，可以看到用户的很多常见操作都有可能导致 Activity 的暂停、停止、结束甚至启动多个程序版本，这些对于程序开发者而言是需要尽量避免的。在这一节中，将向读者介绍 3 种控制这些操作行为的方法。

3.2.1 强制执行单任务模式

当应用程序跳转后再次启动时，可能会在手机上产生多个 Activity 实例。系统为了释放内存，可能会杀死多余的 Activity 实例，但也很可能会出现异常。为避免上述情况发生，可以在 AndroidManifest 中控制每个 Activity 的这种行为。为确保手机在任何时刻，每个 Activity 都只有一个正在运行的实例，需要在 AndroidManifest.xml 的 Activity 元素中加入如下的代码：

```
android:lauchMode="singleInstance"
```

如果想要限制应用程序的所有 Activity 都只能运行一个实例，可以在 AndroidManifest.xml 中使用以下代码：

```
android:lauchMode="singleTask"
```

3.2.2 强制手机屏幕方向

几乎所有的 Android 设备都带有加速度计，这使得该设备可以判断方向，当设备的屏幕在横向和纵向模式之间切换时，系统默认的动作是相应地旋转应用程序的视图。在实例 3-1 中，我们看到当手机屏幕方向改变时，Activity 将被结束然后再重新启动，这无疑使得该应用程序丢失了当前的状态，给用户带来极大的不便。

对于屏幕改变方向的问题，Android 提供了两种解决方案，一种是在改变方向之前保存用户的状态，然后在重新启动该 Activity 时恢复先前的用户状态。这种方法将在下一小节中向读者进行介绍。这里将向读者介绍更简单的一种方法：强制屏幕方向，禁止旋转切换应用程序的视图，这可以通过在 AndroidManifest.xml 中事先指定某个 Activity 的固定视图方法以达到目的，如设置 Activity 为纵向模式：

```
android:screenOrientation="portrait"
```

同样可以设定 Activity 为横向模式：

```
android:screenOrientation="landscape"
```

不妨在实例 3-1 的 AndroidManifest.xml 中添加上述两句代码中的任何一句，重新运行该程序，然后颠倒手机屏幕。读者可以看到，该 Activity 始终保持设定好的横向或纵向模式，同时，打印的 Log 信息如图 3-10 所示。可以看到 Activity 还是经历了被暂停、停止并销毁，然后重新被启动的过程。

Level	Time	PID	Application	Tag	Text
V	02-06 12:53:13.316	646	com.dannyAndroid.activitylifecycle	ActivityLifeCycle	onPause
V	02-06 12:53:13.316	646	com.dannyAndroid.activitylifecycle	ActivityLifeCycle	onStop
V	02-06 12:53:13.316	646	com.dannyAndroid.activitylifecycle	ActivityLifeCycle	onDestroy
V	02-06 12:53:13.376	646	com.dannyAndroid.activitylifecycle	ActivityLifeCycle	onCreate
V	02-06 12:53:13.376	646	com.dannyAndroid.activitylifecycle	ActivityLifeCycle	onStart
V	02-06 12:53:13.387	646	com.dannyAndroid.activitylifecycle	ActivityLifeCycle	onResume

图 3-10 设置 screenOrientation 后的 Log 信息

看起来，还是没有解决 Activity 状态丢失的问题。事实上，设置 android:screenOrientation 属性只能使得应用程序始终保存指定的方向，并不能防止 Activity 的重新启动。要实现 Activity 在屏幕方向改变时不被重启，还需要在 AndroidManifest.xml 中设置 android:configChanges 属性告诉 Android 系统对应用程序方向的改变进行处理而不是重启应用程序。代码如下所示：

```
android:configChanges="orientation|keyboardHidden"
```

其中，orientation 表示对屏幕方向改变进行处理，而 keyboardHidden 则表示对手机硬键盘滑出时进行处理。当设置好上述属性之后，当屏幕方向改变或硬键盘滑出时，Android 将不会重启 Activity，而是调用 onConfigurationChanged 方法对事件进行处理。不妨在代码中重写 onConfigurationChanged 方法，并在该方法中打印 Log 信息，代码如下所示：

代码 3-2 ActivityLifeCycle.java

```
01.     @Override
02.     public void onConfigurationChanged(Configuration newConfig) {
03.         Log.v(TAG, "Configuration Change");
04.         super.onConfigurationChanged(newConfig);
05.     }
```

运行程序，并颠倒屏幕方向，打印的 Log 信息如图 3-11 所示。可以看到，这一次 Activity 没有被系统销毁后再重启，这显然才是我们希望得到的。

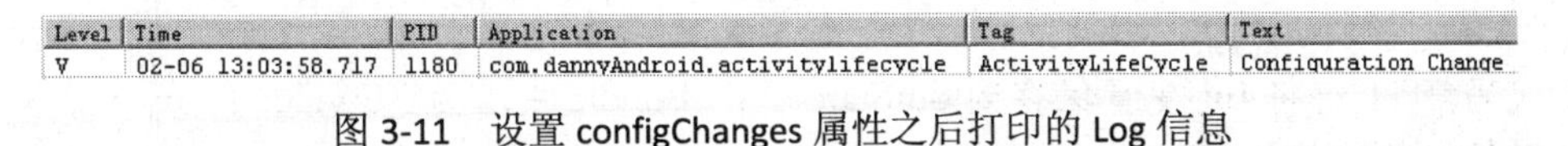

Level	Time	PID	Application	Tag	Text
V	02-06 13:03:58.717	1180	com.dannyAndroid.activitylifecycle	ActivityLifeCycle	Configuration Change

图 3-11 设置 configChanges 属性之后打印的 Log 信息

3.2.3 保存和恢复 Activity 的信息

上一小节中，我们提到当手机屏幕方向切换时可以通过保存当前 Activity 的信息，然后在重启时恢复之前的信息达到不中断应用程序运行状态，给用户带来无缝的体验感觉。为 Activity 实现这一功能的方法就是 onSaveInstanceState 和 onRestoreInstanceState。当一个 Activity 即将被系统杀死时，可以通过重写 onSaveInstanceState 方法来保存需要保存的相关信息。当重新创建该 Activity 后，之前 onSaveInstanceState 方法保存的状态信息将通过 Bundle 传递给 onCreate 方法，然后就可以利用 onRestoreInstanceState 方法来恢复之前的状态信息了。

值得注意的是，onSaveInstanceState 并不总是在 Activity 被销毁前都会被调用。当系统未经用户允许时销毁了该 Activity，则 onSaveInstanceState 方法将会被系统调用，这是系统的责任，因为它必须要提供一个机会让用户保存必要的数据。通常在下面几种情况下，系统会调用 onSaveInstanceState 方法：

（1）当用户按下 Home 按键，这是显而易见的，系统不知道用户在按下 Home 后要运行多少其他的程序，自然也不知道当前 Activity 是否会被销毁，故系统会调用 onSaveInstanceState，让用户有机会保存某些非永久性的数据；

（2）长按 Home 键，选择运行其他程序；

（3）按下电源按键，使手机设备处于屏保状态；

（4）屏幕方向切换，而用户并为设置 configChanges 属性指定系统处理该事件时，系统会销毁当前 Activity，在屏幕切换之后自动地创建该 Activity，所以 onSaveInstanceState 一定会被执行。

代码 3-2 向读者展示了如何在代码中重写 onSaveInstanceState 和 onRestoreInstanceState 方法，以此来保存和恢复用户数据。代码如下所示：

代码 3-3　ActivityRestore.java

```
01.    @Override
02.    protected void onRestoreInstanceState(Bundle savedInstanceState) {
03.        super.onRestoreInstanceState(savedInstanceState);
04.        i = savedInstanceState.getInt("MyValue");
05.        Log.v(TAG,"onRestoreInstanceState, i = " + i);
06.    }
07.    @Override
08.    protected void onSaveInstanceState(Bundle outState) {
09.        Log.v(TAG, "onSaveInstanceState");
10.        i++;
11.        outState.putInt("MyValue", i);
12.        super.onSaveInstanceState(outState);
13.    }
```

代码说明

①代码第 11 行将 Int 变量保存到 outState 这个 Bundle 中名为 MyValue 的 map 结构中。当然还可以保存其他如 long、String 等数据。

②代码第 4 行将 savedInstanceState 中名为 MyValue 的 Int 变量读出来并赋值给 i。

运行程序后，LogCat 将首先打印如图 3-12 的 Log 信息。

Level	Time	PID	Application	Tag	Text
V	02-06 13:09:52.616	1259	com.dannyAndroid.activityrestore	ActivityRestore	onCreate
V	02-06 13:09:52.616	1259	com.dannyAndroid.activityrestore	ActivityRestore	onStart
V	02-06 13:09:52.627	1259	com.dannyAndroid.activityrestore	ActivityRestore	onResume

图 3-12　运行 ActivityRestore 后打印的 Log 信息

当旋转屏幕后，打印信息如图 3-13 所示。可以看到，系统调用了 onSaveInstanceState 和 onRestoreInstanceState 方法，此时 *i* 的值被累加了 1。

Level	Time	PID	Application	Tag	Text
V	02-06 13:11:04.358	1259	com.dannyAndroid.activityrestore	ActivityRestore	onSaveInstanceState
V	02-06 13:11:04.358	1259	com.dannyAndroid.activityrestore	ActivityRestore	onPause
V	02-06 13:11:04.358	1259	com.dannyAndroid.activityrestore	ActivityRestore	onStop
V	02-06 13:11:04.358	1259	com.dannyAndroid.activityrestore	ActivityRestore	onDestroy
V	02-06 13:11:04.426	1259	com.dannyAndroid.activityrestore	ActivityRestore	onCreate
V	02-06 13:11:04.426	1259	com.dannyAndroid.activityrestore	ActivityRestore	onStart
V	02-06 13:11:04.436	1259	com.dannyAndroid.activityrestore	ActivityRestore	onRestoreInstanceState, i = 1
V	02-06 13:11:04.436	1259	com.dannyAndroid.activityrestore	ActivityRestore	onResume

图 3-13　旋转屏幕后打印的 Log 信息

当采用其他 3 种可以触发 onSaveInstanceState 调用的方法时（如按下 Home 键），打印的信息如图 3-14 所示。从图中可以看到，系统调用了 onSaveInstanceState 方法，但却没有调用 onRestoreInstanceState 方法，这表明了 onSaveInstanceState 和 onRestoreInstanceState 方法并不一定是被成对调用的。

Level	Time	PID	Application	Tag	Text
V	02-06 13:11:52.866	1259	com.dannyAndroid.activityrestore	ActivityRestore	onSaveInstanceState
V	02-06 13:11:52.866	1259	com.dannyAndroid.activityrestore	ActivityRestore	onPause
V	02-06 13:11:53.826	1259	com.dannyAndroid.activityrestore	ActivityRestore	onStop

图 3-14　按下 Home 键后打印的 Log 信息

3.3　多个 Activity 和 Intent

在前面的介绍中，程序都只拥有一个 Activity，但事实上 Android 应用程序通常都会需要多个 Activity 一起工作，才能向用户提供所需的功能。在本节中，将向读者具体介绍多个 Activity 的用法以及实现多个 Activity 一起工作所需的 Intent 的一些主要知识。

3.3.1　启动另一个 Activity

当 Android 程序启动时，系统将会首先执行 AndroidManifest.xml 中定义的主 Activity。然后可以在主 Activity 中通过事件触发（如按钮事件），启动并跳转到另一个 Activity。当这个新的 Activity 被激活运行时，它将处于整个 Activity 栈的顶部，而之前的 Activity 将被压入栈中处于暂停状态。当新的 Activity 运行结束后，便将控制权交回先前的 Activity，此时之前的 Activity 将重新回到前台恢复运行。按照这样的方式不断重复，可以为应用程序创建若干个 Activity 并在 Activity 之间两两进行跳转。而 Intent 将在这些 Activity 之间充当桥梁的作用，为它们之间的跳转传递各种消息。

通常，启动另一个 Activity 以及在 Activity 之间跳转的步骤如下：

（1）定义一个 Intent，并为该 Intent 指定即将被启动的 Activity；

（2）调用 Intent 的 startActivity 方法启动并跳转到新的 Activity；

（3）当新的 Activity 执行完毕之后，调用 finish 方法结束当前 Activity，并将控制权交回调用它的 Activity；

（4）在 AndroidManifest.xml 中声明新的 Activity。

下面通过一个完整的实例向读者详细介绍如何启动另一个 Activity 以及在 Activity 之间进行跳转。

实例 3-2　启动另一个 Activity 实例（Chapter3\SetupNewActivity）

演示如何启动另一个 Activity，并在 Activity 之间执行跳转操作。

（1）创建工程

创建一个新的 Android 工程，工程名为 SetupNewActivity，并为该工程添加如下文件。

①\res\layout\main.xml：定义程序的主 Activity 界面布局。

②LaunchActivity.java：程序的主 Activity 执行程序。

③\res\layout\new_activity.xml：程序新启动 Activity 的界面布局。

④NewActivity.java：程序新启动的 Activity 执行程序。

（2）编写代码

代码 3-3　main.xml

```
01. <?xml version="1.0" encoding="utf-8"?>
02. <LinearLayout
03.   xmlns:android="http://schemas.android.com/apk/res/android"
04.     android:orientation="vertical"
05.     android:layout_width="fill_parent"
06.     android:layout_height="fill_parent">
```

```
07.     <TextView
08.         android:layout_width="fill_parent"
09.         android:layout_height="wrap_content"
10.         android:text="这是启动页面的 Activity">
11.     </TextView>
12.     <Button android:text="启动新的 Activity"
13.         android:id="@+id/SetupNew"
14.         android:layout_width="wrap_content"
15.         android:layout_height="wrap_content"
16.         android:layout_gravity="center_horizontal">
17.     </Button>
18. </LinearLayout>
```

代码说明

上述代码定义了程序的主界面，在界面上放置了一个 TextView 组件显示当前 Activity 的信息，以及一个 Button 组件用于点击启动新的 Activity。这些组件将在后续章节中向读者进行详细的介绍，这里不再赘述。

代码 3-4 LaunchActivity.java

```
01. public class LaunchActivity extends Activity {
02.     /** Called when the activity is first created. */
03.     @Override
04.     public void onCreate(Bundle savedInstanceState) {
05.         super.onCreate(savedInstanceState);
06.         setContentView(R.layout.main);
07.         Button setupButton = (Button) findViewById(R.id.SetupNew);
08.         setupButton.setOnClickListener(new OnClickListener() {
09.             @Override
10.             public void onClick(View v) {
11.                 setupNewActivity();
12.             }
13.         });
14.     }
15.     private void setupNewActivity() {
16.         Intent newActivityIntent = new Intent(this, NewActivity.class);
17.         startActivity(newActivityIntent);
18.     }
19. }
```

代码说明

①代码第 6 行设置当前界面的显示布局。

②代码第 7 行获取 Button 对象实例。

③代码第 8～14 行为 Button 对象设置点击事件监听器。其中，代码第 11 行将调用自定义的方法 setupNewActivity 启动一个新的 Activity。

④代码第 16 行定义 Intent 对象，该 Intent 对象指定即将被启动的 Activity 为 NewActivity。

⑤代码第 17 行调用系统定义的 startActivity 方法启动名为 NewActivity 的新 Activity。

代码 3-5　new_activity.xml

```
01. <?xml version="1.0" encoding="utf-8"?>
02. <LinearLayout
03.     xmlns:android="http://schemas.android.com/apk/res/android"
04.     android:orientation="vertical"
05.     android:layout_width="fill_parent"
06.     android:layout_height="fill_parent"
07.     >
08.     <TextView
09.         android:layout_width="fill_parent"
10.         android:layout_height="wrap_content"
11.         android:text="这是新启动的 Activity 界面">
12.     </TextView>
13.     <Button android:text="结束当前 Activity"
14.         android:id="@+id/End"
15.         android:layout_width="wrap_content"
16.         android:layout_height="wrap_content"
17.         android:layout_gravity="center_horizontal">
18.     </Button>
19. </LinearLayout>
```

代码说明

上述代码和 main.xml 的内容一样，该 Button 将用于点击回到主 Activity。

代码 3-6　NewActivity.java

```
01. public class NewActivity extends Activity {
02.     @Override
03.     protected void onCreate(Bundle savedInstanceState) {
04.         super.onCreate(savedInstanceState);
05.         setContentView(R.layout.new_activity);
06.         Button endButton = (Button) findViewById(R.id.End);
07.         endButton.setOnClickListener(new OnClickListener() {
08.             @Override
09.             public void onClick(View v) {
10.                 finish();
11.             }
12.         });
13.     }
14. }
```

代码说明

上述代码和 LaunchActivity.java 基本一致，首先设置界面显示布局并通过 findViewById 方法实例化 Button 对象，然后为该 Button 设置了点击事件监听器，当用户点击该按钮之后，将调用 finish 方法结束当前 Activity 并回到之前调用它的 Activity。

最后，还需要在 AndroidManifest.xml 中声明新启动的 NewActivity。代码如下：

代码 3-7　AndroidManifest.xml

```
01. <activity android:name="NewActivity" android:label="@string/app_name">
02.     <intent-filter>
03.         <action android:name="android.intent.action.VIEW"></action>
04.         <category
05.             android:name="android.intent.category.DEFAULT">
06.         </category>
07.     </intent-filter>
08. </activity>
```

代码说明

①代码 android:name="android.intent.action.VIEW"指定了该 Activity 对应的 action 为用于显示，与之对比的是，程序的主 Activity 对应代码 android:name="android.intent.action.MAIN"则指明了主 Activity 为该应用程序的入口点。

②代码 android:name="android.intent.category.DEFAULT 则指定了该 Activity 的 category 为默认分类，对比的是，主 Activity 对应代码 android:name="android.intent.category.LAUNCHER"则指定了主 Activity 是在 LAUNCHER 这一类中，即表示主 Activity 是应用程序的启动项。

（3）运行程序

运行程序后，程序将首先显示如图3-15所示的主Activity界面；点击“启动新的Activity”按钮之后，程序将跳转到新启动的Activity，如图3-16所示；点击“结束当前Activity”按钮之后程序又将回到如图 3-15 所示的主 Activity 界面。

图 3-15　主 Activity

图 3-16　新启动的 Activity

3.3.2　启动另一个 Activity 将语音转换成文本并返回结果

在上一小节中，向读者介绍如何启动另一个 Activity。在有些应用场合中，不单需要启动另一个 Activity，还需要重新启动的 Activity 得到它的返回结果。在这一小节中，将结合 Android 自带的 Google RecognizerIntent 向读者介绍如何启动 Activity 并返回结果给先前的 Activity。

通常，启动另一个 Activity 并处理其返回值的步骤如下。

（1）定义一个 Intent，并为该 Intent 指定即将被启动的 Activity。

（2）调用 startActivityForResult（Intent intent，int requestCode）方法启动 Intent 并跳转到另一个 Activity，同时标记 requestCode。这个方法有两个参数，第一个是即将要启动的 Intent，第二个参数是一个 Int 型的请求码。因为可能在同一个程序中存在多个带有返回值的 Activity，该请求码用于在先前的 Activity 中判断是哪一个被启动的 Activity 返回的数据。

（3）重写 onActivityResult（int requestCode，int resultCode，Intent data）方法解析其他 Activity 返回的数据。当使用 startActivityForResult 方法启动另一个 Activity，并且当新的

Activity 运行结束时，系统都会首先回调原 Activity 的 onActivityResult 方法，然后再回调 onResume 方法使原 Activity 继续正常运行。因为返回的 Activity 可能存在问题，导致不能返回正确的值。因此，在重写 onActivityResult 方法时需要先检查返回码 resultCode 是否为 RESULT_OK。只有当返回码为 RESULT_OK 表明新启动的 Activity 正确返回了，才能继续解析其返回的结果。onActivityResult 方法的另外两个参数的意义也很明显，其中 requestCode 即是先前调用 startActivityForResult 为新启动的 Activity 设定的请求码，而 data 则是新启动的 Intent。

下面，通过一个实例向读者具体介绍如何启动一个新的 Activity 并处理其返回值，同时在该实例中还将向读者介绍如何使用 Android 自带的 Google 语音识别功能。

实例 3-3　Activity 返回值实例（Chapter3\ActivityResultDemo）

演示如何启动一个新的 Activity 并处理其返回值。在本实例中，将利用 Android 系统自带的 RecognizerIntent 识别麦克风输入的语音，并将其转换成文本格式显示在主 Activity 对应的屏幕界面上。需要注意的是，本实例需要在真机上才能执行，因为模拟器无法进行麦克风输入。

（1）创建工程

创建一个新的 Android 工程，工程名为 ActivityResultDemo，并为该工程添加如下文件。

ActivityResultDemo.java：创建 Activity 的子类 ActivityResultDemo，该类将启动新的 Activity，同时处理新 Activity 的返回值。

（2）编写代码

代码 3-8　ActivityResultDemo.java

```
01. public class ActivityResultDemo extends Activity {
02.     private static final int SPEECH_RECOGNIZE_CODE = 0x1010;
03.     private TextView recognizedText = null;
04.     private Button recognizeBtn = null;
05.     /** Called when the activity is first created. */
06.     @Override
07.     public void onCreate(Bundle savedInstanceState) {
08.         super.onCreate(savedInstanceState);
09.         setContentView(R.layout.main);
10.         recognizedText = (TextView) findViewById(R.id.recognizedText);
11.         recognizeBtn = (Button) findViewById(R.id.speechRecognize);
12.         recognizeBtn.setOnClickListener(new OnClickListener() {
13.             public void onClick(View v) {
14.                 Intent intent =
15.                     new Intent(RecognizerIntent.ACTION_RECOGNIZE_SPEECH);
16.                 intent.putExtra(RecognizerIntent.EXTRA_LANGUAGE_MODEL,
17.                         RecognizerIntent.LANGUAGE_MODEL_FREE_FORM);
18.                 intent.putExtra(RecognizerIntent.EXTRA_PROMPT,
19.                                 "你说的话将以文本形式显示在屏幕上");
20.                 startActivityForResult(intent, SPEECH_RECOGNIZE_CODE);
21.             }
22.         });
23.     }
```

代码说明

①代码第 9 行设置界面显示布局；代码第 10、11 行获取文本框和按钮对象实例；代码第 12-22 行为按钮对象设置点击事件监听器。

②代码第 14、15 行将创建一个给定动作的 Intent，在这里该动作就是进行语音识别。在前面的实例 3-2 中，我们创建 Intent 时是为该 Intent 指定了需要的组件（即执行跳转的两个 Activity）。事实上，通过指定动作来创建 Intent 是更为常见的方式。

③代码第 16、17 行为 Intent 添加一个额外的数据。这里调用 putExtra 方法为语音识别指定语言的模式，这是使用 RecognizerIntent 所必须指定的，在本实例中，我们选择了自由语言（LANGUAGE_MODEL_FREE_FORM）模式，其实还可以使用另外一种模式，即是网页查找模式（LANGUAGE_MODEL_WEB_SEARCH）。

④代码第 18、19 行调用 putExtra 方法为该 Intent 添加了额外的用户提示信息，该信息将在语音识别的 Activity 上显示出来。

⑤代码第 20 行调用 startActivityForResult 方法启动语音识别的 Intent，并要求返回调用结果。

```
24.    @Override
25.    protected void onActivityResult(int requestCode,
26.                                     int resultCode, Intent data) {
27.        if (requestCode == SPEECH_RECOGNIZE_CODE && resultCode == RESULT_OK)
28.        {
29.            ArrayList<String> result
30.                = data.getStringArrayListExtra(
31.                            RecognizerIntent.EXTRA_RESULTS);
32.            recognizedText.setText(result.get(0));
33.        }
34.        super.onActivityResult(requestCode, resultCode, data);
35.    }
36. }
```

代码说明

①代码第 25～35 行重写 onActivityResult 方法处理 Activity 的返回值。

②代码第 27 行检查返回码和请求码是否为合法值。

③代码第 29～31 行解析语言识别的返回值。其中方法 getStringArrayListExtra 将获取该 Intent 的扩展数据,这里将参数设置为 RecognizerIntent.EXTRA_RESULTS 则表示将获取语音识别的文本结果。通过该方法获取的是一个 ArrayList<String>类型的数据，即是一个数组列表，该列表中的每一项都是一个 String 类型。在这里，语音识别将有若干个候选结果，我们通过数组列表的 get 方法取第一个 String，这便是语音识别得到的最匹配的文本。

④代码第 32 行将识别的语言内容以文字形式显示在文本框中。

（3）运行程序

运行程序，点击“语音识别”按钮，将弹出如图 3-17 所示的语音识别 Activity 的界面；当用户讲话之后，将对输入的语音信息进行信号分析处理，如图 3-18 所示；当识别完成后，将在主 Activity 中显示识别的文本结果，如图 3-19 所示。

图 3-17 语音识别 Activity

图 3-18 处理语音信号

图 3-19 语音识别结果

3.3.3 使用隐式 Intent 创建 Activity

所谓的隐式 Intent，即是没有指定特定组件的 Intent，它们是通过 Intent Filter 来确定所需要的功能，由 Android 系统根据 Intent 包含的信息去匹配满足此 Intent 的组件。Intent Filter 通过 3 个属性来匹配 Intent，分别是 action（动作）、data（数据）以及 category（类别）。下面先对这 3 个属性做简单的介绍。

（1）action

action 表示对 Intent 的执行动作的描述。Android 系统中自定义了很多标准的 action。如 ACTION_MAIN 标识当前 activity 作为程序的入口点、ACTION_VIEW 表示将数据显示给用户、ACTION_WEB_SEARCH 表示在 Google 上搜索指定的数据。同时，用户也可以自定义一些自己的 action。

（2）data

data 描述了与 Intent 的执行动作相关联的数据，Android 中经常采用指向数据的一个 URI 来表示 data。例如，一个指向某联系人信息的 URI 为：content://contacts/someone；一个指向 Android 主页的 URI 为：http://www.android.com。

（3）category

category 描述了 Intent 的执行动作的附加信息。例如，LAUNCHER_CATEGORY 表示 Intent 的接受组件应该在 Launcher 的顶层；ALTERNATIVE_CATEGORY 表示当前的 activity 是一系列可选动作中的一个。

定义一个隐式的 Intent 对象的代码如下：

```
Intent(String action);
Intent(String action, Uri uri);
```

在第一种定义中，只为Intent指定了相应的执行动作，而第二种定义则为该Intent指定了动作也指定了动作关联的数据。

下面，通过一个实例向读者具体介绍通过隐式 Intent 创建 Activity 的用法。

实例 3-4　隐式 Intent 创建 Activity 实例（Chapter3\ImplicitIntent）

演示如何使用隐式 Intent 创建 Activity。在实例中，我们将创建 3 个 Activity，分别是显示联系人列表、在拨号键盘上拨号以及打电话给某人。

（1）创建工程

创建一个新的 Android 工程，工程名为 ImplicitIntent，并为该工程添加如下文件。

ImplicitIntent.java：创建 Activity 的子类 ImplicitIntent，该类将使用隐式 Intent 创建 3 个新的 Activity。

（2）编写代码

代码 3-9　ImplicitIntent.java

```
01. public class ImplicitIntent extends Activity {
02.     private Button contactBtn = null;
03.     private Button dialBtn = null;
04.     private Button callBtn = null;
05.     @Override
06.     public void onCreate(Bundle savedInstanceState) {
07.         super.onCreate(savedInstanceState);
08.         setContentView(R.layout.main);
09.         contactBtn = (Button) findViewById(R.id.contact);
10.         contactBtn.setOnClickListener(new BtnListener());
11.         dialBtn = (Button) findViewById(R.id.dial);
12.         dialBtn.setOnClickListener(new BtnListener());
13.         callBtn = (Button) findViewById(R.id.call);
14.         callBtn.setOnClickListener(new BtnListener());
15.     }
```

代码说明

①代码第 8 行设置界面显示布局。

②代码第 9、10 行获取“显示联系人”按钮的实例并为其设置点击事件监听器。

③代码第 11、12 行获取“拨号”按钮的实例并为其设置点击事件监听器。

④代码第 13、14 行获取“拨通电话”按钮的实例并为其设置点击事件监听器。

```
16.     private class BtnListener implements OnClickListener {
17.         public void onClick(View v) {
18.             if (v == callBtn) {
19.                 startActivity(new Intent(Intent.ACTION_CALL,
20.                                 Uri.parse("tel:13800571505")));
21.             }
22.             if (v == contactBtn) {
23.                 startActivity(new Intent(Intent.ACTION_VIEW,
24.                                 Uri.parse("content://contacts/people/")));
25.             }
```

```
26.            if (v == dialBtn) {
27.                startActivity(new Intent(Intent.ACTION_DIAL,
28.                        Uri.parse("tel:13800571505")));
29.            }
30.        }
31.    }
32. }
```

代码说明

①代码第 16～31 行定义内部类 BtnListener 以实现 Button 按钮的点击事件监听器，有关这方面的内容将在第 5 章向读者进行详细的介绍。

②代码第 18～21 行判断点击的按钮为“拨通电话”按钮时，便启动拨通电话的 Activity。

③代码第 22～25 行判断点击的按钮为“显示联系人”按钮时，便启动显示联系人的 Activity。

④代码第 26～29 行判断点击的按钮为“拨号”按钮时，便启动拨号的 Activity。

⑤代码 new Intent（Intent.ACTION_CALL，Uri.parse（"tel:13800571505"））以及后面的 2 个 Intent 构造函数都为该 Intent 指定了动作以及相关联的数据，理解这些隐式 Intent 都比较简单。其中，Intent.ACTION_CALL 表示动作为拨通电话，而 Intent.ACTION_DIAL 则表示拨电话号码的动作。

（3）运行程序

运行程序，点击“显示联系人”按钮，界面如图 3-20 所示；点击“拨号”按钮，界面如图 3-21 所示；最后点击“打电话”按钮，界面如图 3-22 所示。

图 3-20　联系人界面

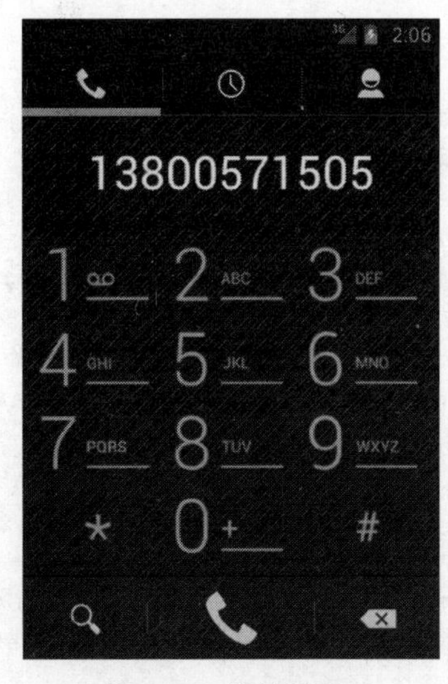

图 3-21　拨号界面

图 3-22　拨通电话界面

3.3.4　在 Activity 之间传递数据

前面已经向读者介绍了如何启动带有返回值的 Activity，事实上很多时候不单需要被调用的 Activity 回传数据，同时也需要向被调用的 Activity 传递数据。在这一小节中，将向读者介绍如何在 Activity 之间传递数据。

Activity之间传递数据有几种方法，诸如shared preferences、SQLite等。这些方法将在第5章单独向读者进行详细介绍。在这里，向读者介绍另外一种相对简单的方法，即是利用 Bundle 包附加数据进行 Activity 之间的数据传递。

Bundle 是一个类型安全的容器，它的实现是基于 HashMap 的一种封装，但是这两者之间存在很大的差别。HashMap 可以存储任何的名值对，值可以是任何的 Java 类型，但是对 Bundle 而言，它的值只能是基本数据类型或基本类型的数组，如 String、int、byte 和 boolean 等。

利用 Bundle 在 Activity 之间传递数据的原理很简单，即是将 Bundle 作为 Intent 的附加属性数据。下面将通过一个实例向读者详细介绍利用 Bundle 在 Activity 之间传递数据的用法。

实例 3-5　Activity 之间传递数据实例（Chapter3\ActivityDataPass）

演示如何利用 Bundle 在 Activity 之间传递数据。在本实例中，主 Activity 将向新启动的 Activity 传递一个人的姓名和性别，而新启动的 Activity 则将此人对应的年龄和职业回传给主 Activity，传递的数据都将显示在程序的 title 上。

（1）创建工程

创建一个新的 Android 工程，工程名为 ActivityDataPass，并为该工程添加如下文件。

①MainActivity.java：创建程序的主 Activity 类。

②NextActivity.java：创建程序的子 Activity 类。

（2）编写代码

代码 3-10　MainActivity.java

```
01. public class MainActivity extends Activity {
02.     private static final int NEXT = 0x1010;
03.     private Button nextBtn = null;
04.     private static final String name = "雷锋";
05.     private static final String gender = "男";
06.     private static int age = 0;
07.     private static String work = null;
08.     /** Called when the activity is first created. */
09.     @Override
10.     public void onCreate(Bundle savedInstanceState) {
11.         super.onCreate(savedInstanceState);
12.         setContentView(R.layout.main);
13.         nextBtn = (Button) findViewById(R.id.Next);
14.         nextBtn.setOnClickListener(new OnClickListener() {
15.             @Override
16.             public void onClick(View v) {
17.                 Intent nextIntent = new Intent(MainActivity.this,
18.                                             NextActivity.class);
19.                 Bundle bundle = new Bundle();
20.                 bundle.putString("姓名", name);
21.                 bundle.putString("性别", gender);
22.                 nextIntent.putExtras(bundle);
```

```
23.                 startActivityForResult(nextIntent, NEXT);
24.             }
25.         });
26.     }
```

代码说明

①代码第 2 行定义启动的新 Activity 返回结果的请求码。

②代码第 12、13 行设置界面显示布局并获取启动新 Activity 的点击按钮。

③代码第 14～25 行为按钮设置点击事件监听器。

④代码第 19～21 行调用 putString 方法把姓名、性别插入到 bundle 对象的 key-value 对中。其中方法 bundle.putString（string key，string value）将把 String 类型的变量 value 的值插入 bundle 中名为 key 的 key-value 对中。也可以向 bundle 中插入其他类型的数据，如 bundle.putInt 方法将向 bundle 插入值类型为 Int 的 key-value 对。

```
27.     @Override
28.     protected void onActivityResult(int requestCode,
29.                                     int resultCode, Intent data) {
30.         if (resultCode == RESULT_OK && requestCode == NEXT) {
31.             Bundle bundle = data.getExtras();
32.             age = bundle.getInt("年龄");
33.             work = bundle.getString("职业");
34.             setTitle("年龄: " + age + ", 职业: " + work);
35.         }
36.         super.onActivityResult(requestCode, resultCode, data);
37.     }
38. }
```

代码说明

①代码第 30 行检查返回码和请求码是否为合法值。

②代码第 31 行获取返回 Intent 内附件的 Bundle。

③代码第 32、33 行从 Bundle 中取出数据，包括年龄和职业。

④代码第 34 行将从 Bundle 中取出的数据显示在程序的 title 上。其中方法 getInt 将把 bundle 中名为“年龄”的 Int 类型的 key-value 对的值取出赋给 age 变量。而 bundle.getString 方法则将在 bundle 中取出 String 类型的值。

代码 3-11　NextActivity.java

```
01. public class NextActivity extends Activity {
02.     private Button backBtn = null;
03.     private static final int age = 25;
04.     private static final String work = "军人";
05.     private static String name = null;
06.     private static String gender = null;
07.     /** Called when the activity is first created. */
08.     @Override
09.     public void onCreate(Bundle savedInstanceState) {
10.         super.onCreate(savedInstanceState);
```

```
11.         setContentView(R.layout.next);
12.         Bundle bundle = getIntent().getExtras();
13.         name = bundle.getString("姓名");
14.         gender = bundle.getString("性别");
15.         setTitle("姓名: " + name + ", 性别: " + gender);
16.         backBtn = (Button) findViewById(R.id.Back);
17.         backBtn.setOnClickListener(new OnClickListener() {
18.             @Override
19.             public void onClick(View v) {
20.                 Intent backIntent = new Intent();
21.                 Bundle bundle = new Bundle();
22.                 bundle.putInt("年龄", age);
23.                 bundle.putString("职业", work);
24.                 backIntent.putExtras(bundle);
25.                 setResult(RESULT_OK, backIntent);
26.                 finish();
27.             }
28.         });
29.     }
30. }
```

代码说明

①代码第 12 行调用 getIntent()将返回对应的 Intent，在这里就是 MainActivity 中定义的执行这一次 Activity 跳转的 nextIntent，并获取该 Intent 附加的 Bundle 数据。

②代码第 25 行调用 setResult（RESULT_OK，backIntent）方法为本 Activity 设置返回结果码，在这里结果码设置为 RESULT_OK，表示本 Activity 正确运行，因此调用此 Activity 的 Activity 可以正常解析回传的数据，而这个方法的第二个参数则表示返回给调用此 Activity 的 Intent。

③代码第 26 行调用 finish()方法结束当前 Activity，将控制权返回给调用的 Activity。

最后，再次提醒不要忘记在 AndroidManifest.xml 中声明新定义的 NextActivity。

（3）运行程序

运行程序，点击“下一步”按钮，程序将跳转到 NextActivity 对应界面，如图 3-23 所示。之后，点击“返回”按钮，程序将跳转回主 Activity 的界面，如图 3-24 所示。

图 3-23　NextActivity 界面

图 3-24　主 Activity 界面

第 4 章　界面编程

对于一款应用程序的实现，用户界面（UI）设计是其中至关重要的部分。好的 UI 能够带给使用者亲切感和优越的用户体验。Android 系统借助了 Java 的 UI 设计思想，包括事件响应机制和布局管理，给开发者提供了诸如菜单、对话框、按钮、进度条等丰富的可视化用户界面组件。这一切使得开发人员能够为广大的Android用户设计出非常人性化，极具亲切感的界面。本章将对 Android UI 设计中常用的组件和布局等进行详细的介绍，使读者能够对 Android 的 UI 设计有一个全面的了解。

4.1　界面编程与视图（View）组件

Android 的用户界面由若干视图（View）组件构成，开发者需要选择恰当的视图组件，并对这些组件进行合理的布局设计，以带给使用者内容清楚、指示明白、屏幕美观和极具亲切感的用户界面。

4.1.1　视图组件与容器组件

在 Android 应用中，用户界面都是由 View 和 ViewGroup 及其派生类对象组合而成。其中，视图组件（View）是所有 UI 组件的基类，一个视图占据屏幕上的一块矩形区域，它负责对这块矩形区域进行渲染（如将矩形区域设置为蓝色），处理矩形区域内发生的事件（如用户点击这片区域），以及设置这块区域的属性（如是否可见、是否获得焦点等）。而视图容器组件（ViewGroup）是容纳视图组件（View）的容器，它负责装载和管理其下层的一组 View 和其他 ViewGroup 对象。Android UI 界面的一般结构如图 4-1 所示。

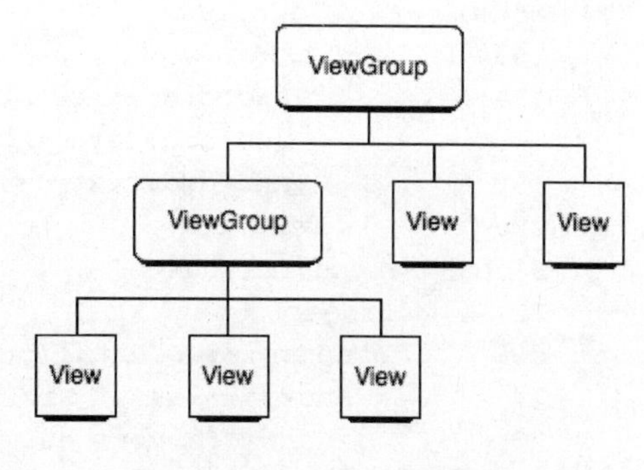

图 4-1　Android UI 界面结构

如图 4-1 所示，作为容器的 ViewGroup 是整个界面的根节点，它可以包含作为叶子节点的 View，也可以包含作为更低层次的子 ViewGroup，而子 ViewGroup 又可以包含下一层的叶子节点的 View 和 ViewGroup。事实上，这种灵活的 View 层次结构可以形成非常复杂的 UI 布局，开发者可据此设计、开发非常精致的 UI 界面。

一般来说，开发 Android 应用程序的 UI 界面都不会直接使用 View 和 ViewGroup，而是使用这两大基类的派生类，如派生于 View 的按钮（Button）组件、文本框（TextView）以及派生于 ViewGroup 的线性布局（LinearLayout）、列表视图（ListView）等。

4.1.2 控制 UI 界面

在 Android 中，有 3 种方式可以用来创建和控制 UI 界面。在本小节中，将通过这 3 种方式实现同一个 UI 界面向读者介绍 UI 界面的控制。UI 界面如图 4-2 所示。

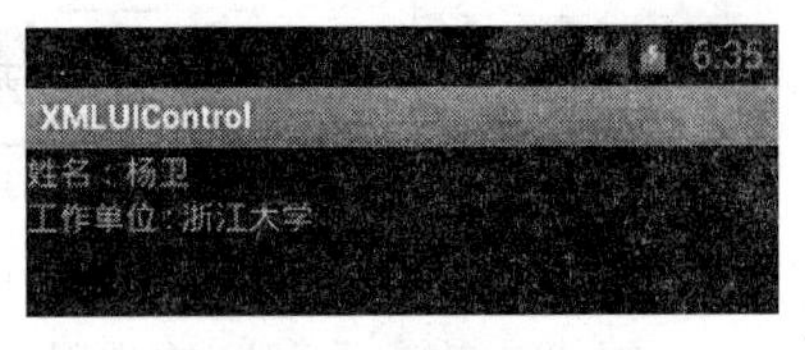

图 4-2 UI 界面运行效果

1. *使用 xml 布局文件控制 UI 界面*

开发者可以在 xml 布局文件中创建出 UI 界面的框架，同时可以利用 Android 提供的诸多使用 xml 对视图和布局进行管理的属性来定义视图组件的大小和方向等。使用这种方式的优点在于，它使用 MVC 模式，将视图层和逻辑控制层分开。视图和布局控制文件没有混合在程序代码中，使整个 UI 界面结构清晰，可维护性高。布局文件 main.xml 如代码 4-1 所示。

代码 4-1 Chapter4\XMLUIControl\res\layout\main.xml

```
01. <?xml version="1.0" encoding="utf-8"?>
02. <LinearLayout
03.     xmlns:android="http://schemas.android.com/apk/res/android"
04.     android:orientation="vertical"
05.     android:layout_width="fill_parent"
06.     android:layout_height="fill_parent">
07.     <LinearLayout
08.         android:orientation="horizontal"
09.         android:layout_width="fill_parent"
10.         android:layout_height="wrap_content">
11.         <TextView
12.             android:layout_width="wrap_content"
13.             android:layout_height="wrap_content"
14.             android:text="姓名：">
15.         </TextView>
16.         <TextView
17.             android:layout_width="wrap_content"
18.             android:layout_height="wrap_content"
19.             android:text="杨卫">
20.         </TextView>
21.     </LinearLayout>
22.     <LinearLayout
23.         android:orientation="horizontal"
24.         android:layout_width="fill_parent"
25.         android:layout_height="wrap_content">
26.         <TextView
27.             android:layout_width="wrap_content"
28.             android:layout_height="wrap_content"
29.             android:text="工作单位 :">
30.         </TextView>
31.         <TextView
32.             android:layout_width="wrap_content"
```

```
33.            android:layout_height="wrap_content"
34.            android:text=" 浙江大学">
35.        </TextView>
36.    </LinearLayout>
37. </LinearLayout>
```

代码说明

①在这个布局文件中，UI 界面的主容器组件、姓名容器组件和工作单位容器组件都是 LinearLayout，对它们进行了 3 个属性的设置，包括水平布局宽度设置为填满父视图的宽度，垂直布局高度设置为填满父视图的高度。另外，主容器布局排列方向设置为纵向，其他两个容器设置为横向，所以姓名标签和姓名值在同一行，工作单位标签和工作单位值在同一行。因为主容器是纵向，所以主容器里面的两个子节点姓名容器、工作单位容器将从上到下排列分成两行。

②UI 界面中显示的姓名标签和工作单位标签以及对应的值均采用文本框组件来表示，并对它们设置了 3 个属性，包括水平宽度设置为包围内容，垂直高度为包围内容，以及分别需要显示的文本内容。

有关 xml 文件中对视图容器及组件的一些属性设置的具体内容将在本章后面的部分向读者进行详细的介绍。

本 UI 界面设计的 Java 代码为系统默认生成，不需要开发人员添加任何代码，如代码 4-2 所示。

代码 4-2 \Chapter4\XMLUIControl\src\com\dannyAndroid\xmluicontrol\XMLUIControl.java

```
01. public class UICtrlActivity extends Activity {
02.     public void onCreate(Bundle savedInstanceState) {
03.         super.onCreate(savedInstanceState);
04.         setContentView(R.layout.main);
05.     }
06. }
```

代码说明

代码第 4 行调用 setContentView 方法指定该应用的布局文件，显示 main.xml 设置的视图和布局，这样便实现了一个完整的 UI 界面。

2. 使用Java 代码控制UI 界面

开发人员可以通过在 Java 代码中动态地创建视图或布局以及设置它们的属性。这种方式的优点在于，它可以根据程序的运行状态，动态地修改和显示视图的内容。实现如图 4-1 所示 UI 界面的 Java 代码如代码 4-3 所示。

代码 4-3 \Chapter4\JavaUIControl\src\com\dannyAndroid\javauicontrol\JavaUIControl.java

```
01. public class JavaUIControl extends Activity {
02.     public void onCreate(Bundle savedInstanceState) {
```

```
03.         super.onCreate(savedInstanceState);
04.         LinearLayout parent = new LinearLayout(this);
05.         parent.setOrientation(LinearLayout.VERTICAL);
06.         parent.setLayoutParams(new LayoutParams(
07.                 LayoutParams.FILL_PARENT,LayoutParams.FILL_PARENT));
08.         LinearLayout nameLinearLayout = new LinearLayout(this);
09.         nameLinearLayout.setOrientation(LinearLayout.HORIZONTAL);
10.         nameLinearLayout.setLayoutParams(new LayoutParams(
11.                 LayoutParams.FILL_PARENT, LayoutParams.WRAP_CONTENT));
12.         TextView nameLabel = new TextView(this);
13.         nameLabel.setText("姓名：");
14.         TextView name = new TextView(this);
15.         name.setText("杨卫");
16.         nameLinearLayout.addView(nameLabel);
17.         nameLinearLayout.addView(name);
```

代码说明

①代码第 4 行创建主视图布局容器，该容器为线性布局容器（LinearLayout）。

②代码第 5 行设置该 LinearLayout 布局为垂直排列方式。

③代码第 6、7 行设置该 LinearLayout 的布局参数，水平和垂直方向宽度均为填满父视图。

④代码第 8～11 行创建存放姓名标签和姓名值的布局容器并设置该布局的参数。其中，代码第 8 行创建 LinearLayout 布局；代码第 9 行设置该布局为水平排列方式；代码第 10、11 行设置该布局水平和垂直宽度均为包围内容。

⑤代码第 12 行创建文本框视图用于存放姓名标签，代码第 13 行设置该文本框显示内容为“姓名:”。

⑥代码第 14 行创建文本框视图用于存放姓名值，代码第 15 行设置该文本框显示内容为“杨卫”。

⑦代码第 16、17 行将姓名标签文本框和姓名值文本框加入代码第 8 行创建的 LinearLayout 布局容器中。

```
18.         LinearLayout addressLinearLayout = new LinearLayout(this);
19.         addressLinearLayout.setOrientation(LinearLayout.HORIZONTAL);
20.         addressLinearLayout.setLayoutParams(new LayoutParams(
21.                 LayoutParams.FILL_PARENT, LayoutParams.WRAP_CONTENT));
22.         TextView addressLabel = new TextView(this);
23.         addressLabel.setText("工作单位 : ");
24.         TextView address = new TextView(this);
25.         address.setText(" 浙江大学");
26.         addressLinearLayout.addView(addressLabel);
27.         addressLinearLayout.addView(address);
28.         parent.addView(nameLinearLayout);
29.         parent.addView(addressLinearLayout);
30.         setContentView(parent);
31.     }
32. }
```

代码说明

①代码第18～21行创建存放工作单位标签和工作单位的布局容器并设置该布局的参数。其中，代码第18行创建LinearLayout布局；代码第19行设置该布局为水平排列方式；代码第20、21行设置该布局水平和垂直宽度均为包围内容。

②代码第22行创建文本框视图用于存放工作单位标签，代码第23行设置该文本框显示内容为“工作单位:”。

③代码第24行创建文本框视图用于存放工作单位，代码第25行设置该文本框显示内容为“浙江大学”。

④代码第26、27行将姓名标签文本框和姓名值文本框加入代码第18行创建的LinearLayout布局容器中。

⑤代码第28、29行将存放姓名和工作单位的两个布局容器加入主视图布局容器中。

⑥代码第30行将主视图布局容器parent设置为应用界面的显示内容。

3. *使用xml和Java代码混合控制UI界面*

开发人员可以在xml文件中声明视图和布局，然后在代码中引用这些视图，对这些组件的属性进行相应的修改。这种方式结合了前两种方式的结构清晰和可动态修改的优点，在复杂布局的UI界面设计中常常采用这种方式。采用这种方式实现如图4-1所示的UI界面时，需要同时编码xml和Java代码。

代码4-4 \Chapter4\MixUIControl\res\layout\main.xml

```
01. <?xml version="1.0" encoding="utf-8"?>
02. <LinearLayout
03.     xmlns:android="http://schemas.android.com/apk/res/android"
04.     android:orientation="vertical"
05.     android:layout_width="fill_parent"
06.     android:layout_height="fill_parent">
07.     <LinearLayout
08.         android:orientation="horizontal"
09.         android:layout_width="fill_parent"
10.         android:layout_height="wrap_content">
11.         <TextView
12.             android:id="@+id/namelabel"
13.             android:layout_width="wrap_content"
14.             android:layout_height="wrap_content">
15.         </TextView>
16.         <TextView
17.             android:id="@+id/namevalue"
18.             android:layout_width="wrap_content"
19.             android:layout_height="wrap_content">
20.         </TextView>
21.     </LinearLayout>
```

```
22.    <LinearLayout
23.        android:orientation="horizontal"
24.        android:layout_width="fill_parent"
25.        android:layout_height="wrap_content">
26.        <TextView
27.            android:id="@+id/addlabel"
28.            android:layout_width="wrap_content"
29.            android:layout_height="wrap_content">
30.        </TextView>
31.        <TextView
32.            android:id="@+id/addvalue"
33.            android:layout_width="wrap_content"
34.            android:layout_height="wrap_content">
35.        </TextView>
36.    </LinearLayout>
37. </LinearLayout>
```

代码说明

该布局文件与单独使用 xml 实现该 UI 界面基本一样，区别在于这里并没有对需要显示的文本内容进行设置，这样当前状态下文本内容将为空，对文本内容的设置将在 Java 代码中动态修改实现。同时该布局文件多设置了一个属性 android:id，这个属性将设置该组件的 id，以便在 Java 代码中通过该 id 引用该视图组件。

代码 4-5　\Chapter4\MixUIControl\src\com\dannyAndroid\mixuicontrol\MixUIControl.java

```
01. public class MixUIControl extends Activity {
02.     private TextView namelabel = null;
03.     private TextView nameval = null;
04.     private TextView addlabel = null;
05.     private TextView addval = null;
06.     public void onCreate(Bundle savedInstanceState) {
07.         super.onCreate(savedInstanceState);
08.         setContentView(R.layout.main);
09.         namelabel = (TextView) findViewById(R.id.namelabel);
10.         namelabel.setText("姓名:");
11.         nameval = (TextView) findViewById(R.id.namevalue);
12.         nameval.setText("杨卫");
13.         addlabel = (TextView) findViewById(R.id.addlabel);
14.         addlabel.setText("工作单位: ");
15.         addval = (TextView) findViewById(R.id.addvalue);
16.         addval.setText("浙江大学");
17.     }
18. }
```

代码说明

①代码第 8 行设置当前界面显示的内容为 main.xml 设置的布局。

②代码第 9 行通过调用 findViewById 方法获取姓名标签文本框组件的引用实例，其中该方法的参数为 main.xml 中为组件设置的 id。代码第 10 行设置姓名标签文本框的内容。

③代码第 11、12 行获取姓名文本框的引用实例并设置姓名文本框的内容。

④代码第 13、14 行获取工作单位标签文本框的引用实例并设置该文本框的内容。

⑤代码第 15、16 行获取工作单位文本框的引用实例并设置该文本框的内容。

4.2　布局管理器

一个完整的 UI 界面需要将若干组件按照一定的样式进行布局，所谓布局就是指组件在 Activity 中的呈现方式，包括组件大小、间距和对齐方式等。Android 中的布局包括线性布局、表格布局、帧布局、相对布局和绝对布局。本节将对这 5 种布局管理器进行详细的介绍。

4.2.1　线性布局（LinearLayout）

线性布局是Android中最简单的布局，它是将子组件按照垂直或者水平方向来进行布局，方向由“android:orientation”属性进行控制，具体的属性值有垂直（vertical）和水平（horizontal）两种，同时也可以通过类成员方法 setOrientation（int）对该属性进行设置。在线性布局中还有一个常用属性“android:gravity”，用来控制组件的对齐方式，该属性取值如表 4-1 所示，同时也可以通过类成员方法 setGravity（int）对该属性进行设置。

表 4-1　　android:gravity 属性取值及其说明

属性值	说明
top	对齐到容器顶部，不改变组件的大小
bottom	对齐到容器底部，不改变组件的大小
left	对齐到容器左侧，不改变组件的大小
right	对齐到容器右侧，不改变组件的大小
center_vertical	对齐到容器垂直正中位置，不改变组件的大小
center_horizontal	对齐到容器水平正中位置，不改变组件的大小
center	对齐到容器正中位置，不改变组件的大小
fill_vertical	拉伸垂直填满容器
fill_horizontal	拉伸水平填满容器
fill	拉伸垂直水平均填满容器

下面，将通过一个实例向读者说明 LinearLayout 的用法。

实例 4-1　线性布局演示（LinearLayoutDemo）

创建一个线性布局，在该容器内放置 3 个按钮，按钮将按照线性布局排列。

（1）创建工程

创建一个新的 Android 工程，工程名为 LinearLayoutDemo，并为该工程添加如下文件。

\res\layout\main.xml：定义程序的界面布局。

（2）编写代码

代码 4-6 \Chapter4\LinearLayoutDemo\res\layout\main.xml

```
01. <?xml version="1.0" encoding="utf-8"?>
02. <LinearLayout
03.     xmlns:android="http://schemas.android.com/apk/res/android"
04.     android:orientation="vertical"
05.     android:layout_width="fill_parent"
06.     android:layout_height="fill_parent"
07.     android:gravity="center_horizontal"
08.     >
09.     <Button android:text="按钮 1"
10.         android:id="@+id/Button01"
11.         android:layout_width="wrap_content"
12.         android:layout_height="wrap_content">
13.     </Button>
14.     <Button android:text="按钮 2"
15.         android:id="@+id/Button02"
16.         android:layout_width="wrap_content"
17.         android:layout_height="wrap_content">
18.     </Button>
19.     <Button android:text="按钮 3"
20.         android:id="@+id/Button03"
21.         android:layout_width="wrap_content"
22.         android:layout_height="wrap_content">
23.     </Button>
24. </LinearLayout>
```

代码说明

①该 xml 文件中，指定 LinearLayout 为容器，在该容器内放置了 3 个按钮，分别显示按钮 1、按钮 2 和按钮 3 的文本内容。

②代码第 4 行 android:orientation="vertical"设置线性布局方向为垂直方向。

③代码第 7 行 android:gravity="center_horizontal"设置线性布局对齐为水平居中。

（3）运行程序

程序运行界面如图 4-3 所示。

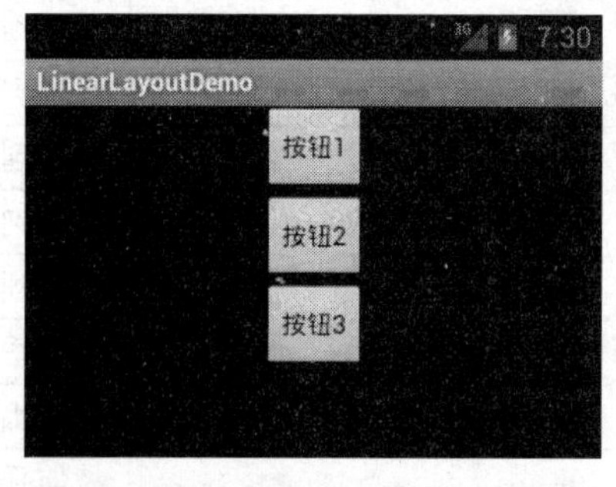

图 4-3　线性布局演示程序运行界面

编者手记

读者可以对实例 4-1 中的部分代码进行修改，例如将 orientation 属性修改为 horizontal，或者将 gravity 属性修改为 left、right、center 等，然后比较程序的运行结果，这将有助于读者加深对这些属性的理解。

4.2.2　表格布局（TableLayout）

TableLayout 可以用来显示表格式数据或者像网页上的 HTML 表格一样制作排列整齐的界面。它由一系列行和列组成的网格，并可以在这些网格的单元格中显示视图控件。从用户界面设计的角度看，一个 TableLayout 由一系列 TableRow 控件组成，每个 TableRow 控件对应表格里的一行。TableRow 的内容由单元格中的视图控件组成。TableLayout 的列数定义为表中列数最多的行的列数，列宽定义为显示最大宽度内容的列的宽度。TableLayout 的子行与子单元的 layout_width 属性总是设置为 MATCH_PARENT。TableLayout 的单元格的 layout_height 也可以定义，但是 TableRow 的 layout_height 属性值总是 WRAP_CONTENT。单元格可以跨列，但不能跨行。这个功能可以通过 TableRow 的子视图的 layout_span 属性来实现。单元格是 TableRow 中的单个子视图。对于 TableLayout 中的列，可以设置它的 3 种属性，如表 4-2 所示。另外，TableLayout 布局不会显示行、列 、单元格的边框线。

表 4-2　　TableLayout 中列的属性

属性值	说明
shrinkable	列宽可压缩，以适应父容器的大小
stretchable	列宽可拉伸，以填满表格中的空闲空间
collapsed	该列将会被隐藏

下面通过一个实例向读者介绍 TableLayout 的用法。

实例 4-2　表格布局演示（TableLayoutDemo）

利用表格布局创建一个账号登录界面。

（1）创建工程

创建一个新的 Android 工程，工程名为 TableLayoutDemo，并为该工程添加如下文件。

\res\layout \main.xml：定义程序的界面布局。

（2）编写代码

代码 4-7　\Chapter4\TableLayoutDemo\res\layout \main.xml

```
01. <?xml version="1.0" encoding="utf-8"?>
02. <TableLayout xmlns:android="http://schemas.android.com/apk/res/android"
03.     android:stretchColumns="1,2"
04.     android:layout_width="fill_parent"
05.     android:layout_height="fill_parent"
06.     >
07.     <TableRow>
08.         <TextView android:text="用户名:"
09.             android:gravity="right"
10.             android:padding="3dip">
11.         </TextView>
12.         <EditText android:id="@+id/username"
13.             android:padding="3dip"
14.             android:scrollHorizontally="true"
```

```
15.             android:layout_span="2">
16.         </EditText>
17.     </TableRow>
18.     <TableRow>
19.         <TextView android:text="密码:"
20.             android:gravity="right"
21.             android:padding="3dip">
22.         </TextView>
23.         <EditText android:id="@+id/pwd"
24.             android:password="true"
25.             android:padding="3dip"
26.             android:scrollHorizontally="true"
27.             android:layout_span="2">
28.         </EditText>
29.     </TableRow>
30.     <TableRow android:gravity="left">
31.         <Button android:text="取消"
32.             android:id="@+id/cancel">
33.         </Button>
34.         <Button android:text="登录"
35.             android:id="@+id/login"
36.             android:layout_span="2">
37.         </Button>
38.     </TableRow>
39. </TableLayout>
```

代码说明

①该表格布局中，共有 3 个 TableRow，每个 TableRow 有 3 列，因此共有 9 个单元格。前两行分别表示登录用户名标签、用户名值以及密码标签、密码值。最后一行放置了取消和登录两个按钮。其中，姓名和密码标签用文本框（TextView）表示，姓名和密码值用编辑框（EditText）表示。

②代码第 3 行 android:stretchColumns="1，2"设置表格中的 1 和 2 两列拉伸以填满表格空间。

③代码第 14 行 android:scrollHorizontally="true"设置当前编辑框的文字内容超过视图本身的水平宽度时，允许水平滚动卷起。

④代码第 15 行 android:layout_span="2"设置将当前单元格和列 2 的单元格相合并。

（3）运行程序

程序运行界面如图 4-4 所示。

图 4-4　表格布局演示运行界面

编者手记

有关上述代码中涉及的 TextView、EditText 以及 Button 组件以及这些组件的属性设置等内容将在 4.3 节中向读者进行详细的介绍。在此，只是为了向读者介绍布局的内容。

4.2.3 帧布局（FrameLayout）

FrameLayout 在屏幕上开辟一块空白区域，在这块区域上可以添加若干组件，所有组件均对齐到屏幕的左上角，而无法为这些控件指定确切的位置。帧布局的大小由最大尺寸的控件大小决定。如果一个 FrameLayout 中有多个控件，则后面的控件将会重叠显示在前一个上面。

下面通过一个实例介绍 FrameLayout 的用法。

实例 4-3 帧布局演示（FrameLayoutDemo）

在FrameLayout布局中放置两个TextView和一张图片，分别设置它们的大小、背景以及层叠显示。

（1）创建工程

创建一个新的 Android 工程，工程名为 FrameLayoutDemo，并为该工程添加如下文件。

\res\layout \main.xml。定义程序的界面布局。

（2）编写代码

代码 4-8 \Chapter4\FrameLayoutDemo\res\layout\main.xml

```
01. <?xml version="1.0" encoding="utf-8"?>
02. <FrameLayout xmlns:android="http://schemas.android.com/apk/res/android"
03.     android:layout_width="wrap_content"
04.     android:layout_height="wrap_content"
05.     >
06.     <ImageView android:src="@drawable/bg"
07.         android:layout_width="wrap_content"
08.         android:layout_height="wrap_content">
09.     </ImageView>
10.     <TextView
11.         android:layout_width="wrap_content"
12.         android:layout_height="wrap_content"
13.         android:text="大文本框"
14.         android:textSize="40px"
15.         android:width="200px"
16.         android:height="60px"
17.         android:background="#ff0000">
18.     </TextView>
19.     <TextView
20.         android:layout_width="wrap_content"
21.         android:layout_height="wrap_content"
22.         android:text="小文本框"
23.         android:textSize="15px"
24.         android:width="80px"
25.         android:height="20px"
26.         android:background="#0000ff">
27.     </TextView>
28. </FrameLayout>
```

代码说明

①在该布局文件中，采用帧布局模式，声明一个 FrameLayout 作为容器，并在上面按组件

从大到小顺序放置了一张图片和两个文本框。这样，3 个控件将层叠显示在屏幕上。如果按组件从小到大顺序放置，读者可以尝试一下，将只能显示最大的那张图片，而两个文本框将被完全覆盖。

②代码第 6～9 行定义了一个 ImageView（图像视图）组件，并将资源文件\drawable\bg.jpg 设置为该组件显示的图片。

③代码 android:background="#0000ff"为相应组件声明背景颜色，其中值“#ff0000”表示红色，而值“#0000ff”表示蓝色。

（3）运行程序

程序运行界面如图 4-5 所示。

图 4-5　帧布局演示运行界面

4.2.4　相对布局（RelativeLayout）

相对布局是按照该容器内组件之间的相对位置进行布局排列。出于性能方面的考虑，对于相对布局的位置计算只会执行一次，因此如果组件 B 的位置依赖于组件 A，则必须在定义 B 之前先定义 A。在进行相对布局时，需要设置的属性很多，如表 4-3 所示。

表 4-3　　相对布局中常用到的属性

属性值	说明
layout_centerHorizontal	当前组件是否位于父组件的横向居中位置
layout_centerVertical	当前组件是否位于父组件的垂直居中位置
layout_centerInParent	当前组件是否位于父组件的居中位置
layout_alignParentBottom	当前组件是否与父组件低端对齐
layout_alignParentLeft	当前组件是否与父组件左侧对齐
layout_alignParentRight	当前组件是否与父组件右侧对齐
layout_alignParentTop	当前组件是否与父组件顶部对齐
layout_toRightOf	当前控件位于取值组件的右侧
layout_toLeftOf	当前控件位于取值组件的左侧
layout_above	当前控件位于取值组件的上方
layout_below	当前控件位于取值组件的下方
layout_alignTop	当前组件与取值组件上边界对齐
layout_alignBottom	当前组件与取值组件下边界对齐
layout_alignLeft	当前组件与取值组件左边界对齐
layout_alignRight	当前组件与取值组件右边界对齐
layout_marginLeft	当前组件左侧空白间距
layout_marginRight	当前组件右侧空白间距
layout_marginTop	当前组件上方空白间距
layout_marginBottom	当前组件下方空白间距

以下将通过一个实例向读者介绍相对布局的使用方法。

实例 4-4　相对布局演示（RelativeLayoutDemo）

采用相对布局，在 RelativeLayout 中放置 4 个按钮，这 4 个按钮的位置由按钮之间或按钮与父容器之间的相对位置决定。

（1）创建工程

创建一个新的 Android 工程，工程名为 RelativeLayoutDemo，并为该工程添加如下文件。

\res\layout \main.xml。定义程序的界面布局。

（2）编写代码

代码 4-9　\Chapter4\RelativeLayoutDemo\res\layout \main.xml

```
01. <?xml version="1.0" encoding="utf-8"?>
02. <RelativeLayout
03. xmlns:android="http://schemas.android.com/apk/res/android"
04.     android:layout_width="fill_parent"
05.     android:layout_height="fill_parent">
06.     <TextView android:id="@+id/tv00"
07.         android:text="第一组第一项"
08.         android:layout_width="wrap_content"
09.         android:layout_height="wrap_content"
10.         android:background="#ff0000">
11.     </TextView>
12.     <TextView android:id="@+id/tv01"
13.         android:text="第一组第二项"
14.         android:layout_below="@+id/tv00"
15.         android:layout_height="wrap_content"
16.         android:layout_width="wrap_content"
17.         android:background="#00ff00">
18.     </TextView>
19.     <TextView android:id="@+id/tv10"
20.         android:text="第二组第一项"
21.         android:layout_toRightOf="@+id/tv00"
22.         android:layout_height="wrap_content"
23.         android:layout_width="wrap_content"
24.         android:background="#0000ff">
25.     </TextView>
26.     <TextView android:id="@+id/tv11"
27.         android:text="第二组第二项"
28.         android:layout_toRightOf="@+id/tv01"
29.         android:layout_below="@+id/tv10"
30.         android:layout_height="wrap_content"
31.         android:layout_width="wrap_content"
32.         android:background="#ffffff">
33.     </TextView>
34. </RelativeLayout>
```

代码说明

①在该布局文件中，采用相对布局，RelativeLayout 是界面的父容器，而 4 个 TextView 组件则位于这个容器里面，它们的位置依赖于 4 个组件的相对位置。

②代码第 14 行 android:layout_below="@+id/tv00"设置组件 tv01 位于组件 tv00 的下方。

③代码第 21 行 android:layout_toRightOf="@+id/tv00"设置组件 tv10 位于组件 tv00 的右边。

④代码第 28 行 android:layout_toRightOf="@+id/tv01"设置组件 tv11 位于组件 tv01 的右边；代码第 29 行 android:layout_below="@+id/tv10"位于组件 tv10 的下边。

（3）运行程序

程序运行界面如图 4-6 所示。

图 4-6　相对布局演示运行界面

4.2.5　绝对布局（AbsoluteLayout）

绝对布局是指组件的排列由开发人员通过设置组件的绝对坐标来指定组件的位置，不需要容器对组件的布局进行管理。该类在 Android 2.0 API 以后的版本中已经过期，建议开发人员用 FrameLayout 或者 RelativeLayout 进行替代。在此通过一个实例对它的使用方法进行简单的介绍。

实例 4-5　绝对布局演示（AbsoluteLayout）

采用绝对布局的方式对 4 个按钮组件进行排列。

（1）创建工程

创建一个新的 Android 工程，工程名为 AbsoluteLayout，并为该工程添加如下文件。

\res\layout \main.xml。定义程序的界面布局。

（2）编写代码

代码 4-10　\Chapter4\AbsoluteLayoutDemo\res\layout \main.xml

```
01. <?xml version="1.0" encoding="utf-8"?>
02. <AbsoluteLayout
03.    xmlns:android="http://schemas.android.com/apk/res/android"
04.    android:layout_width="wrap_content"
05.    android:layout_height="wrap_content"
06.    android:layout_gravity="center_horizontal">
07.    <Button
08.        android:layout_width="wrap_content"
09.        android:layout_height="wrap_content"
10.        android:layout_y="20dip"
11.        android:layout_x="20dip"
12.        android:text="A">
13.    </Button>
14.    <Button android:layout_width="wrap_content"
15.        android:layout_height="wrap_content"
16.        android:layout_y="20dip"
17.        android:layout_x="60dip"
```

```
18.         android:text="B">
19.     </Button>
20.     <Button android:layout_width="wrap_content"
21.         android:layout_height="wrap_content"
22.         android:layout_y="80dip"
23.         android:layout_x="20dip"
24.         android:text="C">
25.     </Button>
26.     <Button android:layout_width="wrap_content"
27.         android:layout_height="wrap_content"
28.         android:layout_y="80dip"
29.         android:layout_x="60dip"
30.         android:text="D">
31.     </Button>
32. </AbsoluteLayout>
```

代码说明

①代码第6行设置该绝对布局对齐方式为居中对齐。

②代码android:layout_x="60dip"和android:layout_y="80dip"设置当前组件位置在x和y方向的绝对坐标。

（3）运行程序

程序运行界面如图4-7所示。

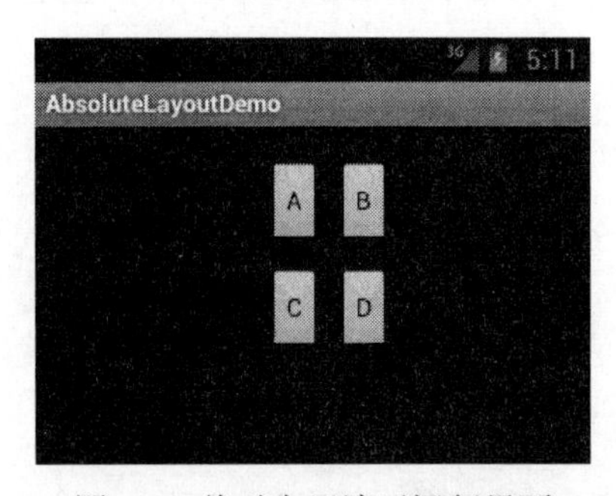

图4-7　绝对布局演示运行界面

4.3　基本界面组件

Android之所以能够带给手机用户如此优越的体验感，正是由于它极具亲切感的交互界面。Android中提供了一个名叫widget的包，它为Android UI界面设计提供了应有尽有的界面组件。本节将对Android中的基本界面组件进行详细的介绍，在下一节中将会介绍更多的高级组件。

4.3.1　文本框（TextView）与编辑框（EditText）

Android中的文本框（TextView）是一个文本标签组件，用于显示文本字符串，相当于Java Swing的JLabel。在一个应用中，如果需要添加一个TextView组件，可以通过布局xml的方式进行声明，当然也可以使用Java代码实现，在此推荐读者使用前者，xml方式更加直观和清晰。在 xml 中声明 TextView 的代码为：

```
<TextView  android:id="@+id/userlabel"
    android:layout_width="wrap_content"
    android:layout_height="wrap_content"
    android:textSize="16sp"
    android:textColor="#ffffff"
    android:padding="10dip"
    android:background="#cc0000"
    android:text="用户名：">
</TextView>
```

这段代码声明了一个 TextView 组件，同时设置该组件的一些属性。其中，android:id 是这个组件的唯一标识符，android:textSize 设定字体的大小，android:textColor 设定字体的颜色，android:padding 设置组件周围空距的大小，android:background 设定组件的背景颜色，以及 android:text 用来设定显示的文本内容。

当声明了一个 TextView 之后，便可以在程序中引用它，以便获取它的文本内容。另外，TextView 不能用于用户交互地输入，但是允许程序动态修改其文本内容。具体操作如下：

```
// 获取 TextView 的引用
TextView mTextView = (TextView) findViewById(R.id.userlabel);
CharSequence text = mTextView.getText(); // 获取文本内容
// 动态修改文本内容
mTextView.setText("修改前是：" + text + "\nTextView 可被动态修改");
```

编辑框（EditText）组件和 TextView 非常类似，不同的是它允许用户交互地输入文字。声明 EditText 的代码为：

```
<EditText android:id="@+id/uservalue"
android:text="请输入用户名"
android:layout_width="fill_parent"
android:layout_height="wrap_content">
</EditText>
```

同时也可以在程序中引用它，并且获取用户输入的文本内容等操作，实现代码为：

```
EditText mEditText = (EditText) findViewById(R.id.uservalue);
mEditText.getText();
```

关于 TextView 和 EditText 的实例使用，将在下一节中结合按钮一起展示它们的用法。

4.3.2 按钮（Button）与图片按钮（ImageButton）

按钮（Button）是 Android UI 界面设计中用得最多的组件，它通常在程序中起到承上启下的作用。例如，用户在界面上输入一些信息，很多情形下都会有相应的“确认”和“取消”按钮，当用户输入信息点击按钮之后，用户的动作便到此结束，程序进而开始响应用户所指定的动作。在 xml 文件中声明 Button 的代码如下：

```
<Button android:id="@+id/Confirm"
android:text="确认"
android:layout_width="wrap_content"
android:layout_height="wrap_content">
</Button>
```

作为按钮，当它被点击之后，必然会触发事件，所以需要为 Button 设置

setOnClickListener单击监听事件。实现代码如下：

```
Button mConfirmBtn = (Button) findViewById(R.id.Confirm);
mConfirmBtn.setOnClickListener(new OnClickListener() {
 public void onClick(View v) {
    setTitle("你点击了确认按钮");
 }
});
```

在这里，当点击确认按钮之后，只是简单地设置程序Title为“你点击了确认按钮”，提示用户点击成功。当然，其实可以处理更加复杂的事件。

除了Button之外，Android还提供了一种类似的组件ImageButton（图片按钮），ImageButton能够实现和Button一样的功能，只是它的图标是开发者自己定义的图片，而不是文字。在xml文件中声明ImageButton的代码如下：

```
<ImageButton android:id="@+id/ImgBtn"
 android:layout_width="wrap_content"
 android:layout_height="wrap_content"
 android:src="@drawable/image">
</ImageButton>
```

上述代码声明了一个id为ImgBtn，图片来源为资源文件/res/drawable/image.png的图片按钮ImageButton。

另外，ImageButton的单击事件监听器和Button的过程完全一样，在此不再赘述。

最后，通过一个实例来说明TextView、EditText、Button以及ImageButton这4种组件的组合应用。

实例4-6 登录界面演示（LoginUIDemo）

实现一个简单的用户登录界面，以此说明TextView、EditText、Button以及ImageButton4种组件的用法。

（1）创建工程

创建一个新的Android工程，工程名为LoginUIDemo，并为该工程添加如下文件。

①\res\layout \main.xml：定义程序的界面布局。

②LoginUIDemo.java：创建程序的Activity类，显示并操作登录界面。

（2）编写代码

代码4-11 \Chapter4\LoginUIDemo\res\layout \main.xml

```
01. <?xml version="1.0" encoding="utf-8"?>
02. <LinearLayout
03.     xmlns:android="http://schemas.android.com/apk/res/android"
04.     android:orientation="vertical"
05.     android:layout_width="fill_parent"
06.     android:layout_height="fill_parent"
07.     >
08.     <TableLayout android:stretchColumns="1"
09.         android:layout_width="fill_parent"
10.         android:layout_height="wrap_content">
11.         <TableRow>
```

```
12.            <TextView android:text="用户名:"
13.               android:gravity="right"
14.               android:padding="3dip">
15.            </TextView>
16.            <EditText android:id="@+id/username"
17.               android:padding="3dip"
18.               android:scrollHorizontally="true">
19.            </EditText>
20.         </TableRow>
21.         <TableRow>
22.            <TextView android:text="密码:"
23.               android:gravity="right"
24.               android:padding="3dip">
25.            </TextView>
26.            <EditText android:id="@+id/pwd"
27.               android:password="true"
28.               android:padding="3dip"
29.               android:scrollHorizontally="true">
30.            </EditText>
31.         </TableRow>
32.      </TableLayout>
33.      <LinearLayout android:orientation="horizontal"
34.         android:gravity="center_horizontal"
35.         android:layout_width="fill_parent"
36.         android:layout_height="wrap_content">
37.         <Button android:id="@+id/Login"
38.            android:text="登录"
39.            android:layout_width="wrap_content"
40.            android:layout_height="wrap_content">
41.         </Button>
42.         <Button android:id="@+id/Cancel"
43.            android:text="取消"
44.            android:layout_marginLeft="30px"
45.            android:layout_width="wrap_content"
46.            android:layout_height="wrap_content">
47.         </Button>
48.      </LinearLayout>
49.      <ImageButton android:id="@+id/ImgBtn"
50.         android:layout_gravity="center_horizontal"
51.         android:layout_width="wrap_content"
52.         android:layout_height="wrap_content"
53.         android:src="@drawable/image">
54.      </ImageButton>
55.      <TextView android:id="@+id/hintInfo"
56.         android:gravity="center_horizontal"
57.         android:background="#0000ff"
58.         android:layout_width="fill_parent"
59.         android:layout_height="wrap_content"
60.         android:text="请输入用户信息进行登录">
61.      </TextView>
62.  </LinearLayout>
```

代码说明

①布局采用了 LinearLayout 和 TableLayout 混合布局的方式，最上层是一个 LinearLayout 容器，里面垂直放置了一个 TableLayout、一个 LinearLayout、一个 ImageButton 以及一个 TextView。其中，TableLayout 里的 4 个单元格分别用于放置登录输入的用户名标签、用户名以及密码标签、密码。而里层的 LinearLayout 则水平放置了登录和取消两个按钮。

②代码 android:password="true"设置输入内容成为密码域，用*代替输入内容。

③代码 android:gravity="center_horizontal"设置当前组件与父容器的对齐方式为水平居中。

④代码 android:padding="3dip"设置当前组件上下左右 4 个方向的边距为 3dip。

代码 4-12　\Chapter4\LoginUIDemo\src\com\dannyAndroid\loginuidemo \LoginUIDemo.java

```
01. public class LoginUIDemo extends Activity {
02.     private Button mLoginBtn = null;
03.     private Button mCancelBtn = null;
04.     private EditText mUsr = null;
05.     private EditText mPwd = null;
06.     private ImageButton mImgBtn = null;
07.     private TextView mHintText = null;
08.     public void onCreate(Bundle savedInstanceState) {
09.         super.onCreate(savedInstanceState);
10.         setContentView(R.layout.main);
11.         mLoginBtn = (Button) findViewById(R.id.Login);
12.         mCancelBtn = (Button) findViewById(R.id.Cancel);
13.         mUsr = (EditText) findViewById(R.id.username);
14.         mPwd = (EditText) findViewById(R.id.pwd);
15.         mImgBtn = (ImageButton) findViewById(R.id.ImgBtn);
16.         mHintText = (TextView) findViewById(R.id.hintInfo);
17.         mLoginBtn.setOnClickListener(new OnClickListener() {
18.             public void onClick(View v) {
19.                 mHintText.setText("你已经登录，用户名为：" + mUsr.getText()
20.                                     + "密码为：" + mPwd.getText());
21.             }
22.         });
23.         mCancelBtn.setOnClickListener(new OnClickListener() {
24.             public void onClick(View v) {
25.                 mHintText.setText("你已经取消登录，请重新输入用户信息进行登录");
26.                 mUsr.setText("");
27.                 mPwd.setText("");
28.             }
29.         });
30.         mImgBtn.setOnClickListener(new OnClickListener() {
31.             public void onClick(View v) {
32.                 mHintText.setText("你点错了，这是图片按钮，请点上面的按钮");
33.             }
34.         });
35.     }
36. }
```

代码说明

①代码第 11～16 行通过方法 findViewById 获取视图中的组件的引用实例。

②代码第 17～22 行设置登录按钮的点击事件监听器。当输入用户名和密码之后，点击登录按钮将在提示文本框中输出用户的登录信息。

③代码第 23～29 行设置取消按钮的点击事件监听器。当用户点击取消按钮时，程序将提示用户取消了登录并同时清空输入内容。

④代码第 30～34 行设置图片按钮的单击事件监听器。当用户点击图片按钮，程序将提示用户点错了按钮。

（3）运行程序

运行程序，程序初始界面以及点击登录、取消和图片按钮的界面分别如图 4-8、4-9、4-10 和 4-11 所示。

图 4-8 LoginUIDemo 初始界面

图 4-9 点击登录后的界面

图 4-10 点击取消后的界面

图 4-11 点击图片按钮的界面

4.3.3 单项选择（RadioGroup）和单选按钮（RadioButton）

Android 中 RadioGroup 和 RadioButton 结合起来为用户提供了一种多选一的选择方式，单选方式在界面设计中也是常用的组件之一。用户点击 RadioButton 进行选择，而 RadioGroup 则存储选择的答案。下面通过一个实例向读者详细介绍这两个组件的用法。

实例 4-7 单项选择演示（RadioGroupDemo）

将 RadioGroup 和 RadioButton 组件结合使用，实现一个单项选项卡。

（1）创建工程

创建一个新的 Android 工程，工程名为 RadioGroupDemo，并为该工程添加如下文件。

①\res\layout \main.xml：定义程序的界面布局。

②RadioGroupDemo.java：创建程序的 Activity 类，显示并操作单选按钮。

（2）编写代码

代码 4-13　\Chapter4\RadioGroupDemo\res\layout\main.xml

```
01. <?xml version="1.0" encoding="utf-8"?>
02. <LinearLayout
03.     xmlns:android="http://schemas.android.com/apk/res/android"
04.     android:orientation="vertical"
05.     android:layout_width="fill_parent"
06.     android:layout_height="fill_parent"
07.     >
08.     <TextView
09.        android:layout_width="fill_parent"
10.        android:layout_height="wrap_content"
11.        android:text="Android 应用程序采用哪种语言实现?">
12.     </TextView>
13.     <RadioGroup android:id="@+id/menu"
14.        android:layout_width="fill_parent"
15.        android:layout_height="wrap_content">
16.        <RadioButton android:text="C++"
17.           android:id="@+id/RBCPlus"
18.           android:layout_width="wrap_content"
19.           android:layout_height="wrap_content">
20.        </RadioButton>
21.        <RadioButton android:text="C"
22.           android:id="@+id/RBC"
23.           android:layout_width="wrap_content"
24.           android:layout_height="wrap_content">
25.        </RadioButton>
26.        <RadioButton android:text="Java"
27.           android:id="@+id/RBJava"
28.           android:layout_width="wrap_content"
29.           android:layout_height="wrap_content">
30.        </RadioButton>
31.        <RadioButton android:text="None"
32.           android:id="@+id/RBNone"
33.           android:layout_width="wrap_content"
34.           android:layout_height="wrap_content">
35.        </RadioButton>
36.     </RadioGroup>
37. </LinearLayout>
```

代码说明

①该布局采用 LinearLayout，里面放置了一个 TextView 用于显示问题，同时放置了一个

RadioGroup，用于实现单项选择。其中，在 RadioGroup 里面又放置了 4 个 RadioButton 作为 4 个选项的按钮供用户选择，它们的 id 分别是 RBCPlus、RBC、RBJava 以及 RBNone。

代码 4-14　RadioGroupDemo.java

```
01. public class RadioGroupDemo extends Activity {
02.     private RadioGroup mRadioGroup = null;
03.     private RadioButton mRBCPlus = null;
04.     private RadioButton mRBC = null;
05.     private RadioButton mRBJava = null;
06.     private RadioButton mRBNone = null;
07.     public void onCreate(Bundle savedInstanceState) {
08.         super.onCreate(savedInstanceState);
09.         setContentView(R.layout.main);
10.         mRadioGroup = (RadioGroup) findViewById(R.id.menu);
11.         mRBCPlus = (RadioButton) findViewById(R.id.RBCPlus);
12.         mRBC = (RadioButton) findViewById(R.id.RBC);
13.         mRBJava = (RadioButton) findViewById(R.id.RBJava);
14.         mRBNone = (RadioButton) findViewById(R.id.RBNone);
15.         mRadioGroup.setOnCheckedChangeListener(
16.                                 new OnCheckedChangeListener() {
17.             public void onCheckedChanged(
18.                     RadioGroup group, int checkedId) {
19.                 if (checkedId == mRBJava.getId()) {
20.                     setTitle("恭喜你回答正确");
21.                 } else {
22.                     setTitle("回答错误，请重新回答");
23.                 }
24.             }
25.         });
26.     }
27. }
```

代码说明

①代码第 9 行设置界面显示布局。

②代码第 10～14 行获取 RadioGroup 以及 4 个 RadioButton 的引用实例。

③代码第 15～25 行为 RadioGroup 设置选项改变事件监听器。

④代码第 19 行判断所选项的 id 是否与 Java 答案项的 id 一致，若一致则为正确答案，否则为错误答案。

（3）运行程序

程序运行界面如图 4-12 所示。

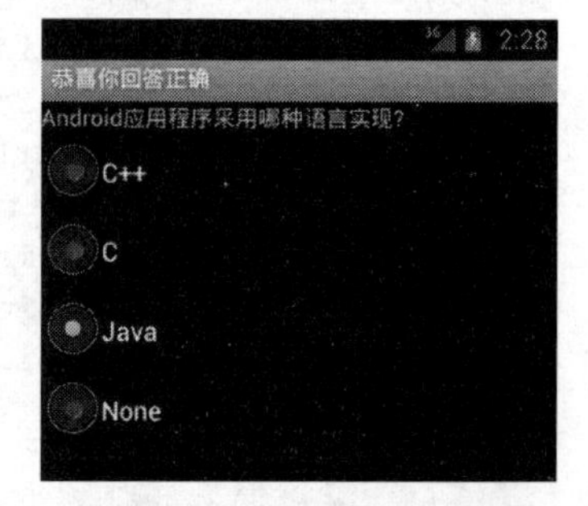

图 4-12　单项选择演示界面

4.3.4　复选框（CheckBox）

CheckBox 也是一个频繁使用的组件，与 RadioGroup 一样，也为用户提供了一种选择方式，但不同的是，CheckBox 提供的是一种多项选择的方式。下面将直接通过一个实例向读者详细介绍它的具体用法。

实例 4-8　复选框演示（CheckBoxDemo）

利用 CheckBox 组件，实现一个简单的多项选择界面。

（1）创建工程

创建一个新的 Android 工程，工程名为 CheckBoxDemo，并为该工程添加如下文件。

①\res\layout \main.xml：定义程序的界面布局。

②CheckBoxDemo.java：创建程序的 Activity 类，显示并操作程序的复选按钮。

（2）编写代码

代码 4-15　\Chapter4\CheckBoxDemo\res\layout\main.xml

```
01. <?xml version="1.0" encoding="utf-8"?>
02. <LinearLayout
03.     xmlns:android="http://schemas.android.com/apk/res/android"
04.     android:orientation="vertical"
05.     android:layout_width="fill_parent"
06.     android:layout_height="fill_parent"
07.     >
08.     <TextView android:text="请选择字体效果："
09.         android:layout_width="fill_parent"
10.         android:layout_height="wrap_content">
11.     </TextView>
12.     <CheckBox
13.         android:text="宋体"
14.         android:id="@+id/song"
15.         android:layout_width="wrap_content"
16.         android:layout_height="wrap_content">
17.     </CheckBox>
18.     <CheckBox android:text="加粗"
19.         android:id="@+id/thick"
20.         android:layout_width="wrap_content"
21.         android:layout_height="wrap_content">
22.     </CheckBox>
23.     <CheckBox android:text="倾斜"
24.         android:id="@+id/slope"
25.         android:layout_width="wrap_content"
26.         android:layout_height="wrap_content">
27.     </CheckBox>
28.     <CheckBox android:text="下划线"
29.         android:id="@+id/underline"
30.         android:layout_width="wrap_content"
31.         android:layout_height="wrap_content">
32.     </CheckBox>
33.     <Button android:text="获取 CheckBox 的值"
34.         android:id="@+id/GetValueBtn"
35.         android:layout_width="wrap_content"
```

```
36.         android:layout_height="wrap_content">
37.     </Button>
38. </LinearLayout>
```

代码说明

上述代码采用 LinearLayout 布局，添加了一个 TextView 组件用于提示用户进行选择，4 个 CheckBox 组件用于代表字体的 4 种效果，以及一个 Button 组件用于获取用户选择的结果。

代码 4-16　CheckBoxDemo.java

```
01. public class CheckBoxDemo extends Activity {
02.     private CheckBox mCBSong = null;
03.     private CheckBox mCBThick = null;
04.     private CheckBox mCBSlope = null;
05.     private CheckBox mCBUnderline = null;
06.     private Button mGetValBtn = null;
07.     public void onCreate(Bundle savedInstanceState) {
08.         super.onCreate(savedInstanceState);
09.         setContentView(R.layout.main);
10.         mCBSong = (CheckBox) findViewById(R.id.song);
11.         mCBThick = (CheckBox) findViewById(R.id.thick);
12.         mCBSlope = (CheckBox) findViewById(R.id.slope);
13.         mCBUnderline = (CheckBox) findViewById(R.id.underline);
14.         mGetValBtn = (Button) findViewById(R.id.GetValueBtn);
15.         mGetValBtn.setOnClickListener(new OnClickListener() {
16.             public void onClick(View v) {
17.                 String res = "";
18.                 if (mCBSong.isChecked()) {
19.                     res = res + "," + mCBSong.getText();
20.                 }
21.                 if(mCBThick.isChecked()) {
22.                     res = res + "," + mCBThick.getText();
23.                 }
24.                 if(mCBSlope.isChecked()) {
25.                     res = res + "," + mCBSlope.getText();
26.                 }
27.                 if(mCBUnderline.isChecked()) {
28.                     res = res + "," + mCBUnderline.getText();
29.                 }
30.                 setTitle("用户选择了: " + res);
31.             }
32.         });
33.     }
34. }
```

代码说明

①代码第 9 行设置界面显示布局。

②代码第 10～14 分别获取 4 个选项卡以及按钮的引用实例。

③代码第15～32行设置按钮的单击事件监听器。
④代码第18、21、24、27行分别判断4个选项卡是否被选中。
⑤代码第30行将被选中的选项卡的内容显示在程序的Title上。
（3）运行程序
程序运行界面如图4-13所示。

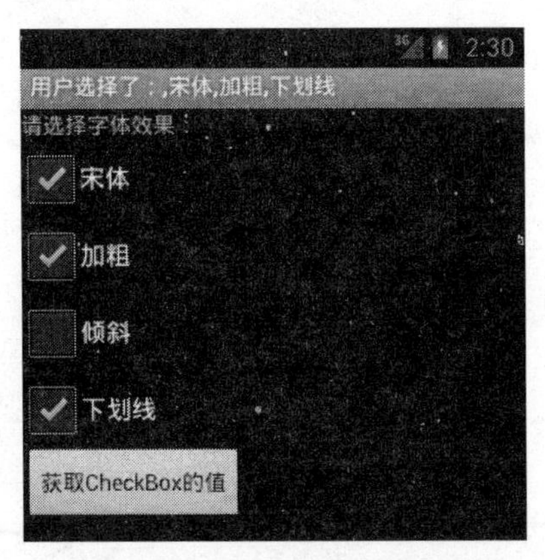

图4-13 复选框演示界面

4.3.5 图片视图（ImageView）

ImageView组件主要用于展示图片，在很多场合下使用得非常普遍。在xml文件声明该组件的代码如下：

```
<ImageView android:id="@+id/doorImg"
    android:src="@drawable/open_door"
    android:layout_width="wrap_content"
    android:layout_height="wrap_content">
</ImageView>
```

另外，还可以对图片进行一些其他的操作，例如设置图片的Alpha值：

```
int alpha = 200;
ImageView mImg = (ImageView) findViewById(R.id.doorImg);
mImg.setAlpha(alpha);
```

关于ImageView的实例使用，将在下一小节结合状态开关按钮向读者详细介绍。

4.3.6 状态开关按钮（ToggleButton）

ToggleButton是一种带状态的Button，它有On和Off两种状态，可以提示用户按钮当前被按下的状态。下面，将通过一个实例向读者详细介绍ToggleButton的用法，同时也将介绍上一小节中ImageView的有关用法。

实例4-9 开关门演示（OnOffDoorDemo）

利用ImageView和ToggleButton实现一个开关门实例，用ToggleButton可以获取门的开关状态。

（1）创建工程

创建一个新的 Android 工程，工程名为 OnOffDoorDemo，并为该工程添加如下文件。

①\res\layout \main.xml：定义程序的界面布局。

②OnOffDoorDemo.java：创建程序的 Activity 类，显示并操作程序的状态开关按钮。

（2）编写代码

代码 4-17　\Chapter4\OnOffDoorDemo\res\layout\main.xml

```
01. <?xml version="1.0" encoding="utf-8"?>
02. <LinearLayout
03.    xmlns:android="http://schemas.android.com/apk/res/android"
04.    android:orientation="vertical"
05.    android:layout_width="fill_parent"
06.    android:layout_height="fill_parent"
07.    >
08.    <ToggleButton android:id="@+id/tb"
09.       android:textOn="开"
10.       android:textOff="关"
11.       android:checked="true"
12.       android:layout_width="wrap_content"
13.       android:layout_height="wrap_content">
14.    </ToggleButton>
15.    <ImageView android:id="@+id/doorImg"
16.       android:src="@drawable/open_door"
17.       android:layout_width="wrap_content"
18.       android:layout_height="wrap_content">
19.    </ImageView>
20. </LinearLayout>
```

代码说明

①上述 xml 文件在界面上垂直放置了一个 ToggleButton 和一个 ImageView 组件。

②代码 android:textOn="开"设置当 ToggleButton 状态为 On 时的显示内容。

③代码 android:textOff="关"设置当 ToggleButton 状态为 Off 时的显示内容。

④代码 android:checked="true"设置 ToggleButton 的初始状态为 On。

代码 4-18　OnOffDoorDemo.java

```
01. public class OnOffDoorDemo extends Activity {
02.    private ToggleButton mTBtn = null;
03.    private ImageView doorImg = null;
04.    public void onCreate(Bundle savedInstanceState) {
05.       super.onCreate(savedInstanceState);
06.       setContentView(R.layout.main);
07.       mTBtn = (ToggleButton) findViewById(R.id.tb);
08.       doorImg = (ImageView) findViewById(R.id.doorImg);
09.       mTBtn.setOnCheckedChangeListener(new OnCheckedChangeListener() {
10.          public void onCheckedChanged(CompoundButton buttonView,
11.                                  boolean isChecked) {
```

```
12.                 if (isChecked) {
13.                     doorImg.setImageResource(R.drawable.open_door);
14.                 } else {
15.                     doorImg.setImageResource(R.drawable.close_door);
16.                 }
17.             }
18.         });
19.     }
20. }
```

代码说明

①代码第 6 行设置界面显示布局。
②代码第 7、8 行分别获取开关按钮以及图片视图的引用实例。
③代码第 9～18 行为开关按钮设置状态改变事件监听器。
④代码第 12 行判断开关按钮的当前状态。
⑤代码第 13、15 行分别在开关按钮的 On 和 Off 两种状态下设置不同的图片源。

（3）运行程序

程序运行界面如图 4-14 所示。

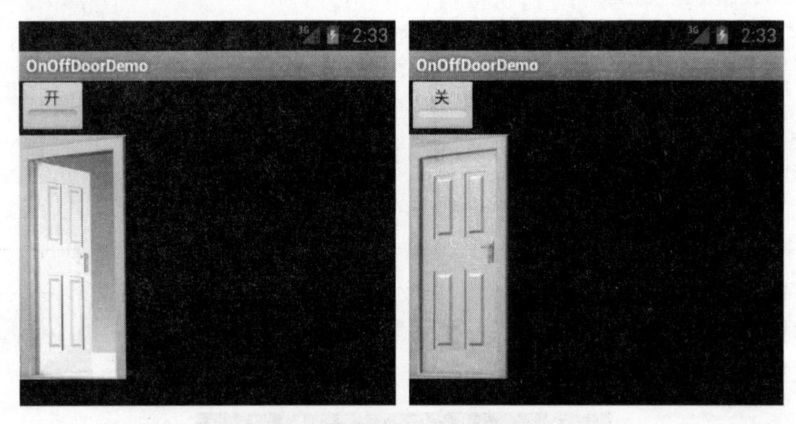

图 4-14 开关门演示界面

4.3.7 时钟（AnalogClock 和 DigitalClock）

Android 向开发人员提供了两个时钟组件，用于显示时间。数字时钟（DigitalClock）以文本字符串的形式向用户显示时间。而模拟时钟（AnalogClock）是一个类似钟表形状的时间显示组件，它有两个指针，分别指示“时”和“分”，指针的位置会根据时间的推移自动进行更新。钟盘的显示图像可以根据视图的尺寸大小进行缩放，同时也可以利用 drawable 资源自定义修改钟面。需要注意的是，这两种时钟都是根据系统所在时区显示当前的系统时间。

下面，以一个实例向读者简要介绍这两种时钟的用法。

实例 4-10 时钟演示（ClockDemo）

利用 AnalogClock 和 DigitalClock 组件，实现一个时钟显示实例，向用户显示当前系统时间。

（1）创建工程

创建一个新的 Android 工程，工程名为 ClockDemo，并为该工程添加如下文件。

\res\layout \main.xml。定义程序的界面布局。

（2）编写代码

代码 4-19　\Chapter4\ClockDemo\res\layout\main.xml

```
01. <?xml version="1.0" encoding="utf-8"?>
02. <LinearLayout
03.     xmlns:android="http://schemas.android.com/apk/res/android"
04.     android:orientation="vertical"
05.     android:layout_width="fill_parent"
06.     android:layout_height="fill_parent"
07.     >
08.     <DigitalClock android:id="@+id/DigitalClock01"
09.         android:layout_width="wrap_content"
10.         android:layout_height="wrap_content">
11.     </DigitalClock>
12.     <AnalogClock android:id="@+id/AnalogClock01"
13.         android:layout_width="wrap_content"
14.         android:layout_height="wrap_content">
15.     </AnalogClock>
16. </LinearLayout>
```

代码说明

上述代码很简单，在 linearLayout 容器中垂直放置了一个 DigitalClock 和一个 AnalogClock。

（3）运行程序

程序运行界面如图 4-15 所示。

图 4-15　时钟演示界面

4.4　高级界面组件

在上一节中，对 widget 包中的一些基本界面组件进行了详细的介绍，在本节中将继续上一节的内容，对 widget 包中的一些高级界面组件向读者做进一步的介绍。

4.4.1　自动完成文本框（AutoCompleteTextView）

AutoCompleteTextView 提供了一种与 Google、Baidu 等搜索引擎相似的输入方式，当用户在文本框中输入内容时，它会自动提示很多与输入接近的内容供用户选择。下面通过一个简单的实例向读者介绍 AutoCompleteTextView 的用法。

实例 4-11　自动完成文本框演示（AutoCompleteTextViewDemo）

实现一个简单的自动完成文本框示例。

（1）创建工程

创建一个新的 Android 工程，工程名为 AutoCompleteTextViewDemo，并为该工程添加如下文件。

①\res\layout \main.xml：定义程序的界面布局。

②AutoCompleteTextViewDemo.java：创建程序的 Activity 类，显示自动完成文本。

（2）编写代码

代码 4-20　\Chapter4\AutoCompleteTextViewDemo\res\layout\main.xml

```
01. <?xml version="1.0" encoding="utf-8"?>
02. <LinearLayout
03.     xmlns:android="http://schemas.android.com/apk/res/android"
04.     android:orientation="vertical"
05.     android:layout_width="fill_parent"
06.     android:layout_height="fill_parent"
07.     >
08.     <TextView android:text="请输入内容："
09.         android:layout_width="fill_parent"
10.         android:layout_height="wrap_content">
11.     </TextView>
12.     <AutoCompleteTextView android:id="@+id/autoCompleteText"
13.         android:layout_width="fill_parent"
14.         android:layout_height="wrap_content">
15.     </AutoCompleteTextView>
16. </LinearLayout>
```

代码说明

界面采用 LinearLayout 布局，在界面上添加了一个提示用户输入的 TextView 组件以及一个 id 为 autoCompleteText 的 AutoCompleteTextView 组件。

代码 4-21　AutoCompleteTextViewDemo.java

```
01. public class AutoCompleteTextViewDemo extends Activity {
02.     private static final String[] WORDS = new String[] {
03.             "Child", "Chile", "China", "Chinese"
04.     };
05.     private AutoCompleteTextView mWordsText = null;
```

```
06.     public void onCreate(Bundle savedInstanceState) {
07.         super.onCreate(savedInstanceState);
08.         setContentView(R.layout.main);
09.         mWordsText =
10.             (AutoCompleteTextView) findViewById(R.id.autoCompleteText);
11.         ArrayAdapter<String> mAdapter = new ArrayAdapter<String>(this,
12.                 android.R.layout.simple_dropdown_item_1line, WORDS);
13.         mWordsText.setAdapter(mAdapter);
14.     }
15. }
```

代码说明

①代码第 9、10 行获取自动完成文本框的引用实例。

②代码第 11 行中，ArrayAdapter 是数组适配器，用于存储需要在 View 组件显示的数组，起到连接数据和 View 组件的桥梁作用。上述代码中使用 String 类型的 WORDS 数组按 Android 自定义的 simple_dropdown_item_1line 布局文件构造了一个 ArrayAdapter。

③代码第 13 行为自动完成文本设置适配器，用于在该组件上显示该适配器包含的数组内容。

（3）运行程序

程序运行界面如图 4-16 所示。

图 4-16　自动完成文本框演示界面

4.4.2　下拉列表（Spinner）

Spinner 提供了一种下拉列表选择的输入方式，不需要用户从键盘逐一填写，这无疑给用户带来了极大的方便。下面通过一个让用户选择学历的实例向读者详细介绍 Spinner 的有关用法。

实例 4-12　下拉列表演示（Spinner）

采用下拉列表方式，实现用户选择自己相应的学历。

（1）创建工程

创建一个新的 Android 工程，工程名为 Spinner，并为该工程添加如下文件。

①\res\layout \main.xml：定义程序的界面布局。

②SpinnerDemo.java：创建程序的 Activity 类，显示下拉列表。

（2）编写代码

代码 4-22　\Chapter4\SpinnerDemo\res\layout\main.xml

```
01. <?xml version="1.0" encoding="utf-8"?>
02. <LinearLayout
03.     xmlns:android="http://schemas.android.com/apk/res/android"
04.     android:orientation="vertical"
05.     android:layout_width="fill_parent"
06.     android:layout_height="fill_parent"
07.     >
08.     <TextView  android:id="@+id/userText"
09.         android:layout_width="fill_parent"
10.         android:layout_height="wrap_content"
11.         android:text="你的学历是：">
12.     </TextView>
13.     <Spinner android:id="@+id/userSpinner"
14.         android:layout_width="wrap_content"
15.         android:layout_height="wrap_content">
16.     </Spinner>
17. </LinearLayout>
```

①上述代码声明了一个 Spinner 组件以及一个用于显示用户选择内容的文本框。

代码 4-23　SpinnerDemo.java

```
01. public class SpinnerDemo extends Activity {
02.     private static final String[] mDegree = {
03.          "高中", "本科", "硕士", "博士"
04.     };
05.     private TextView mText = null;
06.     private Spinner mSp = null;
07.     public void onCreate(Bundle savedInstanceState) {
08.         super.onCreate(savedInstanceState);
09.         setContentView(R.layout.main);
10.         mText = (TextView) findViewById(R.id.userText);
11.         mSp = (Spinner) findViewById(R.id.userSpinner);
12.         ArrayAdapter<String> mAdapter = new ArrayAdapter<String>(this,
13.                 android.R.layout.simple_spinner_item, mDegree);
14.         Int resId = android.R.layout.simple_spinner_dropdown_item;
15.         mAdapter.setDropDownViewResource(resId);
16.         mSp.setAdapter(mAdapter);
17.         mSp.setOnItemSelectedListener(new OnItemSelectedListener() {
18.             public void onItemSelected(AdapterView<?> arg0, View arg1,
19.                       int arg2, long arg3) {
20.                 mText.setText("你的学历是 " + mDegree[arg2]);
21.                 arg0.setVisibility(View.VISIBLE);
```

```
22.             }
23.             public void onNothingSelected(AdapterView<?> arg0) {
24.                 // TODO Auto-generated method stub
25.             }
26.         });
27.     }
28. }
```

代码说明

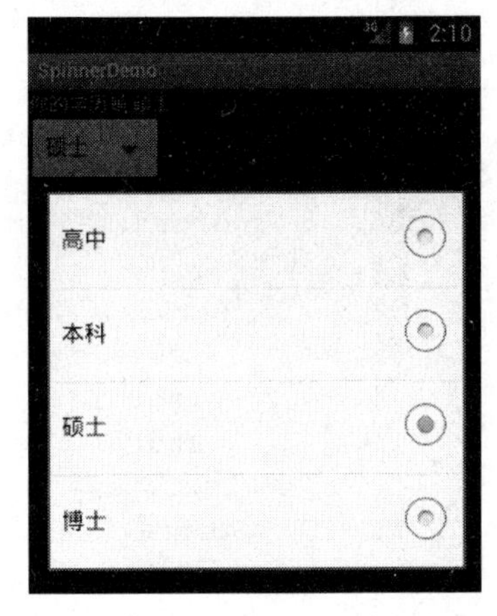

图 4-17　SpinnerDemo 运行界面

①代码第 10、11 行获取 TextView 和 Spinner 的引用实例。

②代码第 12、13 行创建数组适配器，将用户可以选择的内容关联到数组适配器中。

③代码第 14、15 行为 Spinner 设置显示风格，采用 Android 系统自定义的布局。

④代码第 17～26 行为 Spinner 设置选项选择事件监听器。其中，代码第 18～22 行重写其中的 onItemSelected 方法。

⑤代码第 20 行用于在某一选项被选中时，获取用户选择的内容并显示在 TextView 中。

⑥代码第 21 行调用 setVisibility 方法显示当前被选中的项。

（3）运行程序

程序运行界面如图 4-17 所示。

4.4.3　日期选择器（DatePicker）与时间选择器（TimePicker）

DatePicker 和 TimePicker 是 Android 中使用非常普遍的两个组件，DatePicker 用于快速选择和调整日期，而 TimePicker 则提供了一种快速选择和调整时间的方式。在这一小节中，将通过一个简单的实例向读者介绍它们的用法。

实例 4-13　日期和时间设置演示（DateTimeDemo）

利用 DatePicker 和 TimePicker 实现一个简易的日期和时间设置器。

（1）创建工程

创建一个新的 Android 工程，工程名为 DateTimeDemo，并为该工程添加如下文件。

①\res\layout \main.xml：定义程序的界面布局。

②DateTimeDemo.java：创建程序的 Activity 类，显示并设置时间和日期。

（2）编写代码

代码 4-24　\Chapter4\DateTimeDemo\res\layout\main.xml

```
01. <?xml version="1.0" encoding="utf-8"?>
02. <LinearLayout
03.     xmlns:android="http://schemas.android.com/apk/res/android"
04.     android:orientation="vertical"
05.     android:layout_width="fill_parent"
```

```
06.     android:layout_height="fill_parent"
07.     >
08.     <DatePicker android:id="@+id/date"
09.         android:layout_width="wrap_content"
10.         android:layout_height="wrap_content">
11.     </DatePicker>
12.     <TimePicker android:id="@+id/time"
13.         android:layout_width="wrap_content"
14.         android:layout_height="wrap_content">
15.     </TimePicker>
16.     <Button android:text="获取日期和时间"
17.         android:id="@+id/dtBtn"
18.         android:layout_width="wrap_content"
19.         android:layout_height="wrap_content">
20.     </Button>
21. </LinearLayout>
```

代码说明

界面采用线性布局，并在界面上放置了一个DatePicker、一个TimePicker以及一个用于获取日期和时间的Button。

代码4-25　DateTimeDemo.java

```
01. public class DateTimeDemo extends Activity {
02.     private DatePicker mDp = null;
03.     private TimePicker mTp = null;
04.     private Button mDTBtn = null;
05.     private Calendar mC;
06.     public void onCreate(Bundle savedInstanceState) {
07.         super.onCreate(savedInstanceState);
08.         setContentView(R.layout.main);
09.         mDp = (DatePicker) findViewById(R.id.date);
10.         mTp = (TimePicker) findViewById(R.id.time);
11.         mDTBtn = (Button) findViewById(R.id.dtBtn);
12.         mC = Calendar.getInstance();
13.         mDp.init(mC.get(Calendar.YEAR), mC.get(Calendar.MONTH),
14.             mC.get(Calendar.DAY_OF_MONTH),
15.             new DatePicker.OnDateChangedListener() {
16.                 public void onDateChanged(DatePicker view, int year,
17.                         int monthOfYear, int dayOfMonth) {
18.                     mC.set(year, monthOfYear, dayOfMonth);
19.                 }
20.             });
```

代码说明

①代码第9～11行分别获取日期选择器、时间选择器以及Button按钮的引用实例。
②代码第12行获取Calendar对象实例，该实例以当前时区的系统日期进行构造。
③代码第13～20行初始化日历为当前系统日期，并设置日期改变的事件监听器。

④代码第 18 行用于在日期选择器的日期发生改变时，将修改的日期设置为系统日期。

```
21.         mTp.setIs24HourView(true);
22.         mTp.setOnTimeChangedListener(
23.                             new TimePicker.OnTimeChangedListener() {
24.             public void onTimeChanged(TimePicker view,
25.                         int hourOfDay, int minute) {
26.                 mC.set(Calendar.HOUR_OF_DAY, hourOfDay);
27.                 mC.set(Calendar.MINUTE, minute);
28.             }
29.         });
30.         mDTBtn.setOnClickListener(new OnClickListener() {
31.             public void onClick(View v) {
32.                 int year = mC.get(Calendar.YEAR);
33.                 int month = mC.get(Calendar.MONTH);
34.                 int day = mC.get(Calendar.DAY_OF_MONTH);
35.                 int hour = mC.get(Calendar.HOUR_OF_DAY);
36.                 int minute = mC.get(Calendar.MINUTE);
37.                 setTitle("现在是: " + year + "年" +
38.                         (month+1) + "月" + day + "日"
39.                         + hour + "时" + minute + "分");
40.             }
41.         });
42.     }
43. }
```

代码说明

①代码第 21 行设置时间显示格式为 24 小时格式。

②代码第 22～29 行设置时间改变的事件监听器。

③代码第 26、27 行将事件选择器修改的时间设置为系统当前时间。

④代码第 30～41 行为 Button 设置单击事件监听器。代码第 32～36 行获取当前的系统日期和时间；代码第 37～39 行将获取的日期和时间显示在 Title 上。

（3）运行程序

程序运行界面如图 4-18 所示。

图 4-18　DateTimeDemo 运行界面

DatePicker 和 TimePicker 的属性比较多，可以对它们设置不同的属性，进而获得各种不同的外观样式，读者可以从中选择自己最喜欢的。另外，DatePicker 中的月份取值是 0～11，而不是 1～12，在应用中需要注意这一点。

4.4.4　进度条（ProgressBar）

ProgressBar 是一个非常有用的组件，用于提示应用程序执行的进度。Android 提供了两类样式的进度条，水平进度条（progressBarStyleHorizontal）和圆形进度条（progressBarStyleLarge）。下面将通过实例4-14向读者介绍这两类进度条的用法。

实例4-14 进度条演示（ProgressBarDemo）

演示水平和圆形两类进度条的有关用法。

（1）创建工程

创建一个新的Android工程，工程名为ProgressBarDemo，并为该工程添加如下文件。

\res\layout \main.xml。定义程序的界面布局。

（2）编写代码

代码4-26 \Chapter4\ProgressBarDemo\res\layout\main.xml

```
01. <?xml version="1.0" encoding="utf-8"?>
02. <LinearLayout
03.     xmlns:android="http://schemas.android.com/apk/res/android"
04.     android:orientation="vertical"
05.     android:layout_width="fill_parent"
06.     android:layout_height="fill_parent"
07.     >
08.     <TextView  android:id="@+id/textLargeBar"
09.         android:text="水平进度条"
10.         android:layout_width="fill_parent"
11.         android:layout_height="wrap_content">
12.     </TextView>
13.     <ProgressBar android:id="@+id/largeBar"
14.         style="?android:attr/progressBarStyleHorizontal"
15.         android:layout_width="200dip"
16.         android:layout_height="wrap_content"
17.         android:max="100"
18.         android:progress="50"
19.         android:secondaryProgress="75">
20.     </ProgressBar>
21.     <TextView android:id="@+id/textHorBar"
22.         android:text="圆形进度条"
23.         android:layout_width="wrap_content"
24.         android:layout_height="wrap_content">
25.     </TextView>
26.     <ProgressBar android:id="@+id/HorBar"
27.         style="?android:attr/progressBarStyleLarge"
28.         android:layout_width="wrap_content"
29.         android:layout_height="wrap_content"
30.         android:max="100"
31.         android:progress="50"
32.         android:secondaryProgress="75">
33.     </ProgressBar>
34. </LinearLayout>
```

代码说明

①上述布局文件中，声明了两个进度条，一个为圆形进度条，另一个为水平进度条，并设置了一些进度条的属性。

②代码第 14 行 style="?android:attr/progressBarStyleHorizontal"设置进度条为水平进度条。

③代码第 27 行 style="?android:attr/progressBarStyleLarge"设置进度条为圆形进度条。

④代码第 17 行 android:max="100"设置进度条的最大值，代码第 18 行 android:progress="50"设置进度条的默认值，以及代码第 19 行 android:secondaryProgress="75"设置进度条第 2 个进度的位置。

（3）运行程序

程序运行界面如图 4-19 所示。

在本小节中，只是简单介绍了使用。其实进度条的状态是可以通过编程实时进行更新和读取的，如在播放电影或下载场景时，用进度条提示进度会使程序界面非常友好。关于这些内容，将在下一章讲有关线程的消息传递机制时为读者详细讲述。

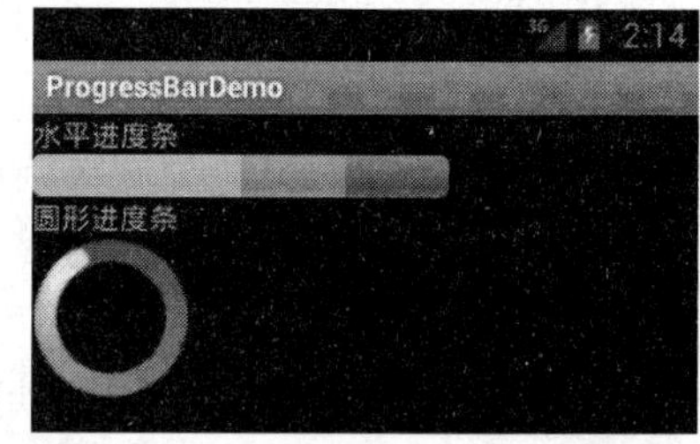

图 4-19　进度条演示运行界面

4.4.5　拖动条（SeekBar）

SeekBar 和进度条功能类似，只不过拖动条允许用户通过拖动改变它的值。这个组件在媒体播放器中应用非常广泛，它不但向用户显示媒体播放的进度，还允许用户拖动进而跳过某段继续播放后面的内容。用户对 SeerBar 的拖动这一动作，需要对其进行事件监听，包括数值改变（onProgressChanged）、开始拖动（onStartTrackingTouch）和停止拖动（onStopTrackingTouch）。下面通过一个实例对 SeekBar 的用法进行详细的讲解。

实例 4-15　拖动条实例（SeekBarDemo）

演示拖动条的用法，在界面上显示拖动条的当前状态和数值。

（1）创建工程

创建一个新的 Android 工程，工程名为 SeekBarDemo，并为该工程添加如下文件。

①\res\layout \main.xml：定义程序的界面布局。

②SeekBarDemo.java：创建程序的 Activity 类，显示拖动条以及状态。

（2）编写代码

代码 4-27　\Chapter4\SeekBarDemo\res\layout\main.xml

```
01. <?xml version="1.0" encoding="utf-8"?>
02. <LinearLayout
03.     xmlns:android="http://schemas.android.com/apk/res/android"
04.     android:orientation="vertical"
05.     android:layout_width="fill_parent"
06.     android:layout_height="fill_parent"
07.     >
08.     <SeekBar android:id="@+id/seek"
```

```
09.         android:layout_width="fill_parent"
10.         android:layout_height="wrap_content"
11.         android:max="100"
12.         android:progress="50">
13.     </SeekBar>
14.     <TextView android:id="@+id/seekVal"
15.         android:layout_width="fill_parent"
16.         android:layout_height="wrap_content">
17.     </TextView>
18.     <TextView android:id="@+id/seekState"
19.         android:layout_width="fill_parent"
20.         android:layout_height="wrap_content">
21.     </TextView>
22. </LinearLayout>
```

代码说明

上述代码声明了一个SeekBar，同时声明了两个TextView分别用于显示拖动条的当前值和当前状态。

代码4-28　SeekBarDemo.java

```
01. public class SeekBarDemo extends Activity {
02.     private SeekBar mSeek = null;
03.     private TextView mSeekVal = null;
04.     private TextView mSeekState = null;
05.     public void onCreate(Bundle savedInstanceState) {
06.         super.onCreate(savedInstanceState);
07.         setContentView(R.layout.main);
08.         mSeekVal = (TextView) findViewById(R.id.seekVal);
09.         mSeekState = (TextView) findViewById(R.id.seekState);
10.         mSeek = (SeekBar) findViewById(R.id.seek);
11.         mSeek.setOnSeekBarChangeListener(new OnSeekBarChangeListener() {
12.             public void onProgressChanged(SeekBar seekBar,
13.                                     int progress, boolean fromUser) {
14.                 mSeekVal.setText("当前值为： " + progress);
15.             }
16.             public void onStartTrackingTouch(SeekBar seekBar) {
17.                 mSeekState.setText("开始拖动");
18.             }
19.             public void onStopTrackingTouch(SeekBar seekBar) {
20.                 mSeekState.setText("停止拖动");
21.             }
22.         });
23.     }
24. }
```

代码说明

①代码第8～10分别获取TextView和SeekBar的引用实例。

②代码第11～22行为SeekBar设置拖动事件监听器。

③代码第 12～15 行重写 SeekBar 拖动事件监听器的 onProgressChanged 方法，用于在拖动过程中实时获取拖动条的当前值。

④代码第 16～18 行重写 SeekBar 拖动事件监听器的 onStartTrackingTouch 方法，在拖动条开始拖动时被调用。

⑤代码第 19～21 行重写 SeekBar 拖动事件监听器的 onStopTrackingTouch 方法，在拖动条停止拖动时被调用。

（3）运行程序

程序运行界面如图 4-20 所示。

对于拖动条，还可以对它进行更多的操作，这里不再赘述，在第 10 章有关多媒体的讲解时，将会对拖动条进行更加详细的介绍。

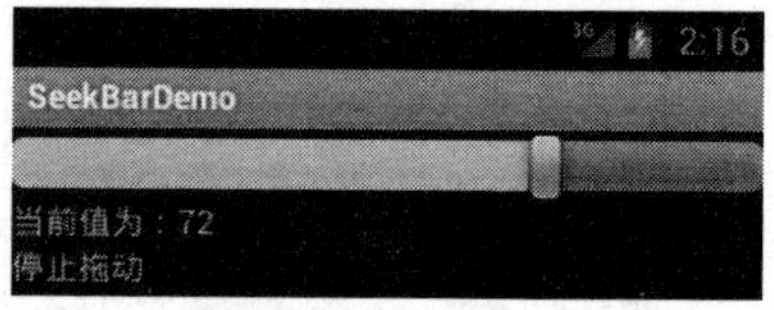

图 4-20　拖动条实例运行界面

4.4.6　星级评分条（RatingBar）

RatingBar 为用户提供了参与评分的功能，它不但非常方便用户进行输入，而且相当直观和友好。下面通过一个具体实例向读者介绍这个组件的用法。

实例 4-16　星级评分条实例（RatingBarDemo）

演示 RatingBar 的用法，用户通过它为电影《加勒比海盗 4》进行评分。

（1）创建工程

创建一个新的 Android 工程，工程名为 RatingBarDemo，并为该工程添加如下文件。

①\res\layout \main.xml：定义程序的界面布局。

②RatingBarDemo.java：创建程序的 Activity 类，显示星级评分条及其分值。

（2）编写代码

代码 4-29　\Chapter4\RatingBarDemo\res\layout \main.xml

```
01. <?xml version="1.0" encoding="utf-8"?>
02. <LinearLayout
03.     xmlns:android="http://schemas.android.com/apk/res/android"
04.     android:orientation="vertical"
05.     android:layout_width="fill_parent"
06.     android:layout_height="fill_parent"
07.     >
08.     <TextView
09.         android:layout_width="fill_parent"
10.         android:layout_height="wrap_content"
11.         android:text="请你为《加勒比海盗 4 》进行评分："> 
12.     </TextView>
13.     <RatingBar android:id="@+id/movieScore"
14.         android:layout_width="wrap_content"
15.         android:layout_height="wrap_content"
16.         android:numStars="5"
17.         android:rating="3"
```

```
18.         android:isIndicator="false"
19.         stype="?android:attr/ratingBarStyleSmall">
20.     </RatingBar>
21. </LinearLayout>
```

代码说明

①界面采用线性布局，在界面上放置了一个 TextView 和一个 RatingBar 组件。

②代码第 16 行 android:numStars="5"设置了可以选择的最大星级数目。

③代码第 17 行 android:rating="3"设置了默认的分数。

④代码第 18 行 android:isIndicator="false"设置了该评分条是否只是指示，若设置为 true，则用户无法改变它的值，只是起到一个指示作用。

⑤代码第 19 行 stype="?android:attr/ratingBarStyleSmall"设置评分条为小星星样式，对应还有一种大星星样式。

代码 4-30 RatingBarDemo.java

```
01. public class RatingBarDemo extends Activity {
02.     private RatingBar movieScore = null;
03.     public void onCreate(Bundle savedInstanceState) {
04.         super.onCreate(savedInstanceState);
05.         setContentView(R.layout.main);
06.         movieScore = (RatingBar) findViewById(R.id.movieScore);
07.         movieScore.setOnRatingBarChangeListener(
08.                 new OnRatingBarChangeListener() {
09.             public void onRatingChanged(RatingBar ratingBar,
10.                             float rating, boolean fromUser) {
11.                 int numState = movieScore.getNumStars();
12.                 setTitle("你的评价是：" + rating + "分 (" + "总分为"
13.                             + numState + ")");
14.             }
15.         });
16.     }
17. }
```

代码说明

①代码第 6 行获取 RatingBar 的引用实例。

②代码第 7～15 行为 RatingBar 设置星级改变事件监听器。

③代码第 11 行获取 RatingBar 的当前星级值。

④代码第 12、13 行将星级评分显示在 Title 上。

（3）运行程序

程序运行界面如图 4-21 所示。

图 4-21 星级评分条实例运行界面

4.4.7 选项卡（TabHost）

选项卡是Android为用户提供的一个非常方便的分类组件。用户可以用它对自己的许多信息进行分类显示。TabHost 是一个容器，里面可以包含很多的标签（Tab）项。下面用一个实例向读者介绍 TabHost 的用法。

实例 4-17　选项卡实例（TabHost）

演示选项卡（TabHost）的使用方法，让用户将自己的书籍按已读、在读和想读 3 类分类显示。

（1）创建工程

创建一个新的 Android 工程，工程名为 TabHost，并为该工程添加如下文件。

①\res\layout \main.xml：定义程序的界面布局。

②TabHostDemo.java：创建程序的 Activity 类，显示选项卡。

（2）编写代码

代码 4-31　\Chapter4\TabHostDemo\res\layout\main.xml

```
01. <?xml version="1.0" encoding="utf-8"?>
02. <FrameLayout xmlns:android="http://schemas.android.com/apk/res/android"
03.     android:orientation="vertical"
04.     android:layout_width="fill_parent"
05.     android:layout_height="fill_parent"
06.     >
07.     <TabHost
08.         android:id="@+id/bookTabHost"
09.         android:layout_width="wrap_content"
10.         android:layout_height="wrap_content">
11.         <LinearLayout android:id="@+id/doneBook"
12.             android:orientation="vertical"
13.             android:layout_width="wrap_content"
14.             android:layout_height="wrap_content">
15.             <TextView
16.                 android:text="边城 "
17.                 android:layout_width="wrap_content"
18.                 android:layout_height="wrap_content">
19.             </TextView>
20.             <TextView
21.                 android:text="围城"
22.                 android:layout_width="wrap_content"
23.                 android:layout_height="wrap_content">
24.             </TextView>
25.             <TextView
26.                 android:text="追风筝的人"
27.                 android:layout_width="wrap_content"
28.                 android:layout_height="wrap_content">
29.             </TextView>
30.         </LinearLayout>
31.         <LinearLayout android:id="@+id/doingBook"
32.             android:orientation="vertical"
33.             android:layout_width="wrap_content"
34.             android:layout_height="wrap_content">
```

```
35.             <TextView
36.                 android:text="倾城之恋 "
37.                 android:layout_width="wrap_content"
38.                 android:layout_height="wrap_content">
39.             </TextView>
40.             <TextView
41.                 android:text="灿烂千阳"
42.                 android:layout_width="wrap_content"
43.                 android:layout_height="wrap_content">
44.             </TextView>
45.             <TextView
46.                 android:text="活着"
47.                 android:layout_width="wrap_content"
48.                 android:layout_height="wrap_content">
49.             </TextView>
50.         </LinearLayout>
51.         <LinearLayout android:id="@+id/willBook"
52.             android:orientation="vertical"
53.             android:layout_width="wrap_content"
54.             android:layout_height="wrap_content">
55.             <TextView
56.                 android:text="百年孤独"
57.                 android:layout_width="wrap_content"
58.                 android:layout_height="wrap_content">
59.             </TextView>
60.             <TextView
61.                 android:text="房间里的大象"
62.                 android:layout_width="wrap_content"
63.                 android:layout_height="wrap_content">
64.             </TextView>
65.             <TextView
66.                 android:text="遣悲怀"
67.                 android:layout_width="wrap_content"
68.                 android:layout_height="wrap_content">
69.             </TextView>
70.         </LinearLayout>
71.     </TabHost>
72. </FrameLayout>
```

代码说明

界面采用 FrameLayout 帧布局，其中放置的布局容器是一个 TabHost，里面包括了 3 个 LinearLayout 布局，每一个 LinearLayout 对应一个 Tab（标签）的显示视图，即 TabHost 里面共有 3 个标签。而每个标签的视图由 3 个 TextView 构成，每个 TextView 对应一本书名。

代码 4-32　TabHostDemo.java

```
01. public class TabHostDemo extends TabActivity {
02.     private TabHost bookTh = null;
03.     public void onCreate(Bundle savedInstanceState) {
```

```
04.         super.onCreate(savedInstanceState);
05.         bookTh = getTabHost();
06.         LayoutInflater.from(this).inflate(R.layout.main,
07.                 bookTh.getTabContentView(), true);
08.         bookTh.addTab(bookTh.newTabSpec("done").setIndicator(
09.                 "已读").setContent(R.id.doneBook));
10.         bookTh.addTab(bookTh.newTabSpec("doing").setIndicator(
11.                 "正读").setContent(R.id.doingBook));
12.         bookTh.addTab(bookTh.newTabSpec("willdo").setIndicator(
13.                 "未读").setContent(R.id.willBook));
14.     }
15. }
```

代码说明

①代码中定义的 TabHostDemo 类是继承于 TabActivity，而非以前讲述的 Activity。事实上，TabActivity 也是继承于 Activity，它可以包含和实现多个嵌入的 Activity 和 View，因此正好满足这里的需求，一个 Tab 对应一个布局，而一个 TabHost 中包含了若干个 Tab。

②代码第 5 行调用 getTabHost()方法从 TabActivity 中获取放置 Tab 的 TabHost 实例。

③代码第 6、7 行为 TabHost 关联含有 Tab 的 FrameLayout 布局。

④代码第 8、9 行为 Tab 设置标签和显示视图。bookTh.addTab(bookTh.newTabSpec("done"))为 bookTh 这个 TabHost 添加一个标签名为“done”的 Tab。代码 setIndicator ("已读") 设置该标签的显示标题为“已读”，同时通过代码 setContent (R.id.doingBook) 设置该标签页显示的布局为 R.id.doingBook，这是在 main.xml 中定义的 FrameLayout 的一个子布局。

（3）运行程序

程序运行界面如图 4-22 所示。

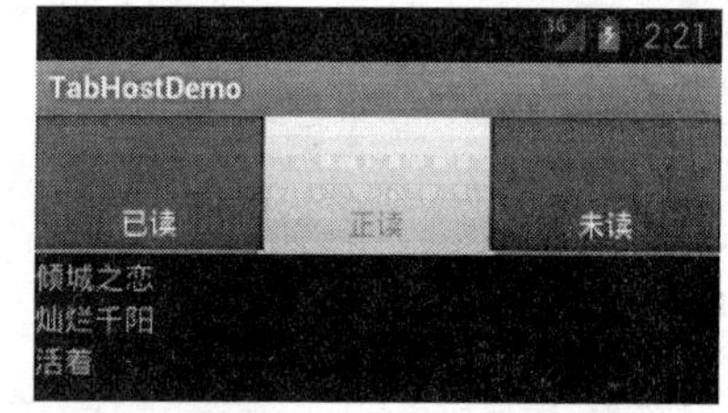

图 4-22　选项卡实例运行界面

另外，当程序需要在运行的过程中动态修改标签页显示的布局或为标签页创建新的布局时，可以通过实现接口 TabHost.TabContentFactory 的 createTabContent 方法来动态指定 Tab 的显示内容。

4.4.8　滚动视图（ScrollView）

当内容已经占满了整个屏幕，还希望能显示出被下方屏幕挡住的部分，这时候便需要用到 ScrollView，它可以往下滚动以显示出后面的内容。下面通过一个实例向读者介绍 ScrollView 的用法。

实例 4-18　滚动视图实例（ScrollViewDemo）

演示滚动视图组件，让用户可以通过它向下滚动以显示被遮挡住的内容。

（1）创建工程

创建一个新的 Android 工程，工程名为 ScrollViewDemo，并为该工程添加如下文件。

\res\layout \main.xml：定义程序的界面布局。

（2）编写代码

代码 4-33 \Chapter4\ScrollViewDemo\res\layout \main.xml

```
01. <?xml version="1.0" encoding="utf-8"?>
02. <ScrollView xmlns:android="http://schemas.android.com/apk/res/android"
03.     android:layout_width="fill_parent"
04.     android:layout_height="wrap_content"
05.     android:scrollbars="vertical"
06.     >
07.     <LinearLayout android:orientation="vertical"
08.         android:layout_width="wrap_content"
09.         android:layout_height="wrap_content">
10.         <!-这里放置超过一屏的button按钮 -->
11.     </LinearLayout>
12. </ScrollView>
```

代码说明

①该界面布局中，ScrollView 是整个布局的根容器，它里面包括了一个 LinearLayout。而这个 LinearLayout 则由若干个 button 组成。当所有的 button 不能在一屏上全部显示时，则可以通过滚动 scrollbars 显示下面的视图。

②代码第 5 行 android:scrollbars="vertical"设置滚动条为垂直的，也可以设置滚动条为水平或者不显示滚动条。

（3）运行代码

程序运行界面如图 4-23 所示。

图 4-23 滚动视图实例运行界面

4.4.9 列表视图（ListView）

在 Android 的应用开发中，ListView 是比较常用的组件，它以列表的形式显示具体内容，并可以根据数据的长度自适应地显示。列表视图的显示需要 3 个元素：

（1）ListView，用来显示列表的 View。ListView 的创建既可以使用 ListView 组件，也可以直接继承 ListActivity 类。

（2）列表适配器，用来将需要显示的数据关联到 ListView 上。

（3）数据，列表显示内容的来源，可以是文本、图片或者基本组件等。

用户可以对列表进行选择和操作，这会触发一些鼠标事件，其中包括鼠标滚动时触发的 OnItemSelectedListener 事件和鼠标点击列表项时触发的 OnItemClickListener 事件。

列表适配器（ListAdapter）在 ListView 的开发起到了非常关键的作用，它是联系数据和列表的桥梁。根据列表适配器的类型，列表可以分为 3 种。下面将对这 3 种列表进行详细讲解。

1. 以 ArrayAdapter 作为适配器的列表

ArrayAdapter 是 ListView 的一个直接子类，可以翻译为数组适配器，它可以将一个数组关联到 ListView，将数组里面的数组一一对应显示到列表上。ArrayAdapter 只能显示 TextView 中的字符串。下面通过一个实例向读者讲解 ArrayAdapter 适配器列表的用法。在这个实例中，还将会向读者介绍前面提到的列表的两种触发事件。

实例 4-19　ArrayAdapter 适配器列表实例（ArrayAdapterListViewDemo）

演示 ArrayAdapter 作为适配器的列表显示，同时对列表的两种触发事件进行响应。

（1）创建工程

创建一个新的 Android 工程，工程名为 ArrayAdapterListViewDemo，并为该工程添加如下文件。

ArrayAdapterListViewDemo.java：创建程序的 Activity 类，使用 ArrayAdapter 显示列表内容。

（2）编写代码

代码 4-34　ArrayAdapterListViewDemo.java

```
01. public class ArrayAdapterListViewDemo extends Activity {
02.     private ListView mListView = null;
03.     private static final String[] mCountry = new String[] {
04.         "China", "Rassian", "USA", "Germany"
05.     };
06.     public void onCreate(Bundle savedInstanceState) {
07.         super.onCreate(savedInstanceState);
08.         mListView = new ListView(this);
09.         ArrayAdapter<String> mAdapter = new ArrayAdapter<String>(this,
10.                 android.R.layout.simple_list_item_1, mCountry);
11.         mListView.setAdapter(mAdapter);
```

```
12.         setContentView(mListView);
13.         mListView.setOnItemClickListener(new OnItemClickListener() {
14.             public void onItemClick(AdapterView<?> arg0, View arg1,
15.                               int arg2, long arg3) {
16.                 setTitle("选中了"
17.                         + arg0.getItemAtPosition(arg2).toString() + "项");
18.             }
19.         });
20.         mListView.setOnItemSelectedListener(
21.                         new OnItemSelectedListener() {
22.             public void onItemSelected(AdapterView<?> arg0, View arg1,
23.                                 int arg2, long arg3) {
24.                 setTitle("滚动到"
25.                         + arg0.getItemAtPosition(arg2).toString() + "项");
26.             }
27.             public void onNothingSelected(AdapterView<?> arg0) {
28.                 // TODO Auto-generated method stub
29.             }
30.         });
31.     }
32. }
```

代码说明

①代码第8行创建ListView对象实例。

②代码第9行new ArrayAdapter<String>(this, android.R.layout.simple_list_item_1, mCountry)创建了新的ArrayAdapter对象，在这个构造函数中，第一个参数是Context，即上下文的引用；第二个参数R文件中定义的layout，这里用了系统自定义的.layout.simple_list_item_1布局方式，这个布局表示ListView里面的每一项都只有一个TextView；第三个参数是一个数组，即关联到列表的数据。

③代码第11行为ListView设置数组适配器。

④代码第12行将界面设置为ListView视图。

⑤代码第13～19行为ListView设置单击事件监听器。其中，代码第16、17行将单击选中的项显示在Title上。

⑥代码第20～30行为ListView设置滚动事件监听器。其中，代码第24、25行将滚动选中的项显示在Title上。

（3）运行程序

程序运行界面如图4-24和图4-25所示，这两个界面分别显示用户触发了单击和滚动事件。

2. *以SimpleCursorAdapter作为适配器的列表*

SimpleCursorAdapter可以方便地把从游标（Cursor）得到的数据进行列表显示，且可以把指定的列映射到对应的TextView中。当需要将数据库中的数据与ListView相结合然后显示到列表中时，SimpleCursorAdapter将是一个非常好的选择。下面将通过一个实例向读者介绍ListView的用法。

图 4-24　用户单击列表项界面

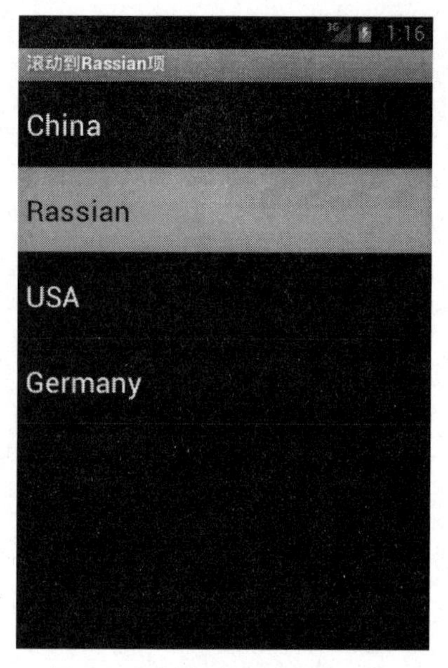

图 4-25　用户滚动列表项界面

实例 4-20　SimpleCursorAdapter 适配器列表实例（CursorListViewDemo）

演示 SimpleCursorAdapter 作为适配器的列表操作，将用户手机通信簿上的数据显示到 ListView 中。

（1）创建工程

创建一个新的 Android 工程，工程名为 CursorListViewDemo，并为该工程添加如下文件。

CursorListViewDemo.java：创建程序的 Activity 类，使用 SimpleCursorAdapter 显示列表内容。

（2）编写代码

代码 4-35　CursorListViewDemo.java

```
01. public class CursorListViewDemo extends Activity {
02.     private ListView mListView = null;
03.     public void onCreate(Bundle savedInstanceState) {
04.         super.onCreate(savedInstanceState);
05.         mListView = new ListView(this);
06.         Cursor mCursor = getContentResolver().query(People.CONTENT_URI,
07.                  null, null, null, null);
08.         startManagingCursor(mCursor);
09.         ListAdapter mListAdapter = new SimpleCursorAdapter(this,
10.                      android.R.layout.simple_expandable_list_item_1,
11.                      mCursor, new String[]{People.NAME},
12.                      new int[]{android.R.id.text1});
13.         mListView.setAdapter(mListAdapter);
14.         setContentView(mListView);
15.     }
16. }
```

代码说明

①代码第5行创建ListView对象实例。

②代码第6、7行Cursor mCursor = getContentResolver().query(People.CONTENT_URI, null, null, null, null)获取一个指向系统通信录数据库的Cursor对象以获取数据来源。

③代码第8行startManagingCursor(mCursor)将获得的Cursor对象交由当前Activity管理，这样Cursor的生命周期和Activity自动同步，用户不需要手动去管理Cursor对象。

④代码第9～12行为ListView创建列表适配器。SimpleCursorAdapter构造函数的前3个参数和ArrayAdapter是一样的，最后两个参数包括一个包含数据库的列的String型数组和一个包含布局文件中对应组件id的int型数组。其作用是自动地将String型数组所表示的每一列数据映射到布局文件对应id的组件上。上面的代码，将NAME列的数据映射到布局文件的id为text1的组件上。

⑤代码第13行将创建的列表适配器关联到ListView。

⑥代码第14行设置程序界面显示为ListView视图。

在程序中，对系统通信录进行了读取操作，因此需要在AndroidManifest.xml中添加相应的权限设置：

```
01. <uses-permission
02.     android:name="android.permission.READ_CONTACTS">
03. </uses-permission>
```

（3）运行程序

程序运行界面如图4-26所示。

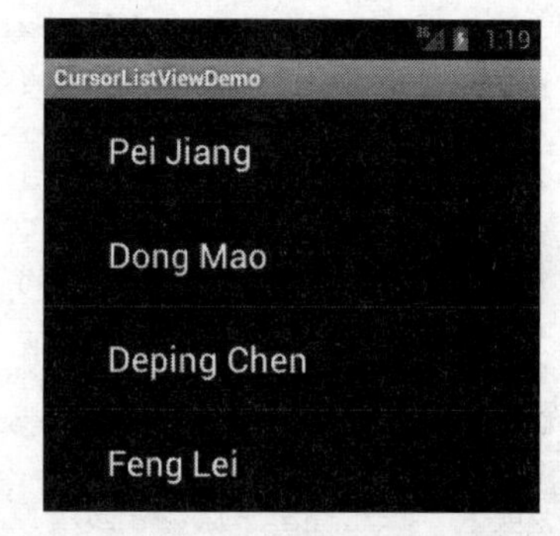

图4-26 CursorListViewDemo实例运行界面

3. *以SimpleAdapter作为适配器的列表*

simpleAdapter也是ListAdapter的直接子类，它的扩展性最好，可以定义各种各样的布局以使列表每一项中的内容更加个性化，可以显示图片、按钮等。下面将通过一个实例向读者介绍这种列表的用法。正如先前所提到的，ListView的创建既可以使用ListView组件也可以继承ListActivity类，前面的两个实例都是使用ListView组件来创建ListView对象，在下面的这个实例中将直接继承了ListActivity，其实ListActivity和普通的Activity没有太大的差别，不同的是对显示ListView做了许多优化，方便ListView的显示而已。

实例4-21 SimpleAdapter适配器列表实例（SimpleAdapterListViewDemo）

演示SimpleAdapter适配器列表的使用，通过直接继承ListActivity类的方法创建ListView对象，并实现一个带有图片的列表。

（1）创建工程

创建一个新的Android工程，工程名为SimpleAdapterListViewDemo，并为该工程添加如下文件。

①\res\layout\main.xml：定义程序的界面布局。

②SimpleAdapterListViewDemo.java：创建程序的 Activity 类，使用 SimpleAdapter 显示列表内容。

（2）编写代码

代码 4-36 \Chapter4\SimpleAdapterListViewDemo\res\layout\main.xml

```
01. <?xml version="1.0" encoding="utf-8"?>
02. <LinearLayout
03.     xmlns:android="http://schemas.android.com/apk/res/android"
04.     android:orientation="horizontal"
05.     android:layout_width="fill_parent"
06.     android:layout_height="fill_parent"
07.     >
08.     <ImageView
09.         android:id="@+id/img"
10.         android:layout_width="wrap_content"
11.         android:layout_height="wrap_content"
12.         android:layout_margin="5px">
13.     </ImageView>
14.     <LinearLayout android:orientation="vertical"
15.         android:layout_width="wrap_content"
16.         android:layout_height="wrap_content">
17.         <TextView android:id="@+id/title"
18.             android:textColor="#FFFFFF"
19.             android:textSize="22px"
20.             android:layout_width="wrap_content"
21.             android:layout_height="wrap_content">
22.         </TextView>
23.         <TextView android:id="@+id/info"
24.             android:textColor="#FFFFFF"
25.             android:textSize="13px"
26.             android:layout_width="wrap_content"
27.             android:layout_height="wrap_content">
28.         </TextView>
29.     </LinearLayout>
30. </LinearLayout>
```

代码说明

上述代码定义了界面中列表每一项显示的内容。首先是在一个 LinearLayout 容器中水平排列了两列，第一列是一个图片视图，第二列又是一个 LinearLayout，其中垂直排列了两个 TextView 分别显示标题和信息。

代码 4-37 SimpleAdapterListViewDemo.java

```
01. public class SimpleAdapterListViewDemo extends ListActivity {
02.     public void onCreate(Bundle savedInstanceState) {
03.         super.onCreate(savedInstanceState);
04.         SimpleAdapter mAdapter = new SimpleAdapter(this,
05.             getData(), R.layout.main,
```

```
06.             new String[]{"title","info","img"},
07.             new int[]{R.id.title, R.id.info, R.id.img});
08.         setListAdapter(mAdapter);
09.     }
10.     private List<Map<String,Object>> getData() {
11.         List<Map<String,Object>> mList
12.                 = new ArrayList<Map<String,Object>>();
13.         Map<String,Object> map = new HashMap<String,Object>();
14.         map.put("title", "Lei Feng");
15.         map.put("info", "male");
16.         map.put("img", R.drawable.male);
17.         mList.add(map);
18.         map = new HashMap<String,Object>();
19.         map.put("title", "Mu Guiying");
20.         map.put("info", "female");
21.         map.put("img", R.drawable.female);
22.         mList.add(map);
23.         map = new HashMap<String,Object>();
24.         map.put("title", "Lin Chong");
25.         map.put("info", "male");
26.         map.put("img", R.drawable.male);
27.         mList.add(map);
28.         return mList;
29.     }
30. }
```

代码说明

①代码第 4～7 行创建 SimpleAdapter 适配器。其中，SimpleAdapter 的构造函数共有 5 个参数，第一个是 Context；第二个是显示的数据，这是一个基于 Map 的 List，List 中的每一项都是 Map 类型，它包含了 ListView 每一行需要的数据，与 ListView 中的每一项相对应。第三个参数是显示的 Lyaout；第四个参数是一个 String 数组，和 Map<String，Object>对象中的 String 相对应，用于索引 Map 对象中的 Object。第五个参数是一个 int 数组，与需要显示的 Layout 中定义的组件的 id 相对应。

②代码第 10～29 行定义 getData()方法用于准备 ListView 中显示的数据。其中，该方法的返回值是 List<Map<String，Object>>类型的对象，在每一个 Map 对象中添加了 3 个字符串分别对应 3 个键（title、info 和 img）。

③代码第 13～17 行创建一个 HashMap <String，Object>>类型的对象，并为该列表项分别设置 3 个键值，最后调用 add 方法将该对象添加到 mList 中。

（3）运行程序

程序运行界面如图 4-27 所示。

图 4-27 SimpleAdapter 适配器列表实例运行界面

4.4.10 可展开的列表视图（ExpandableListView）

ExpandableListView 是一个可以垂直滚动显示两层列表项（Group，Children）的视图组件。

它是继承于 ListView 类，允许 Group 单独被展开以显示它的 Children。列表项的数据来自于适配器 ExpandableListAdapter。ExpandableListView 和 ExpandableListAdapter 之间的关系和上一小节讲述的 ListView 和 ListAdapter 之间的关系是一样的，因此编程实现 ExpandableListView 也和 ListView 的操作相似。下面通过一个简单的实例向读者介绍 ExpandableListView 的用法。

实例 4-22　可展开列表视图实例（ExpandableListDemo）

演示 ExpandableListView 的用法，将用户的好友按性别进行分组显示。

（1）创建工程

创建一个新的 Android 工程，工程名为 ExpandableListDemo，并为该工程添加如下文件。

①\res\layout\main.xml：定义程序的主界面布局。

②\res\layout\group.xml：定义列表第一级内容布局。

③\res\layout\child.xml：定义列表第二级内容布局。

④ExpandableListDemo.java：创建程序的 Activity 类，显示可展开列表内容。

（2）编写代码

代码 4-38　\Chapter4\ExpandableListDemo\res\layout\main.xml

```
01. <?xml version="1.0" encoding="utf-8"?>
02. <LinearLayout
03.     xmlns:android="http://schemas.android.com/apk/res/android"
04.     android:orientation="vertical"
05.     android:layout_width="fill_parent"
06.     android:layout_height="fill_parent"
07.     >
08.     <ExpandableListView android:id="@+id/expandableList"
09.         android:layout_width="fill_parent"
10.         android:layout_height="fill_parent"
11.         android:drawSelectorOnTop="true">
12.     </ExpandableListView>
13. </LinearLayout>
```

代码说明

上述代码为界面布局，采用 LinearLayout 布局，其中定义了一个 id 为 expandableList 的 ExpandableListView 视图组件。

代码 4-39　\Chapter4\ExpandableListDemo\res\layout\group.xml

```
01. <?xml version="1.0" encoding="utf-8"?>
02. <LinearLayout
03.     xmlns:android="http://schemas.android.com/apk/res/android"
04.     android:orientation="vertical"
05.     android:layout_width="fill_parent"
06.     android:layout_height="fill_parent"
07.     >
08.     <TextView android:id="@+id/group"
09.         android:layout_width="fill_parent"
```

```
10.        android:layout_height="fill_parent"
11.        android:textSize="25sp"
12.        android:paddingLeft="35px"
13.        android:paddingTop="10px"
14.        android:paddingRight="5px"
15.        android:paddingBottom="10px">
16.    </TextView>
17. </LinearLayout>
```

代码说明

在 group.xml 文件中，定义了 ExpandableListView 的第一级列表显示的内容。在这里只为这一级条目添加了 TextView 组件。

代码 4-40 \Chapter4\ExpandableListDemo\res\layout\child.xml

```
01. <?xml version="1.0" encoding="utf-8"?>
02. <LinearLayout
03.     xmlns:android="http://schemas.android.com/apk/res/android"
04.     android:orientation="horizontal"
05.     android:layout_width="fill_parent"
06.     android:layout_height="fill_parent"
07.     >
08.     <TextView android:id="@+id/child"
09.         android:layout_width="fill_parent"
10.         android:layout_height="fill_parent"
11.         android:textSize="15sp"
12.         android:paddingLeft="40px">
13.     </TextView>
14. </LinearLayout>
```

代码说明

和 group.xml 类似，child.xml 文件定义了 ExpandableListView 的第二级列表显示的内容，在这里同样只为这一级条目添加了 TextView 组件。

代码 4-41 ExpandableListDemo.java

```
01. public class ExpandableListDemo extends ExpandableListActivity {
02.     public void onCreate(Bundle savedInstanceState) {
03.         super.onCreate(savedInstanceState);
04.         List<Map<String,String>> groups
05.                 = new ArrayList<Map<String,String>>();
06.         Map<String,String> groupB = new HashMap<String,String>();
07.         groupB.put("group", "Boy");
08.         groups.add(groupB);
09.         Map<String,String> groupG = new HashMap<String,String>();
10.         groupG.put("group", "Girl");
11.         groups.add(groupG);
```

代码说明

①代码第 4 行创建 List<Map<String，String>>对象用于保存一级条目数据。

②代码第 6、7 行创建条目标题为“Boy”的一级条目。

③代码第 8 行将一级条目“Boy”加入到存放一级条目的 List 中。

④代码第 9、10 行创建条目标题为“Girl”的一级条目。

⑤代码第 11 行将一级条目“Girl”加入到存放一级条目的 List 中。

```
12.         List<Map<String,Object>> childB
13.                 = new ArrayList<Map<String,Object>>();
14.         Map<String,Object> child = new HashMap<String,Object>();
15.         child.put("child", "Lei Feng");
16.         childB.add(child);
17.         child = new HashMap<String,Object>();
18.         child.put("child", "Li Lei");
19.         childB.add(child);
20.         List<Map<String,Object>> childG
21.                 = new ArrayList<Map<String,Object>>();
22.         child = new HashMap<String,Object>();
23.         child.put("child", "Han Meimei");
24.         childG.add(child);
25.         child = new HashMap<String,Object>();
26.         child.put("child", "Mu GuiYing");
27.         childG.add(child);
```

代码说明

①代码第 12、13 行创建 List<Map<String，Object>>用于保存一级条目 Boy 的二级条目数据。

②代码第 14、15、16 行为一级条目“Boy”添加名为“Lei Feng”的二级条目。

③代码第 17、18、19 行为一级条目“Boy”添加名为“Li Lei”的二级条目。

④代码第 20、21 行创建 List<Map<String，Object>>用于保存一级条目 Girl 的二级条目数据。

⑤代码第 22、23、24 行为一级条目“Girl”添加名为“Han Meimei”的二级条目。

⑥代码第 25、26、27 行为一级条目“Girl”添加名为“Mu GuiYing”的二级条目。

```
28.         List<List<Map<String,Object>>> childs
29.                 = new ArrayList<List<Map<String,Object>>>();
30.         childs.add(childB);
31.         childs.add(childG);
32.         SimpleExpandableListAdapter mAdapter
33.                 = new SimpleExpandableListAdapter(
34.                         this,
35.                         groups,R.layout.group,new String[]{"group"},
36.                         new int[]{R.id.group},
37.                         childs,R.layout.child,new String[]{"child"},
38.                         new int[]{R.id.child}
39.                         );
40.         setListAdapter(mAdapter);
41.     }
42. }
```

代码说明

①代码第 28～31 行将二级条目添加到一个 List 中，以便关联到适配器供显示。

②代码第 32～39 行创建 SimpleExpandableListAdapter 适配器。其中，该适配器的构造函数和 SimpleAdapter 的构造函数类似，只是显示的数据分成了 group 和 child 两项。该构造函数共有 9 个参数，。第一个是 Context；第二个是一级条目 group 的数据；第三个参数是一级条目 group 的 Layout；第四个参数是一级条目 Map 对象的 key；第五个参数是一级条目 Map 对象中的 id；第六个参数是二级条目 child 的数据；第七个参数是二级条目 child 的 Layout；第八个参数是二级条目 Map 对象的 key；第九个参数是二级条目 Map 对象中的 id；

③代码第 40 行为 ExpandableList 设置适配器，以显示适配器中的内容。

（3）运行程序

程序运行界面如图 4-28 所示。

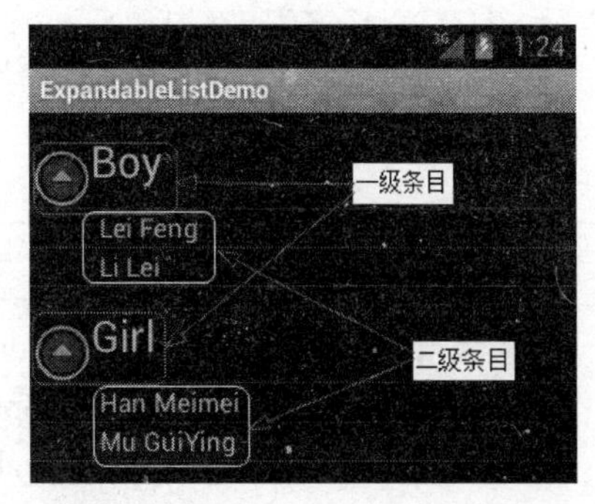

图 4-28　可展开列表视图实例运行界面

编者手记

SimpleExpandableListAdapter 默认将所有的 View 适配成 TextView，因此显示的数据只能是文本。若希望实现如图 4-27 所示的自定义带图片的视图，则需重写 SimpleExpandableListAdapter，定义自己的适配器，在其中判断 View 的类型，然后和对应的视图组件相绑定。

4.4.11　网格视图（GridView）

GridView 是网格视图，可以将屏幕上的多个元素（文字、图片或其他组件）按网格的排列方式全部显示出来，在实现相册、图片浏览等应用时非常有用。在实现时，需要用 BaseAdapter 来存储需要显示的元素，同时还允许用户对其中的一个元素进行操作，因此需要设置事件监听器 OnItemClickListener 来捕捉和处理事件。下面通过一个实例向读者介绍 GridView 的用法。

实例 4-23　网格视图实例（GridViewDemo）

演示网格视图（GridView）的用法，将一系列图片按网格形式排列显示。

（1）创建工程

创建一个新的 Android 工程，工程名为 GridViewDemo，并为该工程添加如下文件。

①\res\layout\main.xml：定义程序的主界面布局。

②GridViewDemo.java：创建程序的 Activity 类，显示以网格视图布局的图片。

（2）编写代码

代码 4-42　\Chapter4\GridViewDemo\res\layout\main.xml

```
01. <?xml version="1.0" encoding="utf-8"?>
02. <GridView xmlns:android="http://schemas.android.com/apk/res/android"
```

```
03.     android:id="@+id/gridpic"
04.     android:layout_width="fill_parent"
05.     android:layout_height="fill_parent"
06.     android:numColumns="auto_fit"
07.     android:verticalSpacing="10dp"
08.     android:horizontalSpacing="10dp"
09.     android:columnWidth="90dp"
10.     android:stretchMode="columnWidth"
11.     android:gravity="center">
12. </GridView>
```

代码说明

①上述界面布局定义了一个 GridView 组件，并设置了该 GridView 组件的若干属性。

②代码第 6 行 android:numColumns="auto_fit"设置 GridView 的列数为自动匹配。

③代码第 7 行 android:verticalSpacing="10dp"设置两行之间的间距。

④代码第 8 行 android:horizontalSpacing="10dp"分别设置两列之间的间距。

⑤代码第 9 行 android:columnWidth="90dp"设置每列的宽定，即是每个元素的宽度。

⑥代码第 10 行 android:stretchMode="columnWidth"设置元素的缩放方式为与列宽大小同步的方式。

代码 4-43　GridViewDemo.java

```
01. public class GridViewDemo extends Activity {
02.     public void onCreate(Bundle savedInstanceState) {
03.         super.onCreate(savedInstanceState);
04.         setContentView(R.layout.main);
05.         GridView mGridPic = (GridView) findViewById(R.id.gridpic);
06.         mGridPic.setAdapter(new ImageAdapter(this));
07.         mGridPic.setOnItemClickListener(new OnItemClickListener() {
08.             public void onItemClick(AdapterView<?> parent,
09.                                 View v, int pos,long id) {
10.                 Toast.makeText(GridViewDemo.this,
11.                   "你选择了" + (pos+1) + "号图片", Toast.LENGTH_SHORT).show();
12.             }
13.         });
14.     }
```

代码说明

①代码第 5 行获取 GridView 引用实例。

②代码第 6 行为 GridView 设置适配器。该适配器为自定义类 ImageAdapter 对象。

③代码第 7～13 行为 GridView 设置点击事件监听器。

④代码第 10、11 行以 Toast 提示用户选择的是 GridView 中的哪一张图片。

```
15.     // 定义自己的图片适配器 ImageAdapter，继承于 BaseAdapter
16.     public class ImageAdapter extends BaseAdapter {
17.         private Context mContext;
18.         private Integer[] mImgIds = {
19.                 R.drawable.grid01, R.drawable.grid02,
```

```
20.                 R.drawable.grid03, R.drawable.grid04,
21.                 R.drawable.grid05, R.drawable.grid06,
22.                 R.drawable.grid07, R.drawable.grid08,
23.                 R.drawable.grid09, R.drawable.grid10,
24.                 R.drawable.grid11, R.drawable.grid12,
25.                 R.drawable.grid13, R.drawable.grid14,
26.                 R.drawable.grid15, R.drawable.grid16,
27.         };
28.         public ImageAdapter(Context c) {
29.             mContext = c;
30.         }
31.         public int getCount() {
32.             return mImgIds.length;
33.         }
34.         public Object getItem(int pos) {
35.             return pos;
36.         }
37.         public long getItemId(int pos) {
38.             return pos;
39.         }
```

代码说明

①代码第18～27行定义图片来源的数据。

②代码第28～30行定义ImageAdapter类的构造函数。

③代码第31～33行重写BaseAdapter类的getCount()方法用于获取图片个数。

④代码第34～36行重写BaseAdapter类的getItem()方法获取图片在GridView中的位置。

⑤代码第37～39行重写BaseAdapter类的getItemId()方法用于获取图片的id。

```
40.         public View getView(int pos, View convertView, ViewGroup parent) {
41.             ImageView mImgView;
42.             if (convertView == null) {
43.                 mImgView = new ImageView(mContext);
44.                 mImgView.setLayoutParams(
45.                         new GridView.LayoutParams(85,85));
46.                 mImgView.setScaleType(ImageView.ScaleType.FIT_CENTER);
47.             } else {
48.                 mImgView = (ImageView)convertView;
49.             }
50.             mImgView.setImageResource(mImgIds[pos]);
51.             return mImgView;
52.         }
53.     }
54. }
```

代码说明

①代码第40～53行重写BaseAdapter类的getView()方法用于获取显示的视图。

②代码第43行定义图片视图mImgView。

③代码第44、45行设置图片视图显示的布局参数。

④代码第 46 行设置图片视图显示比例的缩放类型为窗体中央。

⑤代码第 50 行设置图片视图的图片来源。

（3）运行程序

程序运行界面如图 4-29 所示。

图 4-29　网格视图实例运行界面

4.4.12　画廊视图（Gallery）和图片切换器（ImageSwitcher）

Gallery 是一个用于显示条目（Item）的 View，它是中心锁定（即被点击的 Item 总是处于 Gallery 对象的中央），并可以用手指水平拖动。这是一个非常炫的效果，带给用户无与伦比的体验感觉。ImageSwitch 是一个图片切换器，类似于 Window 图片和传真查看器，它可以切换浏览若干图片。将这两个组件结合起来，可以实现诸如相册等应用。下面通过一个实例向读者介绍这两个组件的相关用法。

实例 4-24　相册实例（AlbumDemo）

演示 Gallery 和 ImageSwitcher 的用法，实现一个相册应用。

（1）创建工程

创建一个新的 Android 工程，工程名为 AlbumDemo，并为该工程添加如下文件。

①\res\layout\main.xml：定义程序的主界面布局。

②AlbumDemo.java：创建程序的 Activity 类，显示以 Gallery 和 ImageSwitcher 组合构成的相册。

（2）编写代码

代码 4-44　\Chapter4\AlbumDemo\res\layout\main.xml

```
01. <?xml version="1.0" encoding="utf-8"?>
02. <RelativeLayout
```

```
03.     xmlns:android="http://schemas.android.com/apk/res/android"
04.     android:orientation="vertical"
05.     android:layout_width="fill_parent"
06.     android:layout_height="fill_parent"
07.     >
08.     <ImageSwitcher android:id="@+id/ImgSwitch"
09.        android:layout_width="fill_parent"
10.        android:layout_height="fill_parent"
11.        android:layout_alignParentTop="true">
12.     </ImageSwitcher>
13.     <Gallery
14.        android:layout_alignParentBottom="true"
15.        android:background="#55000000"
16.        android:layout_width="fill_parent"
17.        android:layout_height="60dp"
18.        android:id="@+id/ImgGallery"
19.        android:spacing="16dp">
20.     </Gallery>
21. </RelativeLayout>
```

代码说明

①上述代码采用相对布局，在其中垂直放置了一个ImageSwitcher和Gallery组件。

②代码第16行android:layout_width="fill_parent"设置Gallery水平填满父容器，这一点非常重要，读者可以尝试将其改为wrap_content，查看其运行效果。

代码4-45 AlbumDemo.java

```
01. public class AlbumDemo extends Activity implements ViewFactory {
02.     private Integer[] mThumbIds = {
03.         R.drawable.grid_thumb_01, R.drawable.grid_thumb_02,
04.         R.drawable.grid_thumb_03, R.drawable.grid_thumb_04,
05.         R.drawable.grid_thumb_05, R.drawable.grid_thumb_06,
06.         R.drawable.grid_thumb_07, R.drawable.grid_thumb_08,
07.     };
08.     private Integer[] mImgIds = {
09.         R.drawable.grid01, R.drawable.grid02,
10.         R.drawable.grid03, R.drawable.grid04,
11.         R.drawable.grid05, R.drawable.grid06,
12.         R.drawable.grid07, R.drawable.grid08,
13.     };
14.     private ImageSwitcher mImgSwitch;
15.     private Gallery mGallery;
```

代码说明

①代码第2～7行定义ImageSwitcher组件的图片来源。

②代码第8～13行定义Gallery组件的图片来源。

```
16.     public void onCreate(Bundle savedInstanceState) {
17.        super.onCreate(savedInstanceState);
```

```
18.         requestWindowFeature(Window.FEATURE_NO_TITLE);
19.         setContentView(R.layout.main);
20.         mImgSwitch = (ImageSwitcher) findViewById(R.id.ImgSwitch);
21.         mImgSwitch.setFactory(this);
22.         mImgSwitch.setInAnimation(AnimationUtils.loadAnimation(this,
23.                 android.R.anim.fade_in));
24.         mImgSwitch.setOutAnimation(AnimationUtils.loadAnimation(this,
25.                 android.R.anim.fade_out));
26.         mGallery = (Gallery) findViewById(R.id.ImgGallery);
27.         mGallery.setAdapter(new ImageAdapter(this));
28.         mGallery.setOnItemSelectedListener(new OnItemSelectedListener() {
29.             public void onItemSelected(AdapterView<?> mAdapter, View v,
30.                     int pos, long id) {
31.                 mImgSwitch.setImageResource(mImgIds[pos]);
32.                 Toast.makeText(AlbumDemo.this, "你选择了" + pos + "号图片",
33.                         Toast.LENGTH_SHORT).show();
34.             }
35.             public void onNothingSelected(AdapterView<?> arg0) {
36.             }
37.         });
38.     }
```

代码说明

①代码第 20 行获取 ImageSwitcher 引用实例。

②代码第 21 行为 ImageSwitcher 设置 ViewFactory，将显示的图片与父容器区分开，在使用 ImageSwitcher 对象之前，一定要调用该方法，否则 setImageResource 方法会出现空指针异常。

③代码第 22、23 行设置 mImgSwitch 的淡入方式。

④代码第 24、25 行设置 mImgSwitch 的淡出方式。

⑤代码第 26 行获取 Gallery 对象的引用实例。

⑥代码第 27 行为 mGallery 设置适配器。

⑦代码第 28～37 行为 mGallery 设置图片选择事件监听器。

⑧代码第 31 行在 mImgSwitch 中显示 mGallery 选择的图片。

```
39.     public View makeView() {
40.         ImageView img = new ImageView(this);
41.         img.setBackgroundColor(0xFF000000);
42.         img.setScaleType(ImageView.ScaleType.FIT_CENTER);
43.         img.setLayoutParams(new ImageSwitcher.LayoutParams(
44.                 LayoutParams.FILL_PARENT, LayoutParams.FILL_PARENT));
45.         return img;
46.     }
47.     public class ImageAdapter extends BaseAdapter {
48.         private Context mContext;
49.         public ImageAdapter(Context c) {
50.             mContext = c;
51.         }
52.         public int getCount() {
53.             return mThumbIds.length;
54.         }
```

```
55.         public Object getItem(int pos) {
56.             return pos;
57.         }
58.         public long getItemId(int pos) {
59.             return pos;
60.         }
61.         public View getView(int pos, View convertView, ViewGroup parent) {
62.             ImageView mImgView = new ImageView(mContext);
63.             mImgView.setImageResource(mThumbIds[pos]);
64.             mImgView.setAdjustViewBounds(true);
65.             mImgView.setLayoutParams(new Gallery.LayoutParams
66.                     (LayoutParams.WRAP_CONTENT,LayoutParams.WRAP_CONTENT));
67.             return mImgView;
68.         }
69.     }
70. }
```

代码说明

①代码第 39～46 行创建一个新视图，作为 mImgSwitch 的 ViewFactory。

②代码第 47～69 行定义图片适配器，继承于 BaseAdapter，与实例 4-23 类似，不再赘述。

③代码第 64 行设置图像视图边界保持它的长宽比例。

（3）运行程序

程序运行界面如图 4-30 所示。

图 4-30　相册实例运行界面

4.5　对话框

对话框是出现在当前 Activity 之上的一个小窗口，处于下面的 Activity 失去焦点，对话框接受所有的用户交互。对话框一般用于提示信息和与当前应用程序直接相关的小功能。在应用中采用对话框可以大大增强应用的友好性。比较常用的场景如：用户登录、网络下载等待、登录成功或失败提示等。

Android 支持的对话框主要有：警告对话框（AlertDialog）、进度对话框（ProgressDialog）、日期选择对话框（DatePickerDialog）和时间选择对话框（TimePickerDialog）。同时，还允许开发人员通过扩展 AlertDialog 来自定义各种类型的对话框。在这一节中，将向读者详细介绍这几类对话框的用法。

4.5.1 使用 AlertDialog 创建简单的对话框

警告对话框（AlertDialog）是对话框的一个扩展，它能够创建大多数对话框用户界面并且是 Android 推荐的对话框类型。在这一小节中，将向读者介绍如何用 AlertDialog 创建简单的对话框。

要创建一个 AlertDialog 对象，不能直接通过 AlertDialog 构造函数来进行实例化，必须使用 AlertDialog.Builder 子类。首先使用 AlertDialog.Builder（Context）来得到一个 Builder，然后使用该类的公有方法来定义 AlertDialog 的属性，包括 setTitle 方法（设置标题）和 setMessage 方法（设置内容信息），设定好以后，使用 create()方法来创建 AlertDialog 对象。

使用 AlertDialog 创建简单对话框的代码如代码 4-46 所示。

代码 4-46　AlertDialogDemo.java 第一部分

```
01. public class AlertDialogDemo extends Activity {
02.     private Dialog startDialog = null;
03.     public void onCreate(Bundle savedInstanceState) {
04.         super.onCreate(savedInstanceState);
05.         setContentView(R.layout.main);
06.         AlertDialog.Builder startbuider
07.                 = new AlertDialog.Builder(AlertDialogDemo.this);
08.         startbuider.setTitle("登录提示");
09.         startbuider.setMessage("请登录");
10.         startbuider.setPositiveButton("登录", new OnClickListener() {
11.             public void onClick(DialogInterface dialog, int which) {
12.                 /* 设置点击登录按钮后的响应事件*/
13.             }
14.         });
15.         startbuider.setNegativeButton("取消", new OnClickListener() {
16.             public void onClick(DialogInterface dialog, int which) {
17.                 AlertDialogDemo.this.finish();
18.             }
19.         });
20.         startbuider.setNeutralButton("更多", new OnClickListener() {
21.             public void onClick(DialogInterface dialog, int which) {
22.                 /* 设置点击更多按钮后的响应事件*/
23.             }
24.         });
25.         startDialog = startbuider.create();
26.         startDialog.show();
```

```
27.     }
28. }
```

代码说明

①代码第7、8行创建AlertDialog.Builder对象实例。
②代码第9、10行为对话框设置标题和内容信息。
③代码第12～16行为对话框添加“登录”按钮，并为该按钮设置点击事件监听器。
④代码第17～21行为对话框添加“取消”按钮，并为该按钮设置点击事件监听器。
⑤代码第19行用于在点击“取消”按钮之后，退出当前程序。
⑥代码第22～26行为对话框添加“更多”按钮，并为该按钮设置点击事件监听器。
⑦代码第27行通过AlertDialog.Builder对象的create()方法创建AlertDialog对话框。
⑧代码第28行显示对话框。

代码第14和24行可以为对话框的“登录”和“更多”按钮设置点击该按钮后的进行一些操作。这里暂时没有任何操作，在下一小节中将会在这两处为AlertDialog对话框添加一些实际的操作。

运行上述程序，运行界面如图4-31所示。

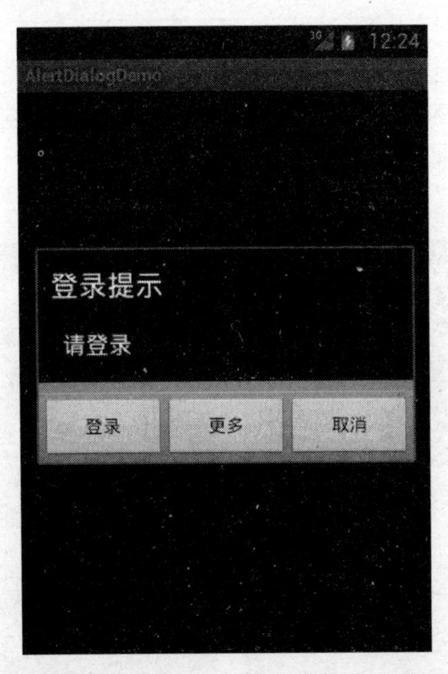

图4-31　AlertDialog创建的简单对话框

4.5.2　使用AlertDialog创建列表对话框

在上一小节中，使用AlertDialog创建了最简单的对话框，在这一小节中，将使用AlertDialog创建带列表视图的对话框。

要创建一个带有列表视图的对话框，需要使用 setItems()方法。如果在 onCreateDialog()中创建可选择列表，Android 会自动管理列表的状态。只要 Activity 仍然活跃，那么对话框就会记住刚才选中的选项，但当用户退出 Activity 时，该选择丢失。代码如下代码 4-47 所示。

代码 4-47 AlertDialogDemo.java 第二部分

```
01.         startbuider.setNeutralButton("更多", new OnClickListener() {
02.             public void onClick(DialogInterface dialog, int which) {
03.                 final CharSequence[] items = {"注册", "充值", "返回"};
04.                 AlertDialog.Builder listbuilder
05.                             = new AlertDialog.Builder(AlertDialogDemo.this);
06.                 listbuilder.setTitle("更多");
07.                 listbuilder.setItems(items, new OnClickListener() {
08.                     public void onClick(DialogInterface dialog, int which) {
09.                         Toast.makeText(AlertDialogDemo.this,
10.                                 items[which], Toast.LENGTH_LONG).show();
11.                     }
12.                 });
13.                 listDialog = listbuilder.create();
14.                 listDialog.show();
15.             }
16.         });
```

代码说明

①上述代码紧接前一小节，设置点击“更多”按钮后生成一个列表对话框。
②代码第 7～12 行为列表对话框设置可选列表项，并为该对话框设置列表项点击事件。
③代码第 9～10 行以 Toast 向用户提示选择的列表项。
运行程序后，点击“更多”按钮，将显示如图 4-32 所示的列表对话框界面。

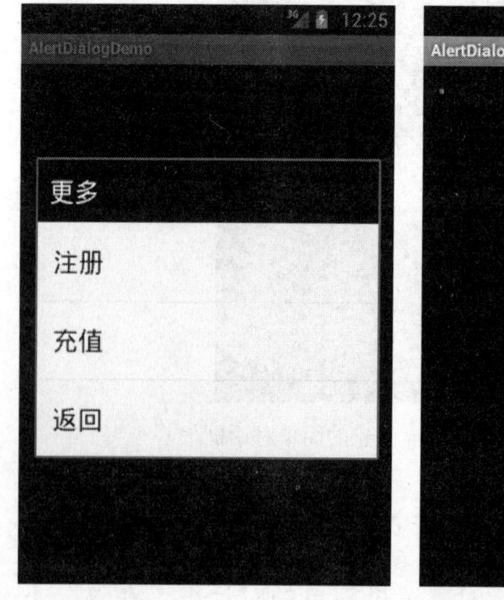

图 4-32 列表对话框界面

4.5.3　使用 AlertDialog 创建自定义对话框

AlertDialog 还可以创建用户自定义的对话框，用户可以自定义该对话框的布局、背景以及图标等。下面将通过创建一个“登录”对话框向读者介绍自定义对话框的用法。

代码 4-48　\Chapter4\AlertDialogDemo\res\layout\login_dialog.xml

```
01. <?xml version="1.0" encoding="utf-8"?>
02. <LinearLayout xmlns:android="http://schemas.android.com/apk/res/android"
03.     android:orientation="vertical"
04.     android:layout_width="fill_parent"
05.     android:layout_height="fill_parent"
06.     >
07.     <TextView android:text="用户名"
08.         android:id="@+id/userlabel"
09.         android:layout_width="wrap_content"
10.         android:layout_height="wrap_content"
11.         android:layout_marginLeft="20dip"
12.         android:layout_marginRight="20dip"
13.         android:textAppearance="?android:attr/textAppearanceMedium">
14.     </TextView>
15.     <EditText android:id="@+id/userval"
16.         android:layout_width="fill_parent"
17.         android:layout_height="wrap_content"
18.         android:layout_marginLeft="20dip"
19.         android:layout_marginRight="20dip"
20.         android:capitalize="none"
21.         android:textAppearance="?android:attr/textAppearanceMedium">
22.     </EditText>
23.     <TextView
24.         android:text="密码"
25.         android:id="@+id/pwdlabel"
26.         android:layout_width="wrap_content"
27.         android:layout_height="wrap_content"
28.         android:layout_marginLeft="20dip"
29.         android:layout_marginRight="20dip"
30.         android:textAppearance="?android:attr/textAppearanceMedium">
31.     </TextView>
32.     <EditText android:id="@+id/pwdval"
33.         android:layout_width="fill_parent"
34.         android:layout_height="wrap_content"
35.         android:layout_marginLeft="20dip"
36.         android:layout_marginRight="20dip"
37.         android:capitalize="none"
38.         android:password="true"
39.         android:textAppearance="?android:attr/textAppearanceMedium">
40.     </EditText>
41. </LinearLayout>
```

代码说明

①上述代码定义了“登录”对话框的界面布局，和实例 4-6 的布局相似。

②代码第 13 行 android:textAppearance="?android:attr/textAppearanceMedium"设置文本文字的字体，该字体由系统定义。

③代码第 20 行 android:capitalize="none"设置了输入的大小写属性，在这里设置为 none 表示输入首字母为小写。

④代码第 38 行 android:password="true"设置该输入为密码输入。

代码 4-49　AlertDialogDemo.java 第三部分

```
01.         startbuider.setPositiveButton("登录", new OnClickListener() {
02.             public void onClick(DialogInterface dialog, int which) {
03.                 LayoutInflater inflater
04.                         = LayoutInflater.from(AlertDialogDemo.this);
05.                 final View loginDialogView
06.                         = inflater.inflate(R.layout.login_dialog, null);
07.                 AlertDialog.Builder loginbuider
08.                         = new AlertDialog.Builder(AlertDialogDemo.this);
09.                 loginbuider.setIcon(R.drawable.login_dialog_icon);
10.                 loginbuider.setTitle("用户登录");
11.                 loginbuider.setView(loginDialogView);
12.                 loginbuider.setPositiveButton("确定",
13.                             new OnClickListener() {
14.                     public void onClick(DialogInterface dialog, int which) {
15.                         /* 设置登录对话框确定按钮的点击响应事件*/
16.                     }
17.                 });
18.                 loginbuider.setNegativeButton("取消",
19.                             new OnClickListener() {
20.                     public void onClick(DialogInterface dialog, int which) {
21.                         Toast.makeText(AlertDialogDemo.this,
22.                                 "取消登录", Toast.LENGTH_LONG).show();
23.                     }
24.                 });
25.                 loginDialog = loginbuider.create();
26.                 loginDialog.show();
27.             }
28.         });
```

代码说明

①上述代码继续紧接代码 4-47，为 startDialog 设置“登录”按钮的响应事件。

②代码第 3、4 行获取 LayoutInflater 对象实例。

③代码第 5、6 行调用 LayoutInflater 类的 inflate 方法将自定义好的 login_dialog.xml 布局文件转化成 View 实例。

④代码第 7、8 行创建 AlertDialog.Builder 对象实例。

⑤代码第 9 行将用 login_dialog_icon.png 图片设置为对话框的图标。

⑥代码第10行为对话框设置标题。
⑦代码第11行调用setView方法将布局文件生成的View放置到登录对话框中。
⑧代码第12～24行为该登录对话框的“确定”和“取消”按钮设置点击事件监听器。
⑨代码第25、26行创建并显示对话框。
运行程序后，点击“登录”按钮，将显示如图4-33所示的登录对话框界面。

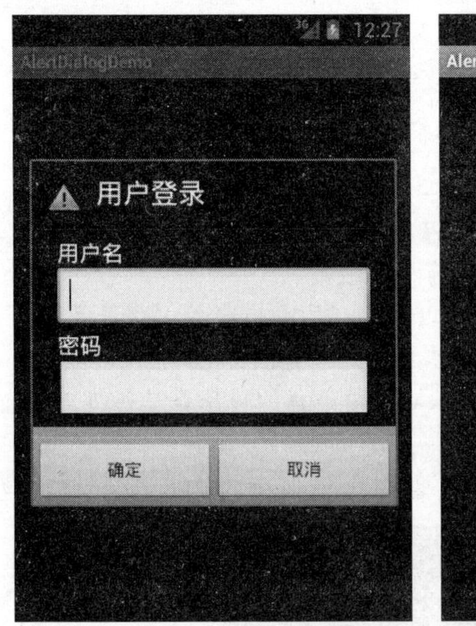

图4-33 登录对话框界面

4.5.4 使用ProgressDialog创建进度对话框

ProgressDialog（进度对话框）是AlertDialog的扩展。它可以显示一个进度的动画，进度环或者进度条。这个对话框也可以提供按钮，例如取消登录等。下面将通过创建一个登录进度对话框向读者介绍ProgressDialog的用法。

代码4-50 AlertDialogDemo.java 第四部分

```
01. loginbuider.setPositiveButton("确定", new OnClickListener() {
02.     public void onClick(DialogInterface dialog, int which) {
03.         loginprogress = new ProgressDialog(AlertDialogDemo.this);
04.         loginprogress.setTitle("请稍候");
05.         loginprogress.setMessage("正在登录...");
06.         loginprogress.setButton("取消登录", new OnClickListener() {
07.             public void onClick(DialogInterface dialog,int which) {
08.                 loginprogress.dismiss();
09.             }
10.         });
11.         loginprogress.show();
12.         new Thread() {
13.             public void run() {
14.                 try {
```

```
15.                     sleep(3000);
16.                 } catch (InterruptedException e) {
17.                     e.printStackTrace();
18.                 } finally {
19.                     loginprogress.dismiss();
20.                 }
21.             }
22.         }.start();
23.     }
24. });
```

代码说明

①上述代码紧接代码 4-49，为登录对话框的“确定”按钮设置响应事件。与 AlertDialog 不同的是，ProgressDialog 的创建是直接该类的构造函数。

②方法 setButton 为进度对话框设置按钮以及按钮的响应事件，这里是取消登录的按钮，当用户点击该按钮，将调用 dismiss 方法使该进度对话框消失。

③上述代码中还生成了一个新的线程 Thread，该线程的作用是让进度对话框显示 3 秒钟，然后调用 dismiss 方法使其消失。

点击登录对话框的“确定”按钮，将显示如图 4-34 所示的登录进度对话框界面。

图 4-34　登录进度对话框界面

4.5.5　使用 DatePickerDialog 和 TimePickerDialog

在 4.4.3 小节中，已经介绍了 DatePicker 和 TimePicker 组件，在这一小节中，将向读者介绍和它们有相同功能的两个对话框：DatePickerDialog 和 TimePickerDialog，只是它们是以对话框的形式出现，其余都完全一致。下面通过一个实例来说明它们的用法。

实例 4-25 日期选择对话框和时间选择对话框实例（DateTimeDialogDemo）

（1）创建工程

创建一个新的 Android 工程，工程名为 DateTimeDialogDemo，并为该工程添加如下文件。

①\res\layout\main.xml：定义程序的主界面布局。

②DateTimeDialogDemo.java：创建程序的 Activity 类，显示日期和时间选择对话框。

（2）编写代码

代码 4-51 \Chapter4\DateTimeDialogDemo\res\layout\main.xml

```
01. <?xml version="1.0" encoding="utf-8"?>
02. <LinearLayout xmlns:android="http://schemas.android.com/apk/res/android"
03.     android:orientation="horizontal"
04.     android:layout_width="fill_parent"
05.     android:layout_height="fill_parent"
06.     >
07.     <Button android:text="DatePickerDialog"
08.         android:id="@+id/dateBtn"
09.         android:layout_width="wrap_content"
10.         android:layout_height="wrap_content">
11.     </Button>
12.     <Button android:text="TimePickerDialog"
13.         android:id="@+id/timeBtn"
14.         android:layout_width="wrap_content"
15.         android:layout_height="wrap_content">
16.     </Button>
17. </LinearLayout>
```

代码说明

上述代码声明了两个 Button，分别用于弹出日期选择对话框和时间选择对话框。

代码 4-52 DateTimeDialogDemo.java

```
01. public class DateTimeDialogDemo extends Activity {
02.     private Calendar mc = null;
03.     private Button dateBtn = null;
04.     private Button timeBtn = null;
05.     private final static int DIALOG_DATEPICKER = 1;
06.     private final static int DIALOG_TIMEPICKER = 2;
07.     public void onCreate(Bundle savedInstanceState) {
08.         super.onCreate(savedInstanceState);
09.         setContentView(R.layout.main);
10.         mc = Calendar.getInstance();
11.         dateBtn = (Button) findViewById(R.id.dateBtn);
12.         dateBtn.setOnClickListener(new OnClickListener() {
13.             public void onClick(View v) {
14.                 showDialog(DIALOG_DATEPICKER);
```

```
15.             }
16.         });
17.         timeBtn = (Button) findViewById(R.id.timeBtn);
18.         timeBtn.setOnClickListener(new OnClickListener() {
19.             public void onClick(View v) {
20.                 showDialog(DIALOG_TIMEPICKER);
21.             }
22.         });
23.     }
```

代码说明

①代码第 11～16 行获取 dateBtn 按钮的引用实例并为其设置点击事件监听器。

②代码第 14 行显示日期选择对话框。其中，方法 showDialog（int id）用于显示标识为 id 的 Dailog。当该方法调用后，系统将回调 Dialog 的 onCreateDialog（int id）和 onPrepareDialog（int id）方法。

③代码第 17～12 行获取 timeBtn 按钮的引用实例并为其设置点击事件监听器。

④代码第 20 行显示时间选择对话框。

```
24.     protected Dialog onCreateDialog(int id, Bundle args) {
25.         switch(id) {
26.         case DIALOG_DATEPICKER:
27.             return new DatePickerDialog(DateTimeDialogDemo.this,
28.                     new DatePickerDialog.OnDateSetListener() {
29.                 public void onDateSet(DatePicker view,
30.                     int year, int monthOfYear,int dayOfMonth) {
31.                     Toast.makeText(DateTimeDialogDemo.this,
32.                                 year + "年" + (monthOfYear+1) + "月"
33.                                 + dayOfMonth + "日",
34.                                 Toast.LENGTH_LONG).show();
35.                 }
36.             }, mc.get(Calendar.YEAR), mc.get(Calendar.MONTH),
37.             mc.get(Calendar.DAY_OF_MONTH));
38.         case DIALOG_TIMEPICKER:
39.             return new TimePickerDialog(DateTimeDialogDemo.this,
40.                     new TimePickerDialog.OnTimeSetListener() {
41.                 public void onTimeSet(TimePicker view,
42.                     int hourOfDay, int minute) {
43.                     Toast.makeText(DateTimeDialogDemo.this,
44.                         hourOfDay + "时" + minute + "分",
45.                         Toast.LENGTH_LONG).show();
46.                 }
47.             }, mc.get(Calendar.HOUR_OF_DAY),
48.             mc.get(Calendar.MINUTE), true);
49.         default:
50.             return null;
51.         }
52.     }
53. }
```

代码说明

①代码第24～53行重写onCreateDialog方法用于创建日期和时间选择对话框。其中，方法onCreateDialog（int id，Bundle args）用于创建Dialog实例，当Activity中调用了showDialog方法后，如果该Dialog是第一次生成，系统则将反向回调onCreateDialog方法。在本实例中，重写了这个回调函数。另外，当onCreateDialog方法回调之后，系统将再回调onPrepareDialog方法对Dialog做一些更新和修改。当该Dialog已经生成，但没有显示时，将不会再回调onCreateDialog而是直接回调onPrepareDialog。

②代码第25行判断对话框的id。

③代码第27～37行创建日期选择对话框实例。

④代码第39～48行创建时间选择对话框实例。

（3）运行程序

运行程序，分别点击DatePickerDialog和TimePickerDialog按钮，界面如图4-35和4-36所示。

图4-35 DatePickerDialog界面

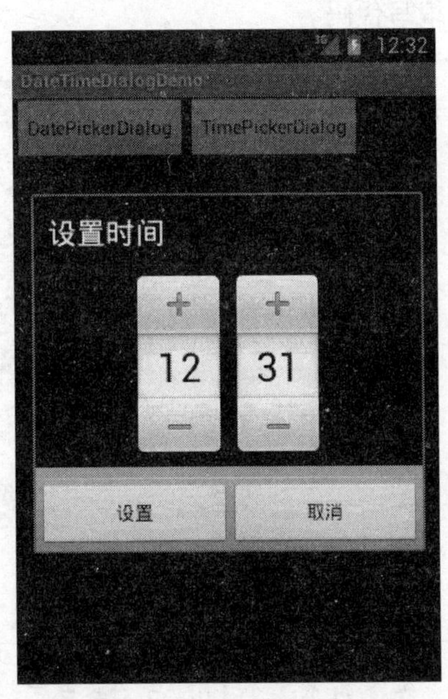

图4-36 TimePickerDialog界面

4.5.6 使用PopupWindow

弹出窗口（PopupWindow）是一种悬浮在当前Activity之上的视图，可以用来显示任何View。创建PopupWindow的构造函数为：

```
PopupWindow(View contentView, int width, int height, Boolean focusable)
```

该构造函数一共有4个参数，第一个参数为PopupWindow的View，第二个和第三个参数指定PopupWindow的大小，最后一个参数指定该PopupWindow是否获取焦点。

另外，PopupWindow的弹出显示方式有两种：

（1）下拉方式弹出

```
showAsDropDown(View anchor, int xoff, int yoff);
```

其中，anchor 表示参考 View，而 xoff 和 yoff 分别表示显示位置与 anchor 在 x 和 y 方向上的距离。

（2）指定位置弹出

```
showAtLocation(View parent, int gravity, int x, int y);
```

其中，parent 表示父视图，gravity 表示对齐方式，x 和 y 分别表示坐标。

下面以一个实例向读者介绍 PopupWindow 的用法。

实例 4-26　PopupWindow 实例

（1）创建工程

创建一个新的 Android 工程，工程名为 PopupWindow，并为该工程添加如下文件。

①\res\layout\main.xml：定义程序的主界面布局。

②\res\layout\popupwindow.xml：定义弹出窗口的界面布局。

③PopupWindowDemo.java：创建程序的 Activity 类，显示弹出窗口。

（2）编写代码

代码 4-53　\Chapter4\PopupWindowDemo\res\layout\main.xml

```
01. <?xml version="1.0" encoding="utf-8"?>
02. <LinearLayout xmlns:android="http://schemas.android.com/apk/res/android"
03.     android:orientation="horizontal"
04.     android:layout_width="wrap_content"
05.     android:layout_height="wrap_content"
06.     >
07.     <Button android:text="弹出"
08.         android:id="@+id/popupwindowBtn"
09.         android:layout_width="fill_parent"
10.         android:layout_height="wrap_content">
11.     </Button>
12. </LinearLayout>
```

代码说明

上述代码声明了一个 Button，当点击该按钮后，将弹出 PopupWindow。

代码 4-54　\Chapter4\PopupWindowDemo\res\layout\popupwindow.xml

```
01. <?xml version="1.0" encoding="utf-8"?>
02. <LinearLayout xmlns:android="http://schemas.android.com/apk/res/android"
03.     android:orientation="vertical"
04.     android:layout_width="fill_parent"
05.     android:layout_height="fill_parent"
06.     >
07.     <Button android:text="打开"
08.         android:id="@+id/open"
09.         android:layout_width="fill_parent"
10.         android:layout_height="wrap_content">
11.     </Button>
```

```
12.     <Button
13.         android:text="保存"
14.         android:id="@+id/save"
15.         android:layout_width="fill_parent"
16.         android:layout_height="wrap_content">
17.     </Button>
18.     <Button
19.         android:text="关闭"
20.         android:id="@+id/close"
21.         android:layout_width="fill_parent"
22.         android:layout_height="wrap_content">
23.     </Button>
24. </LinearLayout>
```

代码说明

popupwindow.xml 布局文件定义了 PopupWindow 的视图，垂直放置 3 个按钮：打开、保存和关闭。

代码 4-55 PopupWindowDemo.java

```
01. public class PopupWindowDemo extends Activity {
02.     private Button BtnPopupwindow = null;
03.     private PopupWindow mPopupwindow = null;
04.     private Button BtnClose = null;
05.     public void onCreate(Bundle savedInstanceState) {
06.         super.onCreate(savedInstanceState);
07.         setContentView(R.layout.main);
08.         BtnPopupwindow = (Button) findViewById(R.id.popupwindowBtn);
09.         BtnPopupwindow.setOnClickListener(new OnClickListener() {
10.             public void onClick(View v) {
11.                 showPopupwindow(PopupWindowDemo.this, v);
12.             }
13.         });
14.     }
```

代码说明

①代码第 8 行获取 BtnPopupwindow 按钮引用实例。
②代码第 9～13 行为 BtnPopupwindow 设置点击事件监听器。
③代码第 11 行显示 PopupWindow。

```
15.     public void showPopupwindow(Context context, View parent) {
16.         LayoutInflater inflater = getLayoutInflater();
17.         View view = inflater.inflate(R.layout.popupwindow, null);
18.         mPopupwindow = new PopupWindow(view, 150, 250, true);
19.         mPopupwindow.showAsDropDown(BtnPopupwindow, 0, 0);
20.         BtnClose = (Button) view.findViewById(R.id.close);
21.         BtnClose.setOnClickListener(new OnClickListener() {
22.             public void onClick(View v) {
23.                 mPopupwindow.dismiss();
24.             }
```

```
25.        });
26.    }
27. }
```

代码说明

①代码第 16 行获取 LayoutInflater 对象实例。

②代码第 17 行获取 PopupWindow 的布局视图，该布局由 popupwindow.xml 指定。

③代码第 18 行创建 PopupWindow 实例。

④代码第 19 行设置以下拉方式弹出 PopupWindow。

⑤代码第 20 行获取 PopupWindow 中的 BtnClose 按钮引用实例。

⑥代码第 21～25 行为 BtnClose 设置点击事件监听器。

⑦代码第 23 行关闭 PopupWindow。

（3）运行程序

运行程序，点击弹出按钮，界面如图 4-37 所示。

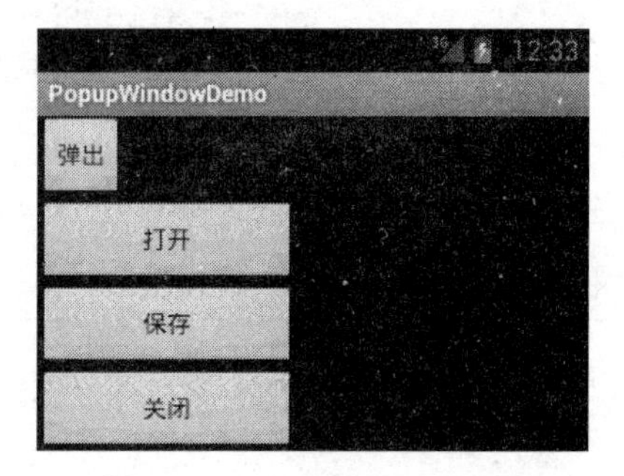

图 4-37　PopupWindow 界面

4.6　消息提示

在一些应用中，常常需要向用户显示提示消息，在前面介绍的 AlertDialog 可以起到这个作用。但 Android 提供了另外的更加友好、更加高效的机制，包括 Toast 和 Notification。这两种消息提示机制不会阻塞用户的当前操作，使得用户的体验更加流畅。在这一节中，将会对这两种消息机制进行详细的介绍。

4.6.1　使用 Toast 显示提示消息

Toast 在应用中很常用，使用也很简单，它相当于一个组件，类似于一个没有按钮的对话框。它可以为用户的动作显示一个提示信息，在一小段时间之后自动消失。Toast 的常用方法有：

（1）创建 Toast 实例并设置文本

```
Toast t = Toast.makeText(Context context, CharSequece text, int duration);
```

其中，context 表示上下文引用，text 指定需要显示的文本，而 duration 指定显示的持续时间，通常可以设置为 Toast.LENGTH_SHORT（持续短时间）和 Toast.LENGTH_LONG（持续长时间）。

（2）定位文本显示位置

```
t.setGravity(int gravity, int xoffset, int yoffset);
```

其中，gravity 表示显示位置的对齐方式，如 Gravity.CENTER（居中），xoffset 和 yoffset 表示和对齐位置在 x 和 y 方向上的距离。

（3）为 Toast 添加视图

```
t.setView(View view);
```

其中，view 通常为一个 ImageView 或其他可视 View，这样 Toast 便可以显示图片信息，非常的直观。也可以用 addView 方法实现多种 View 的一起显示。

（4）显示 Toast

```
t.show();
```

下面，将向读者具体介绍如何实现一个自定义的Toast。

代码4-56 ToastDemo.java

```
01. public class ToastDemo extends Activity {
02.     public void onCreate(Bundle savedInstanceState) {
03.         super.onCreate(savedInstanceState);
04.         setContentView(R.layout.main);
05.         ImageView v = new ImageView(this);
06.         Toast t = Toast.makeText(ToastDemo.this,
07.                 "自定义的Toast", Toast.LENGTH_LONG);
08.         LinearLayout toastView = (LinearLayout) t.getView();
09.         t.setGravity(Gravity.CENTER, 0, -40);
10.         v.setImageResource(R.drawable.toast);
11.         toastView.addView(v);
12.         t.show();
13.     }
14. }
```

代码说明

①代码第5行创建ImageView对象实例。该对象作为Toast显示的图片。
②代码第6、7行设置Toast显示的文本信息以及显示的持续时间。
③代码第8行设置Toast的视图布局。
④代码第9行设置Toast显示的位置为距离界面居中点（0，−40）的位置。
⑤代码第10行为ImageView组件设置图片来源。
⑥代码第11行为Toast添加ImageView视图。
⑦代码第12行显示Toast。
程序运行的界面如图4-38所示。

图4-38 Toast运行界面

4.6.2 使用 Notification 显示状态栏提示

Notification 是显示在屏幕顶部状态栏中的提示信息，可以是文字和图标。当用户按住状态栏往下拖动时，便可以展开并查看这些信息。Notification 的使用需要用 NotificationManager 来管理。创建并显示一个 Notification 的方法如下：

（1）创建 NotificationManager 实例

```
NotificationManager mNM
            = (NotificationManager) getSystemService(NOTIFICATION_SERVICE);
```

（2）创建 Notification 实例

```
Notification mN = new Notification(R.drawable.sunny,
                                 "天气晴朗", System.currentTimeMillis());
```

每一个 Notification 实例对应一个状态栏提示。该构造函数的参数为：显示图标的资源id，在状态栏上展开的滚动信息以及发出该通知的时间，一般设置为系统当前时间。

（3）创建 PendingIntent 实例

```
Intent mI = new Intent(NotificationDemo.this, Thanks.class);
PendingIntent mPI = PendingIntent.getActivity(
                                    NotificationDemo.this, 0, mI, 0);
```

Notification 可以与应用程序脱离，即使应用程序被关闭，Notification 仍然会显示在状态栏中。当应用程序再次启动后，又可以重新控制这些 Notification，如清除或替换它们。因此，需要创建一个 PendingIntent 对象。该对象由 Android 系统负责维护，在应用程序关闭后，该对象仍然不会被释放。PendingIntent 是 Intent 的包装，表示启动 Intent 的描述，此 PendingIntent 实例中的 Intent 为用户点击 Notification 之后发出的 Intent，可以用于启动一个新的 Activity。PendingIntent.getActivity 方法的参数依次为：上下文引用，发送者的请求码（可以为 0），用于系统发送的 Intent 以及标志位。

（4）设置 Notification 的属性

```
mN.flags = Notification.FLAG_AUTO_CANCEL;
mN.defaults = Notification.DEFAULT_SOUND;
mN.icon = R.drawable.rainy;
mN.tickerText = "倾盆大雨";
```

其中，mN.flags = Notification.FLAG_AUTO_CANCEL 设置该 Notification 实例的标志属性。这里 Notification.FLAG_AUTO_CANCEL 表示用户点击“清除”按钮后，能够清除该通知。另外该标志还可以设置为 Notification.FLAG_ONGOING_EVENT，这样该 Notification 将出现在“正在运行的”栏目下；mN.defaults = Notification.DEFAULT_SOUND 设置该 Notification 显示的一些效果，如 Notification.DEFAULT_SOUND 表示默认通知音，Notification.DEFAULT_VIBRATE 表示默认振动音，DEFAULT_ALL 表示所有的效果叠加；mN.icon = R.drawable.rainy 设置该 Notification 的图标；mN.tickerText = "倾盆大雨"设置该 Notification 的滚动信息。

（5）设置 Notification 的详细信息

```
mN.setLastestEventInfo(NotificationDemo.this, "天气预报", "天气晴朗", mPI);
```

设置显示在通知下拉框中的详细信息，参数依次为：Context，标题，内容和 PendingIntent。

（6）显示 Notification 消息

```
mNM.notify(0, mN);
```

该方法将启动并显示 Notification 消息。其中该方法的参数依次为：标识 Notification 的 id 值，用来区分同一程序中的不同 Notification 以及 Notification 实例。

下面通过一个完整的实例向读者介绍 Notification 的具体用法。

实例 4-27　Notification 实例（NotificationDemo）

演示 Notification 的用法，该实例类似于一个天气预报的提示。

（1）创建工程

创建一个新的 Android 工程，工程名为 NotificationDemo，并为该工程添加如下文件。

①\res\layout\main.xml：定义程序的主界面布局。

②NotificationDemo.java：创建程序的 Activity 类，显示状态栏提示消息。

（2）编写代码

代码 4-57　\Chapter4\NotificationDemo\res\layout\main.xml

```
01. <?xml version="1.0" encoding="utf-8"?>
02. <LinearLayout xmlns:android="http://schemas.android.com/apk/res/android"
03.     android:orientation="vertical"
04.     android:layout_width="fill_parent"
05.     android:layout_height="fill_parent"
06.     >
07.     <Button android:text="晴朗"
08.         android:id="@+id/sunny"
09.         android:layout_width="wrap_content"
10.         android:layout_height="wrap_content">
11.     </Button>
12.     <Button android:text="阴云"
13.         android:id="@+id/cloudy"
14.         android:layout_width="wrap_content"
15.         android:layout_height="wrap_content">
16.     </Button>
17.     <Button android:text="雨天"
18.         android:id="@+id/rainy"
19.         android:layout_width="wrap_content"
20.         android:layout_height="wrap_content">
21.     </Button>
22. </LinearLayout>
```

代码说明

该布局中放置了 3 个按钮，点击这 3 个按钮将在状态提示栏显示对应的通知消息。

代码 4-58　NotificationDemo.java

```
01. public class NotificationDemo extends Activity {
02.     private Button sunnyBtn = null;
03.     private Button cloudyBtn = null;
04.     private Button rainyBtn = null;
05.     private NotificationManager mNM = null;
06.     private Intent mI = null;
```

```
07.     private PendingIntent mPI = null;
08.     private Notification mN = null;
09.     public void onCreate(Bundle savedInstanceState) {
10.         super.onCreate(savedInstanceState);
11.         setContentView(R.layout.main);
12.         mNM = (NotificationManager) getSystemService(
13.                       NOTIFICATION_SERVICE);
14.         sunnyBtn = (Button) findViewById(R.id.sunny);
15.         cloudyBtn = (Button) findViewById(R.id.cloudy);
16.         rainyBtn = (Button) findViewById(R.id.rainy);
17.         mI = new Intent(NotificationDemo.this, Thanks.class);
18.         mPI = PendingIntent.getActivity(
19.                 NotificationDemo.this, 0, mI, 0);
20.         mN = new Notification(R.drawable.sunny,
21.                 "天气晴朗", System.currentTimeMillis());
```

代码说明

①代码第 12、13 行创建 NotificationManager 对象实例。

②代码第 14～16 行获取 3 个按钮的引用实例。

③代码第 17～19 行创建 PendingIntent 实例，用于启动名为 Thanks 的 Activity。

④代码第 20、21 行创建 Notification 实例。

```
22.         sunnyBtn.setOnClickListener(new OnClickListener() {
23.             public void onClick(View v) {
24.                 mN.flags = Notification.FLAG_AUTO_CANCEL;
25.                 mN.defaults = Notification.DEFAULT_SOUND;
26.                 mN.setLatestEventInfo(NotificationDemo.this,
27.                         "天气预报", "天气晴朗", mPI);
28.                 mNM.notify(0, mN);
29.             }
30.         });
```

代码说明

①代码第 22～30 行为 sunnyBtn 按钮设置点击事件监听器。

②代码第 24 行设置 Notification 标志为自动清除。

③代码第 25 行设置 Notification 的伴随效果为默认通知音。

④代码第 26、27 行设置 Notification 显示在通知下拉框中的详细信息。

⑤代码第 28 行启动并显示 Notification。

```
31.         cloudyBtn.setOnClickListener(new OnClickListener() {
32.             public void onClick(View v) {
33.                 mN.icon = R.drawable.cloudy;
34.                 mN.tickerText = "阴云密布";
35.                 mN.defaults = Notification.DEFAULT_VIBRATE;
36.                 mN.setLatestEventInfo(NotificationDemo.this,
37.                             "天气预报", "阴云密布", mPI);
38.                 mNM.notify(0, mN);
39.             }
40.         });
41.         rainyBtn.setOnClickListener(new OnClickListener() {
```

```
42.             public void onClick(View v) {
43.                 mN.icon = R.drawable.rainy;
44.                 mN.tickerText = "倾盆大雨";
45.                 mN.defaults = Notification.DEFAULT_ALL;
46.                 mN.setLatestEventInfo(NotificationDemo.this,
47.                                 "天气预报", "倾盆大雨", mPI);
48.                 mNM.notify(0, mN);
49.             }
50.         });
51.     }
52. }
```

代码说明

①代码第 31～40 行为 cloudyBtn 按钮设置点击事件监听器。

②代码第 35 行设置 Notification 的伴随效果为振动。

③代码第 41～50 行为 cloudyBtn 按钮设置点击事件监听器。

④代码第 35 行设置 Notification 的伴随效果为所有效果相叠加。

代码 4-59　Thanks.java

```
01. public class Thanks extends Activity {
02.     public void onCreate(Bundle savedInstanceState) {
03.         super.onCreate(savedInstanceState);
04.         setContentView(R.layout.notify);
05.     }
06. }
```

代码说明

这是一个新的 Activity，显示的 View 为 R.layout.notify 中指定的布局，只有一个简单的文本信息。这个 Activity 将在用户点击通知栏中的 Notification 消息时被启动。

由于本程序中不止有一个 Activity，需要在 AndroidManifest.xml 中对 Thanks 这个 Activity 进行注册，另外还需要为振动的使用添加用户许可，代码如下：

```
01. <activity android:name=".Thanks"></activity>
02. <uses-permission
03.     android:name="android.permission.VIBRATE">
04. </uses-permission>
```

（3）运行程序

运行程序，启动界面如图 4-39 所示，点击“晴朗”按钮，界面如图 4-40 所示，展开状态栏的界面如图 4-41 所示，点击 Notification 消息后的界面如图 4-42 所示。

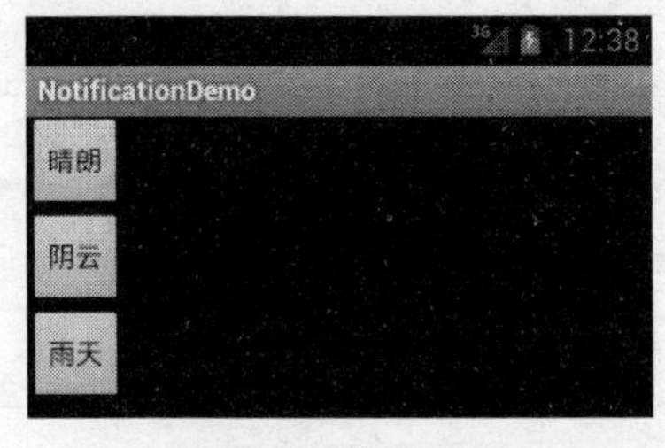

图 4-39　启动界面

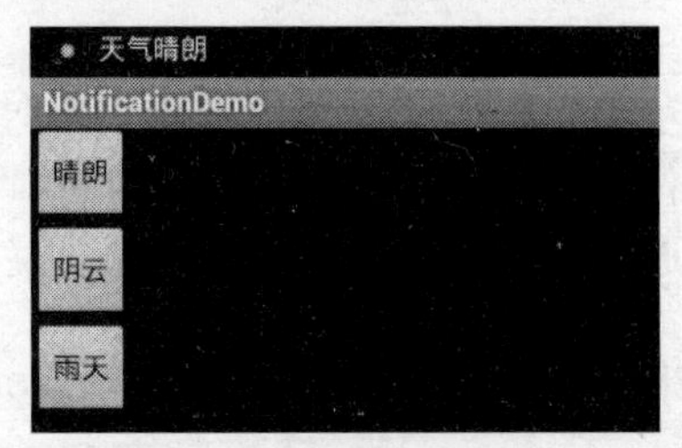

图 4-40　晴朗通知界面

图 4-41　状态栏展开界面

图 4-42　点击通知后的界面

4.7　菜单

菜单在许多程序中都是不可或缺的一部分，Android 系统中更是如此。在当今智能手机几乎都采用全触摸屏风格的前提下，手机的物理按键仅剩下为数不多的几个，即便如此，所有搭载 Android 系统的手机都拥有一个“Menu”物理按键，可见菜单在 Android 应用中的特殊性。Android SDK 中为开发人员提供了 3 种类型的菜单：选项菜单（Option Menu）、上下文菜单（Context Menu）以及子菜单（Sub Menu）。在本节中，将对这 3 种菜单和菜单应用中的一些重要方法进行详细的介绍。

4.7.1　选项菜单（Option Menu）

当用户点击手机设备上的菜单（Menu）物理按键时，弹出的菜单就是选项菜单，它是当前 Activity 的主菜单。选项菜单在屏幕底部最多只能显示 6 个菜单项，这些菜单项称为图标菜单（Icon Menu）。而多于 6 个的菜单项会在按下“更多”菜单项时以列表的形式显示出来，这些菜单项称为扩展菜单（Expanded Menu）。图标菜单可以显示标题和图标，而扩展菜单只能显示标题。

开发者在 Activity 中使用选项菜单时需要重写的一些常用方法有：

（1）创建选项菜单

```
onCreateOptionsMenu(Menu menu)
```

这是一个回调函数，该方法只在菜单第一次显示时被系统调用，在此以后菜单就已经被创建好了，因此无需再调用此方法。

（2）准备菜单内容

```
onPrepareOptionsMenu(Menu menu)
```

这个方法也是一个回调函数，当需要在运行时动态更新菜单的内容，则可以调用该方法更新菜单，它会在 Menu 每次显示之前被系统自动调用。

（3）响应菜单点击事件

```
onOptionsItemSelected(MenuItem item)
```

在选项菜单中的某个菜单项被点击时，系统会调用该回调函数对点击事件进行响应。这个方法中传入的参数为所选菜单项的 id。

下面通过一个实例向读者展示选项菜单的具体用法。

实例 4-28 选项菜单实例（OptionMenuDemo）

演示选项菜单的使用方法。

（1）创建工程

创建一个新的 Android 工程，工程名为 OptionMenuDemo，并为该工程添加如下文件。

OptionMenuDemo.java：创建程序的 Activity 类，显示并操作可选菜单。

（2）编写代码

代码 4-60　OptionMenuDemo.java

```
01. public class OptionMenuDemo extends Activity {
02.     private final static int ITEM0 = Menu.FIRST;
03.     private final static int ITEM1 = Menu.FIRST + 1;
04.     private final static int ITEM2 = Menu.FIRST + 2;
05.     private final static int ITEM3 = Menu.FIRST + 3;
06.     private final static int ITEM4 = Menu.FIRST + 4;
07.     private final static int ITEM5 = Menu.FIRST + 5;
08.     private final static int ITEM6 = Menu.FIRST + 6;
09.     private final static int ITEM7 = Menu.FIRST + 7;
10.     private final static int ITEM8 = Menu.FIRST + 8;
11.     public void onCreate(Bundle savedInstanceState) {
12.         super.onCreate(savedInstanceState);
13.         setContentView(R.layout.main);
14.     }
15.     public boolean onCreateOptionsMenu(Menu menu) {
16.         super.onCreateOptionsMenu(menu);
17.         menu.add(0, ITEM0, 0,
18.                 "查找").setIcon(android.R.drawable.ic_menu_search);
19.         menu.add(0, ITEM1, 1,
20.                 "保存").setIcon(android.R.drawable.ic_menu_save);
21.         menu.add(0, ITEM2, 2,
22.                 "添加").setIcon(android.R.drawable.ic_menu_add);
23.         menu.add(0, ITEM3, 3,
24.                 "删除").setIcon(android.R.drawable.ic_menu_delete);
25.         MenuItem helpItem = menu.add(0, ITEM4, 4,
26.                 "帮助").setIcon(android.R.drawable.ic_menu_help);
27.         menu.add(0, ITEM5, 5,
28.                 "发送").setIcon(android.R.drawable.ic_menu_send);
29.         menu.add(0, ITEM6, 6,
30.                 "编辑").setIcon(android.R.drawable.ic_menu_edit);
31.         menu.add(0, ITEM7, 7,
32.                 "管理").setIcon(android.R.drawable.ic_menu_manage);
33.         menu.add(0, ITEM8, 8,
34.                 "排序").setIcon(android.R.drawable.ic_menu_sort_by_size);
35.         helpItem.setIntent(
36.                 new Intent(OptionMenuDemo.this, HelpMenu.class));
37.         return true;
38.     }
```

代码说明

①代码第 2～10 行定义各菜单项的 id。

②代码第 15～38 行重写 onCreateOptionsMenu 方法创建选项菜单。

③代码第 17～34 行为创建的选项菜单添加 9 个菜单项。其中，代码 menu.add (0, ITEM0, 0, "查找") .setIcon (android.R.drawable.ic_menu_search) 为菜单添加菜单项并设置图标。menu.add 方法中的参数依次为：菜单项的组号（在这里菜单只有一个组，因此设置为 0)、菜单项的 id、菜单项的排序号（显示顺序按序号从小到大排列）以及菜单的标题。

④代码第 35、36 行 helpItem.setIntent (new Intent (OptionMenuDemo.this, HelpMenu.class)) 为帮助菜单项设置了 Intent,通过这种方式将帮助菜单项和 HelpMenu 这一 Activity 进行了关联。在之后的菜单项响应函数中，通过 startActivity（item.getIntent()）方法获取事先为该菜单项设置好的 Intent，进而启动 HelpMenu 这一 Activity。

```
39.    public boolean onOptionsItemSelected(MenuItem item) {
40.        switch(item.getItemId()) {
41.        case ITEM0:
42.            Toast.makeText(OptionMenuDemo.this,
43.                        "你选择了查找菜单项", Toast.LENGTH_LONG).show();
44.            break;
45.        case ITEM1:
46.            Toast.makeText(OptionMenuDemo.this,
47.                        "你选择了保存菜单项", Toast.LENGTH_LONG).show();
48.            break;
49.        case ITEM2:
50.            Toast.makeText(OptionMenuDemo.this,
51.                        "你选择了添加菜单项", Toast.LENGTH_LONG).show();
52.            break;
53.        case ITEM3:
54.            Toast.makeText(OptionMenuDemo.this,
55.                        "你选择了删除菜单项", Toast.LENGTH_LONG).show();
56.            break;
57.        case ITEM4:
58.            Toast.makeText(OptionMenuDemo.this,
59.                        "你选择了帮助菜单项", Toast.LENGTH_LONG).show();
60.            startActivity(item.getIntent());
61.            break;
62.        case ITEM5:
63.            Toast.makeText(OptionMenuDemo.this,
64.                        "你选择了发送菜单项", Toast.LENGTH_LONG).show();
65.            break;
66.        case ITEM6:
67.            Toast.makeText(OptionMenuDemo.this,
68.                        "你选择了编辑菜单项", Toast.LENGTH_LONG).show();
69.            break;
70.        case ITEM7:
71.            Toast.makeText(OptionMenuDemo.this,
72.                        "你选择了管理菜单项", Toast.LENGTH_LONG).show();
73.            break;
74.        case ITEM8:
75.            Toast.makeText(OptionMenuDemo.this,
76.                        "你选择了排序菜单项", Toast.LENGTH_LONG).show();
77.            break;
78.        default:
```

```
79.             super.onOptionsItemSelected(item);
80.             break;
81.         }
82.         return true;
83.     }
84. }
```

代码说明

①代码第 39～83 行重写 onOptionsItemSelected 用于响应菜单点击选择事件。

②代码第 40 行通过 item.getItemId()方法获取所选中菜单项的 id，进而判断被选中的是哪一个菜单项。

③代码第 60 行启动在 onCreateOptionsMenu 方法中为“帮助”菜单项关联好的 Activity。

（3）运行程序

运行程序，点击菜单按键后界面如图 4-43 所示，点击更多菜单项后扩展菜单如图 4-44 所示，点击帮助菜单项将启动如图 4-45 所示的 Activity。

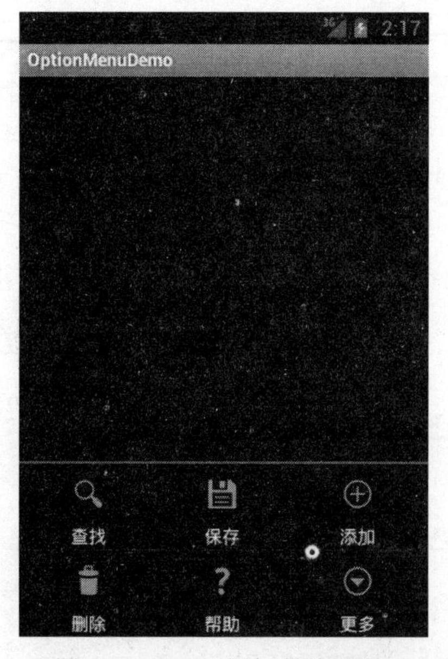

图 4-43　Menu 图标菜单界面

图 4-44　Menu 扩展菜单界面

图 4-45　点击帮助菜单项启动的 activity

4.7.2　上下文菜单（Context Menu）

当用户在某个 View 上长时间按住不放时，弹出的菜单称为上下文菜单。这类菜单项只能显示标题，不能显示图标。一般通过以下方法来使用 Context Menu：

（1）创建上下文菜单

```
onCreateContextMenu(ContextMenu menu, View v,
                        ContextMenu.ContextMenuInfo menuinfo)
```

该方法是一个回调函数，用于创建 Context Menu，与 Options Menu 创建回调函数不同的是，Context Menu 每次显示时都会调用这个函数。其中，参数 v 指定上下文菜单绑定的 View，而 menuinfo 则是该上下文菜单的一些额外信息。

（2）响应菜单点击事件

```
onContextItemSelected(MenuItem item)
```

与 onOptionsItemSelected 方法一样，用于响应菜单项点击事件的回调函数。

（3）为 View 注册上下文菜单

```
registerForContextMenu(View view)
```

为某个 View 注册上下文菜单，为该上下文菜单绑定 View，一般在 Activity 的 onCreate 方法中调用此方法。

下面用一个具体实例向读者展示上下文菜单的用法。

实例 4-29　上下文菜单实例（ContextMenuDemo）

演示上下文菜单的用法，为一个 ListView 添加一个上下文菜单并响应菜单点击事件。

（1）创建工程

创建一个新的 Android 工程，工程名为 ContextMenuDemo，并为该工程添加如下文件。

ContextMenuDemo.java：创建程序的 Activity 类，显示并操作上下文菜单。

（2）编写代码

代码 4-61　ContextMenuDemo.java

```
01. public class ContextMenuDemo extends ListActivity  {
02.     public void onCreate(Bundle savedInstanceState) {
03.         super.onCreate(savedInstanceState);
04.         showList();
05.         registerForContextMenu(getListView());
06.     }
07.     private void showList() {
08.         String[] files = new String[] {
09.                 "Lei Feng", "Mu Guiying", "Li Lei"
10.         };
11.         ArrayAdapter<String> mA = new ArrayAdapter<String>(
12.                 this, android.R.layout.simple_list_item_1, files);
13.         setListAdapter(mA);
14.     }
15.     public void onCreateContextMenu(ContextMenu menu, View v,
16.                     ContextMenuInfo menuInfo) {
17.         menu.setHeaderTitle("文件操作");
18.         menu.add(Menu.NONE, Menu.FIRST, Menu.NONE, "发送");
19.         menu.add(Menu.NONE, Menu.FIRST + 1, Menu.NONE, "标记为重要");
20.         menu.add(Menu.NONE, Menu.FIRST + 2, Menu.NONE, "重命名");
21.         menu.add(Menu.NONE, Menu.FIRST + 3, Menu.NONE, "删除");
22.     }
```

代码说明

①代码第4行调用showList()方法创建并显示列表。

②代码第5行为列表注册上下文菜单。

③代码第8、9行定义列表显示的数据内容。

④代码第10、11行创建数组适配器，并与files数组相关联。

⑤代码第13行为列表设置适配器。

⑥代码第15-22行重写onCreateContextMenu方法创建上下文菜单。

⑦代码第17行为该上下文菜单设置了菜单头的标题。另外，前面提到上下文菜单项不能显示图标，但是可以调用setHeaderIcon方法为菜单头设置图标。

⑧代码第18～21行为上下文菜单添加4个菜单项。

```
23.     public boolean onContextItemSelected(MenuItem item) {
24.         switch(item.getItemId()) {
25.         case Menu.FIRST:
26.             Toast.makeText(ContextMenuDemo.this,
27.                          "选择了发送文件菜单项", Toast.LENGTH_LONG).show();
28.             break;
29.         case Menu.FIRST+1:
30.             Toast.makeText(ContextMenuDemo.this,
31.                        "选择了文件标记为重要菜单项", Toast.LENGTH_LONG).show();
32.             break;
33.         case Menu.FIRST+2:
34.             Toast.makeText(ContextMenuDemo.this,
35.                          "选择了文件重命名菜单项", Toast.LENGTH_LONG).show();
36.             break;
37.         case Menu.FIRST+3:
38.             Toast.makeText(ContextMenuDemo.this,
39.                          "选择了文件删除菜单项", Toast.LENGTH_LONG).show();
40.             break;
41.         default:
42.             return super.onContextItemSelected(item);
43.         }
44.         return true;
45.     }
46. }
```

代码说明

①代码第23～45行重写onContextItemSelected用于响应上下文菜单项选中事件。

②代码第24行通过item.getItemId()方法获取所选中菜单项的id，进而判断被选中的是哪一个菜单项。

③代码第26行以Toast方式提示用户选择的是哪一个菜单项。

（3）运行程序

运行程序，点击列表中的某一项并长按不放时，将弹出如图4-46所示的上下文菜单，点击该菜单的“标记为重要”菜单项，将会出现如图4-47所示的Toast消息。

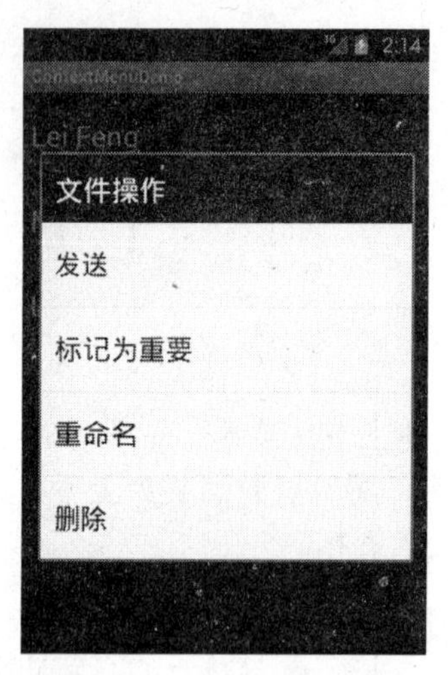

图 4-46　上下文菜单界面

图 4-47　菜单点击事件响应界面

4.7.3　子菜单（Sub Menu）

子菜单为菜单组件提供了一种多级显示的组织方式，选项菜单和上下文菜单都可以加入子菜单，但子菜单不能嵌套子菜单，这意味着在Android系统，菜单只有两层，同时子菜单不能显示图标。可以通过 addSubMenu （int groupId，int itemId，int order，int titleRes）方法非常方便地创建和响应子菜单。

另外，在前面对 Options Menu 和 Context Menu 的介绍中，对于菜单项的点击事件都是通过回调函数 onOptionsItemSelected 和 onContextItemSelected 进行响应，这是 Android 推荐的方式。其实 Android 还提供了另外一种菜单项响应方法：使用监听器，在 Android SDK 的文档对监听器的介绍中指出，监听器方法将优先于 onOptionsItemSelected 和 onContextItemSelected 执行，即是说如果同时为菜单设置了监听器和回调函数，则将先执行监听器的代码，如果监听器返回 true，则其他的回调函数将不再执行。

下面将通过一个实例向读者详细介绍子菜单以及使用监听器响应菜单项事件的用法。

实例 4-30　子菜单实例（SubMenuDemo）

演示子菜单的用法，同时向读者展示如何用监听器响应菜单点击事件。本实例使用监听器对菜单项进行响应。一般分为两步：第一步是创建监听器类并为监听器类设置菜单点击事件的监听处理，如本实例中的 MyMenuItemClickListener；第二步是为菜单项注册监听器，如本例中的 displayItem.setOnMenuItemClickListener（new MyMenuItemClickListener()）。

（1）创建工程

创建一个新的 Android 工程，工程名为 SubMenuDemo，并为该工程添加如下文件。

SubMenuDemo.java：创建程序的 Activity 类，用于显示和操作子菜单。

（2）编写代码

代码 4-62　SubMenuDemo.java

```
01. public class SubMenuDemo extends Activity {
```

```
02.     public void onCreate(Bundle savedInstanceState) {
03.         super.onCreate(savedInstanceState);
04.         setContentView(R.layout.main);
05.     }
06.     // 定义菜单项点击事件监听器类
07.     public class MyMenuItemClickListener
08.                             implements OnMenuItemClickListener {
09.         public boolean onMenuItemClick(MenuItem item) {
10.         switch(item.getItemId()) {
11.             case Menu.FIRST+1:
12.                 Toast.makeText(SubMenuDemo.this,
13.                         "显示设置", Toast.LENGTH_LONG).show();
14.                 break;
15.             case Menu.FIRST+2:
16.                 Toast.makeText(SubMenuDemo.this,
17.                         "网络设置", Toast.LENGTH_LONG).show();
18.                 break;
19.             case Menu.FIRST+3:
20.                 Toast.makeText(SubMenuDemo.this,
21.                         "高级设置", Toast.LENGTH_LONG).show();
22.                 break;
23.             case Menu.FIRST+4:
24.                 Toast.makeText(SubMenuDemo.this,
25.                         "安全设置", Toast.LENGTH_LONG).show();
26.                 break;
27.             }
28.             return true;
29.         }
30.     }
```

代码说明

①代码第10行获取点击菜单项的id。

②代码第12行将点击的菜单项以Toast的形式提示给用户。

```
31.     // 创建选项菜单
32.     public boolean onCreateOptionsMenu(Menu menu) {
33.         SubMenu setting = menu.addSubMenu(Menu.NONE, Menu.FIRST,
34.                                 Menu.NONE, "系统设置");
35.         setting.setHeaderIcon(android.R.drawable.ic_menu_set_as);
36.         MenuItem displayItem = setting.add(Menu.NONE, Menu.FIRST+1,
37.                                     Menu.FIRST+1, "显示设置");
38.         MenuItem networkItem = setting.add(Menu.NONE, Menu.FIRST+2,
39.                                     Menu.FIRST+2, "网络设置");
40.         MenuItem advancedItem = setting.add(Menu.NONE, Menu.FIRST+3,
41.                                     Menu.FIRST+3, "高级设置");
42.         MenuItem securityItem = setting.add(Menu.NONE, Menu.FIRST+4,
43.                                     Menu.FIRST+4, "安全设置");
44.         displayItem.setOnMenuItemClickListener(
45.                         new MyMenuItemClickListener());
46.         networkItem.setOnMenuItemClickListener(
```

```
47.                         new MyMenuItemClickListener());
48.             advancedItem.setOnMenuItemClickListener(
49.                         new MyMenuItemClickListener());
50.             securityItem.setOnMenuItemClickListener(
51.                         new MyMenuItemClickListener());
52.             return true;
53.     }
54. }
```

代码说明

①代码第 33、34 行创建子菜单，名为“系统设置”。

②代码第 35 行为子菜单设置 Header 图标，这里使用了系统自定义的图标。

③代码第 36～43 行为子菜单添加 4 个菜单项。

④代码第 44～51 行为 4 个菜单项注册监听器。

（3）运行程序

运行程序，点击菜单按键并点击“系统设置”菜单项后，子菜单界面如图 4-48 所示。点击子菜单中的“网络设置”菜单项后，程序界面如图 4-49 所示。

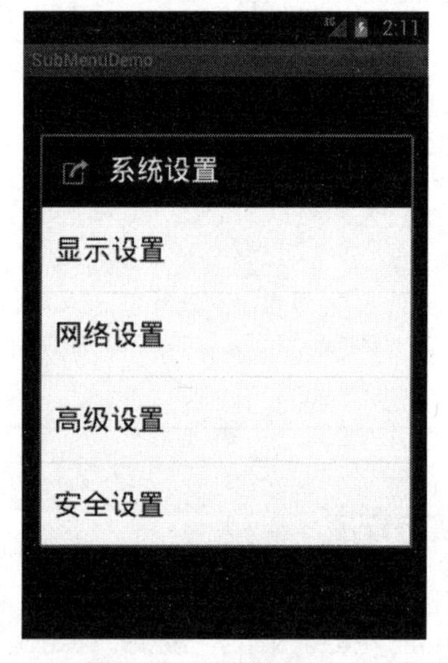

图 4-48　子菜单界面

图 4-49　菜单项响应界面

4.7.4　创建复选菜单项和单选菜单项

任何菜单项都可以表示选项开关，这可以通过将菜单项设置 CheckBox 格式以使菜单项成为复选框或单选按钮来实现。

将菜单项设置成 CheckBox 格式可通过 setCheckable（true）方法实现，同时在每次响应菜单项事件时，可以通过 isChecked 方法来查询该菜单项的当前状态同时用 setChecked 方法来设置复选状态。

另外，要指定菜单项为互斥的单选按钮，只需简单地为每个菜单项分配相同的 group ID 并为菜单调用 setGroupCheckable（int groupId，boolean checkable，boolean exclusive）方法即可。其中 setGroupCheckable 方法的参数依次为可复选的菜单的 group ID、是否设置为可复选以及菜单项是否互斥（如果设置为 false，则所有的菜单项将会是复选框而不是单选按钮。当这个组设置为互斥的单选按钮时，每当一个新的项被选中时，所有其他项的选择会自动被清除）。

下面通过一个简单的实例向读者介绍如何设置复选和单选菜单项。

实例 4-31　复选菜单项和单选菜单项实例（CheckMenuDemo）

演示如何将菜单项设置成可复选和可单选的菜单项。

（1）创建工程

创建一个新的 Android 工程，工程名为 CheckMenuDemo，并为该工程添加如下文件。

CheckMenuDemo.java：创建程序的 Activity 类，用于显示和操作选项菜单。

（2）编写代码

代码 4-63　CheckMenuDemo.java

```
01. public class CheckMenuDemo extends Activity {
02.     public void onCreate(Bundle savedInstanceState) {
03.         super.onCreate(savedInstanceState);
04.         setContentView(R.layout.main);
05.     }
06.     public boolean onCreateOptionsMenu(Menu menu) {
07.         SubMenu setting = menu.addSubMenu(Menu.NONE,
08.                 Menu.FIRST, Menu.NONE, "Map Mode");
09.         setting.add(Menu.NONE,
10.                 Menu.FIRST+1, Menu.FIRST+1, "Map").setCheckable(true);
11.         setting.add(Menu.NONE,
12.              Menu.FIRST+2, Menu.FIRST+2, "Satellite").setCheckable(true);
13.         setting.add(Menu.NONE,
14.              Menu.FIRST+3, Menu.FIRST+3, "Traffic").setCheckable(true);
15.         setting.add(Menu.NONE,
16.           Menu.FIRST+4, Menu.FIRST+4, "Street View").setCheckable(true);
17.         setting.setGroupCheckable(Menu.NONE, true, false);
18.         return true;
19.     }
```

代码说明

①代码第 6～19 行重写 onCreateOptionsMenu 方法用于创建菜单。

②代码第 7、8 行创建子菜单，该子菜单名显示名为“Map Mode”。

③代码第 9、10 行为子菜单添加“Map”菜单项。

④代码第 11、12 行为子菜单添加“Satellite”菜单项。

⑤代码第 13、14 行为子菜单添加“Traffic”菜单项。

⑥代码第 15、16 行为子菜单添加“Street View”菜单项。

⑦代码第 17 行设置菜单项是否可选以及是复选还是单选。setGroupCheckable 方法的最后一个参数为 false 时表示单选按钮，而为 true 时则表示复选框。

```
20.     public boolean onOptionsItemSelected(MenuItem item) {
21.         switch(item.getItemId()) {
22.         case Menu.FIRST+1:
23.             if (item.isChecked()) {
24.                 item.setChecked(false);
25.             } else {
26.                 item.setChecked(true);
27.             }
28.             Toast.makeText(CheckMenuDemo.this,
29.                         "Map", Toast.LENGTH_LONG).show();
30.             break;
31.         case Menu.FIRST+2:
32.             if (item.isChecked()) {
33.                 item.setChecked(false);
34.             } else {
35.                 item.setChecked(true);
36.             }
37.             Toast.makeText(CheckMenuDemo.this,
38.                         "Satellite", Toast.LENGTH_LONG).show();
39.             break;
40.         case Menu.FIRST+3:
41.             if (item.isChecked()) {
42.                 item.setChecked(false);
43.             } else {
44.                 item.setChecked(true);
45.             }
46.             Toast.makeText(CheckMenuDemo.this,
47.                         "Traffic", Toast.LENGTH_LONG).show();
48.             break;
49.         case Menu.FIRST+4:
50.             if (item.isChecked()) {
51.                 item.setChecked(false);
52.             } else {
53.             item.setChecked(true);
54.             }
55.             Toast.makeText(CheckMenuDemo.this,
56.                         "Street View", Toast.LENGTH_LONG).show();
57.             break;
58.         }
59.         return true;
60.     }
61. }
```

代码说明

①代码第 20～60 行重写 onOptionsItemSelected 方法用于响应菜单项选择事件。

②代码第 23 行查询菜单项的当前状态。

③代码第 24 行设置菜单项的选择状态为当前状态的相反状态。

（3）运行程序

运行程序，点击菜单按键并点击“Map Mode”菜单项，将显示如图 4-50 所示的复选菜单项界面，修改 setGroupCheckable 方法最后一个参数为 true，将显示如图 4-51 所示的单选菜单项界面。

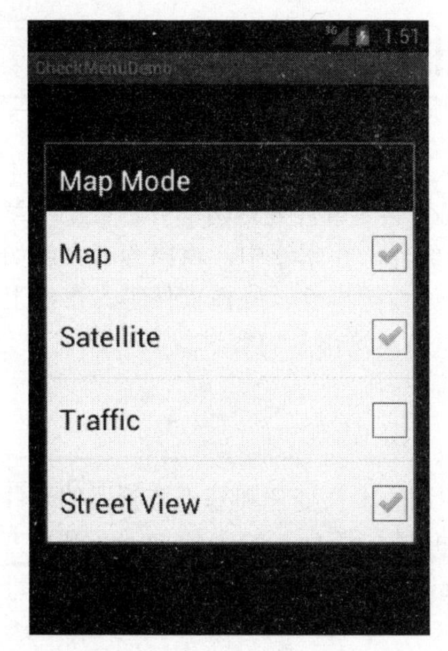

图 4-50　复选菜单项界面

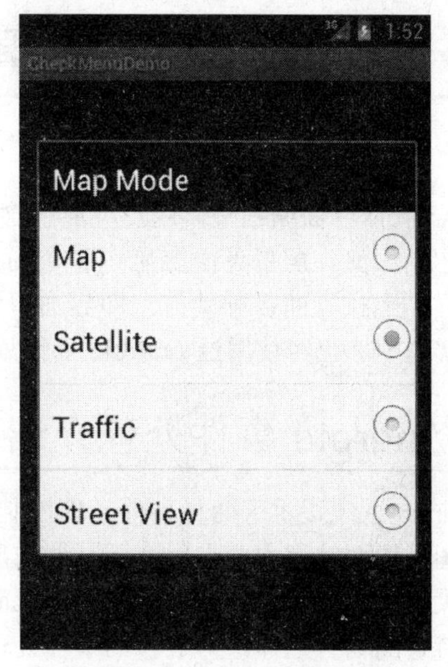

图 4-51　单选菜单项界面

第 5 章　Android 事件处理

在Android界面编程中，用户界面包含界面布局和界面事件处理两部分。在上一章中，向读者介绍了如何在屏幕界面上显示和布局各种视图组件。在本章中，将向读者介绍如何响应用户在界面上执行的各种动作，即界面事件处理，如按键事件、触摸事件等。事实上，在上一章的实例中，已经使用过 Android 事件处理，本章将对这部分内容进行集中详细的介绍。

5.1　Android 事件处理介绍

Android 系统提供了两种事件处理机制：基于回调的事件处理和基于监听器的事件处理。传统的图形界面编程主要采用基于回调的事件处理机制，而 Java 的 AWT/Swing 开发方式则允许用户大量采用基于监听器的事件处理机制。Android 整合了这两种机制的优点，允许开发人员根据特定的场合选择最为适合的事件处理机制。

对于基于回调的事件处理而言，大多数与 Android 设备进行的用户交互事件都有系统捕捉，然后在传递给相应的回调函数进行处理。例如，当用户按下物理按键“返回”键之后，系统便会自动调用 onBackPressed()方法对这一按键事件进行处理。因此，开发者只需要重写特定组件或 Activity 的回调方法便可以对界面事件按自己想要的动作进行处理，例如，按下物理按键“返回”键之后，在界面显示提示消息提示用户按下了返回键。

对于基于监听器的事件处理而言，Android 中与 View 和 ViewGroup 对象相关的用户交互组件基本都支持事件监听器，监听方法会等待某个已经注册的事件发生，然后触发系统向回调方法发送事件消息。因此，开发时只需要为 Android 的界面组件注册特定的事件监听器即可。例如，为某个按钮注册事件监听器 setOnClickListener()，当点击按钮时，就会调用该监听器的 onClick()方法对这一点击事件进行处理。

一般而言，基于回调的事件处理可用于处理一些通用性事件，但有可能导致过度继承。因此，应该考虑尽可能地使用事件监听器，它不但可以处理通用性事件，还可以处理一些特定的事件。

5.2　基于回调的事件处理

本节将对 Android 中基于回调机制的事件处理方式进行介绍。Android 平台中，每个 View 都有自己处理事件的回调方法，开发者可以通过重写 View 的这些回调方法对事件进行响应处理。当某个事件没有被任何一个 View 处理时，系统便会调用 Activity 中相应的回调方法。从代码编写的角度讲，基于回调的事件处理更加简洁。

5.2.1　onKeyDown 回调方法

onKeyDown 回调方法是接口 KeyEvent.Callback 中的抽象方法，所有的 View 均实现了该接口并重写了该方法用于捕捉手机键盘被按下的事件。onKeyDown 方法的定义如下：

```
public boolean onKeyDown(int keyCode, KeyEvent event)
```

其中，该方法包含两个参数：参数 keyCode 为被按下的键值即键盘码，手机键盘中每个按键都会有其单独的键盘码，在应用程序通过该键盘码判断用户按下的是哪个键；参数 event 为按键事件封装类的对象，其中包含了触发事件的详细信息，例如事件的状态、事件的类型、事件发生的时间等。

需要注意的是，onKeyDown 方法的返回值，包括本节后面将要介绍的所有回调方法也一样。该返回值为一个 boolean 类型的变量，当返回 true 时，表示已经完整地处理了这个事件，并不希望其他的回调方法再次进行处理；当返回 false 时，表示并没有完全处理完该事件，更希望其他回调方法继续对其进行处理，例如 Activity 中相应的回调方法，通过这样的方式将该事件传播开来。

下面通过一个简单的实例向读者介绍 onKeyDown 回调方法的使用及原理。该实例中自定义一个 Button 并显示到窗口中，并通过 Log 信息显示键盘事件的信息。

实例 5-1　onKeyDown 回调方法实例（onKeyDownDemo）

演示 onKeyDown 回调方法的使用及原理。在本实例中自定义一个 Button 并显示到窗口中，通过 Log 信息显示键盘事件的信息。

（1）创建工程

创建一个新的 Android 工程，工程名为 onKeyDownDemo，并为该工程添加如下文件。

onKeyDownActivity.java：创建程序的 Activity 类，重写并响应 Activity 的键盘点击事件。

（2）编写代码

代码 5-1　onKeyDownActivity.java

```
01. public class onKeyDownActivity extends Activity {
02.     private final static String TAG = "onKeyDownActivity";
03.     private UserButton mUserButton = null;
04.     /** Called when the activity is first created. */
05.     @Override
06.     public void onCreate(Bundle savedInstanceState) {
07.         super.onCreate(savedInstanceState);
08.         mUserButton = new UserButton(this);
09.         mUserButton.setText("自定义按钮");
10.         setContentView(mUserButton);
11.     }
12.     @Override
13.     public boolean onKeyDown(int keyCode, KeyEvent event) {
14.         Log.v(TAG, "Activity onKeyDown");
15.         return super.onKeyDown(keyCode, event);
16.     }
```

代码说明

①代码第 8、9 行创建 UserButton 类对象实例并设置按钮的显示文本内容。

②代码第 10 行将 mUserButton 设置为当前 Activity 显示的界面。

③代码第 13～16 行重写当前 Activity 的 onKeyDown 方法，在该方法中通过 Log 信息显示按键事件的信息。该方法用于处理手机键盘下按键的事件。

```
17.     private class UserButton extends Button {
18.         public UserButton(Context context) {
19.             super(context);
20.         }
21.         @Override
22.         public boolean onKeyDown(int keyCode, KeyEvent event) {
23.             Log.v(TAG, "UserButton onKeyDown");
24.             return true;
25.         }
26.     }
27. }
```

代码说明

①代码第 17～26 行定义 Button 的子类 UserButton。

②代码第 18～20 行定义 UserButton 的构造函数。

③代码第 22～25 行重写 UserButton 的 onKeyDown 方法，在该方法中通过 Log 信息显示按键事件的信息。该方法会在 UserButton 获得焦点并且用户按下手机键盘按键时被调用。

（3）运行程序

运行程序，界面如图 5-1 所示。

图 5-1　自定义按钮界面

将 Eclipse 切换到 DDMS 标签，并在 Logcat 中创建名为“onKeyDownActivity”的 Log 过滤器。当按钮组件获得焦点时，点击手机键盘上的任意键，Logcat 打印的日志如图 5-2 所示，可以看到，此时系统只调用了 UserButton 的 onKeyDown 方法。

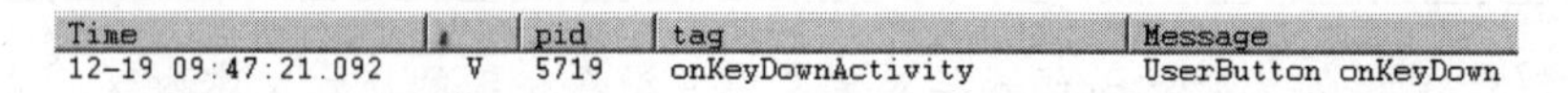

Time	L	pid	tag	Message
12-19 09:47:21.092	V	5719	onKeyDownActivity	UserButton onKeyDown

图 5-2　系统只调用 UserButton 的 onKeyDown 方法打印的 Log 信息

当按钮组件失去焦点时，点击手机键盘上的任意键，Logcat 打印的日志如图 5-3 所示，可以看到，此时系统只调用了 Activity 的 onKeyDown 方法。

Time		pid	tag	Message
12-19 09:50:27.622	V	5719	onKeyDownActivity	Activity onKeyDown

图 5-3　系统只调用 Activity 的 onKeyDown 方法打印的 Log 信息

代码 onKeyDownActivity.java 中第 24 行设置 UserButton 的 onKeyDown 方法返回值为 true，正如前面介绍的一样，当该方法的返回值为 true 时，事件不会传播出去。但如果将该返回值改为 false，根据前面的介绍，此时该键盘按下事件将会传播到 Activity，也就是说系统会首先调用 UserButton 的 onKeyDown 方法，然后再调用 Activity 的 onKeyDown 方法，事实也正是如此，如图 5-4 所示。

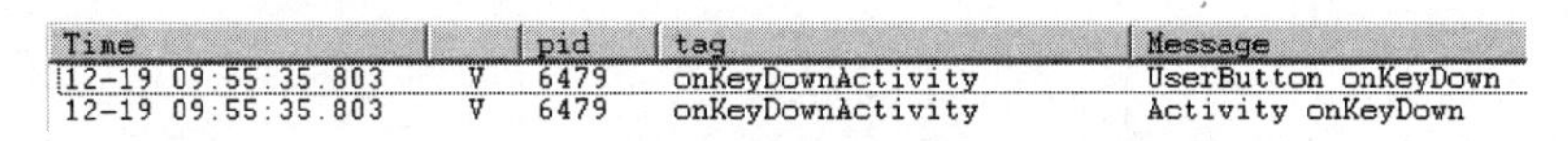

Time		pid	tag	Message
12-19 09:55:35.803	V	6479	onKeyDownActivity	UserButton onKeyDown
12-19 09:55:35.803	V	6479	onKeyDownActivity	Activity onKeyDown

图 5-4　键盘按下事件传播到 Activity

5.2.2　onKeyUp 回调方法

onKeyUp 回调方法同样也是接口 KeyEvent.Callback 中的抽象方法，所有的 View 均实现了该接口并重写了该方法用于捕捉手机键盘按键抬起的事件。onKeyUp 方法的定义如下：

```
public boolean onKeyUp(int keyCode, KeyEvent event)
```

其中，该方法的两个参数与 onKeyDown 回调方法中的参数完全一致，在此不再赘述。同样，该方法的 boolen 类型返回值含义也与 onKeyDown 方法中的完全相同，都是通知系统是否希望其他回调方法再次对该事件进行处理。

读者可以重写该方法对手机键盘按键抬起事件进行处理，具体使用方法和 onKeyDown 方法也是基本相同的，在此不再赘述。

5.2.3　onTouchEvent 回调方法

onTouchEvent 方法用于处理手机屏幕的触摸事件，该方法在 View 类中定义，并且所有 View 的子类全部重写了该方法。该方法的定义如下：

```
public boolean onTouchEvent(MotionEvent event)
```

其中，参数 event 是手机屏幕触摸事件封装类的对象，该对象封装了该事件的所有信息，例如触摸的位置、触摸的类型以及触摸的时间等。该对象会在用户触摸手机屏幕时被创建。本方法的 boolean 型返回值也是用于通知系统是否希望其他回调方法再次对该事件进行处理。

需要注意的是，onTouchEvent 处理的触摸事件有 3 种情况，分别是：

（1）屏幕被按下：当屏幕被按下时，会调用该方法来处理此触摸事件，此时该触摸事件的动作为 MotionEvent.ACTION_DOWN，可以调用 MotionEvent.getAction()方法获取触摸事件的动作。

（2）屏幕被抬起：当手指离开屏幕时，会触发调用该方法处理此触摸事件，此时该触摸事件的动作为 MotionEvent.ACTION_UP。

（3）屏幕拖动：当手指在屏幕上滑动时，会触发调用该方法处理滑动触摸事件，此时该触摸事件的动作为 MotionEvent.ACTION_MOVE。

下面通过一个实例向读者介绍如何使用 onTouchEvent 方法。

实例 5-2　onTouchEvent 回调方法实例（onTouchEventDemo）

演示如何使用 onTouchEvent 回调方法处理屏幕触摸事件。在本实例中，将实现手指拖动矩形移动。

（1）创建工程

创建一个新的 Android 工程，工程名为 onTouchEventDemo，并为该工程添加如下文件。

onTouchEventActivity.java：创建程序的 Activity 类，重写并响应 Activity 的屏幕触摸事件。

（2）编写代码

代码 5-2　onTouchEventActivity.java

```
01. public class onTouchEventActivity extends Activity {
02.     private TouchView mTouchView = null;
03.     /** Called when the activity is first created. */
04.     @Override
05.     public void onCreate(Bundle savedInstanceState) {
06.         super.onCreate(savedInstanceState);
07.         mTouchView = new TouchView(this);
08.         setContentView(mTouchView);
09.     }
```

代码说明

①代码第 7 行获取自定义的 TouchView 对象实例 mTouchView。

②代码第 8 行将 mTouchView 设为当前 Activity 显示界面。

```
10.     private class TouchView extends View {
11.         private float left = 20;
12.         private float right = 60;
13.         private float top = 20;
14.         private float bottom = 60;
15.         public TouchView(Context context) {
16.             super(context);
17.         }
18.         @Override
19.         protected void onDraw(Canvas canvas) {
20.             super.onDraw(canvas);
21.             Paint p = new Paint();
22.             p.setColor(Color.YELLOW);
23.             canvas.drawRect(left, top, right, bottom, p);
24.         }
25.         @Override
26.         public boolean onTouchEvent(MotionEvent event) {
27.             left = event.getX() - 20;
```

```
28.                right = event.getX() + 20;
29.                top = event.getY() - 20;
30.                bottom = event.getY() + 20;
31.                invalidate();
32.                return true;
33.            }
34.        }
35. }
```

代码说明

①代码第 10～34 行自定义 TouchView 类，该类继承于 View 类。

②代码第 19～24 行重写 View 的 onDraw 回调方法，该方法用于在界面上绘制图像，在本实例中利用该回调方法在指定的位置绘制矩形。其中代码第 22 行设置绘制颜色，代码第 23 行以 left、right、top 以及 bottom 作为顶点绘制矩形。

③代码第 26～33 行重写 View 的 onTouchEvent 回调方法，通过 event 的 getX 和 getY 方法获取触摸事件的位置，并调用 invalidate 方法刷新界面，该方法将会触发系统调用 onDraw 在新位置重绘矩形。最后，设置返回值为 true 指明该触摸事件已经处理完毕。

（3）运行程序

运行程序，可以拖动该矩形移动，如图 5-5 所示。

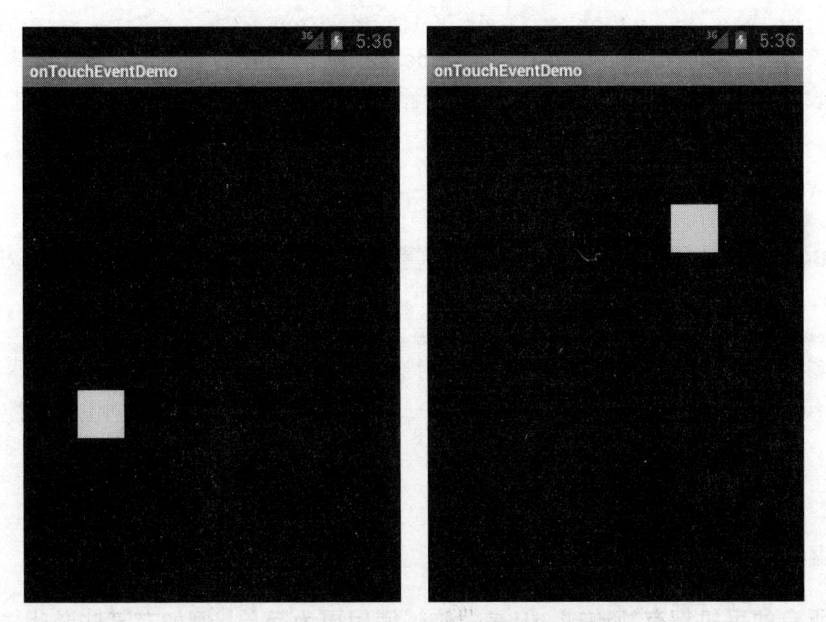

图 5-5　利用 onTouchEvent 拖动矩形移动

编者手记

在实例 5-2 中涉及了绘图操作，在此不进行详细讲解。有关绘图的操作将在第 9 章向读者进行详细介绍。

5.2.4 其他回调方法

GUI 组件还有其他 3 种回调方法，它们的使用方法与前面介绍的回调方法的使用基本相同。这 3 种回调方法如下所示。

1. *onKeyLongPress 回调方法*

onKeyLongPress 回调方法同样也是接口 KeyEvent.Callback 中的抽象方法，所有的 View 均实现了该接口并重写了该方法用于捕捉手机键盘按键被长时按下的事件。onKeyLongPress 方法的定义如下：

```
public boolean onKeyLongPress (int keyCode, KeyEvent event)
```

其中，该方法的两个参数与 onKeyDown 回调方法中的参数完全一致，在此不再赘述。同样，该方法的 boolen 类型返回值含义也与 onKeyDown 方法中的完全相同，都是通知系统是否希望其他回调方法再次对该事件进行处理。

2. *onKeyShortcut 回调方法*

onKeyShortcut 回调方法用于捕捉手机键盘快捷键事件。该方法的定义如下：

```
public boolean onKeyShortcut(int keyCode, KeyEvent event)
```

其中，该方法包含两个参数：参数 keyCode 为被按下的键值；参数 event 为按键事件封装类的对象。该方法的返回值用于通知系统是否希望其他回调方法再次对该事件进行处理。

3. *onTrackballEvent 回调方法*

onTrackBallEvent 用于处理手机中的轨迹球事件，所有的 View 全部实现了该方法。该方法的定义如下：

```
public boolean onTrackballEvent(MotionEvent event)
```

其中，参数 event 为手机轨迹球事件封装类的对象，其中封装了轨迹球事件的详细信息，同样包括事件的类型、触发时间等，一般情况下，该对象会在用户操控轨迹球时被创建。

编者手记

并不是所有的手机都有轨迹球，但是轨迹球使用更为简单，例如在某些游戏中使用轨迹球控制会更为合理。同时轨迹球会比键盘更为细化，即滚动轨迹球时，表示状态的数值会变化得更细微、更精准。在模拟器中可以通过 F6 键打开模拟器的轨迹球，然后便可以通过鼠标的移动来模拟轨迹球事件。

5.3 基于监听器的事件处理

本节将介绍基于监听器的事件处理机制，该机制与 Java SE 中控件的事件处理模型非常相似。在 Android 程序的开发中，基于该机制的事件处理也是最为常见的。

5.3.1　事件监听的处理模型

在 Android 中，基于监听器的事件处理模型主要包含如下 3 类对象。

（1）事件（Event）：事件封装了界面组件上发生的特定动作，通常就是一次用户操作，如点击按钮、拖动窗口等；

（2）事件源（Event Source）：事件所发生的组件，如按钮、窗口、菜单等；

（3）事件监听器（Event Listener）：负责监听事件源发生的各种事件，并根据不同事件调用不同的事件处理方法进行响应处理，如当点击按钮时，提示用户点击了该按钮等。

基于监听器的事件处理过程包括 3 个步骤，如图 5-6 所示。分别是，

（1）为事件源注册事件监听器。当该事件源发生某个事件之后，系统才会知道通知注册指定的监听器对该事件进行处理；

（2）生成事件对象。当事件发生时，系统需要将该事件按照特定规则生成监听器能够理解的事件对象，并发送给该事件源已经注册好的事件监听器；

（3）调用事件处理方法处理事件。当事件监听器接收到事件对象之后，系统会自动调用监听器中相应的事件处理方法对该事件进行处理。

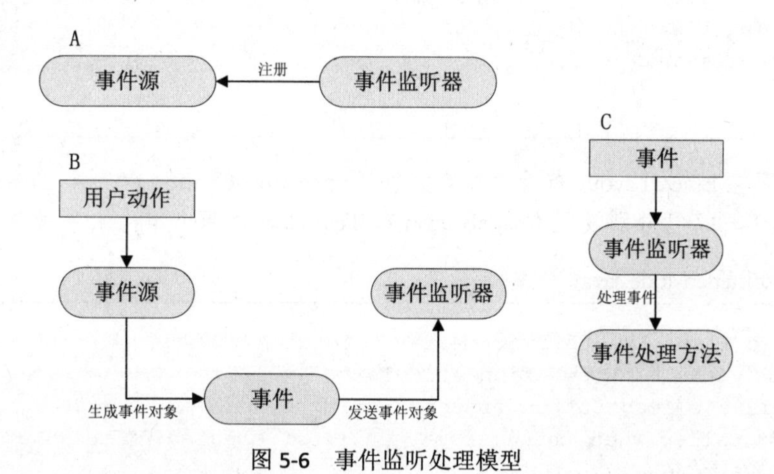

图 5-6　事件监听处理模型

下面通过一个简单的实例程序向读者介绍基于监听器的事件处理模型的实际使用方法。

实例 5-3　事件监听器模型（EventListenerModel）

演示基于监听器的事件处理模型的使用方法。在本实例中，用方向键控制图片按钮的方向。

（1）创建工程

创建一个新的 Android 工程，工程名为 EventListenerModel，并为该工程添加如下文件。

① \res\layout \main.xml：定义程序的界面布局。

② EventListenerModel.java：创建程序的 Activity 类，为 Activity 中的案件设置事件监听器。

（2）编写代码

代码 5-3　\Chapter5\EventListenerModel\res\layout \main.xml

```
01. <?xml version="1.0" encoding="utf-8"?>
02. <LinearLayout
03.   xmlns:android="http://schemas.android.com/apk/res/android"
04.     android:orientation="vertical"
05.     android:layout_width="fill_parent"
06.     android:layout_height="fill_parent">
07.     <ImageButton android:id="@+id/img"
08.         android:layout_width="wrap_content"
09.         android:layout_height="wrap_content"
10.         android:layout_gravity="center_horizontal"
11.         android:src="@drawable/org">
12.     </ImageButton>
13.     <TextView
14.         android:layout_width="wrap_content"
15.         android:layout_height="wrap_content"
16.         android:id="@+id/orientationInfo"
17.         android:layout_gravity="center_horizontal"
18.         android:text="用方向键控制方向">
19.     </TextView>
20. </LinearLayout>
```

代码说明

①上述代码在 LinearLayout 布局上垂直放置了一个 ImageButton 和一个 TextView。

②代码第 10、17 行分别设置 ImageButton 和 TextView 这两个组件水平居中。

代码 5-4　EventListenerModel.java

```
01. public class EventListenerModel extends Activity {
02.     private TextView orientationText = null;
03.     private ImageButton orientationImg = null;
04.     /** Called when the activity is first created. */
05.     @Override
06.     public void onCreate(Bundle savedInstanceState) {
07.         super.onCreate(savedInstanceState);
08.         setContentView(R.layout.main);
09.         orientationText = (TextView) findViewById(R.id.orientationInfo);
10.         orientationImg = (ImageButton) findViewById(R.id.img);
```

代码说明

①代码第 8 行将 main.xml 定义的布局设置为当前 Acitivty 对应的 View。

②代码第 9、10 行分别获取 TextView 和 ImageButton 对象实例。

```
11.         orientationImg.setOnKeyListener(new ImageButton.OnKeyListener() {
12.             @Override
13.             public boolean onKey(View v, int keyCode, KeyEvent event) {
14.                 switch(event.getKeyCode()) {
```

```
15.                 case KeyEvent.KEYCODE_DPAD_LEFT:
16.                     orientationImg.setImageResource(R.drawable.left);
17.                     orientationText.setText("方向为左");
18.                     return true;
19.                 case KeyEvent.KEYCODE_DPAD_RIGHT:
20.                     orientationImg.setImageResource(R.drawable.right);
21.                     orientationText.setText("方向为右");
22.                     return true;
23.                 case KeyEvent.KEYCODE_DPAD_UP:
24.                     orientationImg.setImageResource(R.drawable.up);
25.                     orientationText.setText("方向为上");
26.                     return true;
27.                 case KeyEvent.KEYCODE_DPAD_DOWN:
28.                     orientationImg.setImageResource(R.drawable.down);
29.                     orientationText.setText("方向为下");
30.                     return true;
31.                 default:
32.                     orientationText.setText("请按上下左右键");
33.                     return false;
34.                 }
35.             }
36.         });
37.     }
38. }
```

代码说明

①代码第 11～36 行为 ImageButton 实例 orientationImg 设置了 OnKeyListener 监听器，用于监听键盘的按键事件。

②代码第 15～18 行判断点击的按键为 Left 键时，设置 ImageButton 的图标为 left.png 图片并在 TextView 中提示方向为左。

③代码第 19～22 行判断点击的按键为 Right 键时，设置 ImageButton 的图标为 right.png 图片并在 TextView 中提示方向为右。

④代码第 23～26 行判断点击的按键为 Up 键时，设置 ImageButton 的图标为 up.png 图片并在 TextView 中提示方向为上。

⑤代码第 27～30 行判断点击的按键为 Down 键时，设置 ImageButton 的图标为 down.png 图片并在 TextView 中提示方向为下。

⑥代码第 31～33 行判断点击的按键不是方向键时，在 TextView 中提示用户点击方向键。

（3）运行程序

运行程序，初始界面如图 5-7 所示，点击“上下左右”方向键后，界面将显示不同方向的图标，如图 5-8、5-9、5-10、5-11 所示。

图 5-7　EventListenerModel 初始界面

图 5-8　点击“上”方向键

图 5-9　点击“下”方向键

图 5-10　点击“左”方向键

在实例 5-3 中，事件监听处理模型的 3 个对象分别为：

（1）事件：键盘按键事件；

（2）事件源：图像按钮组件 orientationImg；

（3）事件监听器：代码 5-3 中第 11～36 行定义的内部匿名类。其中注册事件监听器是通过调用 setOnKeyListener()方法实现的，而 onKey()方法则是事件处理器。

图 5-11　点击“右”方向键

编者手记

值得注意的是，在有的程序中可能找不到事件对象，如上一章中的实例 4-6 等。这是因为 Android 在事件监听模型中做了一些简化，当事件足够简单、事件对象的信息比较有限时，就无须生成事件对象，例如按钮点击事件等。但对于如键盘事件、触摸屏事件等，此时需要获取事件的详细信息，如键盘点击的是哪一个按键、触摸屏事件发生的位置等，这个时候就需要将事件封装成相应的事件对象，如 KeyEvent、MotionEvent 等。

5.3.2　事件监听器接口

在基于监听器的事件处理模型中，事件监听器必须为界面组件的各种事件实现不同的事件监听器接口，这些接口通常是以内部类的形式存在。

1.　*OnClickListener 接口*

OnClickListener 是用于处理点击事件的接口，该接口也是被用得最多的事件监听器接口。在触控模式下，是在某个 View 上按下并抬起的组合动作，而在键盘模式下，是在某个 View 获得焦点后点击确定键或按下轨迹球的事件。该接口对应的回调方法如下：

```
public void onClick(View v)
```

其中，参数 v 即为发生事件的事件源。

OnClickListener 接口用得最多的场合是 Button 或 ImageButton 按钮的点击事件。在第 3 章以及第 4 章有关界面编程的介绍中，我们已经多次应用了该接口，如实例 3-2 中用于启动另一个 Activity 的按钮以及实例 4-6 登录界面演示中的登录和取消按钮的点击事件等。因此，在此对该接口不再进行赘述，读者可以回顾上面列举的实例。

2.　*OnLongClickListener 接口*

OnLongClickListener 与上面介绍的 OnClickListener 接口原理基本相同，只是该接口是用于处理

View 的长按事件，即当长时间按下某个 View 时触发的事件。该接口对应的回调方法如下：

```
public boolean onLongClick(View v)
```

其中，参数 v 为发生事件的事件源，此时的事件必须是该组件的长按事件。该方法返回值为一个 boolean 类型的变量，当返回值为 true 时，表示已经完整地处理了这个长按事件，不希望其他回调方法对该事件再次进行处理；当返回值为 false 时，表示没有完全处理该长按事件，希望其他回调方法继续对该事件进行处理。

下面通过一个实例向读者具体介绍 OnLongClickListener 接口的用法。

实例 5-4　OnLongClickListener 接口演示（OnLongClickListenerDemo）

演示如何使用 OnLongClickListener 接口对 View 的长按事件进行处理。在本实例中，将对 Button 按钮的长按事件进行响应，提示用户进行了长按操作。

（1）创建工程

创建一个新的 Android 工程，名为 OnLongClickListenerDemo，并为该工程添加如下文件。

OnLongClickListenerDemo.java：创建程序的 Activity 类，并为 Activity 中的按钮设置长按事件监听器。

（2）编写代码

代码 5-5　OnLongClickListenerDemo.java

```
01. public class OnLongClickListenerDemo extends Activity {
02.     private Button testBtn = null;
03.     /** Called when the activity is first created. */
04.     @Override
05.     public void onCreate(Bundle savedInstanceState) {
06.         super.onCreate(savedInstanceState);
07.         setContentView(R.layout.main);
08.         testBtn = (Button) findViewById(R.id.testBtn);
09.         testBtn.setOnLongClickListener(new OnLongClickListener() {
10.             @Override
11.             public boolean onLongClick(View v) {
12.                 if (v == testBtn) {
13.                     setTitle("您长时间按下了这个按钮");
14.                 }
15.                 return true;
16.             }
17.         });
18.     }
19. }
```

代码说明

①代码第 7 行设置当前显示的用户界面布局。

②代码第 8 行获取按钮控件的引用。

③代码第 9～17 行为按钮控件设置 OnLongClickListener 接口并重写了该接口的 onLongClick 回调方法。其中，代码第 12～14 行判断长按事件源是否为该按钮，如果是则通过 Title 显示提示消息。

（3）运行程序

运行程序，初始界面如图 5-12 所示。当长时间按下按钮时（大约 1s）会通过 Title 提示用户该按钮被按下了，如图 5-13 所示。

图 5-12　初始界面

图 5-13　长按该按钮后的界面

3. *OnKeyListener 接口*

OnKeyListener 接口用于监听手机键盘事件，通过对某个 View 注册该监听接口，当该 View 获得焦点并有键盘事件发生时，便会触发该接口中的回调方法对该键盘事件进行处理。该接口的回调方法如下：

```
public boolean onKey(View v, int keyCode, KeyEvent event)
```

其中，参数 v 为发生事件的事件源；参数 KeyCode 为手机键盘按键的键盘码值；参数 event 为键盘事件封装类的对象，其中包含了事件的详细信息，例如发生的事件、事件的类型以及按键的码值等。该方法的返回值也是 boolean 类型变量，含义和前面介绍的 onLongClick 回调方法一致。

OnKeyListener 接口也是一种常用的事件监听接口，如经典的飞机游戏，通过上下左右方向键控制飞机移动的方向以及通过其他定义的按键控制飞机的子弹发射等。在前面的实例 5-1 中，便是通过 OnKeyListener 接口的实现来向读者介绍整个事件监听器模型的，读者可以回顾该实例加深对 OnKeyListener 接口的理解。

4. *OnCreateContextMenuListener 接口*

OnCreateContextMenuListener 接口是用来处理上下文菜单显示事件的监听接口。该接口是定义和注册上下文菜单的另一种方式。该接口中对事件处理的回调方法如下：

```
public void onCreateContextMenu(ContextMenu menu,
                                View v, ContextMenuInfo info)
```

其中，参数 menu 为事件的上下文菜单；参数 v 为事件源 View，当该 View 获得焦点时才可能接收该方法的事件响应；参数 info 对象中封装了有关上下文菜单额外的信息，这些信息取决于事件源 View。

该接口会在某个 View 中显示上下文菜单时被调用，开发人员可以通过实现该接口来处理上下文菜单显示时的一些操作。其使用方法与前面介绍的各个监听接口没有任何区别，因本书篇幅有限，在此不再详细介绍，读者可以参考实例 4-29 加深对该接口的学习和理解。

5. *OnFocusChangeListener 接口*

OnFocusChangeListener 接口用于处理组件 View 的焦点发生变化的事件。如果为某个 View 注册了该接口，当该 View 失去焦点或者获得焦点时都会触发该接口中的回调方法，对焦点变化事件进行处理。该接口对应的回调方法如下：

```
public void onFocusChange(View v, boolean hasFocus)
```

其中，参数 v 为焦点变化事件的事件源；参数 hasFocus 表示 v 是否获取焦点。

下面通过一个简单的实例向读者介绍 OnFocusChangeListener 接口的使用方法。

实例 5-5　OnFocusChangeListener 接口演示（OnFocusChangeListenerDemo）

演示如何使用 OnFocusChangeListener 接口对 View 的焦点改变事件进行处理。

（1）创建工程

创建一个新的 Android 工程，名为 OnLongClickListenerDemo，并为该工程添加如下文件。

OnFocusChangeListenerDemo.java：创建程序的 Activity 类，并为 Activity 中的按钮设置焦点改变事件监听器。

（2）编写代码

代码 5-6　OnFocusChangeListenerDemo.java

```
01. public class OnFocusChangeListenerDemo extends Activity
02.                                 implements OnFocusChangeListener {
03.     private ImageButton upBtn = null;
04.     private ImageButton downBtn = null;
05.     private ImageButton leftBtn = null;
06.     private ImageButton rightBtn = null;
07.     private ImageButton centerBtn = null;
08.     private TextView showText = null;
09.     /** Called when the activity is first created. */
10.     @Override
11.     public void onCreate(Bundle savedInstanceState) {
12.         super.onCreate(savedInstanceState);
13.         setContentView(R.layout.main);
14.         upBtn = (ImageButton) findViewById(R.id.up);
15.         upBtn.setOnFocusChangeListener(this);
16.         downBtn = (ImageButton) findViewById(R.id.down);
17.         downBtn.setOnFocusChangeListener(this);
18.         leftBtn = (ImageButton) findViewById(R.id.left);
19.         leftBtn.setOnFocusChangeListener(this);
20.         rightBtn = (ImageButton) findViewById(R.id.right);
21.         rightBtn.setOnFocusChangeListener(this);
22.         centerBtn = (ImageButton) findViewById(R.id.center);
23.         centerBtn.setOnFocusChangeListener(this);
24.         showText = (TextView) findViewById(R.id.show);
25.     }
```

代码说明

①代码第 1、2 行表示 OnFocusChangeListenerDemo 类继承于 Activity 并且实现了事件监听器接口 OnFocusChangeListener。

②代码第 13 行设置当前显示的用户界面布局。

③代码第 14～23 行分别获取了 up、down、left、right 以及 center 共 5 个图像按钮的引用并

为它们设置了焦点变化事件监听器。

④代码第 24 行获取 TextView 引用。

```
26.     @Override
27.     public void onFocusChange(View v, boolean hasFocus) {
28.         switch(v.getId()) {
29.         case R.id.up:
30.             showText.setText("您选中了 up");
31.             break;
32.         case R.id.down:
33.             showText.setText("您选中了 down");
34.             break;
35.         case R.id.left:
36.             showText.setText("您选中了 left");
37.             break;
38.         case R.id.right:
39.             showText.setText("您选中了 right");
40.             break;
41.         case R.id.center:
42.             showText.setText("您选中了 center");
43.             break;
44.         default:
45.             break;
46.         }
47.     }
48. }
```

代码说明

代码第 27～47 行实现了 OnFocusChangeListener 接口中的回调方法 onFocusChange，在该方法中根据事件源的 ID 判断是哪个图像按钮触发了该方法，然后通过设置 showText 显示的文字提示给用户。

（3）运行程序

运行程序，通过单击、轨迹球移动或者方向键方式可以使图像按钮获得焦点，运行结果如图 5-14 所示。

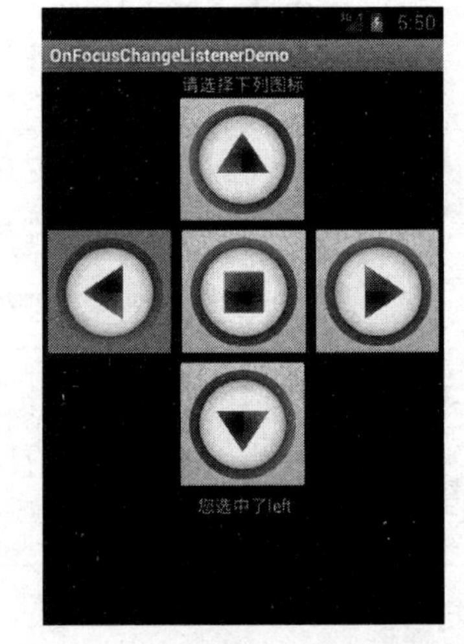

图 5-14　OnFocusChangeListener 接口演示

6. *OnTouchListener 接口*

OnTouchListener 接口是用于监听手机屏幕触摸事件的接口，当在注册该接口的 View 一定范围内触摸按下、抬起或滑动等动作都会触发该接口对相应事件进行响应。该接口中的监听回调方法如下：

```
public boolean onTouch(View v, MotionEvent event)
```

其中，参数 v 为触摸事件的事件源；参数 event 为触摸事件封装类的对象，其中封装了触摸事件的详细信息，包括事件的类型、触发时间、触发位置等信息。

下面通过一个实例向读者介绍 OnTouchListener 接口的使用方法。

实例 5-6　OnTouchListener 接口演示（OnTouchListenerDemo）

演示如何使用 OnTouchListener 接口对 View 的触摸事件进行处理。在本实例中，将实现图片拖动功能。

（1）创建工程

创建一个新的 Android 工程，工程名为 OnTouchListenerDemo，并为该工程添加如下文件。

①\res\layout \main.xml：定义程序的界面布局。

②OnTouchListenerDemo.java：创建程序的 Activity 类，并为 Activity 中的图片视图设置触摸事件监听器。

（2）编写代码

代码 5-7　\Chapter5\OnTouchListenerDemo\res\layout \main.xml

```
01. <?xml version="1.0" encoding="utf-8"?>
02. <AbsoluteLayout
03.  xmlns:android="http://schemas.android.com/apk/res/android"
04.    android:orientation="vertical"
05.    android:layout_width="fill_parent"
06.    android:layout_height="fill_parent"
07.    >
08.    <ImageView android:id="@+id/img"
09.       android:layout_x="20dip"
10.       android:layout_y="50dip"
11.       android:layout_width="wrap_content"
12.       android:layout_height="wrap_content"
13.       android:src="@drawable/test">
14.    </ImageView>
15. </AbsoluteLayout>
```

代码说明

上述代码采用 AbsoluteLayout 绝对布局，在界面上只是简单地放置了一个 ImageView 组件，并设置该组件的坐标位置以及显示图片。在这里必须要采用绝对布局，进而获取组件位置的绝对坐标。

代码 5-8　OnTouchListenerDemo.java

```
01. public class OnTouchListenerDemo extends Activity {
02.    private ImageView ImgV = null;
03.    private int xSpan = 0;
04.    private int ySpan = 0;
05.    /** Called when the activity is first created. */
06.    @Override
07.    public void onCreate(Bundle savedInstanceState) {
```

```
08.         super.onCreate(savedInstanceState);
09.         setContentView(R.layout.main);
10.         ImgV = (ImageView) findViewById(R.id.img);
```

代码说明

①代码第 9 行设置当前显示的布局界面。

②代码第 10 行获取 ImageView 组件引用。

```
11.         ImgV.setOnTouchListener(new OnTouchListener() {
12.             @Override
13.             public boolean onTouch(View v, MotionEvent event) {
14.                 switch(event.getAction()) {
15.                 case MotionEvent.ACTION_DOWN:
16.                     xSpan = (int)event.getX();
17.                     ySpan = (int)event.getY();
18.                     break;
19.                 case MotionEvent.ACTION_MOVE:
20.                     ImageView newImgV = (ImageView) findViewById(R.id.img);
21.                     int rawX = (int)event.getRawX();
22.                     int rawY = (int)event.getRawY();
23.                     ViewGroup.LayoutParams mLP
24.                        = new AbsoluteLayout.LayoutParams(
25.                             LayoutParams.WRAP_CONTENT,
26.                             LayoutParams.WRAP_CONTENT,
27.                             rawX- xSpan,
28.                             rawY- ySpan);
29.                     newImgV.setLayoutParams(mLP);
30.                     break;
31.                 }
32.                 return true;
33.             }
34.         });
35.     }
36. }
```

代码说明

①代码第 11～34 行为 ImgV 组件设置 OnTouchListener 监听接口并重写 onTouch 回调方法。

②代码第 14～18 行判断触摸事件动作为触摸按下时，通过 event 的 getX 和 getY 方法获取按下的位置。

③代码第 19～30 行判断触摸事件动作为触摸移动时，首先获取移动的坐标值，然后为该组件构造新的布局参数对象，最后将该布局参数对象设置为该组件的布局参数，以此便刷新了该布局实现拖动。

（3）运行程序

运行程序，通过鼠标在模拟器中拖动该图片，效果如图 5-15、5-16 所示。

图 5-15　拖动前的界面效果

图 5-16　拖动后的界面效果

正如前面介绍的一样，有的简单监听事件没有事件对象。在本节中介绍的 6 种监听接口中，OnClickListener、OnLongClickListener 以及 OnFocusChangeListener 3 种事件监听接口便没有事件对象，其余 3 种是拥有事件的。

5.3.3　事件监听器实现方式

在程序中可以有很多种实现事件监听器的方式，在本小节中将向读者逐一介绍这些实现方式。下面通过这几种方式实现相同的功能：点击界面上的 Button 按钮，将在程序 Title 上提示用户点击了该按钮，运行结果如图 5-17 所示。

图 5-17　按钮点击运行结果

1.　内部类作为事件监听器类

通过内部类实现该功能的代码如下：

代码 5-9　InnerClass.java

```
01. public class InnerClassActivity extends Activity {
02.     private Button testBtn = null;
03.     /** Called when the activity is first created. */
04.     @Override
05.     public void onCreate(Bundle savedInstanceState) {
```

```
06.         super.onCreate(savedInstanceState);
07.         setContentView(R.layout.main);
08.         testBtn = (Button) findViewById(R.id.testBtn);
09.         testBtn.setOnClickListener(new myClickListener());
10.     }
11.     private class myClickListener implements OnClickListener {
12.         @Override
13.         public void onClick(View v){
14.            setTitle("您点击了按钮");
15.         }
16.     }
17. }
```

代码说明

①代码第 8 行获取 Button 按钮对象引用。

②代码第 9 行为 testBtn 设置点击事件监听器接口对象。其中，该监听器为自定义的内部类 myClickListener。

③代码第 11～16 行自定义监听器类并重写 onClick 回调方法。在该回调方法中设置 Title 提示用户点击了按钮。

使用内部类方式实现事件监听器主要有两个优点：第一，当前类中可以不断复用该监听器内部类；第二，因为监听器类是当前类的内部类，所有该内部类可以自由访问当前类的所有界面组件等对象。

2. 外部类作为事件监听器类

通过外部类实现该功能的代码如下：

代码 5-10 OuterClassActivity.java

```
01. public class OuterClassActivity extends Activity {
02.     public static OuterClassActivity app;
03.     private Button testBtn = null;
04.     /** Called when the activity is first created. */
05.     @Override
06.     public void onCreate(Bundle savedInstanceState) {
07.         super.onCreate(savedInstanceState);
08.         setContentView(R.layout.main);
09.         app = this;
10.         testBtn = (Button) findViewById(R.id.testBtn);
11.         testBtn.setOnClickListener(new MyClickListener());
12.     }
13. }
```

代码说明

①代码第 2 行定义当前类的 static 变量 app，并在代码第 9 行初始化该变量。该变量将会在自定义的事件监听器类中被引用。

②代码第 10、11 行获取 Button 对象引用并为其设置事件监听器。该事件监听器类为外部定义的 MyClickListener 类。

代码 5-11　MyClickListener.java

```
01. public class MyClickListener implements OnClickListener {
02.     @Override
03.     public void onClick(View v) {
04.         OuterClassActivity.app.setTitle("您点击了按钮");
05.     }
06. }
```

代码说明

①上述代码定义了事件监听器类 MyClickListener 并实现了 OnClickListener 接口。

②代码第 4 行设置 Title 以提示用户点击了按钮。需要注意的是必须通过 OuterClassActivity 类的 static 变量 app 才能获取 Activity 对象的引用。

一般而言，在程序中使用外部类作为事件监听器类比较少见，主要原因有两个：第一，事件监听器通常属于特定的 GUI 界面，定义成外部类不利于程序的内聚；第二、外部类形式的事件监听器不能自由访问创建该 GUI 界面的类中的组件以及变量，如本例中必须通过 app 才能设置程序的 Title，这样显得比较繁琐。

当然，如果某个事件监听器需要被多个 GUI 界面所共享，而且主要是完成一些与具体 GUI 无关的工作，则可以考虑使用外部类作为事件监听器类。

3. Activity 本身作为事件监听器

使用 Acitivity 本身作为事件监听器实现该功能的代码如下：

代码 5-12　ActivitySelf.java

```
01. public class AcitivitySelf extends Activity implements OnClickListener {
02.     private Button testBtn = null;
03.     /** Called when the activity is first created. */
04.     @Override
05.     public void onCreate(Bundle savedInstanceState) {
06.         super.onCreate(savedInstanceState);
07.         setContentView(R.layout.main);
08.         testBtn = (Button) findViewById(R.id.testBtn);
09.         testBtn.setOnClickListener(this);
10.     }
11.     @Override
12.     public void onClick(View v){
13.         setTitle("您点击了按钮");
14.     }
15. }
```

代码说明

上述程序让 Activity 直接实现了 OnClickListener 接口，并且通过代码第 11～14 行在该

Activity 类直接定义了事件处理的回调方法 onClick。在代码第 9 行为 Button 组件添加事件监听器对象时，直接使用 this 即 Activity 本事作为事件监听器。

使用 Activity 本身作为事件监听器类，可以直接在 Activity 类中定义事件处理的回调方法，这种形式非常简洁。但它也有缺点，即可能造成程序结构混乱，Activity 主要是用于完成界面工作，此时如果还包括了事件处理回调方法，可能与其他 Activity 的回调方法引起混淆，导致代码结果混乱。

4. 匿名内部类作为事件监听器类

使用匿名内部类作为事件监听器类实现该功能的代码如下：

代码 5-13 AnonymousClassActivity.java

```
01. public class AnonymousClassActivity extends Activity {
02.     private Button testBtn = null;
03.     /** Called when the activity is first created. */
04.     @Override
05.     public void onCreate(Bundle savedInstanceState) {
06.         super.onCreate(savedInstanceState);
07.         setContentView(R.layout.main);
08.         testBtn = (Button) findViewById(R.id.testBtn);
09.         testBtn.setOnClickListener (new OnClickListener(){
10.             @Override
11.             public void onClick (View v) {
12.                 setTitle ("您点击了按钮") ;
13.             }
14.         }) ;
15.     }
16. }
```

代码说明

①代码第 8 行获取 Button 对象引用。

②代码第 9～14 行使用匿名内部类创建了事件监听器对象并将该对象设置为 testBtn 按钮的事件监听器。

使用匿名内部类作为事件监听器是使用最广泛的事件监听器形式，推荐读者采用这种形式。事实上，由于大部分事件监听器没有什么复用价值，都只是被特定组件使用一次，因此采用匿名内部类更为合适。

5. 直接绑定到标签

Android 还提供了一种更为简单的事件监听器方式，即通过在界面布局文件中为指定标签绑定事件处理方法。代码如下：

代码 5-14 \Chapter5\BindTag\res\layout \main.xml

```
01. <?xml version="1.0" encoding="utf-8"?>
```

```
02. <LinearLayout
03.   xmlns:android="http://schemas.android.com/apk/res/android"
04.     android:orientation="vertical"
05.     android:layout_width="fill_parent"
06.     android:layout_height="fill_parent"
07.     >
08.     <Button android:text="请您点击"
09.         android:id="@+id/testBtn"
10.         android:layout_width="wrap_content"
11.         android:layout_height="wrap_content"
12.         android:layout_gravity="center_horizontal"
13.         android:onClick="clickResponse">
14.     </Button>
15. </LinearLayout>
```

代码说明

①上述布局文件采用 LinearLayout 布局，在界面上只放置了一个 Button 组件。

②代码第 13 行直接为 Button 按钮的 onClick 属性绑定了一个事件处理方法 clickResponse，该方法需要在对应的 Activity 类中定义，用于处理点击事件。

代码 5-15　BindTagActivity.java

```
01. public class BindTagActivity extends Activity {
02.     /** Called when the activity is first created. */
03.     @Override
04.     public void onCreate(Bundle savedInstanceState) {
05.         super.onCreate(savedInstanceState);
06.         setContentView(R.layout.main);
07.     }
08.     public void clickResponse (View v) {
09.         setTitle ("您点击了按钮") ;
10.     }
11. }
```

代码说明

①代码第 6 行设置当前显示的界面布局。

②代码第 8～10 行定义了 clickResponse 方法，由于该方法已经被绑定到布局文件中的 Button 组件的 onClick 属性，因此当该 Button 被点击时，将调用此方法响应该点击事件。

5.4　响应系统设置事件

在第 3 章 3.2.2 小节中，通过设置 android:configChanges="orientation"属性同时重写 onConfigurationChanged 捕捉手机屏幕方向改变事件，以防止 Activity 被重启。重写该方法有一个 Configuration 类对象的参数，通过该类可以对系统设置进行监听和响应。下面将对该类以及系统设置的响应进行详细的介绍。

5.4.1 Configuration 类介绍

Configuration 类用于描述手机设备的配置信息，这些配置信息包括用户特定的配置项以及系统的动态设备配置，如手机屏幕方向、触摸屏的触摸方式等。该类提供的常见系统配置信息如表 5-1 所示。

表 5-1　Configuration 类的主要方法

方法	方法描述
float fontScale	当前用户设置的字体的缩放值
int hardKeyboardHidden	标识手机硬键盘是否被隐藏。可选取值有 HARDKEYBOARDHIDDEN_NO 以及 HARDKEYBOARDHIDDEN_YES
int keyboard	与设备关联的键盘类型。可选取值有 KEYBOARD_NOKEYS、KEYBOARD_12KEY 以及 KEYBOARD_QWERTY
int keyboardHidden	标识键盘是否被隐藏。判断时会同时判断硬键盘和软键盘。可选取值有 HARDKEYBOARDHIDDEN_NO 以及 HARDKEYBOARDHIDDEN_YES
Locale locale	当前用户的 Locale
int mcc	移动信号国家码
int mnc	移动信号网络码
int navigation	设备可用的导航方法类型。可选取值有 NAVIGATION_NONAV（无导航）、NAVIGATION_DPAD（DPAD 导航）、NAVIGATION_TRACKBALL（轨迹球导航）以及 NAVIGATION_WHEEL（滚轮导航）
int navigationHidden	标识当前导航是否可用。可选取值有 NAVIGATIONHIDDEN_ON 以及 NAVIGATIONHIDDEN_YES
int orientation	系统屏幕的方向。可选取值有 ORIENTATION_LANDSCAPE（横向屏幕）、ORIENTATION_PORTRAIT（竖向屏幕）以及 ORIENTATION_SQUARE（方形屏幕）
int screenLayout	屏幕布局的位掩码
int touchscreen	触摸屏触摸方式。可选取值有 TOUCHSCREEN_NOTOUCH（无触摸屏）、TOUCHSCREEN_STYLUS（触摸笔）以及 TOUCHSCREEN_FINGER（手指触摸）
int uiMode	UI 模式的位掩码

一般而言，应用程序可通过如下方法获取系统的 Configuration 对象：

```
Configuration cfg = getResources().getConfiguration();
```

该方法首先调用 Activity 的 getResources()方法获取 Resources 对象，然后再调用 Resources 对象的 getConfiguration()方法获取系统的 Configuration 对象。

5.4.2 onConfigurationChanged 回调方法

Activity 的 onConfigurationChanged 回调方法用于捕捉和响应系统设置的修改。当系统设置发生修改时，该方法会被系统自动调用。该方法的定义如下：

```
public void onConfigurationChanged(Configuration newConfig)
```

其中，参数 newConfig 是系统设置发生修改后新的系统配置属性。

下面，通过一个实例向读者介绍如何获取系统配置的属性以及如何响应系统设置的改变。

实例 5-7 获取并响应系统设置实例（ConfigurationDemo）

演示如何获取系统配置信息以及响应系统设置的更改。

（1）创建工程

创建一个新的 Android 工程，工程名为 ConfigurationDemo，并为该工程添加如下文件。

ConfigurationActivity.java：创建程序的 Activity 类，并在 Activity 中显示系统配置信息以及更改系统设置。

（2）编写代码

代码 5-16 ConfigurationActivity.java

```
01. public class ConfigurationActivity extends Activity {
02.     private TextView MMCInfo = null;
03.     private TextView navigationInfo = null;
04.     private TextView TouchScreenInfo = null;
05.     private TextView orientationInfo = null;
06.     private Button changeBtn = null;
07.     /** Called when the activity is first created. */
08.     @Override
09.     public void onCreate(Bundle savedInstanceState) {
10.         super.onCreate(savedInstanceState);
11.         setContentView(R.layout.main);
```

代码说明

①代码第 2～5 行定义 TextView 用于显示 4 种系统配置信息。

②代码第 11 行设置当前 Activity 显示的界面布局。

```
12.         Configuration cfg = getResources().getConfiguration();
13.         MMCInfo = (TextView) findViewById(R.id.mcc);
14.         navigationInfo = (TextView) findViewById(R.id.navigation);
15.         orientationInfo = (TextView) findViewById(R.id.orientation);
16.         TouchScreenInfo = (TextView) findViewById(R.id.touchscreen);
17.         MMCInfo.setText("mmc : " + cfg.mcc);
18.         String orientation = cfg.orientation ==
19.             Configuration.ORIENTATION_LANDSCAPE ? "横向屏幕" : "竖向屏幕";
20.         String navigation =
21.             cfg.navigation == Configuration.NAVIGATION_NONAV ? "没有导航" :
22.             cfg.navigation == Configuration.NAVIGATION_DPAD ? "DPAD 导航" :
23.             cfg.navigation == Configuration.NAVIGATION_TRACKBALL
24.                                 ? "轨迹球导航" : "滚轮导航";
25.         String touch =
26.                 cfg.touchscreen == Configuration.TOUCHSCREEN_NOTOUCH
27.                 ? "无触摸屏" :
28.                 cfg.touchscreen == Configuration.TOUCHSCREEN_STYLUS
```

```
29.                 ? "触摸笔" : "手指触摸";
30.         navigationInfo.setText("导航为: " + navigation);
31.         orientationInfo.setText("屏幕方向为: " + orientation);
32.         TouchScreenInfo.setText("触摸屏为: " + touch);
```

代码说明

①代码第 12 行获取系统配置的 Configuration 对象。

②代码第 13～16 获取 4 个 TextView 对象实例的引用。

③代码第 17 行显示手机的 mmc。

④代码第 18～19 行获取系统屏幕方向。

⑤代码第 20～24 行获取系统导航类型。

⑥代码第 25～29 行获取系统触摸屏类型。

```
33.         changeBtn = (Button) findViewById(R.id.OrientationChange);
34.         changeBtn.setOnClickListener(new OnClickListener() {
35.             @Override
36.             public void onClick(View v) {
37.                 Configuration cfg = getResources().getConfiguration();
38.                 if (cfg.orientation
39.                         == Configuration.ORIENTATION_LANDSCAPE) {
40.                     ConfigurationActivity.this.setRequestedOrientation(
41.                             ActivityInfo.SCREEN_ORIENTATION_PORTRAIT);
42.                 } else if (cfg.orientation
43.                         == Configuration.ORIENTATION_PORTRAIT) {
44.                     ConfigurationActivity.this.setRequestedOrientation(
45.                             ActivityInfo.SCREEN_ORIENTATION_LANDSCAPE);
46.                 }
47.             }
48.         });
49.     }
```

代码说明

①代码第 33 行获取 changeBtn 对象的引用。

②代码第 34～48 为 changeBtn 设置点击事件监听器。

③代码第 37 行获取系统当前配置信息的 Configuration 对象。

④代码第 38～41 行判断当前屏幕方向为横向时，将系统屏幕方向设置为竖向。

⑤代码第 42～46 行判断当前屏幕方向为竖向时，将系统屏幕方向设置为横向。

```
50.     @Override
51.     public void onConfigurationChanged(Configuration newConfig) {
52.         super.onConfigurationChanged(newConfig);
53.         String orientation =
54.             newConfig.orientation == Configuration.ORIENTATION_LANDSCAPE
55.             ? "横向屏幕" : "竖向屏幕";
56.         orientationInfo.setText("屏幕方向为: " + orientation);
57.     }
58. }
```

代码说明

①代码第 51～57 行重写 Activity 的 onConfigurationChanged 方法，用于捕捉和响应系统设置更改事件。

②代码第 53～55 行获取更新后的屏幕方向。

③代码第 56 行显示屏幕方向。

（3）运行程序

运行程序，界面如图 5-18 所示。点击“更改屏幕方向按钮”，屏幕方向将发生改变，同时屏幕方向文本框显示的内容也会随之改变成更新后的屏幕方向，如图 5-19 所示。

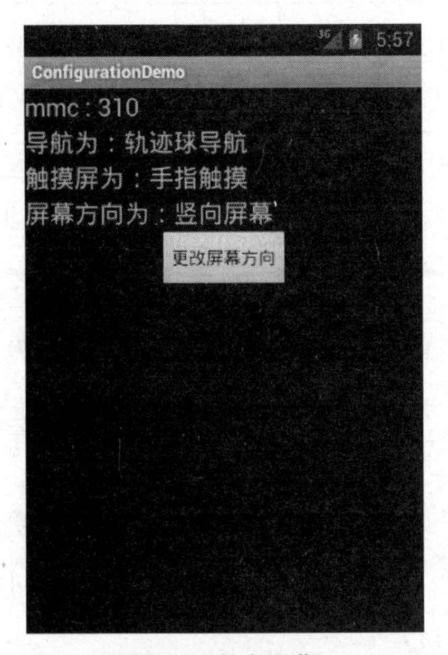

图 5-18 竖向屏幕

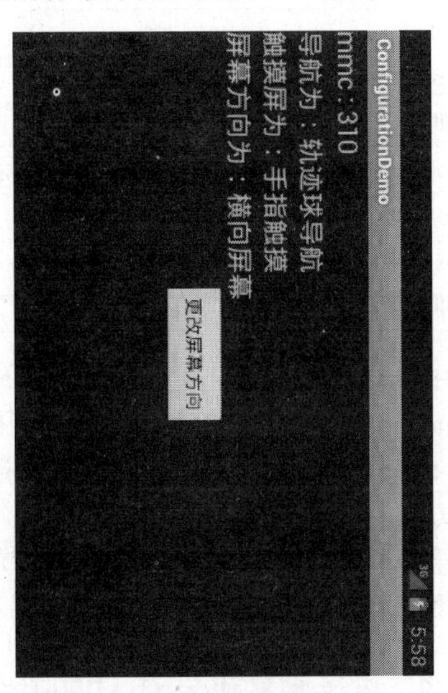

图 5-19 横向屏幕

5.5 Handler 消息传递机制

在Android应用开发中，常常需要使用多个线程同时运行，主线程负责处理一些实时性要求高的任务，而将耗时的任务交给后台线程进行处理。当后台线程处理完耗时的任务之后，需要将结果发回给主线程，此时各个线程之间就需要一种通信方式。Handler 类便为 Android 的多线程提供了这样的通信方式，通过 Handler 类可以实现在两个线程之间传递消息。

每一个Handler类的对象会和创建它的线程绑定，并在新启动的线程中发送消息，同时在该线程中对发送来的消息进行捕捉和处理。Handler 类的主要方法有：

```
void handleMessage(Message msg);
final boolean hasMessage(int what);
Message obtainMessage(int what);
final boolean sendEmptyMessage(int what);
final boolean sendEmptyMessageDelayed(int what, long delayMillis);
final boolean sendMessage(Message msg);
final boolean sendMessageDelayed(Message msg, long delayMillis);
```

这些方法的详细说明如表 5-2 所示。

表 5-2　　Handler 类的主要方法

方法	方法描述
void handleMessage(Message msg)	接收并处理消息，其中参数 msg 为接收和处理的消息对象。子类必须重写该方法以实现接收和处理方法
final boolean hasMessage(int what)	判断消息队列中是否包含给定消息 what 属性的消息，其中 what 为 int 类，通常为消息的标识
Message obtainMessage(int what)	获取消息队列中给定消息 what 属性的消息
final boolean sendEmptyMessage(int what)	发送空消息，该消息仅指定了 what 属性
final boolean sendEmptyMessageDelayed(int what, long delayMillis)	在给定的延时之后发送仅指定 what 属性的空消息，其中参数 delayMillis 指定延时（单位为毫秒）
final boolean sendMessage(Message msg)	立即发送消息，发送的消息为 msg
final boolean sendMessageDelayed(Message msg, long delayMillis);	在给定的延时之后发送 msg 消息，其中参数 delayMillis 指定延时（单位为 ms）

在 Handler 的实际使用过程中，对于何时发送消息以及何时接收消息是不需要开发者关心的，Handler 采用回调机制实现。即当新线程一旦发送消息时，主线程便会自动调用 Handler 类中的 handleMessage 方法对消息进行接收和处理，因此开发者唯一需要做的就是重写该消息处理方法，而且是必须重写该方法。

在第 4 章对进度条（ProgressBar）的介绍时，只是简单地显示了进度条而并没有更新进度条的进度，下面的实例将利用 Handler 实现进度条进度的及时更新。

实例 5-8　进度条更新实例（HandlerProgress）

演示如何使用 Handler 对进度条的进度进行不断更新。

（1）创建工程

创建一个新的 Android 工程，工程名为 HandlerProgress，并为该工程添加如下文件。

HandlerProgress.java：创建程序的 Activity 类，并在 Activity 中周期性循环更新进度条的进度。

（2）编写代码

代码 5-17　HandlerProgress.java

```
01. public class HandlerProgress extends Activity {
02.     private static final int MSG_TAG = 0x1234;
03.     private int progress = 0;
04.     private ProgressBar largeBar = null;
05.     private Handler BarHandler = null;
06.     /** Called when the activity is first created. */
07.     @Override
08.     public void onCreate(Bundle savedInstanceState) {
09.         super.onCreate(savedInstanceState);
10.         setContentView(R.layout.main);
11.         largeBar = (ProgressBar) findViewById(R.id.largeBar);
```

代码说明

①代码第 2 行定义 MSG_TAG 指定 Message 的 what 属性的值。

②代码第 3 行定义进度条进度的初始值为 0.

③代码第 11 行获取进度条对象引用。

```
12.         BarHandler = new Handler() {
13.             @Override
14.             public void handleMessage(Message msg) {
15.                 if (msg.what == MSG_TAG) {
16.                     if (progress == 100) {
17.                         progress = 0;
18.                     } else {
19.                         progress += 4;
20.                     }
21.                     largeBar.setProgress(progress);
22.                 }
23.             }
24.         };
```

代码说明

①代码第 12～24 行定义 Handler 对象并重写 Handler 的 handleMessage 回调方法。

②代码第 15 行判断接收到的消息 msg 的 what 属性是否为指定的 MSG_TAG。

③代码第 16～20 行对进度值进行更新，该进度值最小为 0，最大为 100，每次以 4 为步长更新。

④代码第 21 行更新进度条的进度值。

```
25.         new Timer().schedule(new TimerTask() {
26.             @Override
27.             public void run() {
28.                 Message msg = new Message();
29.                 msg.what = MSG_TAG;
30.                 BarHandler.sendMessage(msg);
31.             }
32.         }, 0, 500);
33.     }
34. }
```

代码说明

①代码第 25～32 行通过 Timer 对象周期性地执行任务，其中周期为 500ms，第一次执行的延时为 0，即立即执行第一次任务。

②代码第 25 行通过 schedule 方法调度 TimerTask 对象，TimerTask 对象启动新线程发送消息。

③代码第 29 行设置消息的 what 属性为 MSG_TAG。

④代码第 30 行调用 sendMessage 方法发送消息。

（3）运行程序

运行程序，进度条将以 500ms 为间隔，4 为步长不断更新进度条的进度值，如图 5-20 所示。

图 5-20　更新进度条进度

编者手记

Android 中不允许 Activity 新启动的线程访问该 Activity 界面的组件，因此只能通过新线程周期性地发送消息通知主线程对进度条的进度进行更新，而不能直接将更新操作放在新启动的线程中实现。

第 6 章　数据存储和数据共享

所有应用程序都是对数据进行输入、处理和输出的过程，因此对数据的访问就成了应用程序最基本的问题。任何程序都必须解决这一问题，数据必须以某种方式保存，不能丢失，并且能够有效、简便地使用和更新处理，有关Android的应用程序也将面临这一问题。因此，在本章中将向读者详细介绍 Android 应用程序的数据存储和数据共享的机制。

6.1　Android 数据存储和共享概述

典型的桌面操作系统（如 Windows 和 Linux）提供了一种公共文件系统，所有的应用程序通过该文件系统对文件数据进行读写操作，即是说任何程序的数据都通过该文件系统被其他的应用程序所读取和修改，当然其中会有一些权限控制。而Android采用了一种完全不同的方式：在Android中，所有应用程序的数据(包括文件)都是该应用所私有的。但不必过多忧虑，Android 既然采用这样一种私有数据方法，当然也为我们提供了将私有数据开放给其他应用程序的标准方式。总体来讲，Android 一共提供了以下 5 种数据存储和共享的方式。

（1）Shared Preferences：这是一种轻量级的存储机制，它用来存储 key-value 对格式的数据，和 Bundle 一样只能存储基本数据类型或基本数据类型的数组。

（2）SQLite：这是 Android 自身提供的一个标准小型数据库。SQLite 是一个轻量级嵌入式数据库，支持 SQL 语法，我们可以通过 SQLite 来完成一些数据关系复杂，需要长期记录的应用项目。

（3）Files：即文件存储，它是通过 Java 中的 IO 流 FileInputStream 和 FileOutputStream 来对文件进行操作。但是在Android中文件是一个应用程序私有的，一个应用程序无法读写其他应用程序的文件。

（4）Content Provider：即内容提供器。它是所有应用程序之间数据存储和检索的一个桥梁，它的作用就是使得各个应用程序之间实现数据共享。在Android中ContentProvider是一个特殊的存储数据的类型，它提供了标准的接口用来获取和操作数据。Android 的应用程序可以通过实现 ContentProvider 的接口来完成数据的共享，进而将本应用程序中私有的数据暴露给其他应用程序以供其使用。

（5）Network：通过网络资源实现对数据的存储。

在本章接下来的篇幅中，将对以上 Android 中的这 5 种数据存储和共享方式进行详细的介绍。

6.2　Shared Preferences

Shared Preferences 提供了一种轻量级的数据存取方法，主要适用于数据比较少的应用场合，通常用于保存应用程序设置信息，例如默认问候语、登录用户名和密码等。它以 key-value 对的格式将数据保存在一个 xml 文件中。具体来说，如果应用程序 com.dannyAndroid.demo 创建了一个 SharedPrefences 实例，Android 系统则会在/data/data/com.dannyAndroid.demo/shared_prefs 目录下创建一个新的 xml 文件。

有关 Shared Prefences 的常用方法如下：

（1）创建 Shared Preferences

```
getSharedPreferences(String name, int mode)
```

调用该方法将获取 SharedPreferences 实例。该方法有两个参数：第一个参数是文件名称，即 SharedPreferences 对应保存和读取数据的 xml 文件名，如果该 xml 已经存在于目录中就打开它，否则将创建该文件；第二个参数表示对 SharedPreferences 的操作模式，通过该参数设置对 SharedPreferences 访问的权限。其中，操作模式有 3 种：MODE_PRIVATE（私有，只有调用程序具有访问该 xml 文件的权限）、MODE_WORLD_READABLE（所有程序都可以读取该 xml 文件）以及 MODE_WORLD_WRITEABLE（所有程序都可以写数据到该 xml 文件）。

（2）存储 Shared Preferences 数据

```
SharedPreferences loginData = getSharedPreferences("data", MODE_PRIVATE);
Editor mEditor = loginData.edit();
mEditor.putString("name", "LeiFeng");
mEditor.putInt("age", 25);
```

要将数据存储到 SharedPreferences 创建的 xml 文件中，首先需要调用 SharedPreferences 的 edit()方法返回 SharedPreferences.Editor 实例，然后利用 Editor 对象的 putString、putInt 和 putLong 等方法添加数据，最后调用该实例的 commit 方法将添加的数据进行保存。这样便完成了将数据保存到 xml 文件的功能。

（3）读取 SharedPreferences 数据

```
SharedPreferences loginData = getSharedPreferences("data", MODE_PRIVATE);
String name = loginData.getString("name");
Int age = loginData.getInt("age");
```

读取 SharedPreferences 数据相对很简单，只需要调用 SharedPreferences 对象的 getString、getInt 等方法即可。

下面，通过一个实例向读者介绍 SharedPreferences 的具体用法。

实例 6-1　SharedPreferences 存取数据实例（SharedPreferencesDemo）

演示如何利用 SharedPreferences 实现对数据的存取。在本实例中，将用 SharedPreferences 保存用户输入的登录信息，当用户退出该程序时，将为用户保存输入的信息，在用户再次进入该程序时，系统自动为用户将保存的信息读入登录框中，类似于 QQ 等软件的记住密码功能。

（1）创建工程

创建一个新的 Android 工程，名为 SharedPreferencesDemo，并为该工程添加如下文件。

SharedPreferencesDemo.java：创建程序的 Activity 类，通过 SharedPreferences 实现 Activity 中数据的存取。

（2）编写代码

代码 6-1　SharedPreferencesDemo.java

```
01. public class SharedPreferencesDemo extends Activity {
02.     private static final String TAG = "SharedPreferencesDemo";
```

```
03.     private static final String LOGIN_DATA = "LoginData";
04.     private EditText nameField = null;
05.     private EditText pwdField = null;
06.     private Button loginBtn = null;
07.     /** Called when the activity is first created. */
08.     @Override
09.     public void onCreate(Bundle savedInstanceState) {
10.         super.onCreate(savedInstanceState);
11.         setContentView(R.layout.main);
12.         Log.v(TAG, "onCreate");
13.         nameField = (EditText) findViewById(R.id.name);
14.         pwdField = (EditText) findViewById(R.id.password);
15.         loginBtn = (Button) findViewById(R.id.login);
16.         loginBtn.setOnClickListener(new OnClickListener() {
17.             @Override
18.             public void onClick(View v) {
19.                 setTitle("Name: " + nameField.getText().toString()
20.                         + " & Password: " + pwdField.getText().toString());
21.             }
22.         });
```

代码说明

①代码第 11 行将显示 main.xml 定义的布局界面。

②代码第 13、14 行获取用于输入名字和密码的编辑框组件。

③代码第 15～22 行获取登录按钮组件并设置点击事件。其中代码第 18～21 行表示当点击该按钮后将在程序 Title 显示姓名和密码。

```
23.         SharedPreferences loginData = getSharedPreferences(LOGIN_DATA, 0);
24.         String name = loginData.getString("Name", "");
25.         String password = loginData.getString("Password", "");
26.         nameField.setText(name);
27.         pwdField.setText(password);
28.     }
```

代码说明

①代码第 23 行获取 Shared Preferences 实例，其中名为 LOGIN_DATA，模式为私有。

②代码第 24、25 行通过 SharedPreferences 对象的 getString 方法获取对应 key 的 value 值。

③代码第 26、27 行将编辑框的内容设置为上面从 Shared Preferences 对象中获取的值。

```
29.     @Override
30.     protected void onStop() {
31.         SharedPreferences loginData = getSharedPreferences(LOGIN_DATA, 0);
32.         Editor mEditor = loginData.edit();
33.         mEditor.putString("Name", nameField.getText().toString());
34.         mEditor.putString("Password", pwdField.getText().toString());
35.         mEditor.commit();
36.         Log.v(TAG, "onStop");
37.         super.onStop();
38.     }
39. }
```

代码说明

代码第 30～38 行重载了 Activity 的 onStop 方法，在程序即将退出时，调用该方法对 SharedPreferences 数据进行存储，之后将调用 Activity 的 onDestroy 方法销毁该 Activity，当程序再次被启动时，将首先调用 onCreate 方法读取 SharedPreferences 数据并将该数据设置为登录框的内容，这样就实现了登录信息的自动保存。

（3）运行程序

运行程序，在登录框中输入登录信息，如图 6-1 所示。当点击 Back 按键退出程序，再重新点击程序图标运行程序后，程序界面依然如图 6-1 所示。同时打印的 Log 信息如图 6-2 所示。从图 6-1 可以看到，利用 SharedPreferences 确实为我们保存了之前填写的信息。而从图 6-2 可知，程序确实经过了重新启动的过程，虽然我们没有重写 onDestroy 方法，因此没有该方法的 Log 信息，但程序重新调用 onCreate 足以证明该程序重新启动了一次。

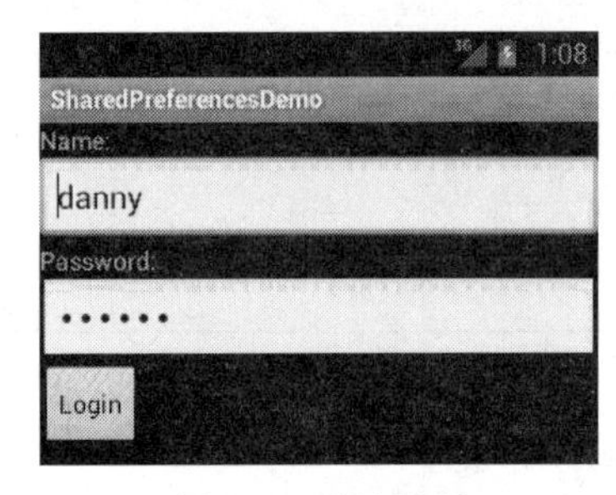

图 6-1 登录界面

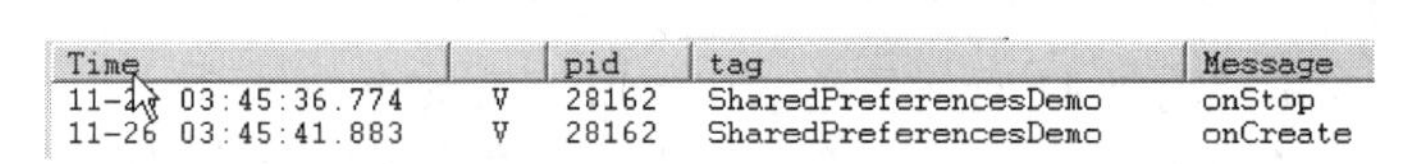

图 6-2 退出再重新启动这一过程打印的 Log 信息

另外，通过 Esclipse 的 DDMS 标签，可以在\data\data\目录下找到使用的 loginData.xml 文件，如图 6-3 所示。

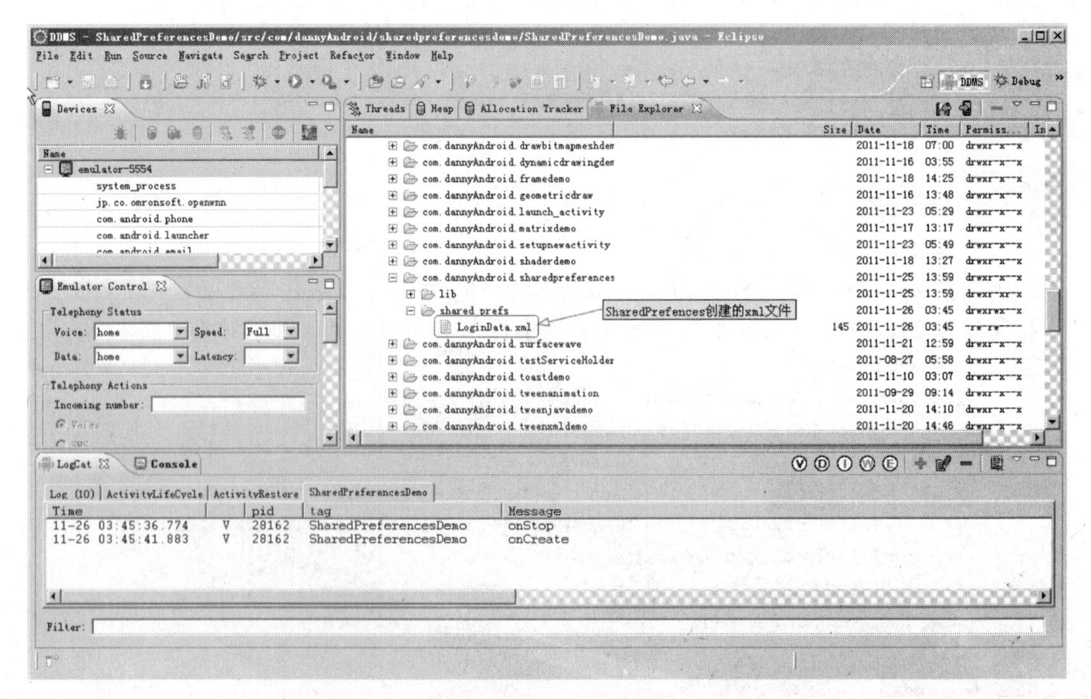

图 6-3 SharedPreferences 对应的 xml 文件

将该 xml 文件通过 DDMS 导出到本地，打开该文件，可以看到代码内容为：

```
<?xml version='1.0' encoding='utf-8' standalone='yes' ?>
<map>
<string name="Name">Danny</string>
<string name="Password">123456</string>
</map>
```

6.3　Files 文件存储

通过文件形式对数据进行读写操作是应用程序中很重要的一种数据访问方式。Android 系统也提供了对文件的读写方法。但需要注意的是，默认情况下，Android 中的文件只能被其调用的应用程序使用，其他应用程序无法对这个文件进行操作。

Android 对文件的操作使用的是标准的 Java io 流。其中的一些主要方法如下。

（1）获取文件输入流 FileInputStream

```
FileInputStream openFileInput(String name)
```

该方法用于读取文件名为 name 的文件，并将文件内容转换成标准的 Java 输入流对象。

（2）获取文件输出流 FileOutputStream

```
FileOutputStream openFileOutput(String name, int mode)
```

该方法用于打开即将写入的文件，其文件名为 name。同时，参数 mode 指定了对文件写入数据的模式，如 MODE_PRIVATE 表示覆盖原文件内容从头开始写，而 MODE_APPEND 则表示在原文内容的后面追加写入。

（3）读取资源文件夹中的文件

```
Resources mResource = getResources();
InputStream is = mResource.openRawResource(int id);
```

要读取资源文件夹中的文件，首先需要通过 getResources()方法获取 Resources 资源对象，然后再利用 Resources 类的 openRawResource()打开资源文件。其中，参数 id 表示资源文件的 id，该方法可以读取资源文件夹 raw、drawable 下的文件。

（4）删除文件

```
Boolean deleteFile(String name)
```

该方法用于删除名为 name 的文件，但该文件必须是当前应用程序包中的私有文件。

（5）获取文件列表

```
String[] fileList()
```

该方法用于获取当前应用程序包中的所有文件列表。

下面，通过一个实例向读者具体介绍如何进行文件读写和数据复制。

实例 6-2　Files 文件操作实例（FilesDemo）

演示如何使用 Files 文件存储方式对数据进行读写以及文件数据的复制。

（1）创建工程

创建一个新的 Android 工程，名为 FilesDemo，并为该工程添加如下文件。

FilesDemo.java：创建程序的 Activity 类，对存储设备中的文件进行读写以及复制。

（2）编写代码

代码 6-2　FilesDemo.java

```
01. public class FilesDemo extends Activity {
02.     private static final String FileName = "filedemo.txt";
03.     private static final String CopyImgName = "copy.png";
04.     private Button writeBtn = null;
05.     private Button readBtn = null;
06.     private Button copyBtn = null;
07.     private EditText writeText = null;
08.     private TextView readText = null;
09.     private ImageView copyImg = null;
10.     /** Called when the activity is first created. */
11.     @Override
12.     public void onCreate(Bundle savedInstanceState) {
13.         super.onCreate(savedInstanceState);
14.         setContentView(R.layout.main);
15.         writeText = (EditText) findViewById(R.id.write_content);
16.         readText = (TextView) findViewById(R.id.read_content);
17.         copyImg = (ImageView) findViewById(R.id.copyImg);
18.         writeBtn = (Button) findViewById(R.id.writefile);
19.         writeBtn.setOnClickListener(new OnClickListener() {
20.             @Override
21.             public void onClick(View v) {
22.                 write(writeText.getText().toString());
23.             }
24.         });
25.         readBtn = (Button) findViewById(R.id.readfile);
26.         readBtn.setOnClickListener(new OnClickListener() {
27.             @Override
28.             public void onClick(View v) {
29.                 readText.setText(read());
30.             }
31.         });
```

代码说明

①代码第 15～17 行实例化了后面将要用到的读文本框、写编辑框以及图像视图。

②代码第 18～23 行实例化了写文件按钮，并为其设置了点击事件，当点击该按钮时将把写编辑框中的内容写到文件中。

③代码第 25～31 行实例化了读文件按钮，并为其设置了点击事件，当点击该按钮时将把文件中的内容读出并显示在读文本框中。

```
32.         copyBtn = (Button) findViewById(R.id.copyfile);
33.         copyBtn.setOnClickListener(new OnClickListener() {
34.             @Override
35.             public void onClick(View v) {
36.                 copy(CopyImgName);
37.                 try {
38.                     FileInputStream fis = openFileInput(CopyImgName);
39.                     Bitmap bm = BitmapFactory.decodeStream(fis);
40.                     copyImg.setImageBitmap(bm);
```

```
41.                 } catch (FileNotFoundException e) {
42.                     e.printStackTrace();
43.                 }
44.             }
45.         });
46.     }
```

代码说明

①代码第 32～45 行实例化了文件复制按钮，并为其设置了点击事件。

②代码第 36 行将资源文件中的图片复制为名为 CopyImgName 的图片文件。

③代码第 38、39 行打开了 CopyImgName 文件的输入流，并将其内容解码为 Bitmap 对象。

④代码第 40 行将 Bitmap 对象设置为图像视图显示的图片。

```
47.     private String read() {
48.         FileInputStream fis;
49.         try {
50.             fis = openFileInput(FileName);
51.             byte[] buf = new byte[fis.available()];
52.             fis.read(buf);
53.             fis.close();
54.             return new String(buf);
55.         } catch (Exception e) {
56.             e.printStackTrace();
57.         }
58.         return null;
59.     }
```

代码说明

①代码第 47～59 行定义了如何读文件的操作。

②代码第 50、51 行打开了 FileName 文件的输入流，并以输入流的大小定义了 buf 数组。

③代码第 52～54 行从文件输入流读取数据到 buf 数组中，读完之后关闭输入流同时返回读取到的字符数组。

```
60.     private void write(String text) {
61.         FileOutputStream fos;
62.         try {
63.             fos = openFileOutput(FileName, MODE_APPEND);
64.             fos.write(text.getBytes());
65.             fos.close();
66.         } catch (Exception e) {
67.             e.printStackTrace();
68.         }
69.     }
```

代码说明

①代码第 60～69 行定义了如何写文件的操作。

②代码第 63 行以追加的方式打开 FileName 文件的输出流。

③代码第 64 行将文本框的内容写入到文件输出流中。

④代码第 65 行关闭文件输出流。

```
70.     private void copy(String copyfilename) {
71.         InputStream is = getResources().openRawResource(R.drawable.robot);
72.         try {
73.             FileOutputStream fos = openFileOutput(copyfilename,
74.                                                   MODE_PRIVATE);
75.             byte[] buf = new byte[1024];
76.             int count = 0;
77.             while((count = is.read(buf)) > 0) {
78.                 fos.write(buf, 0, count);
79.             }
80.             fos.close();
81.             is.close();
82.         } catch (IOException e) {
83.             e.printStackTrace();
84.         }
85.     }
86. }
```

代码说明

①代码第 70～85 行定义了如何复制文件的操作。

②代码第 71 行调用 Resources 的 openRawResource 方法打开资源文件 robot 的输入流。

③代码第 73～74 行以私有的模式打开 copyfilename 文件的输出流。

④代码第 75～79 行以每次 1024 字节的大小循环从输入流中读取数据到 buf 并将 buf 写入输出流中，直到输入流全部读取完成。

⑤代码第 80、81 行分别关闭输出流和输入流。

（3）运行程序

运行程序，点击“Write”按钮，将把编辑框中的内容写入文件中，然后再点击“Read”按钮，将把文件的内容读取出来并显示在文本框中，如图 6-4 所示。可以看到，显示在文本框中的正好是刚刚输入到编辑框中的内容。最后，点击“Copy”按钮，将把图片复制到另一文件中，同时将它显示在屏幕上，如图 6-5 所示。

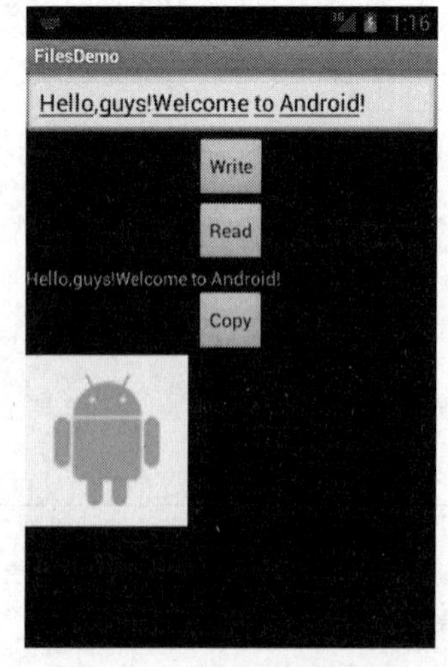

图 6-4 文件的读取和写入

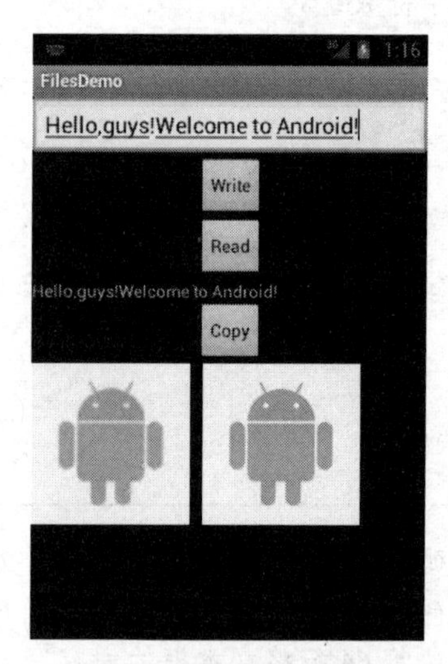

图 6-5 图片文件的复制

另外，通过 DDMS 工具可以在\data\data\com.dannyAndroid.filesdemo\files 文件夹下找到程序中操作的文件“copy.png”和“filesdemo.txt”。

6.4　SQLite 数据库

在应用程序中，当需要处理一些复杂的数据结构时，通常需要采用数据库技术以实现更快更灵活地访问数据。Android 采用了标准的 SQLite 数据库实现结构化数据的访问。SQLite 是一个嵌入式数据库引擎，它对资源有限的设置（如手持设备、嵌入式设备等）提供了一种高效的数据访问。

SQLite 数据库是一个轻量级的数据库，它具有诸多方面的优越性。首先，它具有相当强的独立性和隔离性，SQLite 与其他数据库相比，它没有服务进程，所有内容包含在同一个文件中，这大大方便了管理和维护。其次，SQLite 数据库是一个跨平台的数据库，它支持大部分的桌面和手机操作系统，如 Windows、Linux、Android、Windows Mobile、Symbin 以及 Palm 等，而且它提供了很多语言的编程接口，如 C/C++、Java、Perl 等。另外，SQLite 的安全性也是值得信任的，它采用数据库的独占性和共享锁实现独立事务处理，多个进程可以同时读取数据库的数据，但只有一个可以写入数据，这大大提供了多用户的可靠性。

在本节中，将对 Android 中的 SQLite 数据库技术向读者进行详细的介绍。

首先，向读者介绍如何实现 SQLite 的一些基本操作。在 Android 中，对数据库的操作涉及两个非常重要的类：SQLiteDatabase 和 SQLiteOpenHelper。

SQLiteDatabase 的实例便代表了 SQLite 数据库，通过 SQLiteDatabase 的一些常用方法，可以执行 SQL 语句，对数据库进行添加、删除、更新、查找和修改等操作。

SQLiteOpenHelper 是一个辅助类，主要负责创建和打开数据库以及对数据库的版本进行管理。SQLiteOpenHelper 是一个抽象类，需要继承它并实现它的几个回调函数。

下面将结合数据库的具体操作向读者介绍这两个类的具体用法。

1.　数据库的创建和打开

在 Android 中创建和打开一个数据库可以使用 SQLiteDatabase 类的 openOrCreateDatabase 方法：

```
public static SQLiteDatabase SQLiteDatabase.openOrCreateDatabase(String path,
                                        SQLiteDatabase.CursorFactory factory)
```

该方法的第一个参数是数据库的创建路径，需要注意的是该路径必须是绝对路径。第二个参数指定返回一个 Cursor 类的 Factory，若设为 null 则表示使用默认的 Factory。例如，我们需要在 com.dannyAndroid.sqlitedemo 包中创建一个名为 temp 的数据库，则可以使用如下代码：

```
SQLiteDatabase db = SQLiteDatabse.openOrCreateDatabase(
        "/data/data/com.dannyAndroid.sqlitedemo/databases/temp.db", null);
```

其实，为了对 SQLite 进行更好的管理，通常采用继承 SQLiteOpenHelper 来实现数据库的创建和打开。在继承 SQLiteOpenHelper 的过程中，需要重写它的 3 个回调函数。

（1）onCreate（SQLiteDatabase db）

这个方法在数据库第一次生成时被调用，通常需要在这个方法中生成数据库表。

（2）onUpgrade（SQLiteDatabase db，int oldVersion，int newVersion）

当数据库需要升级时，Android 会主动调用这个方法，通常在该方法中删除旧的数据表，并建立新的数据表。

（3）onOpen（SQLiteDatabase db）

这个方法是用于打开数据库的回调函数。

在继承了 SQLiteOpenHelper 之后，事实上并没有真正创建和打开数据库，只是建立了和数据库连接的通道，还需实例化 SQLiteOpenHelper 对象，并调用该实例的 getWritableDatabase 和 getReadableDatabase 方法才会得到数据库 SQLiteDatabase 对象。

2. 创建数据表

创建数据表的过程很简单。首先编写创建数据表的 SQL 语句，然后调用 SQLiteDatabase 的 execSQL 方法。例如，下面的代码将创建一张数据表，属性列为：_id（主键并且数组自增）、student_name（学生名）以及 student_score（分数）。

```
    String sql = " create table scoreTbl (_id integer primary key autoincrement,
    Student_name text, student_score integer); ";
    db.execSQL(sql);
```

3. 添加数据

向数据库中添加数据有两种方法：一种是调用 SQLiteDatabase 的 insert（String table，String nullColumnHack，ContentValues values）方法，该方法的第一个参数是表名，第二个参数是空列的默认值，第三个参数是一个封装了列名和列值 Map 的 ContentValues 对象；另一种方法是直接编写添加数据的 SQL 语句，然后调用 SQLiteDatabase 的 execSQL 方法。下面代码将采用这两种方法添加两条数据到数据库中。

```
    // 添加数据，学生名为 Li Ming，分数为 95
    ContentValues val = new ContentValues();
    val.put("student_name", "Li Ming");
    val.put("student_score", 95);
    db.insert("scoreTbl", null, val);

    // 添加数据，学生名为 Lei Feng，分数为 98
    String sql = " insert into scoreTbl (student_name, student_score) values('Lei
Feng', 98);";
    db.execSQL(sql);
```

4. 删除数据

删除数据也有和添加数据类似的两种方法：一种是调用 SQLiteDatabase 的 delete（String table，String whereClause，String[] whereArgs）方法，该方法的第一个参数是表名，第二个参数是删除的条件，第三个参数是删除条件的参数数组；另一种方法是直接编写删除数据的 SQL 语句，然后调用 SQLiteDatabase 的 execSQL 方法。下面的代码将分别采用这两种方法删除两条数据。

```
    // 删除数据，删除主键_id 为 2 的数据
    String whereClause = "_id=?";
    String[] whereArgs = {String.valueOf(2)};
    db.delete("scoreTbl", whereClause, whereArgs);

    // 删除数据，删除主键_id 为 1 的数据
    String sql ="delete from scoreTbl where _id=1";
    db.execSQL(sql);
```

5. 更新数据

和添加删除类似，更新数据同样有两种方法：一种是调用 SQLiteDatabase 的 update（String table，ContentValue value，String whereClause，String[] whereArgs）方法，该方法的第一个参数是表名，第二个参数是表示更新列的 ContentValue 实例，第三个参数是更新条件，第四个参数是更新条件的参数数组；另一种方法是直接编写更新数据的 SQL 语句，然后调用 SQLiteDatabase 的 execSQL 方法。下面的代码演示如何更新数据。

```
    // 更新数据，更新主键_id 为 2 的项的分数为 99
    ContentValues val = new ContentValues();
    val.put("student_score", 99);
    String whereClause = "_id=?";
    String[] whereArgs = {String.valueOf(2)};
    db.update("scoreTbl", val, whereClause, whereArgs);

    // 更新数据，更新主键_id 为 1 的项的分数为 97
    String sql = "update scoreTbl set student_score=97 where _id=1";
    db.execSQL(sql);
```

6. 关闭数据库

关闭数据库很重要，但是往往被大家所忽略。关闭的方法很简单，直接调用 SQLiteDatabase 的 close 方法即可。

```
    db.close();
```

7. 删除数据表

删除数据表可以通过先编写删除表的 SQL 语句，然后调用 SQLiteDatabase 的 execSQL 方法。

```
    String sql = "drop table scoreTbl";
    db.execSQL(sql);
```

8. 删除数据库

删除数据库很简单，直接调用 deleteDatabase 方法即可。

```
    this.deleteDatabase("/data/data/com.dannyAndroid.sqlitedemo/databases/temp.d
b");
```

9. 查询数据

在 Android 中查询数据库中的数据是采用 SQLiteDatabase 的 query 方法，该方法的参数比较多，具体定义如下：

```
public Cursor query(String table, String[] columns, String selection,
                    String[] selectionArgs, String groupBy, String having,
                    String orderBy, String limit)
```

其中，各个参数的意义如下：

table：表名

columns：列名数组

selection：查询条件，相当于添加和删除操作中的 where

selectionArgs：查询条件的参数数组，相当于添加和删除操作中的 whereArgs

groupBy：分组条件，表示按某一列分组的条件

having：分组条件的参数

orderBy：排序条件

limit：分页查询的限制

该方法的返回值是一个 Cursor 对象。Cursor 是一个游标接口，每一个 Cursor 实例将指向数据库中的一条数据，它提供了很多对查询结果访问的方法，具体方法如表 6-1 所示。

表 6-1　Cursor 常用方法

方法	备注
move(int offset)	移动到指定位置的数据记录
moveToFirst()	移动到第一条数据
moveToNext()	移动到下一条数据
moveToLast()	移动到最后一条数据
moveToPrevious()	移动到前一条数据
isFirst()	判断是否为第一条数据
isLast()	判断是否为最后一条数据
isNull(int columnIndex)	判断指定列的数据是否为 null
getColumnIndexOrThrow(String columnName)	根据列名获取列索引值
getInt(int columnIndex)	获取指定列索引的 int 型值
getString(int columnIdex)	获取指定列索引的 String 型值
getCount()	获取数据表的总数据条数

例如，下面的代码展示了如何查询数据。

```
// 获取 Cursor 实例
Cursor c = db.query("scoreTbl", null, null, null, null, null, null);
// 判断 Curosr 是否为空
If (c.moveToFirst()) {
    // 遍历数据表
    for (int i = 0; i < c.getCount(); i++) {
        c.move(i);
```

```
        // 获取主键_id
        int id = c.getInt(0);
        // 获取学生名字
        String name = c.getString(1);
        // 获取学生分数
        int score = c.getInt(2);
        // 输出学生成绩信息
        System.out.println(id + ":" + name + ":" + score);
    }
}
```

下面通过一个实例向读者介绍数据库操作的具体用法。

实例 6-3　学生信息数据库（SQLiteStudentInfo）

演示 SQLite 数据库的使用方法。在本实例中，将创建一个学生信息的数据库，该数据库中包含学生姓名、学号以及成绩信息。

（1）创建工程

创建一个新的 Android 工程，工程名为 SQLiteStudentInfo，并为该工程添加如下文件。

①StudentInfoAdapter.java：创建 StudentInfoAdapter 类，用于对 SQLite 数据库的操作，包括创建数据库、添加数据、删除数据、更新数据以及查询数据等操作。

②SQLiteStudentInfo.java：创建程序的主 Activity 类，定义程序主界面的若干操作，包括显示、添加以及修改学生信息数据库等。

③StudentInfoEdit.java：创建程序中用于编辑学生信息的 Activity 类。

（2）编写代码

代码 6-3　StudentInfoAdapter.java

```
01. public class StudentInfoAdapter {
02.     public static final String KEY_ID = "_id";
03.     public static final String KEY_STUDENT_NAME = "student_name";
04.     public static final String KEY_STUDENT_NO = "student_no";
05.     public static final String KEY_STUDENT_SCORE = "student_score";
06.     private static final String STUDENT_INFO_DATABASE =
07.                                         "StudentInfoDatabase";
08.     private static final int VERSION = 1;
09.     private static final String STUDENT_TABLE = "StudentInfoTbl";
10.     private StudentInfoDatabaseHelper mHelper;
11.     private SQLiteDatabase dbStudentInfo;
12.     private final Context mCtx;
13.     public StudentInfoAdapter(Context ctx) {
14.         this.mCtx = ctx;
15.     }
16.     // 创建并打开数据库
17.     public StudentInfoAdapter open() {
18.         mHelper = new StudentInfoDatabaseHelper(mCtx);
19.         dbStudentInfo = mHelper.getWritableDatabase();
20.         return this;
21.     }
```

代码说明

①上述代码定义了一个类 StudentInfoAdapter，该类将用于对 SQLite 数据库进行操作，包括创建数据库、添加数据、删除数据、更新数据以及查询数据等操作。

②代码第 17～21 行用于创建并打开数据库。代码第 18 行实例化自定义的 SQLiteOpenHelper 子类 StudentInfoDatabaseHelper。代码第 19 行调用 getWritableDatabase 方法创建并打开一个可写的数据库。

```
22.     // 向数据库添加一位学生信息记录
23.     public long addStuInfo(String name, String number, int score) {
24.        ContentValues val = new ContentValues();
25.        val.put(KEY_STUDENT_NAME, name);
26.        val.put(KEY_STUDENT_NO, number);
27.        val.put(KEY_STUDENT_SCORE, score);
28.        return dbStudentInfo.insert(STUDENT_TABLE, null, val);
29.     }
30.     // 更新数据库中对应学生的信息记录
31.     public boolean updateStuInfo(Long mId, String name,
32.            String number, int score) {
33.        ContentValues val = new ContentValues();
34.        val.put(KEY_STUDENT_NAME, name);
35.        val.put(KEY_STUDENT_NO, number);
36.        val.put(KEY_STUDENT_SCORE, score);
37.        return dbStudentInfo.update(STUDENT_TABLE, val,
38.              KEY_ID + "=" + mId, null) > 0;
39.     }
40.     // 删除一条学生信息记录
41.     public boolean deleteStuInfo(long mId) {
42.        return dbStudentInfo.delete(STUDENT_TABLE,
43.               KEY_ID + "=" + mId, null) > 0;
44.     }
45.     // 获取数据库中所有学生信息记录
46.     public Cursor getAllStudentInfo() {
47.        return dbStudentInfo.query(STUDENT_TABLE, new String[] {KEY_ID,
48.            KEY_STUDENT_NAME, KEY_STUDENT_NO, KEY_STUDENT_SCORE},
49.            null, null, null, null, null);
50.     }
```

代码说明

①代码第 23～29 行调用 insert 方法向数据库中添加学生信息。

②代码第 31～39 行调用 update 方法在数据库中更新 id 为 mId 的学生信息。

③代码第 41～44 行调用 delete 方法在数据库中删除 id 为 mId 的学生信息。

④代码第 46～50 行调用 query 方法查询数据库中学生的信息，进而获取指向学生数据的 Cursor 对象。

```
51.     // 创建 SQLiteOpenHelper 的子类 StudentInfoDatabaseHelper
52.     private static class StudentInfoDatabaseHelper
53.             extends SQLiteOpenHelper {
54.        public StudentInfoDatabaseHelper(Context context) {
```

```
55.           super(context, STUDENT_INFO_DATABASE, null, VERSION);
56.        }
57.        @Override
58.        public void onCreate(SQLiteDatabase db) {
59.           String sql = " create table StudentInfoTbl
60.                          (_id integer primary key autoincrement, " +
61.                          "student_name text not null, student_no text not
62.                          null, student_score integer);";
63.           db.execSQL(sql);
64.        }
65.        @Override
66.        public void onUpgrade(SQLiteDatabase db,
67.           int oldVersion, int newVersion) {
68.        }
69.     }
70. }
```

代码说明

①代码第 52～69 行定义了继承于 SQLiteOpenHelper 的子类 StudentInfoDatabaseHelper 用于创建和管理学生信息数据库。

②代码第 54～56 行是 StudentInfoDatabaseHelper 的构造函数，其中创建了学生信息数据库。

③代码第 58～64 行重写了 SQLiteOpenHelper 类的 onCreate 回调函数，在其中创建了学生信息表，包括姓名、学号、成绩以及自动递增的主键 id。

代码 6-4　SQLiteStudentInfo.java

```
01. public class SQLiteStudentInfo extends ListActivity {
02.     private static final int INSERT_ID = Menu.FIRST;
03.     private static final int DELETE_ID = Menu.FIRST + 1;
04.     private static final int CODE_ADD = 0;
05.     private static final int CODE_EDIT = 1;
06.     private StudentInfoAdapter mStuInfoAdapter;
07.     private Cursor mStuInfoCursor;
08.     /** Called when the activity is first created. */
09.     @Override
10.     public void onCreate(Bundle savedInstanceState) {
11.        super.onCreate(savedInstanceState);
12.        setContentView(R.layout.main);
13.        mStuInfoAdapter = new StudentInfoAdapter(this);
14.        mStuInfoAdapter.open();
15.        displayStudentList();
16.        registerForContextMenu(getListView());
17.     }
```

代码说明

①代码第 12 行显示 main.xml 定义的布局界面。

②代码第 13、14 行实例化用于数据库操作的 StudentInfoAdapter 对象，并通过该实例创建并打开数据。

③代码第 15 行用于显示学生信息，学生信息是用 ListView 进行显示。

④代码第 16 行为学生信息列表注册上下文菜单。

```
18.     // 显示学生信息的 ListView
19.     private void displayStudentList() {
20.         mStuInfoCursor = mStuInfoAdapter.getAllStudentInfo();
21.         startManagingCursor(mStuInfoCursor);
22.         String[] from = new String[] {mStuInfoAdapter.KEY_STUDENT_NAME,
23.                         mStuInfoAdapter.KEY_STUDENT_NO,
24.                         mStuInfoAdapter.KEY_STUDENT_SCORE};
25.         int[] to = new int[] {R.id.name, R.id.number, R.id.score};
26.         SimpleCursorAdapter stuInfo = new SimpleCursorAdapter(this,
27.                 R.layout.student,mStuInfoCursor, from, to);
28.         setListAdapter(stuInfo);
29.     }
```

代码说明

①代码第 20 行将获取所有学生的信息并保存在名为 mStuInfoCursor 的 Cursor 对象中。

②代码第 21 行将 Cursor 对象交由当前 Activity 管理。

③代码第 22～24 行定义数据绑定到布局文件中的组件的 id 名数组。

④代码第 25 行定义列表要显示的数据库中的数据的列名。

⑤代码第 26、27 行实例化 SimpleCursorAdapter 适配器对象。

⑥代码第 28 行为列表设置适配器，到此列表将会显示在界面上。

```
30.     // 创建选项菜单
31.     public boolean onCreateOptionsMenu(Menu menu) {
32.         super.onCreateOptionsMenu(menu);
33.         menu.add(0, INSERT_ID, 0, "添加一条学生信息");
34.         menu.add(0, DELETE_ID, 0, "删除一条学生信息");
35.         return true;
36.     }
37.     // 选项菜单的菜单动作
38.     @Override
39.     public boolean onMenuItemSelected(int featureId, MenuItem item) {
40.         switch(item.getItemId()) {
41.         case INSERT_ID:
42.             addStudentInfo();
43.             return true;
44.         case DELETE_ID:
45.             mStuInfoAdapter.deleteStuInfo(
46.                     getListView().getSelectedItemId());
47.             displayStudentList();
48.             return true;
49.         }
50.         return super.onMenuItemSelected(featureId, item);
51.     }
```

代码说明

①代码第 33、34 行为选项菜单添加了两个菜单项，分别用于添加和删除一条学生信息。

②代码第 40～49 行将根据选择的菜单项进行不同的操作。当选择添加学生信息的菜单项时，将向数据库中添加一条新的学生信息记录；当选择删除学生信息菜单项时，将删除对应 id 的学生信息，并在更新之后显示新的学生信息列表。

```
52.     // 点击 List 将编辑对象项的学生信息
53.     @Override
54.     protected void onListItemClick(ListView l, View v,
55.                                          int position, long id) {
56.         super.onListItemClick(l, v, position, id);
57.         editStudentInfo(position, id);
58.     }
```

代码说明

代码第 54～58 行为学生信息列表设置点击事件，当点击列表中的某一项后，将对该学生的信息进行更新编辑。

```
59.     // 创建上下文菜单
60.     @Override
61.     public void onCreateContextMenu(ContextMenu menu, View v,
62.          ContextMenuInfo menuInfo) {
63.         menu.setHeaderTitle("操作");
64.         menu.add(0, Menu.FIRST + 2, 0, "编辑");
65.         menu.add(0, Menu.FIRST + 3, 0, "删除");
66.         super.onCreateContextMenu(menu, v, menuInfo);
67.     }
68.     // 上下文菜单的动作
69.     @Override
70.     public boolean onContextItemSelected(MenuItem item) {
71.         AdapterContextMenuInfo menuInfo =
72.                 (AdapterContextMenuInfo)item.getMenuInfo();
73.         int position = menuInfo.position;
74.         long id = menuInfo.id;
75.         switch(item.getItemId()) {
76.         case Menu.FIRST + 2:
77.             editStudentInfo(position, id);
78.             return true;
79.         case Menu.FIRST + 3:
80.             mStuInfoAdapter.deleteStuInfo(id);
81.             displayStudentList();
82.             return true;
83.         }
84.         return super.onContextItemSelected(item);
85.     }
```

代码说明

①代码第 61～67 行创建了一个上下文菜单，其中第 63 行设置该菜单的标题为“操作”，第 64、65 行分别为该菜单添加编辑和删除两个菜单项，分别用于编辑和删除对应的学生

信息。

②代码第 70～85 行为该上面定义的上下文菜单设置了菜单选项的动作。当选择了编辑菜单项后，将编辑对应学生的信息；当选择了删除菜单项后，将删除对应学生的信息，并在更新之后显示新的学生信息列表。

```
86.    // 从另一个 Activity 返回
87.    protected void onActivityResult(int requestCode,
88.         int resultCode, Intent intent) {
89.       super.onActivityResult(requestCode, resultCode, intent);
90.       displayStudentList();
91.    }
92.    // 添加一条学生信息记录
93.    private void addStudentInfo() {
94.       Intent intent = new Intent(this, StudentInfoEdit.class);
95.       startActivityForResult(intent, CODE_ADD);
96.    }
97.    // 编辑学生信息
98.    private void editStudentInfo(int position, long id) {
99.       Cursor c = mStuInfoCursor;
100.       c.moveToPosition(position);
101.       Intent i = new Intent(this, StudentInfoEdit.class);
102.       i.putExtra(StudentInfoAdapter.KEY_ID, id);
103.       i.putExtra(StudentInfoAdapter.KEY_STUDENT_NAME,
104.               c.getString(c.getColumnIndexOrThrow(
105.                       StudentInfoAdapter.KEY_STUDENT_NAME)));
106.       i.putExtra(StudentInfoAdapter.KEY_STUDENT_NO,
107.               c.getString(c.getColumnIndexOrThrow(
108.                       StudentInfoAdapter.KEY_STUDENT_NO)));
109.       i.putExtra(StudentInfoAdapter.KEY_STUDENT_SCORE,
110.               c.getInt(c.getColumnIndexOrThrow(
111.               StudentInfoAdapter.KEY_STUDENT_SCORE)));
112.       startActivityForResult(i, CODE_EDIT);
113.    }
114. }
```

代码说明

①代码第 87～91 行用于处理从另一个 Activity 返回之后的返回值，由于在其他 Activity 中将对学生信息数据库进行修改，因此代码第 90 行将在返回本 Activity 之后先对学生列表进行更新然后再显示。

②代码第 93～96 行将启动一个新的 Activity，用于在该 Activity 中填写学生的有关信息。

③代码第 98～113 行用于编辑学生信息。首先，代码第 99、100 行获取指向学生信息数据的 Cursor 对象并将其移动到需要编辑的那条学生记录；其次，代码第 101 行定义了一个用于跳转到编辑学生信息的 Activity 所需的 Intent 对象；再次，代码第 102～111 行将对应的学生信息从数据库中读出并写入 Intent 对象的附件数据，用于在编辑 Activity 中显示学生的原始信息。最后，代码第 112 行调用 startActivityForResult 方法启动编辑学生信息的 Activity，并为其设置了请求码 CODE_EDIT 以区别于新增学生信息的 CODE_ADD 请求码。

代码 6-5　StudentInfoEdit.java

```
01. public class StudentInfoEdit extends Activity {
02.     private StudentInfoAdapter mEditAdapter;
03.     private EditText mName;
04.     private EditText mNumber;
05.     private EditText mScore;
06.     private Button confirmBtn;
07.     private Button cancleBtn;
08.     private Long mId;
09.     @Override
10.     protected void onCreate(Bundle savedInstanceState) {
11.         super.onCreate(savedInstanceState);
12.         setContentView(R.layout.edit);
13.         mEditAdapter = new StudentInfoAdapter(this);
14.         mEditAdapter.open();
15.         mName = (EditText) findViewById(R.id.nameVal);
16.         mNumber = (EditText) findViewById(R.id.numberVal);
17.         mScore = (EditText) findViewById(R.id.scoreVal);
```

代码说明

①代码第 12 行设置当前 Activity 将显示 edit.xml 设置的布局界面。

②代码第 13、14 行将打开学生信息数据库。

③代码第 15～17 行用于获取编辑学生名字、学号和成绩的编辑框组件。

```
18.         confirmBtn = (Button) findViewById(R.id.ok);
19.         confirmBtn.setOnClickListener(new OnClickListener() {
20.             @Override
21.             public void onClick(View v) {
22.                 String name = mName.getText().toString();
23.                 String number = mNumber.getText().toString();
24.                 String scoreString = mScore.getText().toString();
25.                 int score = Integer.parseInt(scoreString.trim());
26.                 if (mId != null) {
27.                     mEditAdapter.updateStuInfo(mId, name, number, score);
28.                 } else {
29.                     mEditAdapter.addStuInfo(name, number, score);
30.                 }
31.                 Intent i = new Intent();
32.                 setResult(RESULT_OK, i);
33.                 finish();
34.             }
35.         });
36.         cancleBtn = (Button) findViewById(R.id.cancel);
37.         cancleBtn.setOnClickListener(new OnClickListener() {
38.             @Override
39.             public void onClick(View v) {
40.                 Intent i = new Intent();
```

```
41.                 setResult(RESULT_OK, i);
42.                 finish();
43.             }
44.         });
```

代码说明

①代码第 18～35 行获取确认按钮的实例，并为其设置点击事件。其中，代码第 22～25 行将获取编辑框的内容，Integer.parseInt（scoreString.trim()）用于先去掉 String 中的空格，然后再将 String 转换成 int 型数据；代码第 26～30 行将判断是新增学生信息还是更新原有学生的信息，通过变量 mId 进行选择，当为更新原有学生信息时，mId 将为对应学生在数据库中的 id，此时将调用 StudentInfoAdapter 对象的 updateStuInfo 方法更新对应学生的信息，当 mId 为初始值 null 时，表示将新增学生信息，此时调用 StudentInfoAdapter 对象的 addStuInfo 方法新增一条学生信息记录。代码第 31、32 行定义 Intent 对象并为该 Intent 设置返回结果为 RESULT_OK。代码第 33 行调用 finish 方法返回上级 Activity。

②代码第 36～44 行获取取消按钮的实例，并为其设置点击事件。其中，代码第 40、41 行定义新的 Intent 并设置返回结果为 RESULT_OK，代码第 42 行调用 finish 方法返回上级 Activity。

```
45.         mId = null;
46.         Bundle extras = getIntent().getExtras();
47.         if (extras != null) {
48.             String name =
49.                     extras.getString(StudentInfoAdapter.KEY_STUDENT_NAME);
50.             String number =
51.                     extras.getString(StudentInfoAdapter.KEY_STUDENT_NO);
52.             int score =
53.                     extras.getInt(StudentInfoAdapter.KEY_STUDENT_SCORE);
54.             mId = extras.getLong(StudentInfoAdapter.KEY_ID);
55.             if (name != null) {
56.                 mName.setText(name);
57.             }
58.             if (number != null) {
59.                 mNumber.setText(number);
60.             }
61.             mScore.setText(Integer.toString(score));
62.         }
63.     }
64. }
```

代码说明

①代码第 45 行初始化 mId 为 null。

②代码第 46 行获取 Intent 的附加数据 Bundle 对象。

③代码第 48～54 行将从 Bundle 对象中获取对应学生的姓名、学号、成绩和主键 id 信息。

④代码第 55～61 行将获取的学生信息显示到对应的编辑框组件中。

（3）运行程序

运行程序，利用菜单对学生信息数据库进行添加、更新、删除等操作。程序运行结果如图 6-6、6-7、6-8 以及 6-9 所示。

图 6-6　添加学生信息

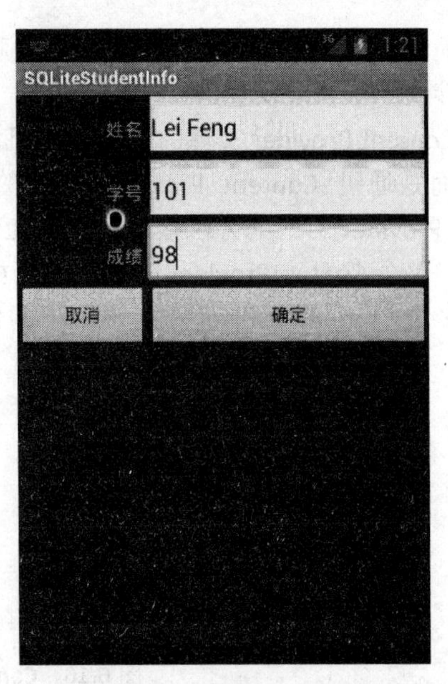

图 6-7　更新学生信息

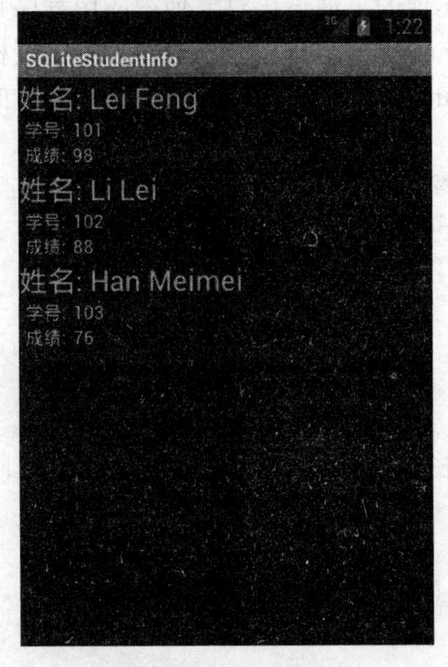

图 6-8　学生信息列表

图 6-9　删除学生信息

6.5　Content Provider（内容提供器）

Content Provider 是 Android 为实现应用程序之间共享数据而实现的一套机制。由于 Android 采用私有数据模式，使得 Content Provider 成了应用程序实现通信的唯一途径。

6.5.1　Content Provider 共享数据方法

Content Provider 实现了一组标准的方法接口，应用程序通过它将自己的数据暴露给其他应用，而其他应用程序则利用该接口读取和修改该 Content Provider 提供的各种数据，当然中间也会涉及一些权限设置。

在 Content Provider 实现的数据共享机制中，外界程序并不是直接对 Content Provider 进行操作，而是通过 Content Provider 提供的另外一个子类 ContentResolver。该子类实现了和 Content Provider 对应的方法接口，然后允许外部应用通过该接口间接地对 ContentProvider 进行操作。整个 ContentProvider 的实现机制如图 6-10 所示，当然 Content Provider 可以与多个程序中的多个 ContentResolver 进行通信，即使一个 Content Provider 对应多个 ContentResolver。

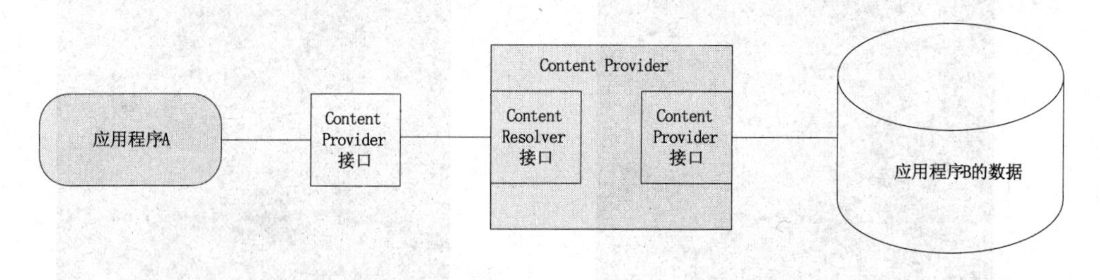

图 6-10 Content Provider 实现机制

Content Provider 对数据的共享是采用 Uri 对象实现的，通过该对象使得应用程序知道与哪个 Content Provider 对应。一个 Uri 对象必须以“content://”开头，接下来是 Uri 的授权部分，该部分需要与 AndroidManifest.xml 文件中声明的 authority 保持一致，接下去是具体的数据类型和 id。一个完整的 Uri 如下代码所示：

```
Content://com.dannyAndroid.stuinfo.stuinfocontentprovider/students/12
```

Content Provider 提供的接口主要有以下常用方法。

1. *查询数据*

```
Cursor Query(Uri uri, String[] projection, String selection,
            String[] selectionArgs, String sortOrder)
```

该方法利用 Uri 对 Content Provider 中的数据进行查询，以 Cursor 对象的形式返回。各个参数的意义如下。

uri：查询数据所在位置。

projection：查询后需要返回的数据列名。

selection：查询条件。

selectionArgs：查询条件的参数。

sortOrder：排序条件。

2. *添加数据*

```
Uri insert(Uri uri, ContentValues values)
```

该方法用于将一组数据插入到 Uri 指定的位置中。其中参数的意义如下。

uri：插入数据的位置。

values：要插入的数据，以 ContentValues 封装好的数据。

3. 删除数据

```
int delete(Uri uri, String where, String[] whereArgs)
```

该方法用于删除指定 Uri 并且满足条件的数据。其中，各个参数如下。

uri：删除数据所在位置。

where：删除条件。

whereArgs：删除条件参数。

4. 更新数据

```
int update(Uri uri, ContentValues values, String where, String[] whereArgs)
```

该方法用于更新指定 Uri 位置的数据。各个参数如下。

uri：更新数据的 uri 位置。

values：更新数据的值。

where：更新条件。

whereArgs：更新条件的参数。

通过上面的接口方法，程序可以对 Content Provider 中的数据进行插入、更新、删除以及查找等操作。下面，将通过一个简单的例子向读者介绍如何利用 Content Provider 访问其他应用数据。

实例 6-4　访问联系人信息（ContactsAccess）

演示如何使用 Content Provider 访问系统应用的数据。在本实例中，将通过系统自定义的联系人信息的 Content Provider 对联系人信息进行访问。

（1）创建工程

创建一个新的 Android 工程，工程名为 ContactsAccess，并为该工程添加如下文件。

ContactsAccess.java：创建程序的 Activity 类，用于访问手机中的联系人信息。

（2）编写代码

代码 6-6　ContactsAccess.java

```
01. public class ContactsAccess extends Activity {
02.     /** Called when the activity is first created. */
03.     @Override
04.     public void onCreate(Bundle savedInstanceState) {
05.         super.onCreate(savedInstanceState);
06.         setContentView(R.layout.main);
07.         query();
08.         insert();
09.         query();
10.     }
```

代码说明

①代码第 7 行调用 query 方法对当前联系人的信息进行查询，并在 Log 信息中打印出来。

②代码第 8 行调用 insert 方法插入新的联系人信息。

③代码第 9 行调用 query 方法在插入新联系人之后再次执行查询。

```
11.    // 查询所有联系人的信息
12.    public void query() {
13.        ContentResolver cr = this.getContentResolver();
14.        Uri uri = ContactsContract.Contacts.CONTENT_URI;
15.        Cursor c = cr.query(uri, null, null, null, sortOrder);
16.        // 遍历
17.        for(c.moveToFirst();!c.isAfterLast();c.moveToNext()) {
18.            Log.i("people","***********");
19.            String contactId = c.getString(c.getColumnIndex(
20.                    ContactsContract.Contacts._ID));
21.            Log.i("people", "_ID="+contactId);
22.            Log.i("people","DISPLAY_NAME="+c.getString(c.getColumnIndex(
23.                    ContactsContract.Contacts.DISPLAY_NAME)));
24.            int phoneCount = c.getInt(c.getColumnIndex(
25.                    ContactsContract.Contacts.HAS_PHONE_NUMBER));
26.            if(phoneCount>0) {
27.                Cursor phones = getContentResolver().query(
28.                    ContactsContract.CommonDataKinds.Phone.CONTENT_URI,
29.                  null, ContactsContract.CommonDataKinds.Phone.CONTACT_ID
30.                  + " = " + contactId, null, null);
31.                for(phones.moveToFirst();!phones.isAfterLast();
32.                                        phones.moveToNext()) {
33.                    Log.i("people", "NUMBER="
34.                            + phones.getString(phones.getColumnIndex(
35.                        ContactsContract.CommonDataKinds.Phone.NUMBER)));
36.                }
37.            }
38.        }
39.        Log.i("people","----------------------------");
40.    }
```

代码说明

①代码第 13 行调用 getContentResolver 方法获取 ContentResolver 实例。

②代码第 14 行设置查询的 Uri 为联系人信息 Uri。

③代码第 15 行调用 Content Provider 的 query 方法查询所有联系人，存放在 Cursor 中。

④代码第 17～30 行对查询到的 Cursor 进行遍历,通过 Log 信息打印出所有的联系人信息。其中，代码第 21 行打印联系人在 Content Provider 中的 id；代码第 22、23 行打印联系人的名字；代码第 24、25 获取联系人的电话号码个数；代码第 27～30 行将查询指定 id 的联系人的所有电话号码；代码第 31～36 行遍历查询到的所有电话号码，并通过 Log 打印出来。

```
40.    // 添加联系人，name + telephone
41.    public void insert() {
42.        ContentValues values = new ContentValues();
43.        Uri rawContactUri =
44.                getContentResolver().insert(
45.                    ContactsContract.RawContacts.CONTENT_URI, values);
46.        long rawContactId = ContentUris.parseId(rawContactUri);
```

```
47.         // 插入姓名
48.         values.clear();
49.         values.put(ContactsContract.Data.RAW_CONTACT_ID, rawContactId);
50.         values.put(ContactsContract.Data.MIMETYPE,
51.                 ContactsContract.CommonDataKinds.
52.                         StructuredName.CONTENT_ITEM_TYPE);
53.         values.put(
54.             ContactsContract.CommonDataKinds.StructuredName.GIVEN_NAME,
55.                 "Feng");
56.         values.put(
57.             ContactsContract.CommonDataKinds.StructuredName.FAMILY_NAME,
58.                 "Lei");
59.         getContentResolver().insert(
60.                 ContactsContract.Data.CONTENT_URI, values);
61.         // 插入电话号码
62.         values.clear();
63.         values.put(ContactsContract.Contacts.Data.RAW_CONTACT_ID,
64.                         rawContactId);
65.         values.put(ContactsContract.Contacts.Data.MIMETYPE,
66.             ContactsContract.CommonDataKinds.Phone.CONTENT_ITEM_TYPE);
67.         values.put(ContactsContract.CommonDataKinds.Phone.NUMBER,
68.                 "13989297343");
69.         values.put(ContactsContract.CommonDataKinds.Phone.TYPE,
70.             ContactsContract.CommonDataKinds.Phone.TYPE_MOBILE);
71.         getContentResolver().insert(
72.                 ContactsContract.Data.CONTENT_URI, values);
73.     }
74. }
```

代码说明

①代码第 43～46 行向联系人 Content Provider 中插入一条空信息，并读取该条记录的 Uri，并将 Uri 转换成 id。

②代码第 48～60 行将在联系人 Content Provider 中插入联系人姓名。其中，代码第 49 行是设置插入的 id 信息；代码第 50～52 行设置数据类型；代码第 53～58 行分别插入联系人的姓和名。

③代码第 59、60 行调用 insert 方法将设置好的 Values 插入到之前的空记录位置。

④代码第 62～72 行将插入对应联系人的电话号码；其中，代码第 67、68 行设置插入的电话号码；代码第 69、70 行设置电话号码类型为手机号码。

⑤代码第 71、72 行调用 insert 方法将号码插入联系人 Content Provider 中。

最后不要忘记在 AndroidManifest.xml 添加读写联系人的权限，如下代码所示：

```
<uses-permission
    android:name="android.permission.READ_CONTACTS">
</uses-permission>
<uses-permission
    android:name="android.permission.WRITE_CONTACTS">
</uses-permission>
```

（3）运行程序

运行该程序，在 insert 处设置断点，LogCat 将首先打印出原始联系人信息，如图 6-11 所示。继续执行程序，将打印出插入一位新联系人之后的联系人信息，如图 6-12 所示。

Log (138) | ActivityLifeCycle | ActivityRestore | SharedPreferencesDemo | People

Time		pid	tag	Message
12-01 13:43:05.993	I	315	people	**
12-01 13:43:06.003	I	315	people	_ID=1
12-01 13:43:06.003	I	315	people	DISPLAY_NAME=Xiaoyang Liu
12-01 13:43:06.073	I	315	people	NUMBER=1-388-888-8888
12-01 13:43:06.073	I	315	people	**
12-01 13:43:06.073	I	315	people	_ID=2
12-01 13:43:06.083	I	315	people	DISPLAY_NAME=Dong Mao
12-01 13:43:06.134	I	315	people	NUMBER=1-377-777-7777
12-01 13:43:06.134	I	315	people	**
12-01 13:43:06.143	I	315	people	_ID=3
12-01 13:43:06.143	I	315	people	DISPLAY_NAME=Pei Jiang
12-01 13:43:06.204	I	315	people	NUMBER=13524015879
12-01 13:43:06.204	I	315	people	**

图 6-11　原始联系人信息

Log (138) | ActivityLifeCycle | ActivityRestore | SharedPreferencesDemo | People

Time		pid	tag	Message
12-01 13:43:05.993	I	315	people	**
12-01 13:43:06.003	I	315	people	_ID=1
12-01 13:43:06.003	I	315	people	DISPLAY_NAME=Xiaoyang Liu
12-01 13:43:06.073	I	315	people	NUMBER=1-388-888-8888
12-01 13:43:06.073	I	315	people	**
12-01 13:43:06.073	I	315	people	_ID=2
12-01 13:43:06.083	I	315	people	DISPLAY_NAME=Dong Mao
12-01 13:43:06.134	I	315	people	NUMBER=1-377-777-7777
12-01 13:43:06.134	I	315	people	**
12-01 13:43:06.143	I	315	people	_ID=3
12-01 13:43:06.143	I	315	people	DISPLAY_NAME=Pei Jiang
12-01 13:43:06.204	I	315	people	NUMBER=13524015879
12-01 13:43:06.204	I	315	people	**
12-01 13:43:06.214	I	315	people	_ID=24
12-01 13:43:06.214	I	315	people	DISPLAY_NAME=Feng Lei
12-01 13:43:06.274	I	315	people	NUMBER=13989297343
12-01 13:43:06.274	I	315	people	--

图 6-12　插入一位新联系人之后的联系人信息

6.5.2　SQLite 应用程序改用 Content Provider 来公开数据

在上一小节的实例中，向读者介绍了如何使用已经定义好的 Content Provider，在这一小节中，将介绍如何实现自定义的 Content Provider。下面的实例 6-5 展示了如何通过定义 Content Provider 的方式重新实现实例 6-3 的学生信息数据库访问。

实例 6-5　Content Provider 实现学生信息数据库访问（StuInfoContentProvider）

演示如何定义 Content Provider 并使用自定义的 Content Provider。在本实例中，将以 Content Provider 的方式实现学生信息数据库的访问。

（1）创建工程

创建一个新的 Android 工程，工程名为 StuInfoContentProvider，并为该工程添加如下文件。

①StudentInfo.java：创建 StudentInfo 类，用于定义学生信息数据库的列表字段及名字等常量。

②StuInfoContentProvider.java：定义 ContentProvider 的子类 StuInfoContentProvider，用于实现学生信息 Content Provider。

③StuInfoActivity.java：创建程序的主 Activity 类，用于显示、添加、修改学生信息等。

（2）编写代码

代码 6-7　StudentInfo.java

```
01. public final class StudentInfo {
02.     public static final String AUTHORITY = "com.dannyAndroid.stuinfo";
03.     private StudentInfo() {}
04.     public static final class StuInfoColumns implements BaseColumns {
05.         private StuInfoColumns() {}
06.         public static final Uri CONTENT_URI = Uri.parse("content://" +
07.                 AUTHORITY + "/students");
08.         public static final String CONTENT_TYPE =
09.                 "vnd.android.cursor.dir/vnd.google.stuinfo";
10.         public static final String CONTENT_ITEM_TYPE =
11.                 "vnd.android.cursor.item/vnd.google.stuinfo";
12.         public static final String DEFAULT_SORT_ORDER = "_id DESC";
13.         public static final String STUDENT_NAME = "student_name";
14.         public static final String STUDENT_NO = "student_no";
15.         public static final String STUDENT_SCORE = "student_score";
16.     }
17. }
```

代码说明

①上述代码定义了学生信息数据库的列表字段的名字。

②代码第 2 行定义了 Uri 的授权部分，代码第 6、7 行定义了学生信息数据库的 Uri。

③代码第 4～16 行继承了 BaseColumns 接口，该接口定义了两个变量_ID=“_id”和 COUNT=“_count”。在 Android 中，每个数据库表至少有一个_id 字段，通过继承该接口便定义了_id 字段，另外还定义了学生名、学号以及成绩 3 个字段。

代码 6-8　StudentInfoEdit.java

```
55.     if (EDIT_ACTION.equals(action)) {
56.         mState = STATE_EDIT;
57.         mUri = intent.getData();
58.         mCursor = managedQuery(mUri, PROJECTION, null, null, null);
59.         mCursor.moveToFirst();
60.         String name = mCursor.getString(1);
61.         mName.setText(name);
62.         String number = mCursor.getString(2);
63.         mNumber.setText(number);
64.         int score = mCursor.getInt(3);
65.         mScore.setText(Integer.toString(score));
66.     } else if (INSERT_ACTION.equals(action)) {
67.         mState = STATE_INSERT;
68.     } else {
69.         Log.e(TAG, "no such action error");
70.         finish();
71.         return;
72.     }
```

代码说明

①代码第 55～72 行通过 intent 的 Action 来判断进行的是插入还是更新操作。

②代码第 56～65 行为更新操作。其中，代码第 57 行从 intent 中读取 Uri；代码第 58 行调用 Acitvity 的 managedQuery 方法通过 mUri 查询出当前编辑学生的信息，这里也可以使用 Content Provider 的 query 方法进行查询；代码第 60～65 行从查询到 Cursor 中读取姓名、学号和成绩字段并设置到相应的编辑框中，以显示编辑前的状态。

③代码第 66 行设置状态为插入状态。

④代码第 71 行表示 intent 动作既不是编辑也不是插入时，直接返回上层 Activity。

```
98.     private void insertStuInfo() {
99.         String name = mName.getText().toString();
100.         String number = mNumber.getText().toString();
101.         int score = Integer.parseInt(mScore.getText().toString().trim());
102.         ContentValues values = new ContentValues();
103.         values.put(StuInfoColumns.STUDENT_NAME, name);
104.         values.put(StuInfoColumns.STUDENT_NO, number);
105.         values.put(StuInfoColumns.STUDENT_SCORE, score);
106.         getContentResolver().insert(
107.                 StuInfoColumns.CONTENT_URI, values);
108.     }
109.
110.     private void updateStuInfo() {
111.         String name = mName.getText().toString();
112.         String number = mNumber.getText().toString();
113.         int score = Integer.parseInt(mScore.getText().toString().trim());
114.         ContentValues values = new ContentValues();
115.         values.put(StuInfoColumns.STUDENT_NAME, name);
116.         values.put(StuInfoColumns.STUDENT_NO, number);
117.         values.put(StuInfoColumns.STUDENT_SCORE, score);
118.         getContentResolver().update(mUri, values, null, null);
119.     }
```

代码说明

①代码第 98～108 行用于向学生信息数据库插入新的学生信息。其中，代码第 99～105 行从界面上的姓名、学号以及成绩编辑框读取编辑好的数据并将它们放入 ContentValues 中对应 key 的 Map 中。

②代码第 106、107 行首先调用 ContentResolver 方法获取当前应用的 ContentResolver，再调用该对象的 insert 方法将新学生信息插入到 Content Provider 中。

③代码第 110～119 行用于更新学生信息。其中，代码第 111～117 行读取更新后的学生姓名、学号以及成绩并将它们放入 ContentValues 对象中；代码第 118 行调用 ContentResolver 的 update 方法更新学生信息。

代码 6-9　StuInfoContentProvider.java

```
01. public class StuInfoContentProvider extends ContentProvider {
02.     private static final String STUDENT_INFO_DATABASE =
```

```
03.                                                 "StudentInfoDatabase";
04.     private static final int VERSION = 1;
05.     private static final String STUDENT_TABLE = "StudentInfoTbl";
06.     private static final int STUDENTS = 1;
07.     private static final int STUDENT_ID = 2;
08.     private StudentInfoDatabaseHelper mHelper;
09.     private static final UriMatcher sUriMatcher;
10.     static {
11.         sUriMatcher = new UriMatcher(UriMatcher.NO_MATCH);
12.         sUriMatcher.addURI(StudentInfo.AUTHORITY, "students", STUDENTS);
13.         sUriMatcher.addURI(StudentInfo.AUTHORITY,
14.                                     "students/#", STUDENT_ID);
15.     }
```

代码说明

①StuInfoContentProvider 类继承了 ContentProvider，并重写了其中的插入、删除、更新以及查询数据的方法，从而实现了学生信息数据库的 Content Provider。

②代码第 2～5 行定义了数据库名、版本号以及数据表名。

③代码第 10～15 行初始化了 UriMatcher 实例 sUriMatcher。UriMatcher 是匹配 Uri 的一个辅助类，通过它来判断 Uri 的类型，特别是判断 Uri 是单个数据还是全部数据。例如，代码第 12 行表示 Uri 为全部学生信息，而代码第 13 行表示 Uri 为指定_id 的学生信息。

```
16.     // 创建 SQLiteOpenHelper 的子类 StudentInfoDatabaseHelper
17.     private static class StudentInfoDatabaseHelper
18.             extends SQLiteOpenHelper {
19.         public StudentInfoDatabaseHelper(Context context) {
20.             super(context, STUDENT_INFO_DATABASE, null, VERSION);
21.         }
22.         @Override
23.         public void onCreate(SQLiteDatabase db) {
24.             String sql = " create table StudentInfoTbl (_id integer primary
25.                     key autoincrement, " + "student_name text not null,
26.                     student_no text not null, student_score integer);";
27.             db.execSQL(sql);
28.         }
29.         @Override
30.         public void onUpgrade(SQLiteDatabase arg0, int arg1, int arg2) {
31.         }
32.     }
```

代码说明

①代码第 16～32 行定义了 StudentInfoDatabaseHelper 类,用于创建和管理学生信息数据库。

②代码第 23～28 行创建了名为 StudentInfoTbl 的学生信息表，该表有 4 个字段，主键_id、学生姓名、学号以及成绩。

```
33.     @Override
34.     public int delete(Uri uri,
35.                     String selection, String[] selectionArgs) {
36.         SQLiteDatabase db = mHelper.getWritableDatabase();
```

```
37.         String mId = uri.getPathSegments().get(1);
38.         db.delete(STUDENT_TABLE, StuInfoColumns._ID + "=" + mId, null);
39.         return 0;
40.     }
```

代码说明

①代码第 34～40 行实现了 StuInfoContentProvider 的 delete 接口，通过调用该方法可以对学生信息数据库执行删除操作。

②代码第 36 行打开学生信息数据库。

③代码第 37 行从 Uri 中解析出即将删除的学生的主键_Id。

④代码第 38 行调用 SQLiteDatabase 的 delete 方法删除数据。

```
41.     @Override
42.     public String getType(Uri uri) {
43.         switch(sUriMatcher.match(uri)) {
44.         case STUDENTS:
45.            return StuInfoColumns.CONTENT_TYPE;
46.         case STUDENT_ID:
47.            return StuInfoColumns.CONTENT_ITEM_TYPE;
48.         default:
49.            throw new IllegalArgumentException("Unknown URI " + uri);
50.         }
51.     }
```

代码说明

①代码第 42～51 行实现了 StuInfoContentProvider 的 getType 方法。该方法返回一个指定 Uri 的数据的 MIME 类型。判断数据 Uri 指定到底是单条数据还是全部数据。

```
52.     @Override
53.     public Uri insert(Uri uri, ContentValues Values) {
54.         SQLiteDatabase db = mHelper.getWritableDatabase();
55.         db.insert(STUDENT_TABLE, null, Values);
56.         db.close();
57.         return null;
58.     }
```

代码说明

①代码第 53～58 行实现了 StuInfoContentProvider 的 insert 方法。

```
59.     @Override
60.     public boolean onCreate() {
61.         mHelper = new StudentInfoDatabaseHelper(getContext());
62.         return true;
63.     }
```

代码说明

代码第 60～63 行重写了 ContentProvider 的 onCreate 方法。在该方法中创建并打开了数据库。

```
64.     @Override
65.     public Cursor query(Uri uri, String[] projection, String selection,
66.             String[] selectionArgs, String sortOrder) {
67.         SQLiteQueryBuilder qb = new SQLiteQueryBuilder();
68.         qb.setTables(STUDENT_TABLE);
69.         SQLiteDatabase db = mHelper.getReadableDatabase();
70.         return qb.query(db, projection,
71.                 selection, selectionArgs, null, null, sortOrder);
72.     }
```

代码说明

代码第 65～72 行实现了 StuInfoContentProvider 的 query 方法。其中，代码第 67 行实例化了 SQLiteQueryBuilder 对象。SQLiteQueryBuilder 是构造 SQL 查询语句的辅助类。代码第 68 行设置要查询的数据库表。代码第 70、71 行调用 SQLiteQueryBuilder 的 query 方法进行查询。

```
73.     @Override
74.     public int update(Uri uri, ContentValues values, String selection,
75.             String[] selectionArgs) {
76.         SQLiteDatabase db = mHelper.getWritableDatabase();
77.         String mId = uri.getPathSegments().get(1);
78.         db.update(STUDENT_TABLE, values,
79.                 StuInfoColumns._ID + "=" + mId, null);
80.         db.close();
81.         return 0;
82.     }
```

代码说明

代码第 74～82 行实现了 StuInfoContentProvider 的 update 方法。

代码 6-10　StuInfoActivity.java

```
01. public class StuInfoActivity extends ListActivity {
02.     private static final int INSERT_ID = Menu.FIRST;
03.     private static final int DELETE_ID = Menu.FIRST + 1;
04.     private static final int CODE_ADD = 0;
05.     private static final int CODE_EDIT = 1;
06.     private Cursor mStuInfoCursor;
07.     private static final String[] PROJECTION = new String[] {
08.         StudentInfo.StuInfoColumns._ID,
09.         StudentInfo.StuInfoColumns.STUDENT_NAME,
10.         StudentInfo.StuInfoColumns.STUDENT_NO,
11.         StudentInfo.StuInfoColumns.STUDENT_SCORE
12.     };
13.     /** Called when the activity is first created. */
14.     @Override
15.     public void onCreate(Bundle savedInstanceState) {
16.         super.onCreate(savedInstanceState);
17.         setContentView(R.layout.main);
18.         Intent intent = getIntent();
19.         if (intent.getData() == null) {
```

```
20.            intent.setData(StudentInfo.StuInfoColumns.CONTENT_URI);
21.        }
22.        registerForContextMenu(getListView());
23.        displayStudentList();
24.    }
```

代码说明

①代码第 18～21 获取了 Intent 实例对象，并将该 Intent 的动作相关数据设置为学生信息数据库的 Content Provider 的 Uri。

②代码第 22 行为 ListView 注册上下文菜单。

③代码第 23 行调用 displayStudentList 方法显示学生信息列表。

```
25.    // 显示学生信息的 ListView
26.    private void displayStudentList() {
27.        mStuInfoCursor = managedQuery(getIntent().getData(), PROJECTION,
28.               null, null, StudentInfo.StuInfoColumns.DEFAULT_SORT_ORDER);
29.        String[] from = new String[] {StuInfoColumns.STUDENT_NAME,
30.                 StuInfoColumns.STUDENT_NO, StuInfoColumns.STUDENT_SCORE};
31.        int[] to = new int[] {R.id.name, R.id.number, R.id.score};
32.        SimpleCursorAdapter stuInfo = new SimpleCursorAdapter(this,
33.                 R.layout.student, mStuInfoCursor, from, to);
34.        setListAdapter(stuInfo);
35.    }
```

代码说明

①代码第 27、28 行调用 managedQuery 查询到所有学生的信息。其中 getIntent().getData()用于获取 Uri。

②代码第 29、30 行设置需要显示的学生信息的列名。

③代码第 31 行设置显示的组件。

④代码第 32～34 行实例化 SimpleCursorAdapter 并将其设置为列表适配器。

```
36.    public boolean onCreateOptionsMenu(Menu menu) {
37.        super.onCreateOptionsMenu(menu);
38.        menu.add(0, INSERT_ID, 0, "添加一条学生信息");
39.        menu.add(0, DELETE_ID, 0, "删除一条学生信息");
40.        return true;
41.    }
42.    public boolean onMenuItemSelected(int featureId, MenuItem item) {
43.        switch(item.getItemId()) {
44.        case INSERT_ID:
45.            addStudentInfo();
46.            return true;
47.        case DELETE_ID:
48.            deleteStudentInfo(getListView().getSelectedItemId());
49.            displayStudentList();
50.            return true;
51.        }
52.        return super.onMenuItemSelected(featureId, item);
53.    }
```

```
54.     protected void onListItemClick(ListView l, View v,
55.                 int position, long id) {
56.         super.onListItemClick(l, v, position, id);
57.         editStudentInfo(position, id);
58.     }
```

代码说明

①代码第36～41行创建可选项菜单。

②代码第42～51设置菜单选择处理。

③代码第54～58行设置列表项选择事件。

```
59.     public void onCreateContextMenu(ContextMenu menu, View v,
60.             ContextMenuInfo menuInfo) {
61.         menu.setHeaderTitle("操作");
62.         menu.add(0, Menu.FIRST + 2, 0, "编辑");
63.         menu.add(0, Menu.FIRST + 3, 0, "删除");
64.         super.onCreateContextMenu(menu, v, menuInfo);
65.     }
66.     @Override
67.     public boolean onContextItemSelected(MenuItem item) {
68.         AdapterContextMenuInfo menuInfo =
69.                 (AdapterContextMenuInfo)item.getMenuInfo();
70.         int position = menuInfo.position;
71.         long id = menuInfo.id;
72.         switch(item.getItemId()) {
73.         case Menu.FIRST + 2:
74.             editStudentInfo(position, id);
75.             return true;
76.         case Menu.FIRST + 3:
77.             deleteStudentInfo(id);
78.             displayStudentList();
79.             return true;
80.         }
81.         return super.onContextItemSelected(item);
82.     }
```

代码说明

①代码第59～65行创建了与列表关联的上下文菜单。

②代码第67～82行设置了上下文菜单的选择事件处理。

```
83.     // 添加一条学生信息记录
84.     private void addStudentInfo() {
85.         Intent intent0 = new Intent(this, StudentInfoEdit.class);
86.         intent0.setAction(StudentInfoEdit.INSERT_ACTION);
87.         intent0.setData(getIntent().getData());
88.         startActivityForResult(intent0, CODE_ADD);
89.     }
90.     private void deleteStudentInfo(long id) {
91.         Uri uri = ContentUris.withAppendedId(getIntent().getData(),id);
92.         getContentResolver().delete(uri, null, null);
```

```
93.     }
94.     // 编辑学生信息
95.     private void editStudentInfo(int position, long id) {
96.         Intent intent = new Intent(this, StudentInfoEdit.class);
97.         intent.setData(getIntent().getData());
98.         intent.setAction(StudentInfoEdit.EDIT_ACTION);
99.         startActivityForResult(intent, CODE_EDIT);
100.    }
101.    protected void onActivityResult(int requestCode,
102.                int resultCode, Intent intent) {
103.        super.onActivityResult(requestCode, resultCode, intent);
104.        displayStudentList();
105.    }
106. }
```

代码说明

①代码第 84～89 行将添加一条学生信息。其中，代码第 85 行定义了跳转到编辑 Activity 的 Intent；代码第 86 行设置该 Intent 的动作为插入；代码第 87 行设置该 Intent 动作的相关数据为学生信息数据库的 Content Provider 的 Uri；代码第 88 行启动新的 Activity。

②代码第 90～93 行将删除一条学生信息。其中，代码第 91 行获取删除学生的 Uri；代码第 92 行调用 ContentResolver 的 delete 方法执行删除。

③代码第 95～100 行将编辑更新学生信息。其中，代码第 97、98 行设置 Intent 的动作和数据。

④代码第 101～105 行将处理 Activity 返回之后的操作，在编辑或插入 Activity 返回之后需要刷新显示列表。

代码 6-11 AndroidManifest.xml

```
01. <?xml version="1.0" encoding="utf-8"?>
02. <manifest xmlns:android="http://schemas.android.com/apk/res/android"
03.   package="com.dannyAndroid.stuinfo"
04.   android:versionCode="1"
05.   android:versionName="1.0">
06.   <application android:icon="@drawable/icon"
07.       android:label="@string/app_name">
08.     <provider android:name="StuInfoContentProvider"
09.         android:authorities="com.dannyAndroid.stuinfo" />
10.     <activity android:name=".StuInfoActivity"
11.         android:label="@string/app_name">
12.       <intent-filter>
13.         <action android:name="android.intent.action.MAIN" />
14.         <category android:name="android.intent.category.LAUNCHER" />
15.       </intent-filter>
16.     </activity>
17.     <activity android:name=".StudentInfoEdit"
18.         android:label="@string/app_name">
19.       <intent-filter >
20.         <action
```

```
21.            android:name="com.dannyAndroid.studentInfoEdit.action.EDIT"/>
22.          <category android:name="android.intent.category.DEFAULT" />
23.          <data
24.          android:mimeType="vnd.android.cursor.item/vnd.google.stuinfo"/>
25.        </intent-filter>
26.        <intent-filter >
27.          <action
28.           android:name="com.dannyAndroid.studentInfoEdit.action.INSERT"/>
29.          <category android:name="android.intent.category.DEFAULT" />
30.          <data
31.           android:mimeType="vnd.android.cursor.dir/vnd.google.stuinfo"/>
32.        </intent-filter>
33.      </activity>
34.    </application>
35. </manifest>
```

代码说明

①代码第 8、9 行声明了 StuInfoContentProvider.java 自定义的 Content Provider。需要注意的是，android:authorities 属性必须和 StudentInfo.java 中定义的 AUTHORITY 保持一致。应用程序正是通过该 Uri 找到我们自定义的 Content Provider 的。

②代码第 19～32 行声明了 StudentInfoEdit 这个 Activity 的两个 Intent 属性。其中，代码第 19～25 行声明了 Intent 的动作为自定义的编辑动作以及数据类型为自定义的数据类型；代码第 26～32 行声明了 Intent 的动作为自定义的插入动作以及数据类型为自定义的数据类型。

（3）运行程序

运行程序，程序执行结果和实例 6-3 完全一致。

6.6 Network 网络存储

在本章前面介绍的几种数据存储与访问方式都是基于本地的，事实上 Android 还为我们提供了一种利用网络实现远程数据存储访问。例如，将本地的文件保存到远程服务器以及从远程服务器下载需要的文件等。有关网络存储的内容将在第 12 章 Android 网络应用中向读者进行详细的介绍。

第 7 章　Service（服务程序）和 Broadcast Receiver（广播接收器）

在第 3 章曾经提到 Android 应用程序由 Activity、Service、Broadcast Receiver 以及 Content Provider4 个单元组成。在第 3 章和第 6 章已经分别介绍了 Activity 以及 Content Provider 的详细内容，在本章中，将向读者介绍另外两个单元，即 Service 和 Broadcast Receiver。

7.1　Service（服务程序）

Service 是 Android 应用程序的 4 种单元组件之一，它是一种运行在后台的服务程序，不提供可视化界面与用户进行交互。Service 的地位和 Activity 是并列的，只是没有 Activity 的使用频率高而已。

7.1.1　Service 角色

Service 在 Android 系统中是一个必不可少的部分，它是一个对用户隐藏的重要角色，但事实上在很多典型的 Android 应用程序中都有它的身影。如下向读者列举了几个典型的 Service 使用场景。

（1）在一个音乐媒体播放器应用中，会有多个 Activity 用以让用户选择歌曲、播放歌曲等。当音乐正在播放时，用户启动一个新的 Activity 向播放列表中添加新的歌曲，此时需要启动一个 Service，使得音乐可以在用户添加歌曲的同时在后台继续播放。

（2）在一个向网站上传图片的应用中，需要保持一张图片持续上传的同时，允许用户去选择其他需要上传的图片，此时便需要启动一个 Service 在后台继续上传图片。

（3）在 GPS 应用中，通常需要在后台记录用户当前地理位置信息的改变，此时同样需要启动一个 Service 来完成这一工作。

总之而言，Service 为 Android 应用提供了一种后台隐藏的运行方式，允许前台程序对其进行绑定，从而实现启动、停止 Service 的功能等。通常而言，Service 可以放在应用程序的主线程中运行，但是当 Service 需要处理一些比较耗时的动作时，最好将其放在一个新启动的线程中，这样可以避免程序 UI 的操作以及阻塞主线程中的其他进度。

7.1.2　启动服务程序

Service 服务程序不能自己运行，必须通过某一个 Activity 或者其他的 Context 对象调用 Context.startService()或者 Context.bindService()方法来启动 Service。

1.　*通过 startService 启动 Service*

该方法的详细定义如下：

```
public abstract ComponentName startService(Intent service)
```

其中，参数 service 为一个 Intent 对象，用于指定所需启动的 Service。事实上，这和启动 Activity 的方法 startAcitivty 非常相似。如下代码演示了如何使用 startService 启动一个 Service：

```
// 创建 Intent 对象
Intent serviceIntent = new Intent();
// 设置 Intent 的 Action 属性
serviceIntent.setAction(com.dannyAndroid.service.action.MUSIC_SERVICE);
// 启动 Service
startService(serviceIntent);
```

2.　*通过 bindService 绑定 Service*

该方法的详细定义如下：

```
Public abstract Boolean bindService(Intent service,
                                    ServiceConnection conn, int flags)
```

其中，参数 service 用于指定所需绑定的 Service；参数 conn 是用于在 Service 绑定和断开 Service 时判断是否成功；参数 flags 设置绑定动作的选项，一般设置为 BIND_AUTO_CREATE 表示绑定是自动创建 Service。当在程序中调用 bindService 方法启动 Service 时，系统会自动回调 onServiceConnected()和 onServiceDisconnected()方法来进行连接和断开 Service。如下代码演示了如何使用 bindService 绑定一个 Service：

```
// ServiceConnection 对象
ServiceConnection conn = new ServiceConnection() {
    // 重写连接和断开回调函数
    @Override
    public void onServiceConected(ComponentName name, IBinder service) {
        Log.i("SERVICE", "Connection OK");
    }
    @Override
    public void onServiceConected(ComponentName name) {
        Log.i("SERVICE", "Disconnection OK");
    }
};
// 创建 Intent 对象
Intent serviceIntent = new Intent();
// 绑定启动 Service
bindService(serviceIntent, conn, Service.BIND_AUTO_CREATE);
```

另外，和 Activity 一样，在启动 Service 之前需要在 AndroidManifest.xml 文件中声明 service 的标签，如下代码所示：

```
<service android:enabled="true" android:name=".MusicService"></service>
```

7.1.3　Service 的生命周期

上一小节中介绍了两种使用 Service 的方法。在这两种使用方式下，Service 的生命周期有一些区别，下面将分别介绍这两种方式下 Service 的生命周期。

1. *通过 startService()方法启动的 Service*

当任何 Activity 或其他 Context 对象通过调用 Context.startService()方法启动 Service 到调用 Context.stopService()方法停止 Service 的过程中，Service 的生命周期如图 7-1 所示，可以看到在整个生命周期中，共有 3 个状态转移，分别是 onCreate（创建 Service）、onStart（开始 Service）以及 onDestroy（销毁 Service）。值得注意的是，如果启动 Service 的 Activity 或 Context 对象在退出时没有显式调用 Context.stopService()方法，则 Service 会一直在后台运行，直到该 Activity 或 Context 对象重新启动并显示调用 Context.stopService()方法才会停止并关闭。

2. *通过 bindService()绑定的 Service*

当任何 Activity 或其他 Context 对象通过调用 Context.bindService()方法绑定 Service 时，Service 的整个生命周期如图 7-2 所示。可以看到，Service 将会在执行 onCreate 创建 Service，不再执行 onStart 开始 Service，而是执行 onBind 将该 Service 与调用 Activity 或 Context 对象绑定在一起，同时还运行客户端与 Service 进行交互，并为新的对象重新绑定该 Service。值得注意的是，当绑定 Service 的 Activity 或 Context 对象退出时，不需要显式调用 Context.stopService()方法去结束该 Service，因为此时 Service 已经与调用它的对象绑定在一起，系统会自动去调用 onUnbind()和 onDestroy()方法关闭该 Service。

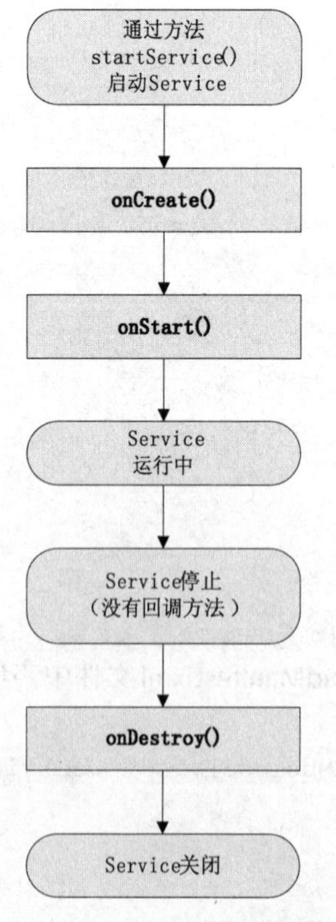

图 7-1 启动 Service 的生命周期

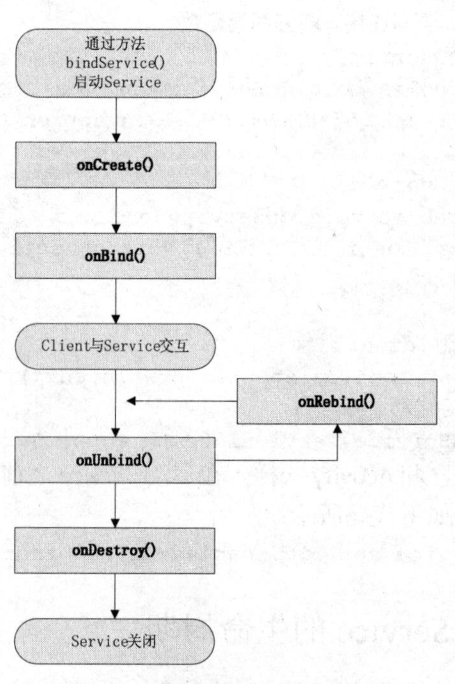

图 7-2 绑定 Service 的生命周期

事实上，上述两种生命周期是可以结合在一起的，即是说可以先调用 startService()方法启动 Service，然后在程序运行过程中，调用 bindService()与 Service 进行绑定操作。但需要注意的是，无论对同一 Service 进行多少次启动或绑定，onCreate 方法只会被执行一次。如果先进行了绑定，则启动的时候将直接运行 onStart 方法；如果先进行了启动，则在绑定时将直接运行 onBind 方法。如果 Service 已经被绑定，则显式调用 stopService 将不能停止该 Service，必须先执行 UnbindService 方法，才能通过 stopService 方法停止并关闭该 Service。

7.1.4　创建服务程序

一般而言，创建一个服务程序 Service 的完整步骤如下：

（1）创建一个继承于 Service 类的子类；

（2）在 AndroidManifest.xml 文件中声明该 Service 类；

（3）重写 Service 类的 onCreate()、onStart()以及 onBind()等方法。如果是通过 startService 方法启动 Service，则必须重写 onStart()方法；如果是通过 bindService 方法绑定 Service，则必须重写 onBind()方法。

（4）通过 Activity 或 Context 对象调用 startService 或者 bindService 方法启动或绑定 Service，同时在 Service 关闭时可能需要调用 stopService 方法结束 Service。

下面通过一个后台音乐播放器实例向读者具体介绍如何创建服务程序 Service。

实例 7-1　音乐播放服务程序（MusicPlayService）

演示如何创建服务程序 Service。在本实例中，将实现一个允许在后台运行的音乐播放器。

（1）创建工程

创建一个新的 Android 工程，工程名为 MusicPlayService，并为该工程添加如下文件。

①MusicPlayService.java：创建 Service 的子类 MusicPlayService，实现音乐播放服务。

②MusicPlay.java：创建程序的 Activity，用于显示音乐播放器的界面。

（2）编写代码

代码 7-1　MusicPlayService.java

```
01. public class MusicPlayService extends Service {
02.     private MediaPlayer MusicPlayer = null;
03.     private String TAG = "MusicPlay";
04.     @Override
05.     public IBinder onBind(Intent intent) {
06.         Log.i(TAG, "onBind");
07.         return null;
08.     }
09.     @Override
10.     public void onCreate() {
11.         super.onCreate();
12.         Log.i(TAG, "onCreate");
13.     }
```

```
14.     @Override
15.     public void onDestroy() {
16.         super.onDestroy();
17.         Log.i(TAG, "onDestroy");
18.         MusicPlayer.stop();
19.     }
20.     @Override
21.     public void onStart(Intent intent, int startId) {
22.         super.onStart(intent, startId);
23.         Log.i(TAG, "onStart");
24.         MusicPlayer = MediaPlayer.create(this, R.raw.test);
25.         MusicPlayer.start();
26.     }
27. }
```

代码说明

①代码第 2 行声明了用于播放音乐的 MediaPlayer 对象。关于 MediaPlayer 的详细知识将在第 10 章向读者进行详细介绍。

②代码第 5～8 行重写了 Service 的 onBind 方法，由于本实例采用 startService 方法启动 Service，因此不需要在 onBind 方法中进行任何操作，只是简单打印 Log 信息。

③代码第 10～13 行重写 Service 的 onCreate 方法。

④代码第 15～19 行重写 Service 的 onDestroy 方法。其中，代码第 18 行调用 stop 方法停止 MediaPlayer 播放。

⑤代码第 21～26 行重写 Service 的 onStart 方法。其中，代码第 24 行创建新 MediapPayer 实例用于播放资源文件夹 res/raw/下的 test.mp3 文件；代码第 25 行调用 start 方法开始播放。

代码 7-2 MusicPlay.java

```
01. public class MusicPlay extends Activity {
02.     private Button playBtn = null;
03.     private Button stopBtn = null;
04.     private String MusicAction =
05.                     "com.dannyAndroid.service.action.MUSIC_SERVICE";
06.     /** Called when the activity is first created. */
07.     @Override
08.     public void onCreate(Bundle savedInstanceState) {
09.         super.onCreate(savedInstanceState);
10.         setContentView(R.layout.main);
11.         playBtn = (Button) findViewById(R.id.playBtn);
12.         playBtn.setOnClickListener(new OnClickListener() {
13.             @Override
14.             public void onClick(View v) {
15.                 startService(new Intent(MusicAction));
16.             }
17.         });
18.         stopBtn = (Button) findViewById(R.id.stopBtn);
19.         stopBtn.setOnClickListener(new OnClickListener() {
20.             @Override
```

```
21.             public void onClick(View v) {
22.                 stopService(new Intent(MusicAction));
23.                 finish();
24.             }
25.         });
26.     }
27. }
```

代码说明

①代码第 11 行获取 Button 实例 playBtn，用于开始播放音乐。

②代码第 12～17 行为 playBtn 设置点击事件。其中，代码第 15 行启动 Service，该 Service 对应 Intent 的动作为 MusicAction。

③代码第 18 行获取 Button 实例 stopBtn，用于停止播放音乐。

④代码第 19～25 行为 stopBtn 设置点击时间。其中，代码第 22 行停止 Service，该 Service 对应 Intent 的动作也是 MusicAction；代码第 23 行调用 finish()方法退出应用程序。

代码 7-3　\Chapter7\MusicPlayService \AndroidManifest.xml

```
01. <?xml version="1.0" encoding="utf-8"?>
02. <manifest xmlns:android="http://schemas.android.com/apk/res/android"
03.   package="com.dannyAndroid.service"
04.   android:versionCode="1"
05.   android:versionName="1.0">
06.   <application android:icon="@drawable/icon"
07.                android:label="@string/app_name">
08.     <activity android:name=".MusicPlay"
09.                android:label="@string/app_name">
10.       <intent-filter>
11.         <action android:name="android.intent.action.MAIN" />
12.         <category android:name="android.intent.category.LAUNCHER" />
13.       </intent-filter>
14.     </activity>
15.     <service android:name=".MusicPlayService">
16.       <intent-filter>
17.         <action
18.           android:name="com.dannyAndroid.service.action.MUSIC_SERVICE">
19.         </action>
20.         <category
21.           android:name="android.intent.category.DEFAULT">
22.         </category>
23.       </intent-filter>
24.     </service>
25.   </application>
26. </manifest>
```

代码说明

①代码第 15 行声明本应用程序用到的 Service：MusicPlayService。

②代码第 16～23 行定义了 Service 对应的 Intent Filter。其中，代码第 17～19 行定义了 Intent

Filter 的 Action，该 Action 与 Java 代码中创建 Intent 实例的 Action 是一致的；代码第 20～22 行定义了 Intent Filter 的 category 为默认。

（3）运行程序

运行程序，界面如图 7-3 所示。点击“开始播放”按钮后，将开始播放音乐；点击手机上的 Back 按键退出 Activity 之后，音乐将在后台继续播放；重启该程序后点击“停止播放”按钮将停止播放音乐并退出应用程序，该 Service 的整个生命周期过程如图 7-4 所示。

图 7-3　音乐播放 Service 实例界面

Time		pid	tag	Message
12-10 07:19:57.954	I	302	MusicPlay	onCreate
12-10 07:19:57.954	I	302	MusicPlay	onStart
12-10 07:20:15.313	I	302	MusicPlay	onDestroy

图 7-4　MusicPlayService 的生命周期过程

7.2　广播接收器（Broadcast Receiver）

在介绍完 Service 之后，本节将向读者介绍 Android 应用中 4 个组成单元中的最后一个，广播接收器。

7.2.1　广播接收器（Broadcast Receiver）角色

广播接收器用于监听广播信息以及对其做出相应的处理。Android 系统定义了许多广播通知，如电池电量即将耗尽、网络连接发生变化或有来电和短信息时。当然用户自己的应用程序也可以发送广播，如完成某个计算或启动一个线程时。

任何应用程序都可以通过继承 BroadcastReceiver 类实现对广播消息的接收并对其进行响应，通过很多方式告知用户，如 NotificationManger 以及 Toast 等。BroadcastReceiver 并非是一直在后台运行的，而是当相关事件或 Intent 来临时才会被系统所调用。

7.2.2　实现广播事件

为用户自己的应用程序实现自定义的广播事件是很简单，事实上广播是通过 Intent 实现的，即是说首先定义所要广播的 Intent，然后调用 sendBroadcast()方法将广播信息发送出去即可。如下代码所示：

```
String ACTION = "com.dannyAndroid.broadcastdemo.action.USER_BROADCAST";
Intent intent = new Intent(ACTION);
Intent.putExtra("username", "Danny");
sendBroadcast(intent);
```

7.2.3　使用（广播接收器）

当实现了广播事件之后，需要为应用程序实现 Broadcast Receiver 来对该广播消息进行接收并响应。实现 Broadcast Receiver 一般有 3 个步骤。

1.　*继承 BroadcastReceiver 并重写 onReceive()方法*

Broadcast Receiver 的工作原理很简单，当每收到一条消息时便调用 onReceive()对其进行处理，运行完该方法之后 Broadcast Receiver 便会即刻进入非活动状态。因此，为应用程序实现广播接收器只需要定义一个继承于 Broadcast Receiver 的子类并重写 onReceive()方法即可，如下代码所示：

```
public class MyBroadcastReceiver extends BroadcastReceiver {
    @override
    public void onReceive(Context context, Intent intent) {
        // 处理广播消息
    }
}
```

需要注意的是，如果在 onReceive 方法中的代码执行时间超过 5s 的话，Android 系统就会自动弹出一个超时对话框，因此建议如果需要执行一些比较耗时的处理，最好将它们放在一个新的线程中单独执行。

2.　*注册 Broadcast Receiver*

当定义好了自己的广播接收器之后，还需要对其进行注册，才能让它对广播消息进行处理。Android 提供了两种注册 Broadcast Receiver 的方式：

（1）在 AndroidManifest.xml 文件中注册，这是推荐使用的一种方式，它也比较直观。这种方式和在 AndroidManifest.xml 中注册 Activty 和 Service 很类似，如下代码所示：

```
<receiver android:name=". MyBroadcastReceiver">
  <intent-filter>
    <action
      android:name="com.dannyAndroid.broadcastdemo.action.USER_BROADCAST">
    </action>
  </intent-filter>
</receiver>
```

（2）在 Java 代码中直接调用 registerReceiver()方法进行注册，这种方法在一些场合下使用起来比较灵活，代码如下所示：

```
IntentFilter filter = new IntentFilter(ACTION);
MyBroadcastReceiver receiver = new MyBroadcastReceiver();
registerReceiver(receiver, filter);
```

3.　*注销 Broadcast Receiver*

当使用完 Broadcast Receiver 之后，需要将其注销掉，方法如下代码所示：

```
unregisterReceiver(receiver);
```

下面通过一个简单的实例向读者介绍 Broadcast Receiver 的完整用法。

实例 7-2　Broadcast Receiver 实例（BroadcastDemo）

演示如何使用 Broadcast Receiver 来接收广播消息。在本实例中将通过 Broadcast Receiver

接收广播消息并对不同的消息分别显示日期和时间。

（1）创建工程

创建一个新的 Android 工程，工程名为 BroadcastDemo，并为该工程添加如下文件。

①ShowBroadcastReceiver.java：创建 BroadcastReceiver 的子类 ShowBroadcastReceiver，用于实现显示日期和时间的广播接收器。

②BroadcastActivity.java：创建程序的 Activity，接收广播信息并显示日期和时间。

（2）编写代码

代码 7-4　ShowBroadcastReceiver.java

```
01. public class ShowBroadcastReceiver extends BroadcastReceiver {
02.     private Calendar mc = null;
03.     @Override
04.     public void onReceive(Context context, Intent intent) {
05.         String data = intent.getExtras().getString("content");
06.         mc = Calendar.getInstance();
07.         if (data.equals("Date")) {
08.             int year = mc.get(Calendar.YEAR);
09.             int month = mc.get(Calendar.MONTH);
10.             int day = mc.get(Calendar.DAY_OF_MONTH);
11.             Toast.makeText(context,
12.                         year + "年" + month + "月" + day + "日",
13.                         Toast.LENGTH_LONG).show();
14.         } else if (data.equals("Time")) {
15.             int hour = mc.get(Calendar.HOUR_OF_DAY);
16.             int minute = mc.get(Calendar.MINUTE);
17.             int second = mc.get(Calendar.SECOND);
18.             Toast.makeText(context,
19.                         hour + "时" + minute + "分" + second + "秒",
20.                         Toast.LENGTH_LONG).show();
21.         } else {
22.             Toast.makeText(context, "错误广播", Toast.LENGTH_LONG).show();
23.         }
24.     }
25. }
```

代码说明

①代码第 4～24 行重写 BroadcastReceiver 的 onReceive 方法，在其中对广播消息进行响应。

②代码第 5 行从 Intent 中解析出附加数据。

③代码第 7～14 行判断出 Intent 中的附加数据为“Date”字符串时，将用 Toast 显示当前日期。

④代码第 15～21 行判断出 Intent 中的附加数据为“Time”字符串时，将用 Toast 显示当前时间。

代码 7-5　BroadcastActivity.java

```
01. public class BroadcastActivity extends Activity {
02.     private Button showdateBtn = null;
```

```
03.     private Button showtimeBtn = null;
04.     private static final String ACTION
05.                 = "com.dannyAndroid.broadcastdemo.action.SHOW";
06.     /** Called when the activity is first created. */
07.     @Override
08.     public void onCreate(Bundle savedInstanceState) {
09.         super.onCreate(savedInstanceState);
10.         setContentView(R.layout.main);
11.         showdateBtn = (Button) findViewById(R.id.BtnShowDate);
12.         showdateBtn.setOnClickListener(new OnClickListener(){
13.             @Override
14.             public void onClick(View v) {
15.                 Intent intent = new Intent(ACTION);
16.                 intent.putExtra("content", "Date");
17.                 sendBroadcast(intent);
18.             }
19.         });
20.         showtimeBtn = (Button) findViewById(R.id.BtnShowTime);
21.             showtimeBtn.setOnClickListener(new OnClickListener(){
22.             @Override
23.             public void onClick(View v) {
24.                 Intent intent = new Intent(ACTION);
25.                 intent.putExtra("content", "Time");
26.                 sendBroadcast(intent);
27.             }
28.         });
29.     }
30. }
```

代码说明

①代码第11～19行获取“显示日期”按钮实例并为其设置点击事件。其中，代码第15行定义Intent对象，该Intent对象与Action相对应；代码第16行为intent对象添加附加数据“Date”；代码第17行发送广播。

②代码第20～28行获取“显示时间”按钮实例并为其设置点击事件。其中，代码第24行定义Intent对象，该Intent对象与Action相对应；代码第25行为Intent对象添加附加数据“Time”；代码第26行发送广播。

代码7-6 \Chapter7\BroadcastDemo\AndroidManifest.xml

```
01. <?xml version="1.0" encoding="utf-8"?>
02. <manifest xmlns:android="http://schemas.android.com/apk/res/android"
03.   package="com.dannyAndroid.broadcastdemo"
04.   android:versionCode="1"
05.   android:versionName="1.0">
06.   <application android:icon="@drawable/icon"
07.                android:label="@string/app_name">
08.    <activity android:name=".BroadcastActivity"
09.               android:label="@string/app_name">
10.      <intent-filter>
```

```
11.          <action android:name="android.intent.action.MAIN" />
12.          <category android:name="android.intent.category.LAUNCHER" />
13.        </intent-filter>
14.      </activity>
15.      <receiver android:name=".ShowBroadcastReceiver">
16.        <intent-filter>
17.          <action
18.              android:name="com.dannyAndroid.broadcastdemo.action.SHOW">
19.          </action>
20.        </intent-filter>
21.      </receiver>
22.    </application>
23. </manifest>
```

代码说明

①代码第 15～21 行注册 Broadcast Receiver 并为其指定 Intent-Filter。

②代码第 17～19 行注册了与该 receiver 对应的 Intent 的动作，该动作与 BroadcastActivity.java 中定义的动作一致。

（3）运行程序

运行程序，点击“显示日期”按钮，程序将通过 Toast 显示当前日期，如图 7-5 所示；点击“显示时间”按钮，程序将通过 Toast 显示当前时间，如图 7-6 所示。

图 7-5　显示日期

图 7-6　显示时间

7.3　Service 和 Broadcast Receiver 结合使用

在很多应用场合中，需要将 Service 和 Broadcast Receiver 相结合。当 Broadcast Receiver 每次接收到一个广播消息之后启动 Service 完成所需工作，这是一种很常见也很合理的模式。在本节中，将通过一个类似定时闹钟的实例向读者介绍如何将这两者结合在一起使用。

实例 7-3　定时提醒实例（TimerAlarm）

演示如何将 Service 和 Broadcast Receiver 结合起来使用。在本实例中，将实现一个类似闹钟的程序，在用户开启定时闹钟服务之后，将在设定好的时间间隔，如 10s 之后，通过 Toast 向用户提示定时到了。

（1）创建工程

创建一个新的 Android 工程，工程名为 TimerAlarm，并为该工程添加如下文件。

①TimerAlarmActivity.java：创建程序的 Activity，显示程序的主界面及执行相关操作。

②TimerAlarmReceiver.java：创建 TimerAlarmReceiver 类，用于接受定时器发送的广播消息。

③TimerAlarmService.java：创建 TimerAlarmService 类，用于实现定时器服务。

（2）编写代码

代码 7-7　TimerAlarmActivity.java

```
01. public class TimerAlarmActivity extends Activity {
02.     private Button BtnStartTimerAlarm = null;
03.     private Button BtnExit = null;
04.     private static TimerAlarmActivity App = null;
05.     /** Called when the activity is first created. */
06.     @Override
07.     public void onCreate(Bundle savedInstanceState) {
08.         super.onCreate(savedInstanceState);
09.         setContentView(R.layout.main);
10.         App = this;
```

代码说明

代码第 4 行定义 TimerAlarmActivity 类的变量 App，并在代码第 10 行将其初始化为当前 Activity 实例，该变量将在 Service 程序中被引用。

```
11.         BtnStartTimerAlarm
12.                 = (Button) findViewById(R.id.BtnStartTimerAlarm);
13.         BtnStartTimerAlarm.setOnClickListener(new OnClickListener() {
14.             @Override
15.             public void onClick(View v) {
16.                 setTitle("等待...闹钟定时为 5 秒");
17.                 Intent intent = new Intent(TimerAlarmActivity.this,
18.                                         TimerAlarmReceiver.class);
19.                 PendingIntent pI = PendingIntent.getBroadcast(
20.                         TimerAlarmActivity.this, 0, intent, 0);
21.                 Calendar c = Calendar.getInstance();
22.                 c.add(Calendar.SECOND, 10);
23.                 AlarmManager am
24.                         = (AlarmManager) getSystemService(ALARM_SERVICE);
25.                 am.set(AlarmManager.RTC_WAKEUP, c.getTimeInMillis(), pI);
26.             }
27.         });
```

代码说明

①代码第 11、12 行获取开启定时闹钟服务按钮实例。

②代码第 13～27 行为 BtnStartTimerAlarm 按钮设置点击事件。

③代码第 17、18 行定义 Intent 对象。

④代码第 19、20 行获取一个将要发送广播的 PendingIntent 实例，其中该实例的 getBroadcast 方法和 Context.sendBroadcast 方法实现相同的工作。

⑤代码第 21、22 行获取一个 Calendar 对象并将该 Calendar 实例的时间设置提前 10s。

⑥代码第 22、23 行获取一个系统的定时服务。

⑦代码第 25 行设置系统的定时服务将在 Calendar 实例设定的时间被唤醒，同时将进行 pI 定义的操作，即发送一个广播消息。

```
28.         BtnExit = (Button) findViewById(R.id.BtnExit);
29.         BtnExit.setOnClickListener(new OnClickListener() {
30.             @Override
31.             public void onClick(View v) {
32.                 Intent intent = new Intent(TimerAlarmActivity.this,
33.                                             TimerAlarmReceiver.class);
34.                 PendingIntent pI = PendingIntent.getBroadcast(
35.                                 TimerAlarmActivity.this, 0, intent, 0);
36.                 AlarmManager am
37.                     = (AlarmManager) getSystemService(ALARM_SERVICE);
38.                 am.cancel(pI);
39.                 finish();
40.             }
41.         });
42.     }
43.     public static TimerAlarmActivity getApp() {
44.         return App;
45.     }
46. }
```

代码说明

①代码第 28 行获取退出按钮实例。

②代码第 29～41 行为 BtnExit 按钮设置点击事件。

③代码第 38 行调用 AlarmManager 的 cancel 方法退出系统定时服务。

④代码第 39 行调用 finish 方法退出程序。

代码 7-8 TimerAlarmReceiver.java

```
01. public class TimerAlarmReceiver extends BroadcastReceiver {
02.     @Override
03.     public void onReceive(Context context, Intent intent) {
04.         context.startService(
05.             new Intent(context, TimerAlarmService.class));
06.         context.stopService(
07.             new Intent(context, TimerAlarmService.class));
08.     }
09. }
```

代码说明

①代码定义了继承于 BroadcastReceiver 的子类 TimerAlarmReceiver 用于接收本实例中定义的广播消息。其中，代码第 3～8 行重写了 onReceive 方法来接收并处理广播消息。

②代码第 4、5 行启动 TimerAlarmService 服务完成定时提醒。

③代码第 6、7 行在完成定时提醒之后关闭 TimerAlarmService 服务。

代码 7-9　TimerAlarmService.java

```
01. public class TimerAlarmService extends Service {
02.     @Override
03.     public IBinder onBind(Intent intent) {
04.         return null;
05.     }
06.     @Override
07.     public void onCreate() {
08.         TimerAlarmActivity app = TimerAlarmActivity.getApp();
09.         app.setTitle("来自于定时闹钟服务");
10.         Toast.makeText(this, "定时闹钟提醒", Toast.LENGTH_LONG).show();
11.         super.onCreate();
12.     }
13.     @Override
14.     public void onDestroy() {
15.         String AppName = "TimerAlarm";
16.         TimerAlarmActivity app = TimerAlarmActivity.getApp();
17.         app.setTitle(AppName);
18.         super.onDestroy();
19.     }
20. }
```

代码说明

①代码第 7～12 行重写 Service 的 onCreate 方法，并在其中设置程序的 Title 以及通过 Toast 向用户显示“定时闹钟提醒”的信息。

②代码第 14～19 行重写 Service 的 onDestroy 方法，并在其中将程序的 Title 重新设置为应用程序名。

（3）运行程序

运行程序，点击“开启定时闹钟服务”，在等待 10s 的定时之后，程序将以 Toast 的形式提示用户定时到，如图 7-7 所示。

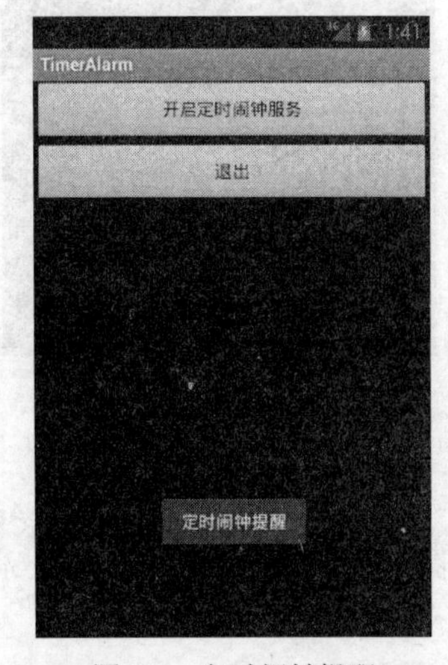

图 7-7　定时闹钟提醒

第 8 章　国际化

国际化，英文单词是 Internationlization，因为该单词太长，通常简称为 I18N，其中 I 为该单词的首字母，18 代表中间省略的字母个数，而 N 则代表该单词的最后一个字母。国际化主要是为软件提供多语言支持，进而为用户提供自适应、更加友好的界面。在本章中将向读者介绍 Android 的国际化支持。

8.1　Android 国际化

Android 是 Google 为了占领全球移动互联网市场而诞生的产物，自然 Google 在设计之初就考虑了如何提供更好的全球多语言支持。通常而言，一个国际化支持好的应用，应该随着用户所在区域而采用该区域的语言，进而实现更加友好的交互。Android 系统提供了大概 30 多种语言的支持，虽然不可能支持全球所有国家的语言，但是已经包含了全世界最为通用的几十种语言，如图 8-1 所示。

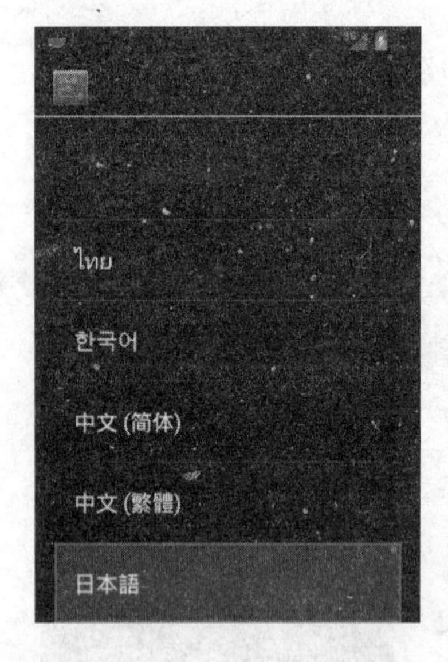

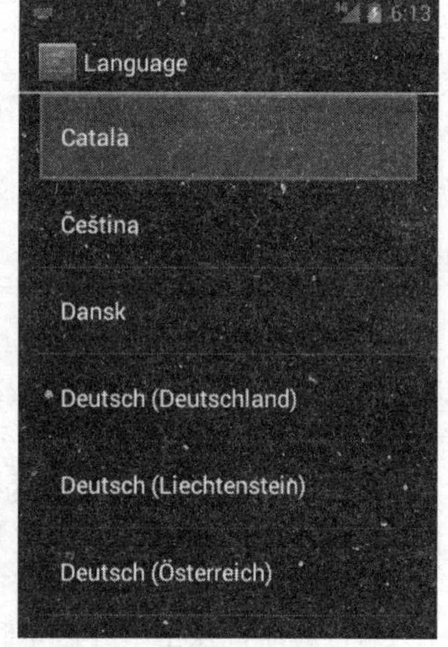

图 8-1　Android 支持的语言区域

用户可以通过依次选择Android系统的“设置”→“语言和键盘”→“选择语言”进入如图 8-1 所示的界面，将 Android 系统设置为各种语言区域，如图 8-2 所示分别为简体中文、英文以及日本语的界面。

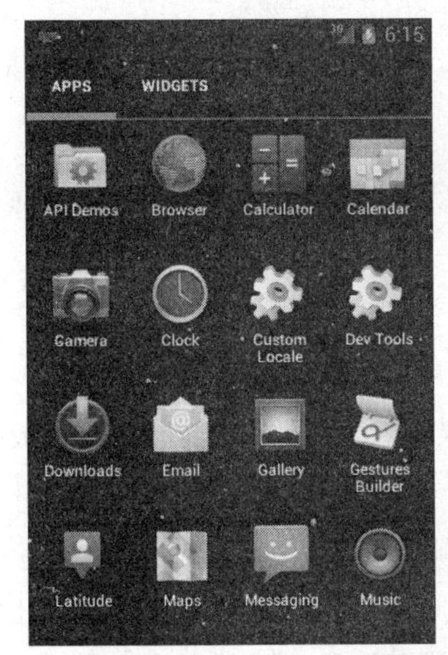

图 8-2　Android 系统 3 种语言区域的桌面

8.2　Android 的资源管理

Android 之所以能够提供如此好的国际化支持，很大程度上归功于它所采用的资源管理方式。这一节将向读者介绍 Android 的资源管理方式。

8.2.1　创建 Android 资源

Android 的资源不是以程序代码表示，而是外部文件。但是当资源一旦部署好之后，便可以将这些资源编译到应用程序包中，从而使用这些资源。Android 支持许多种类的资源文件，包括 xml 文件、PNG 文件、JPG 文件、mp3 文件等。总体而言，这些资源文件按格式可以分为 3 类，分别是：xml 文件、图片（位图）文件以及原始文件（其他类型，如声音文件等）。开发者应该按上述 3 种分类在“/res”目录下的相应子目录内创建所需的资源文件。其中，“/res”目录下的子目录描述如表 8-1 所示。

表 8-1　　/res 资源目录

目录	描述
/res/anim	该目录下放置的是.xml 文件，被编译成一帧一帧的时间动画 Frame 对象
/res/drawable-hdpi、/res/drawable-mdpi 以及/res/drawable-ldpi	这 3 个目录用于放置 png、jpeg 以及 bmp 等图片文件，编译时将会被编译成位图 Bitmap 资源。其中，后缀 hdpi、mdpi 以及 ldpi 分别代表高、中以及低分辨率。这 3 个目录在程序中都以/res/drawable 被引用
/res/layout	该目录下放置的是.xml 文件，用于界面布局。在编译时被编译成显示界面
/res/value	该目录下放置的是.xml 文件，用于表示在程序中被引用的一些字符串（String）等资源类型
/res/raw	该目录下放置的是一些原始文件，如声音文件等

表 8-1 列举出的所有目录下的文件都会被编译到应用程序包中，可以通过 R 清单类直接对这些资源文件进行引用。

8.2.2 创建 Android 多语言资源

Android 可以对 res/目录下的 values 以及 drawable 子目录等添加几个不同语言国家的版本，以实现对多语言的支持。不同资源文件目录的命名方式如下：

```
values-语言代码-r 国家代码
drawable-语言代码-r 国家代码
```

例如，希望应用程序支持简体中文和美式英语两种环境，则需要在“/res”目录下添加几个子目录，values-zh-rCN、values-en-rUS、drawable-zh-rCN 以及 drawable-en-rUS，如图 8-3 所示。

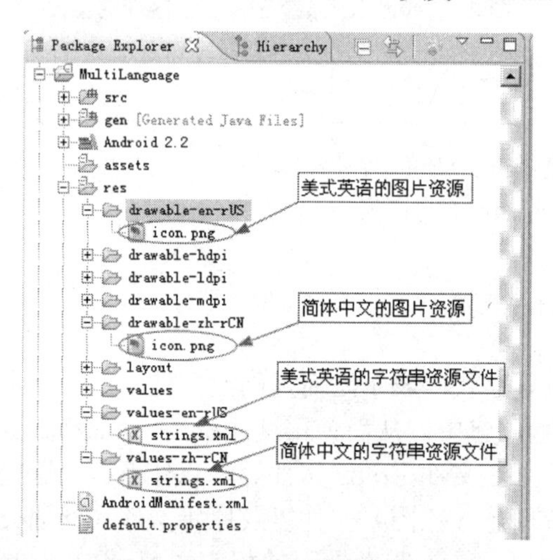

图 8-3　多语言资源文件

其中，/res/ values-zh-rCN 目录下的 strings.xml 文件内容如下：

```
<?xml version="1.0" encoding="utf-8"?>
<resources>
    <string name="confirm">确定</string>
    <string name="cancel">取消</string>
    <string name="content">欢迎来到 Android 的世界!</string>
</resources>
```

/res/ values-en-rUS 目录下的 strings.xml 文件内容如下：

```
<?xml version="1.0" encoding="utf-8"?>
<resources>
    <string name="confirm">OK</string>
    <string name="cancel">Cancle</string>
    <string name="content">Welcome to the world of Android!</string>
</resources>
```

可以看到，strings.xml 资源文件中的消息是以 key-value 对的形式存储的，各种语言国家环境下的 key 都是一样，Android 将根据不同的语言国家环境选择不同的 value 值。

8.3 Android 多语言范例

利用上一节创建的多语言资源，可以轻松实现Android程序的国际化。下面的实例向读者演示了 Android 程序的多语言使用。

实例 8-1　Android 多语言范例（MultiLanguage）

演示如何实现 Android 程序的多语言国际化。

（1）创建工程

创建一个新的 Android 工程，工程名为 MultiLanguage，并为该工程添加如下文件。

①\res\layout\main.xml：定义程序的界面布局。

②MultiLanguage.java：创建程序的 Activity 类，显示程序界面。

（2）编写代码

代码 8-1　\Chapter8\MultiLanguage\res\layout\main.xml

```
01. <?xml version="1.0" encoding="utf-8"?>
02. <LinearLayout
03.   xmlns:android="http://schemas.android.com/apk/res/android"
04.     android:orientation="vertical"
05.     android:layout_width="fill_parent"
06.     android:layout_height="fill_parent"
07.     >
08.     <TextView
09.         android:layout_width="wrap_content"
10.         android:layout_height="wrap_content"
11.         android:text="@string/content"
12.         android:layout_gravity="center_horizontal">
13.     </TextView>
14.     <ImageView android:id="@+id/img"
15.         android:layout_width="wrap_content"
16.         android:layout_height="wrap_content"
17.         android:src="@drawable/img"
18.         android:layout_gravity="center">
19.     </ImageView>
20.     <LinearLayout android:orientation="horizontal"
21.         android:layout_width="fill_parent"
22.         android:layout_height="wrap_content"
23.         android:gravity="center_horizontal">
24.         <Button android:text="@string/confirm"
25.             android:id="@+id/ConfirmBtn"
26.             android:layout_width="wrap_content"
27.             android:layout_height="wrap_content">
28.         </Button>
29.         <Button android:text="@string/cancel"
30.             android:id="@+id/CancleBtn"
```

```
31.             android:layout_width="wrap_content"
32.             android:layout_height="wrap_content">
33.         </Button>
34.     </LinearLayout>
35. </LinearLayout>
```

代码说明

①上述代码在显示界面上垂直放置一个 TextView、一个 ImageView 以及两个 Button 组件。

②代码第 11、24 以及 29 行引用 strings.xml 文件中的字符串，其中 strings.xml 为上节给出的相应文件。

代码 8-2 MultiLanguage.java

```
01. public class MultiLanguage extends Activity {
02.     /** Called when the activity is first created. */
03.     @Override
04.     public void onCreate(Bundle savedInstanceState) {
05.         super.onCreate(savedInstanceState);
06.         setContentView(R.layout.main);
07.     }
08. }
```

代码说明

上述代码很简单，其中代码第 6 行设置当前 Activity 显示的界面布局。

最后，将上一节创建好的多语言资源文件方法/res 目录中。

（3）运行程序

将当前语言区域设置为“简体中文”，程序运行界面如图 8-4 所示；将当前语言区域设置为“美式英语”，程序运行界面如图 8-5 所示。

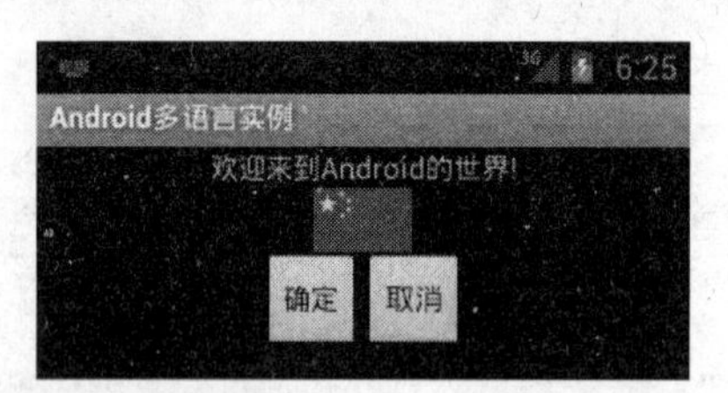

图 8-4 简体中文界面

图 8-5 美式英语界面

第 9 章　图形与图像处理

Android 系统在图形处理方面的能力也是非常的强大。对 2D 图形的处理上，Android 放弃了 Java 的图形处理类，而是针对移动设备有限的资源进行了充分的优化设计，进而自定义了一系列 2D 图形处理类，这些类分别位于 android.graphics、android.graphics.drawable.shape 和 android.view.animation 包中。对于 3D 图形的处理，Android 集成了 OpenGL ES 提供的高效的 3D 图形处理技术，从而实现了强大的 3D 图形渲染能力。

本章将对 Android 中的 2D 图形图像处理的相关知识进行介绍。3D 图形处理的相关技术将在第 11 章中单独向读者进行讲解。

9.1　使用简单图片

Android 系统经常会用到图片，例如应用程序的图标、图片按钮和图片视图等。通常情况下，针对图片存放的不同位置，将采用不同的方式来使用这些图片。

9.1.1　使用 Drawable 对象

当应用程序使用的图片被放置于工程的资源文件夹中时，可以使用 Drawable 类对图片进行操作。Drawable 类有很多子类，如，BitmapDrawable 类用来操作位图、ColorDrawable 类用来操作颜色、ShapeDrawable 类用来操作形状等。在用 Drawable 类对图片进行操作时，通常有两种方法：一是在 Java 代码中实例化 Drawable 对象；二是使用 xml 文件定义 Drawable 属性。下面将向读者介绍这两种方法。

1.　在 Java 代码中实例化 Drawable 对象

当在工程的 drawable 资源文件夹（/res/drawable/）下放入一张名为 img.jpg 的图片后，系统会在 R 类中自动为该图片创建引用，然后就可以通过该图片的 id（R.drawable.img）来使用该图片。如代码 9-1 和代码 9-2 所示。

代码 9-1　\Chapter9\DrawableDemo\res\layout\main.xml

```
01. <?xml version="1.0" encoding="utf-8"?>
02. <LinearLayout
03.     xmlns:android="http://schemas.android.com/apk/res/android"
04.     android:orientation="vertical"
05.     android:layout_width="fill_parent"
06.     android:layout_height="fill_parent"
07.     >
08.     <ImageView android:id="@+id/ImgView"
```

```
09.         android:layout_width="fill_parent"
10.         android:layout_height="fill_parent">
11.     </ImageView>
12. </LinearLayout>
```

代码说明

上述布局文件中放置了一个 ImageView 组件，用于显示资源文件夹中的图片。

代码 9-2 DrawableDemo.java

```
01. public class DrawableDemo extends Activity {
02.     private ImageView mImgView = null;
03.     public void onCreate(Bundle savedInstanceState) {
04.         super.onCreate(savedInstanceState);
05.         setContentView(R.layout.main);
06.         mImgView = (ImageView) findViewById(R.id.ImgView);
07.         mImgView.setImageResource(R.drawable.img);
08.     }
09. }
```

代码说明

①代码第 6 行获取 ImageView 组件的引用实例。

②代码第 7 行调用 setImageResource 方法为 ImageView 组件设置图片来源。

程序运行结果如图 9-1 所示。

图 9-1 从资源文件夹中加载图片

2. 使用xml 文件定义 Drawable 属性

在 xml 文件中放置相关组件时便定义该组件的 Drawable 属性其实是更为常见的一种用

法，只有在程序中需要动态修改 Drawable 属性时通常才使用 Java 代码的形式。下面将通过在 xml 文件中定义图片视图的 Drawable 属性实现图 9-1 所示的效果。

代码 9-3　\Chapter9\DrawableDemo\res\layout\main.xml\main.xml

```
01. <?xml version="1.0" encoding="utf-8"?>
02. <LinearLayout
03.     xmlns:android="http://schemas.android.com/apk/res/android"
04.     android:orientation="vertical"
05.     android:layout_width="fill_parent"
06.     android:layout_height="fill_parent"
07.     >
08.     <ImageView android:id="@+id/ImgView"
09.         android:layout_width="fill_parent"
10.         android:layout_height="fill_parent"
11.         android:src="@drawable/img">
12.     </ImageView>
13. </LinearLayout>
```

代码说明

上述代码和代码 9-1 唯一不同之处是通过 android:src="@drawable/img"直接为 ImageView 设置了图片来源，这样，无需写任何 Java 代码便可以实现图 9-1 所示的效果。

另外，还可以在 AndroidManifest.xml 文件中为应用程序设置图标的图片来源，代码如下所示：

```
<application android:icon="@drawable/my" android:label="@string/app_name">
```

运行程序后，该应用程序的图标如图 9-2 所示。

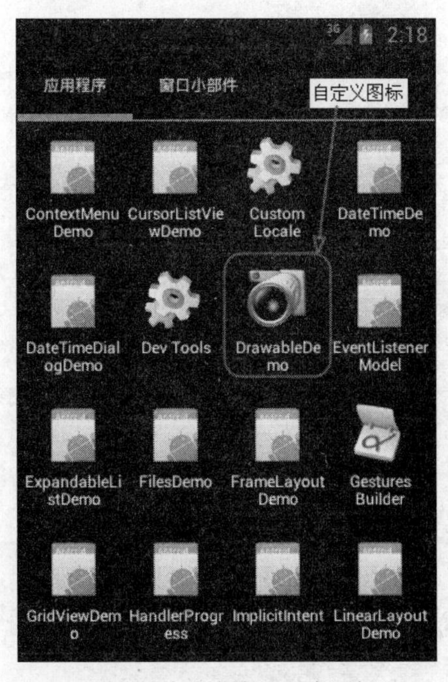

图 9-2　自定义应用程序图标

9.1.2 Bitmap 和 BitmapFatory

当图片文件位于 Android 系统的 SDCard 文件夹中或需要将图片保存到 SDCard 目录下时，可以使用 Bitmap 类实现图像文件的读取、写入以及其他一些图像操作。

Bitmap 是 Android 系统中图像处理有关的最重要的类之一。用它可以获取图像文件，进行图像剪切、旋转、缩放等操作，并能以指定格式保存图像文件。Bitmap 类位于 android.graphics 包中，但是 Bitmap 类的构造函数是私有的，外层并不能实例化，只能是通过 JNI 实例化。因此需要某个辅助类提供创建 Bitmap 的接口，而这个类通过 JNI 接口来实例化 Bitmap，这个类就是 BitmapFactory。

利用 BitmapFactory 类可以从一个指定的图像文件中通过 decodeFile 方法解码出 Bitmap 实例，也可以从定义的图片资源中使用 decodeResource 方法解码出 Bitmap 对象。另外，还可以利用 Bitmap 的 compress 方法将 Bitmap 以指定的格式（JPEG 或 PNG）进行压缩并保存到文件中。下面将通过一个实例向读者详细介绍 Bitmap 和 BitmapFactory 这两个类的具体用法。

实例 9-1　BitmapDemo（\Chapter9\BitmapDemo）

演示 Bitmap 和 BitmapFactory 的用法，该实例将从 SDCard 文件夹下读取一张图片，并将该图片设置为桌面，同时将该图片压缩成 PNG 格式后重新写入 SDCard 文件夹中。首先需要在 SDCard 目录中放入一张名为 desktop.jpg 的图片。

（1）创建工程

创建一个新的 Android 工程，工程名为 BitmapDemo，并为该工程添加如下文件。

BitmapDemo.java：创建程序的 Activity 类，读取 Bitmap 对象表示的图片并设置为桌面。

（2）编写代码

代码 9-4　BitmapDemo.java

```
01. public class BitmapDemo extends Activity {
02.     String readPath = "/sdcard/desktop.jpg";
03.     String writePath = "/sdcard/bitmapCompress.png";
04.     public void onCreate(Bundle savedInstanceState) {
05.     super.onCreate(savedInstanceState);
06.         setContentView(R.layout.main);
07.         Bitmap myBitmap = BitmapFactory.decodeFile(readPath);
08.         File writeFile = new File(writePath);
09.         try {
10.             setWallpaper(myBitmap);
11.             writeFile.createNewFile();
12.             FileOutputStream fOut = new FileOutputStream(writeFile);
13.             myBitmap.compress(CompressFormat.PNG, 0, fOut);
14.             fOut.close();
15.         } catch (FileNotFoundException e1) {
16.             e1.printStackTrace();
17.         } catch (IOException e) {
18.             e.printStackTrace();
19.         }
```

```
20.     }
21. }
```

代码说明

①代码第 2、3 行定义读写的图片路径。

②代码第 7 行通过 BitmapFactory 获取 Bitmap 实例 myBitmap。

③代码第 8 行创建图片写入的文件。

④代码第 10 行将 myBitmap 设置为手机桌面壁纸。

⑤代码第 11 行以 writeFile 文件的路径创建一个新的空文件。

⑥代码第 12 行创建文件输出流，用于将图片写入文件 writeFile。

⑦代码第 13 行将 Bitmap 压缩成 png 格式图片并写入文件 writeFile。其中，compress 方法有 3 个参数，分别为压缩格式（JPEG 或 PNG）、压缩质量以及压缩后的输出流。

⑧代码第 14 行关闭文件。

另外，因为在上述程序中调用 setWallpaper 方法对手机的桌面壁纸进行了修改，因此需要在 AndroidManifest.xml 文件中为设置壁纸添加用户许可，代码如下：

```
<uses-permission
    android:name="android.permission.SET_WALLPAPER">
</uses-permission>
```

（3）运行程序

程序运行后，Android 系统的桌面图片被改变，如图 9-3 所示。同时在 SDCard 目录中将有一张名为 bitmapCompress.png 的新图片产生。

图 9-3　利用 Bitmap 修改的桌面图片

9.2　利用 graphics 绘图

在本章开头的时候，我们提到 Android 为 2D 图形的操作自定义了很多类，其中很多类都位于 android.graphics 包中。本节将向读者介绍如何利用 graphics 进行图形的绘制。

要实现绘图功能，首先需要画笔工具，Paint 类便是 Android 的画笔；其次需要为画笔调制各种不同的颜色，Color 类实现了这一操作；最后需要一张画布，而这个工具由 Canvas 类提供。另外，在进行画线等操作时还需要连接路径，这个工具由 Path 提供。当正确利用这些工具后，便可以在手机屏幕上绘制各种我们想要的图形了。当然，Android 还提供了诸如 OvalShape（椭圆）、RectShape（矩阵）等类以便我们能够直接画出各种几何图形。下面将向读者介绍 graphics 中这些常用类的用法。

9.2.1 Paint 类

Paint 类是 Android 绘图功能的画笔工具，它包含了绘制几何图形、文本和位图所需的一些风格、颜色信息，如线宽、字体和大小等。通过 Paint 类提供给用户的公共方法，可以对其属性进行设置，该类的主要方法如表 9-1 所示，更多的方法和属性可以查阅 SDK 文档。

表 9-1 **Paint 类的主要方法**

方法	描述
setARGB(int a, int r, int g，int b)	设置画笔的 alpha、red、green 和 blue 值
setAlpha(int a)	设置画笔的 alpha 值
setAntiAlias(Boolean aa)	设置是否使用画笔的锯齿效果
setColor(int color)	设置画笔的颜色
setTextSize(float textSize)	设置文本大小
setStrokeWidth(float width)	设置线宽
setTextAlign(Paint.Align align)	设置文本对齐方式
setShader(Shader shader)	设置渐变效果
setStyle(Paint.Style style)	设置画笔的风格，空心或实心
getColor()	获取画笔的颜色
getAlpha()	获取画笔的 alpha 值

9.2.2 Color 类

Color 类定义了一些颜色常量和颜色转换的方法，Android 中的颜色有 RGB 和 HSV 两种色彩空间，可以根据具体应用在这两种色彩空间之间相互转换。常用的颜色属性如表 9-2 所示。

表 9-2 **Color 类的常用颜色属性**

颜色属性	描述
BLACK	黑色
BLUE	蓝色
CYAN	青绿色
DKGRAY	灰黑色

续表

颜色属性	描述
YELLOW	黄色
GRAY	灰色
GREEN	绿色
LTGRAY	浅灰色
MAGENTA	红紫色
RED	红色
TRANSPARENT	透明
WHITE	白色

9.2.3　Canvas 类

Canvas类是Android绘图中的画布工具，通过它可以在屏幕上绘制任何想要的图形。在绘图之前，需要对 Canvas 设置一些画布的属性，如画布的颜色、尺寸等。该类的一些主要方法如表 9-3 所示。

表 9-3　Canvas 类的主要方法

方法	描述
drawText(String text, float x, float y, Paint paint)	书写文字
drawPoint(float x, float y, Paint paint)	画线
drawLine(float startX, float startY, float stopX, float stopY, Paint paint)	画点
drawCircle(float cx, float cy, float radius, Paint paint)	画圆
drawOval(RectF oval, Paint paint)	画椭圆
drawRect(RectF rect, Paint paint)	画矩形
drawRoundRect(RectF rect, float cx, float cy, Paint paint)	画圆角矩形
drawPath(Path path, Paint paint)	画路径
clipRect(float left, float top, float right, float bottom)	剪裁矩形区域
clipRegion(Region region)	剪裁区域
rotate(float degrees)	旋转画布
isOpaque()	当前图层是否透明

9.2.4　Path 类

Path 类用于绘制一些复合图形，例如多边形等。它将一条条直线段、二次曲线段和三次曲线段地连接起来，形成一些不规则的复合图形。该类的一些主要方法如表 9-4 所示。

表 9-4　　Path 类的主要方法

方法	描述
lineTo(float x, float y)	直线段连接到指定点
quadTo(float x1, float y1, float x2, float y2)	二次曲线连接到指定点
cubicTo(float x1, float y1, float x2, float y2)	三次曲线连接到指定点
addRect(RectF rect, Path.Direction dir)	添加闭合矩形到路径中
close()	封闭当前路径轮廓
moveTo(float x, float y)	移动到指定点

9.2.5　绘制几何图形

通过上面几个小节的介绍，已经对Android中的几种绘图工具有了整体的了解。在这一小节中，将利用上面讲到的几种工具绘制一些常见的图形。

想要在屏幕上绘制出各种图形，首先需要自定义 view（继承于 View 类），然后重写 View 类的回调函数 onDraw()在 view 上利用画图工具绘制图形，最后实例化自定义的 View 并将其设置为 Activity 显示的视图，这样便能在屏幕上看到绘制的图形了。下面通过一个实例向读者具体介绍如何绘制几何图形。

实例 9-2　绘制几何图形（\Chapter9\GeometricDraw）

演示如何在屏幕上绘制各种几何图形。

（1）创建工程

创建一个新的 Android 工程，工程名为 GeometricDraw，并为该工程添加如下文件。

GeometricDraw.java：创建程序的 Activity 类，在程序的界面上绘制几何图形。

（2）编写代码

代码 9-5　GeometricDraw.java

```
01. public class GeometricDraw extends Activity {
02.     /** Called when the activity is first created. */
03.     @Override
04.     public void onCreate(Bundle savedInstanceState) {
05.         super.onCreate(savedInstanceState);
06.         setContentView(new GeometricView(this));
07.     }
08.     private class GeometricView extends View {
09.         public GeometricView(Context context) {
10.             super(context);
11.         }
12.         @Override
13.         protected void onDraw(Canvas canvas) {
14.             super.onDraw(canvas);
15.             canvas.drawColor(Color.WHITE);
16.             Paint paint = new Paint();
```

```
17.            paint.setAntiAlias(true);
18.            paint.setColor(Color.RED);
19.            paint.setStyle(Paint.Style.STROKE);
20.            paint.setStrokeWidth(3);
21.            canvas.drawCircle(40, 40, 30, paint);
22.            canvas.drawRect(10, 90, 70, 150, paint);
23.            RectF re = new RectF(10, 170, 70, 200);
24.            canvas.drawOval(re, paint);
```

代码说明

①代码第 6 行实例化自定义的 GeometricView 类对象并将其设置为 Activity 的显示界面。

②代码第 8～67 行自定义用于画图的 View 的子类 GeometricView。

③代码第 13～66 行重写 View 的 onDraw 方法用于画图。

④代码第 14 行设置画布颜色。

⑤代码第 16 行实例化 Paint 对象。

⑥代码第 17～20 行设置了 Paint 对象的 4 个属性，分别是不使用锯齿效果、画笔颜色、画笔空心风格以及画笔的线宽。

⑦代码第 21～23 行利用设置好属性的 Canvas 和 Paint 对象分别绘制圆、矩形以及椭圆。

```
25.            Path path = new Path();
26.            path.moveTo(10, 280);
27.            path.lineTo(70, 280); // 直线段连接
28.            path.lineTo(55, 220);
29.            path.lineTo(25, 220);
30.            path.close();
31.            canvas.drawPath(path, paint);
32.            Path path2 = new Path();
33.            path2.moveTo(10, 300);
34.            path2.quadTo(40, 325, 70, 300); // 二次曲线连接
35.            path2.cubicTo(50, 320, 50, 340, 70, 360); // 三次曲线连接
36.            path2.quadTo(40, 335, 10, 360);
37.            path2.cubicTo(30, 340, 30, 320, 10, 300);
38.            path2.close();
39.            canvas.drawPath(path2, paint);
```

代码说明

①代码第 25 行实例化 Path 对象。

②代码第 26～30 行用直线段连接 4 个点并将其设置为一个封闭路径，从而形成一个四边形。

③代码第 31 行绘制设置好的四边形路径。

④代码第 34、36 行以二次曲线连接两个点。

⑤代码第 35、37 行以三次曲线连接两个点。

⑥代码第 39 行获知设置好的封闭曲线四边形。

```
40.            paint.setStyle(Paint.Style.FILL);
41.            canvas.drawCircle(120, 40, 30, paint);
42.            canvas.drawRect(90, 90, 150, 150, paint);
43.            RectF re2 = new RectF(90, 170, 150, 200);
44.            canvas.drawOval(re2, paint);
45.            Path path3 = new Path();
```

```
46.             path3.moveTo(90, 280);
47.             path3.lineTo(150, 280);
48.             path3.lineTo(135, 220);
49.             path3.lineTo(105, 220);
50.             path3.close();
51.             canvas.drawPath(path3, paint);
52.             Path path4 = new Path();
53.             path4.moveTo(90, 300);
54.             path4.quadTo(120, 325, 150, 300);
55.             path4.cubicTo(130, 320, 130, 340, 150, 360);
56.             path4.quadTo(120, 335, 90, 360);
57.             path4.cubicTo(110, 340, 110, 320, 90, 300);
58.             path4.close();
59.             canvas.drawPath(path4, paint);
60.             paint.setTextSize(20);
61.             canvas.drawText("圆形", 240, 50, paint);
62.             canvas.drawText("矩形", 240, 120, paint);
63.             canvas.drawText("椭圆", 240, 190, paint);
64.             canvas.drawText("梯形", 240, 250, paint);
65.             canvas.drawText("不规则图形", 240, 330, paint);
66.         }
67.     }
68. }
```

代码说明

①代码第 40 行设置画笔风格为实心。

②代码第 60 行设置字体大小。

③代码第 61～65 行书写文字。

（3）运行程序

运行程序后，绘制的图形如图 9-4 所示。

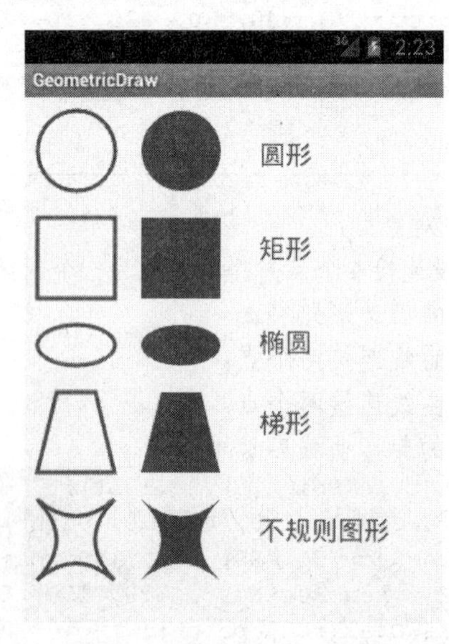

图 9-4　绘制的几何图形

9.2.6 绘制动态图形

在上一小节中，向读者介绍了如何利用 graphics 绘制几何图形，所绘制的图形都是静态的图形。其实，在很多应用，例如游戏或动画中，需要绘制一些动态的图形，Android 当然也提供了一些实现动画功能的类，我们将在本章的后面向读者介绍。但其实利用现有的绘图工具，也能实现一些动态图形的绘制。

要实现动态图形的绘制，思路其实很简单，还是采用静态图形一致的绘图方式，只是需要不断地在界面上进行刷新绘制，这样呈现给我们的就是一个动态图形。从实现方式上讲，它不过是不断刷新的一连串静态图形而已。下面通过一个实例向读者介绍动态图形绘制的具体实现方法。

实例 9-3　动态图形绘制（\Chapter9\DynamicDrawingDemo）

本实例演示如何使用 graphics 进行动态图形的绘制，在实例中将实现一个小球沿正方形路径循环滚动的功能，该小球每隔 100ms 被绘制刷新一次。

（1）创建工程

创建一个新的 Android 工程，工程名为 DynamicDrawingDemo，并为该工程添加如下文件。

DynamicDrawingDemo.java：创建程序的 Activity 类，在界面上绘制动态图形。

（2）编写代码

代码 9-6　DynamicDrawingDemo.java

```
01. public class DynamicDrawingDemo extends Activity {
02.     class DynamicView extends View implements Runnable {
03.         private static final int MSG_UPDATE = 0x123;
04.         private int x = 0;
05.         private int y = 0;
06.         private RefreshHandler mRedrawHandler = null;
07.         public DynamicView(Context context) {
08.             super(context);
09.             setFocusable(true);
10.             x = 80;
11.             y = 320;
12.             mRedrawHandler = new RefreshHandler();
13.             new Thread(this).start();
14.         }
```

代码说明

①代码第 2～48 行自定义用于动态绘图的 View 类。

②代码第 3 行定义 Handler 传递的消息常量。

③代码第 7～14 行定义自定义 DynamicView 类的构造函数。

④代码第 9 行用于自定义的视图获取焦点。

⑤代码第 10、11 行初始化小球坐标。

⑥代码第 12 行实例化传递刷新界面消息的 RefreshHandler 对象。

⑦代码第 13 行启动用于定时刷新界面的线程。

```
15.         public void run() {
16.             while( !Thread.currentThread().isInterrupted()) {
17.                 Message m = new Message();
18.                 m.what = MSG_UPDATE;
19.                 mRedrawHandler.sendMessage(m);
20.                 try {
21.                     Thread.sleep(100);
22.                 } catch (InterruptedException e) {
23.                     e.printStackTrace();
24.                 }
25.             }
26.         }
```

代码说明

①代码第 15~26 行定义线程运行方法。

②代码第 16 行循环判断线程是否被中断。

③代码第 17、18 行定义消息对象并设置消息的消息码。

④代码第 19 行向主线程发送消息。

⑤代码第 21 行用于线程延时 100ms。

```
27.         protected void onDraw(Canvas canvas) {
28.             super.onDraw(canvas);
29.             Paint p = new Paint();
30.             p.setColor(Color.GREEN);
31.             canvas.drawCircle(x, y, 10, p);
32.         }
```

代码说明

①代码第 27~32 行重写 View 的 onDraw 方法用于绘制图形。

②代码第 29 行实例化画笔 Paint 对象。

③代码第 30 行设置画笔颜色。

④代码第 31 行绘制圆形。

```
33.         class RefreshHandler extends Handler {
34.             public void handleMessage(Message msg) {
35.                 if (msg.what == MSG_UPDATE) {
36.                     DynamicView.this.update();
37.                     DynamicView.this.invalidate();
38.                 }
39.                 super.handleMessage(msg);
40.             }
41.         };
```

代码说明

①代码第 33~41 行自定义传递界面刷新消息的 RefreshHandler 类，该类继承于 Handler 类。

②代码第 34 行重写 Handler 类的 handleMessage 方法用于处理消息。

③代码第 35 行判断接收到的消息码是否为 MSG_UPDATE。

④代码第 36 行更新小球绘制的坐标。

⑤代码第 37 行刷新视图界面。

```
42.         private void update() {
43.             if (x == 80 && y > 160 ) y -= 5;
44.             else if (y == 160 && x < 240) x += 5;
45.             else if (x == 240 && y < 320) y += 5;
46.             else if (y == 320 && x > 80) x -= 5;
47.         }
48.     }
49.     /** Called when the activity is first created. */
50.     @Override
51.     public void onCreate(Bundle savedInstanceState) {
52.         super.onCreate(savedInstanceState);
53.         DynamicView v = new DynamicView(this);
54.         setContentView(v);
55.     }
56. }
```

代码说明

①代码第 42～48 行定义 update 方法用于更新小球绘制的坐标。

②代码第 53 行实例化动态绘图 DynamicView 类对象。

③代码第 54 行设置动态绘图类对象 v 为 Activity 的显示界面。

（3）运行程序

运行程序，界面如图 9-5 所示。

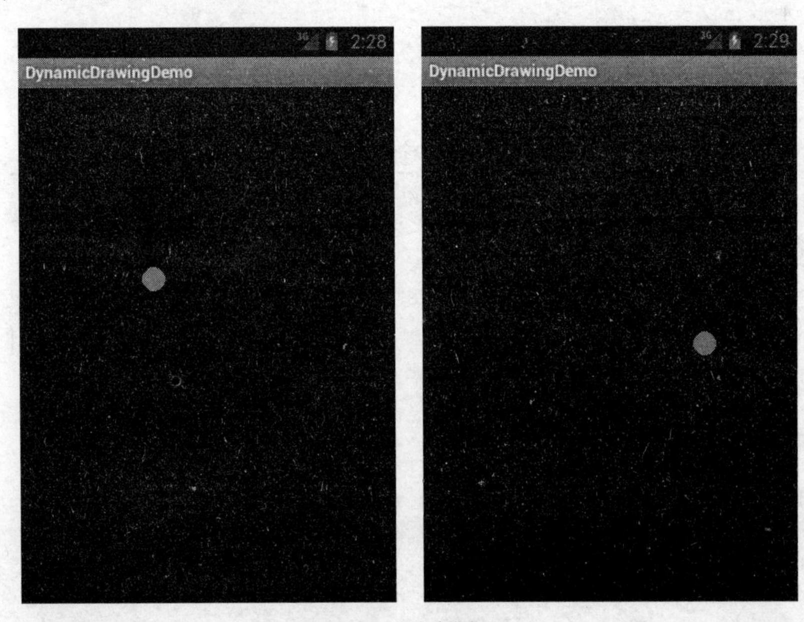

图 9-5　动态图形

9.3 图形特效处理

在一些与图形相关的应用开发中，经常会对图形进行各种特定效果的处理，如图形的旋转、缩放、扭曲以及渲染等。在这一节中，将向读者介绍 Android 中的一些图形特效处理方法。

9.3.1 使用 Matrix 实现图形变换

Android提供了一个矩阵类Matrix，该类为一个3×3的矩阵。通过该矩阵类可以实现图形的仿射变换，如平移、旋转、缩放以及倾斜等。

Android API 为每一种变换都提供了 set、post 和 pre 3 种属性设置方法，除了 translate 以外，其他 3 种变换都可以指定中心点，如果没有指定中心点，则默认中心点为（0，0），其中，set 方法是直接设置 Matrix 的值，每 set 一次，整个 Matrix 为设置的值都会重置为默认值，因此每次只能设置一种变换的属性，不能将几种变换叠加设置。另外，Android API 还为我们提供了另外两种更为方便的属性设置方法，这两种方法允许我们将几种变换叠加进行。Post 设置方法是将当前矩阵乘以参数给出的矩阵，可以多次使用 post 方法完成所需的整个变换。例如，将一个图片旋转 30°，然后平移到坐标点（100,100）处，则可由如下代码实现：

```
Matrix mat = new Matrix();
mat.postRotate(30);
mat.postTranslate(100, 100);
```

另外，pre 方法是将参数矩阵乘以当前矩阵，因此执行操作的顺序和设置属性的顺序是反向的。例如要实现上面 post 方法实现的操作，代码如下：

```
Matrix mat = new Matrix();
mat.postTranslate(100, 100);
mat.postRotate(30);
```

下面通过一个简单的实例向读者介绍 Matrix 的具体用法。

实例 9-4 Matrix 图形变换实例（\Chapter9\MatrixDemo）

演示 Matrix 的用法，使用 Matrix 实现图形的平移、旋转、缩放和倾斜变换。

（1）创建工程

创建一个新的 Android 工程，工程名为 MatrixDemo，并为该工程添加如下文件。

MatrixDemo.java：创建程序的 Activity 类，为界面上显示的图形实现各种几何变换。

（2）编写代码

代码 9-7 MatrixDemo.java

```
01. public class MatrixDemo extends Activity {
02.     /** Called when the activity is first created. */
03.     @Override
04.     public void onCreate(Bundle savedInstanceState) {
05.         super.onCreate(savedInstanceState);
06.         setContentView(new MatrixView(this));
07.     }
```

```
08.     private class MatrixView extends View {
09.         private Bitmap bm = null;
10.         private Matrix mat = null;
11.         private float degree = 30.0f;
12.         private float scale = 1.5f;
13.         private float transX = 30.0f;
14.         private float transY = 30.0f;
15.         private float skewX = 0.5f;
16.         private float skewY = 0.2f;
17.         public MatrixView(Context context) {
18.             super(context);
19.             mat = new Matrix();
20.             bm = BitmapFactory.decodeResource(
21.                                 getResources(),R.drawable.plate);
22.             setFocusable(true);
23.         }
```

代码说明

①代码第 6 行实例化自定义的 MatrixView 对象，并将其设置为界面显示视图。
②代码第 8～33 行自定义 MatrixView 视图类，该类继承于 View 类。
③代码第 17～23 行定义 MatrixView 类的构造函数。
④代码第 19 行实例化 Matrix 对象。
⑤代码第 20 行获取位图 Bitmap 对象。
⑥代码第 21 行为 View 获取焦点。

```
24.         protected void onDraw(Canvas canvas) {
25.             super.onDraw(canvas);
26.             mat.reset();
27.             mat.postRotate(degree);
28.             mat.postTranslate(transX, transY);
29.             mat.postScale(scale, scale);
30.             mat.postSkew(skewX, skewY, transX, transY);
31.             canvas.drawBitmap(bm, mat, null);
32.         }
33.     }
34. }
```

代码说明

①代码第 24～32 行重写 View 的 onDraw 方法，用于绘制经 Matrix 变换后的图片。
②代码第 26 行重置 Matrix 对象实例。
③代码第 27 行设置 Matrix 变换的旋转角度。
④代码第 28 行设置 Matrix 变换的平移坐标。
⑤代码第 29 行设置 Matrix 变换的缩放比例。
⑥代码第 30 行设置 Matrix 变换的倾斜角大小。
⑦代码第 31 行绘制经 Matrix 变换后的图片。

（3）运行程序

运行程序，结果如图 9-6 所示。

图 9-6　Matrix 变换效果

9.3.2　使用 DrawBitmapMesh 实现图像扭曲

Canvas 类中提供了一种对图像进行扭曲变形操作的方法，这种方法就是 DrawBitmapMesh。DrawBitmapMesh 的实现原理是按照网格对图形进行扭曲操作。假设一张图片上定义了很多网格，如图 9-7 所示。在这样一张图片上，网格的像素点和图片的像素是一一对应的关系，当对网格进行拖动扭曲变形时，图片上的像素也会随着网格扭曲，如图 9-8 所示。

图 9-7　原始图片

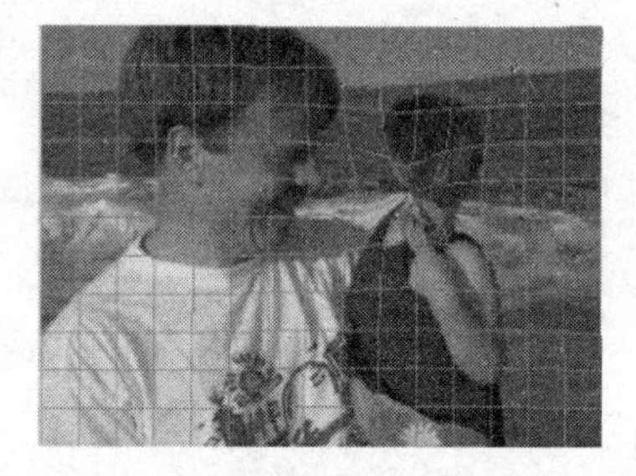

图 9-8　随网格扭曲后的图片

在具体实现过程中，只需要设置网格顶点扭曲的位置，对于网格周边的线条扭曲形式会由 DrawBitmapMesh 方法自动完成。DrawBitmapMesh 方法的定义如下：

```
public void drawBitmapMesh(Bitmap bitmap, int meshWidth, int meshHeight,
                           float[] verts, int vertOffset,
                           int[] colors, int colorOffset, Paint paint)
```

其中，各个参数为：

（1）bitmap：将要扭曲的图像；

（2）meshWidth：图像水平方向网格个数；

（3）meshHeight：图像垂直方向网格个数；

（4）verts：网格顶点坐标，以 x 和 y 坐标对的形式保存；
（5）vertOffset：在扭曲之前需要跳过的 vert 坐标对个数；
（6）colors：指定每个 vert 坐标点出的颜色，可设置为 null；
（7）colorOffset：在扭曲之前跳过的 color 坐标对个数；
（8）paint：绘图的 paint 对象，可设置为 null。
下面通过一个实例向读者介绍 DrawBitmapMesh 方法的具体用法。

实例 9-5　DrawBitmapMesh 实例（\Chapter9\DrawBitmapMeshDemo）

本实例演示 DrawBitmapMesh 方法的用法，实现对图片拖动扭曲效果。
（1）创建工程
创建一个新的 Android 工程，工程名为 DrawBitmapMeshDemo，并为该工程添加如下文件。
DrawBitmapMeshDemo.java：创建程序的 Activity 类，对界面显示的图片进行扭曲变换。
（2）编写代码

代码 9-8　DrawBitmapMeshDemo.java

```
01. public class DrawBitmapMeshDemo extends Activity {
02.     /** Called when the activity is first created. */
03.     @Override
04.     public void onCreate(Bundle savedInstanceState) {
05.         super.onCreate(savedInstanceState);
06.         setContentView(new MeshView(this));
07.     }
08.     private class MeshView extends View {
09.         private static final int WIDTH = 16;
10.         private static final int HEIGHT = 16;
11.         private static final int COUNT = (WIDTH + 1) * (HEIGHT + 1);
12.         private Bitmap bm = null;
13.         private float[] verts = new float[2*COUNT];
14.         private float[] origs = new float[2*COUNT];
15.         public MeshView(Context context) {
16.             super(context);
17.             setFocusable(true);
18.             bm = BitmapFactory.decodeResource(
19.                                 getResources(),R.drawable.mesh);
20.             initVerts(bm);
21.         }
```

代码说明

①代码第 6 行实例化自定义的 MeshView 对象，并将其设置为界面显示视图。
②代码第 8～68 行自定义 MeshView 类，该类继承于 View 类。
③代码第 9、10 行定义水平垂直方向的网格数目。
④代码第 11 行定义网格顶点个数。
⑤代码第 13、14 行定义网格顶点扭曲后的坐标和原始坐标数组。

⑥代码第 18、19 行加载图片获取 Bitmap 对象实例。

⑦代码第 20 行初始化图片的网格顶点坐标。

```
22.         private void initVerts(Bitmap bm) {
23.             float w = bm.getWidth();
24.             float h = bm.getHeight();
25.             int idx = 0;
26.             for (int y = 0; y <= HEIGHT; y++) {
27.                 float fy = y * h / HEIGHT;
28.                 for (int x = 0; x <= WIDTH; x++) {
29.                     float fx = x * w / WIDTH;
30.                     verts[2*idx] = origs[2*idx]= fx;
31.                     verts[2*idx+1] = origs[2*idx+1]= fy;
32.                     idx += 1;
33.                 }
34.             }
35.         }
36.         private void warp(float cx, float cy) {
37.             float K = 10000;
38.             for (int idx = 0; idx < 2*COUNT; idx += 2) {
39.                 float ox = origs[idx];
40.                 float oy = origs[idx+1];
41.                 float dx = cx - ox;
42.                 float dy = cy - oy;
43.                 float dd = dx*dx + dy*dy;
44.                 float d = FloatMath.sqrt(dd);
45.                 float pull = K / (dd*d + 0.000001f);
46.                 if (pull >= 1) {
47.                     verts[idx] = cx;
48.                     verts[idx+1] = cy;
49.                 } else {
50.                     verts[idx] = ox + dx * pull;
51.                     verts[idx+1] = oy + dy * pull;
52.                 }
53.             }
54.             invalidate();
55.         }
```

代码说明

①代码第 22～35 行定义 initVerts 方法用于初始化图片网格顶点坐标数组，初始化网格顶点为等距分布的坐标。

②代码第 36～55 行定义 warp 方法用于设置图片扭曲后的顶点坐标数组。

③代码第 45 行设置扭曲度，距离当前点（cx，cy）越远，扭曲度越小，反之亦然。

④代码第 46～52 行设置扭曲后的网格顶点坐标。

⑤代码第 54 行刷新当前视图。

```
56.         @Override
57.         protected void onDraw(Canvas canvas) {
58.             super.onDraw(canvas);
59.             canvas.drawColor(Color.WHITE);
```

```
60.             canvas.drawBitmapMesh(bm, WIDTH, HEIGHT,
61.                                  verts, 0, null, 0, null);
62.         }
63.         @Override
64.         public boolean onTouchEvent(MotionEvent event) {
65.             warp(event.getX(), event.getY());
66.             return super.onTouchEvent(event);
67.         }
68.     }
69. }
```

代码说明

①代码第 57～62 行重写 View 的 onDraw 方法用于绘制图形。

②代码第 59 行绘制背景颜色。

③代码第 60 行绘制扭曲后的图片。

④代码第 64～67 行重写 onTouchEvent 方法用于响应屏幕触摸事件。

⑤代码第 65 行根据触摸事件的坐标设置扭曲参数。

（3）运行程序

运行程序，触摸图片上一点，图片将被扭曲，如图 9-9 所示。

图 9-9　使用 drawBitmapMesh 扭曲的图片

9.3.3　使用 Shader 实现图像渲染

Android 中提供了 Shader 类对图像和几何图形进行渲染，可以实现诸如渐变等图像特效。Shader 是一个抽象的父类，它包含了以下几种常用的子类：

（1）BitmapShader：位图渲染，可以对图像进行渲染。

（2）LinearGradient：线性渲染，可以实现颜色的线性渐变效果。

（3）RadialGradient：环形渲染，可以实现颜色的环形渐变效果。

（4）SweepGradient：扇形渲染，可以实现颜色沿扇形的渐变效果。

（5）ComposeGradient：复合渲染，可以将上面几种渲染效果进行混合。

使用 Shader 对图形进行渲染时，首先需要实例化 Shader 对象，然后调用 Paint 的 setShader 方法传入该 Shader 对象，最后刷新页面，触发 onDraw 方法使用新的渲染对象进行画图。下面通过一个实例向读者介绍 Shader 的具体用法。

实例 9-6　Shader 实例（\Chapter9\ShaderDemo）

演示 Shader 进行图像渲染的用法，包含了位图渲染、线性渲染、环形渲染、扇形渲染以及复合渲染。

（1）创建工程

创建一个新的 Android 工程，工程名为 ShaderDemo，并为该工程添加如下文件。

ShaderDemo.java：创建程序的 Activity 类，对界面的图形各种渲染。

（2）编写代码

代码 9-9　ShaderDemo.java

```
01. public class ShaderDemo extends Activity {
02.     private Bitmap bm = null;
03.     private int[] colors = null;
04.     private Shader mBitmapShader = null;
05.     private Shader mLinearGradient = null;
06.     private Shader mRadialGradient = null;
07.     private Shader mSweepGradient = null;
08.     private Shader mComposeShader = null;
09.     /** Called when the activity is first created. */
10.     @Override
11.     public void onCreate(Bundle savedInstanceState) {
12.         super.onCreate(savedInstanceState);
13.         setContentView(new ShaderView(this));
14.     }
15.     private class ShaderView extends View {
16.         private Paint paint = null;
17.         public ShaderView(Context context) {
18.             super(context);
19.             paint = new Paint();
20.             setShaders();
21.             invalidate();
22.         }
```

代码说明

①代码第 13 行实例化自定义 ShaderView 类对象，并将其设置为界面显示视图。

②代码第 15～51 行自定义 ShaderView 类。

③代码第 17～22 行定义 ShaderView 类的构造函数。

④代码第 20 行实例化代码第 4～8 行定义的 Shader 对象。

⑤代码第 21 行刷新界面视图。

```
23.         @Override
24.         protected void onDraw(Canvas canvas) {
25.             super.onDraw(canvas);
```

```
26.             paint.setShader(mBitmapShader);
27.             canvas.drawRect(0, 0, getWidth(), 200, paint);
28.             paint.setShader(mLinearGradient);
29.             canvas.drawRect(0, 210, 150, 330, paint);
30.             paint.setShader(mRadialGradient);
31.             canvas.drawRect(160, 210, 310, 330, paint);
32.             paint.setShader(mSweepGradient);
33.             canvas.drawRect(0, 340, 150, 470, paint);
34.             paint.setShader(mComposeShader);
35.             canvas.drawRect(160, 340, 310, 470, paint);
36.         }
```

代码说明

①代码第 26 行为 Paint 对象设置位图渲染。

②代码第 27 行在设定位置绘制矩形。

③代码第 28 行为 Paint 对象设置线性渲染。

④代码第 30 行为 Paint 对象设置环形渲染。

⑤代码第 32 行为 Paint 对象设置扇形渲染。

⑥代码第 34 行为 Paint 对象设置复合渲染。

```
37.         private void setShaders() {
38.             bm = BitmapFactory.decodeResource(
39.                     getResources(),R.drawable.alpha);
40.             colors = new int[] {Color.RED, Color.GREEN,
                        Color.BLUE, Color.WHITE};
41.             mBitmapShader = new BitmapShader(
42.                         bm, TileMode.REPEAT, TileMode.MIRROR);
43.             mLinearGradient = new LinearGradient(
44.                         0,0,50,50,colors,null,TileMode.REPEAT);
```

代码说明

①代码第 38、39 行加载图片获取 Bitmap 对象实例。

②代码第 40、41 行定义 Shader 需要用到的颜色数组。

③代码第 41、42 行实例化 BitmapShader 对象，水平采用重复模式，垂直采用镜像模式。

④代码第 43、44 行实例化 LinearGradient 对象，从（0，0）至（50，50）设置 colors 数组中颜色的线性渐变，同时以重复模式延伸。

```
45.             mRadialGradient = new RadialGradient(
46.                         30,30,20,colors,null,TileMode.REPEAT);
47.             mSweepGradient = new SweepGradient(60,400,colors,null);
48.             mComposeShader = new ComposeShader(mLinearGradient,
49.                     mRadialGradient, PorterDuff.Mode.DARKEN);
50.         }
51.     }
52. }
```

代码说明

①代码第 45、46 行实例化 RadialGradient 对象，以（30，30）为圆心，20 为半径，以 colors

数组中的颜色绘制重复模式的环形渲染。

②代码第 47 行实例化 SweepGradient 对象，以（60，400）的位置为中心，以 colors 数组中颜色绘制扇形渲染。

③代码第 48、49 行实例化 ComposeShader 对象，这里混合了前面的线性渲染和环形渲染。

（3）运行程序

运行程序，结果如图 9-10 所示。

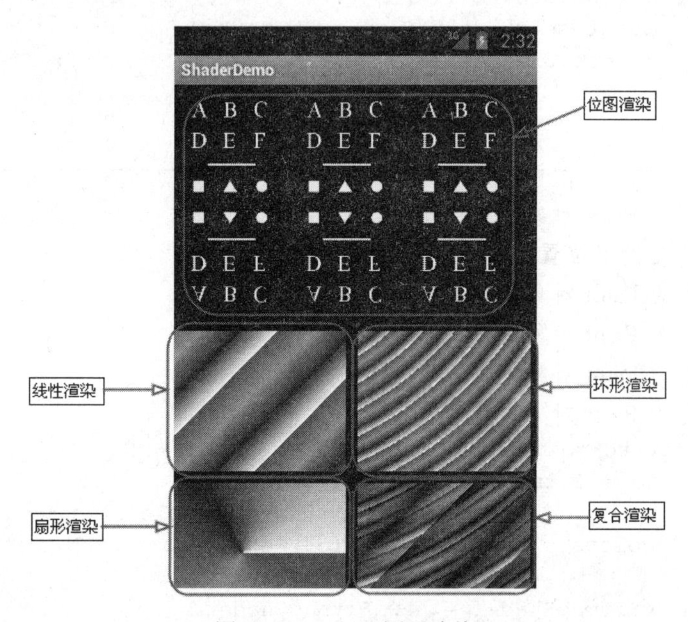

图 9-10　Shader 图形渲染

9.4　Frame 动画

Frame 动画是将图片以顺序方式进行逐帧播放以产生动画效果，类似于电影。在 Android 中，Frame 动画是通过 AnimationDrawable 类实现的。

一般地，动画通过在 res/anim/目录下的 xml 文件进行配置，在该 xml 文件中设置动画的根元素<animation-list>以及若干<item>子元素（即动画的每一帧）。然后，在程序的布局文件中定义一个 ImageView 组件，将动画设置为该图像视图的背景色，在程序中便可以将该背景色转换成 AnimationDrawable 对象。最后，可通过 AnimationDrawable 的 start 和 stop 方法对该动画进行播放和停止。

下面，通过一个实例向读者详细介绍 Frame 动画的具体实现过程。

实例 9-7　Frame 动画实例（\Chapter9\FrameDemo）

演示如何使用 AnimationDrawable 实现 Frame 动画。

（1）创建工程

创建一个新的 Android 工程，工程名为 FrameDemo，并为该工程添加如下文件。

①\res\anim\football.xml：定义并配置 Frame 动画。

②\res\layout\main.xml：定义程序的界面布局。

③FrameDemo.java：创建程序的 Activity 类，播放 Frame 动画。

（2）编写代码

代码 9-10　\Chapter9\FrameDemo\res\anim\football.xml

```
01. <?xml version="1.0" encoding="utf-8"?>
02. <animation-list
03.     xmlns:android="http://schemas.android.com/apk/res/android"
04.     android:oneshot="false">
05.     <item android:drawable="@drawable/frame1" android:duration="500"/>
06.     <item android:drawable="@drawable/frame2" android:duration="500"/>
07.     <item android:drawable="@drawable/frame3" android:duration="500"/>
08.     <item android:drawable="@drawable/frame4" android:duration="500"/>
09.     <item android:drawable="@drawable/frame5" android:duration="500"/>
10.     <item android:drawable="@drawable/frame6" android:duration="500"/>
11.     <item android:drawable="@drawable/frame7" android:duration="500"/>
12.     <item android:drawable="@drawable/frame8" android:duration="500"/>
13.     <item android:drawable="@drawable/frame9" android:duration="500"/>
14.     <item android:drawable="@drawable/frame10" android:duration="500"/>
15. </animation-list>
```

代码说明

①该文件对动画进行了配置，其中该动画共有 10 个子元素，即该动画由这 10 张图片逐帧播放构成。

②代码 android:oneshot="false"设置该动画是否循环播放，这里设置为 false 表示该动画为循环播放，如果设置为 true，该动画将只播放一遍.

③代码 android:duration="500"设置了该子元素的持续显示时间，这里为 500ms.

④代码 android:drawable="@drawable/frame1"设置了该子元素的图片来源。

代码 9-11　\Chapter9\FrameDemo\res\layout\main.xml

```
01. <?xml version="1.0" encoding="utf-8"?>
02. <LinearLayout
03.     xmlns:android="http://schemas.android.com/apk/res/android"
04.     android:orientation="vertical"
05.     android:layout_width="fill_parent"
06.     android:layout_height="fill_parent"
07.     >
08.     <ImageView android:id="@+id/frameImg"
09.         android:layout_width="wrap_content"
10.         android:layout_height="wrap_content"
11.         android:background="@anim/football">
12.     </ImageView>
13.     <LinearLayout android:orientation="horizontal"
14.         android:layout_width="wrap_content"
15.         android:layout_height="wrap_content">
16.         <Button android:text="开始"
17.             android:id="@+id/startBtn"
```

```
18.            android:layout_width="wrap_content"
19.            android:layout_height="wrap_content">
20.        </Button>
21.        <Button android:text="停止"
22.            android:id="@+id/stopBtn"
23.            android:layout_width="wrap_content"
24.            android:layout_height="wrap_content">
25.        </Button>
26.    </LinearLayout>
27. </LinearLayout>
```

代码说明

该文件为程序的布局文件，在界面上放置了一个图片视图，用于显示动画，同时在该图片视图下方水平放置了两个 Button，分别用于控制动画的开始和停止播放。

代码 9-12 FrameDemo.java

```
01. public class FrameDemo extends Activity {
02.     private Button startBtn = null;
03.     private Button stopBtn = null;
04.     private ImageView sunImg = null;
05.     private AnimationDrawable sunAnim = null;
06.     /** Called when the activity is first created. */
07.     @Override
08.     public void onCreate(Bundle savedInstanceState) {
09.         super.onCreate(savedInstanceState);
10.         setContentView(R.layout.main);
11.         sunImg = (ImageView) findViewById(R.id.frameImg);
12.         sunAnim = (AnimationDrawable) sunImg.getBackground();
13.         startBtn = (Button) findViewById(R.id.startBtn);
14.         stopBtn = (Button) findViewById(R.id.stopBtn);
```

代码说明

①代码第 11 行获取 ImageView 组件 sunImg 的引用实例。

②代码第 12 行获取 ImageView 的背景色，并转化为 AnimationDrawable 对象。

③代码第 13、14 行获取开始和结束按钮的引用实例。

```
15.         startBtn.setOnClickListener(new OnClickListener() {
16.             @Override
17.             public void onClick(View v) {
18.                 sunAnim.start();
19.                 startBtn.setText("播放中...");
20.             }
21.         });
22.         stopBtn.setOnClickListener(new OnClickListener() {
23.             @Override
24.             public void onClick(View v) {
25.                 sunAnim.stop();
26.                 startBtn.setText("开始");
```

```
27.                }
28.            });
29.        }
30. }
```

代码说明

①代码第 15～21 行为 startBtn 按钮设置点击事件监听器，用于开始动画播放。

②代码第 18 行调用 start 方法开始播放动画。

③代码第 22～28 行为 stopBtn 按钮设置点击事件监听器，用于停止动画播放。

④代码第 25 行调用 stop 方法停止播放动画。

（3）运行程序

程序运行结果如图 9-11 所示。

图 9-11　Frame 动画

9.5　Tween 动画

在上一节中，我们介绍了 Frame 动画，这种动画是采用逐帧播放的形式产生的，需要将动画的每一帧都预先准备好。在这一节中，将向读者介绍Android中的另外一种动画实现，即 Tween 动画，它只需要定义动画的开始、结束、持续时间以及动画的变化形式等属性，至于动画的过程将由系统根据用户定义好的属性自动产生。

Android 为 Tween 动画提供了 4 种实现不同动画效果的子类，分别是：

（1）AlphaAnimation：透明度渐变动画效果。

（2）RotateAnimation：旋转动画效果。

（3）ScaleAnimation：缩放动画效果。

（4）TranslateAnimation：平移动画效果。

9.5.1　使用 Interpolator 控制动画变化速率

对于 Tween 动画而言，很重要的一点是如何控制该动画的变化速率。例如，如何实现跑车启动的加速过程以及苹果的自由落体运动等动画，就需要控制该动画的变化速率。庆幸的是，Android 已经为我们提供了名为 Interpolator 的类来实现动画变化速率的控制。Interpolator 是一个基类，Android 同时还提供了几种不同变化速率的 Interpolator 子类，分别是：

（1）AccelerateDecelerateInterpolator：动画从开始到结束，变化率是先加速后减速，即是动画开始和结束时变化慢，中间变化快。

（2）AccelerateInterpolator：动画从开始到结束，变化率都是加速，即动画逐渐加快变化。

（3）DecelerateInterpolator：动画从开始到结束，变化率都是减速，即动画逐渐减慢变化。

（4）CycleInterpolator：动画从开始到结束，变化率按照正弦曲线的轨迹循环给定次数。

（5）LinearInterpolator：动画从开始到结束，动画都按均匀速率变化。

虽然，Android 已经为我们提供上述几种常见的变化速率曲线，但在一些具体的应用中，用户可以根据特定要求自定义 Interpolator 的子类，以实现更加丰富的动画效果，如抛物线和自由落体等。

9.5.2 Tween 动画的实现

在这一小节中，将向读者具体介绍如何实现 Tween 动画。Tween 动画的实现方式有两种：一是直接通过 Java 代码实现；二是通过在 xml 文件中配置实现。Android 系统推荐使用 xml 配置文件的方法实现，这种方式的优点是可扩展性较强。在具体实现之前，先对 Tween 动画的 4 种动画效果的构造函数和属性设置方法进行简单介绍。

（1）实例化 AlphaAnimation 动画对象

```
AlphaAnimation(float fromAlpha, float toAlpha)
```

其中，参数为：fromAlpha 为动画开始时的透明度；toAlpha 为动画结束时的透明度，0.0 表示完全透明，而 1.0 表示完全不透明。

（2）实例化 RotateAnimation 动画对象

```
RotateAnimation(float fromDegree, float toDegree,
                int pivotXType, float pivotXValue,
                int pivotYType, float pivotYValue)
```

其中，参数 fromDegree 和 toDegree 分别表示动画开始和结束时的角度；pivotXType 和 pivotYType 分别表示 X 和 Y 坐标旋转的模式，取值有 3 种，它们是 Animation.ABSOLUTE、Animation.RELATIVE_TO_SELF 以及 Animation.RELATIVE_TO_PARENT；pivotXValue 和 pivotYValue 分别表示 X 和 Y 坐标方向相对于旋转中心的距离，取值为 0 到 1，例如若 pivotXType 设置为 Animation.RELATIVE_TO_SELF，pivotXValue 设置为 0.5，则表示在 X 坐标方向的旋转中心为该物体自身 X 坐标方向的中点位置。

（3）实例化 ScaleAnimation 动画对象

```
ScaleAnimation(float fromX, float toX, float fromY, float toY,
               int pivotXType, float pivotXValue,
               int pivotYType, float pivotYValue)
```

其中，参数 fromX 和 toX 分别表示动画开始和结束时 X 坐标方向的尺寸，fromY 和 toY 分别表示动画开始和结束时 Y 坐标方向的尺寸，取值为 0.0 到 1.0；pivotXType 和 pivotYType 表示

X 坐标和 Y 坐标方向的伸缩模式（和 RotateAnimation 类似）；pivotXValue 和 pivotYValue 表示 X 和 Y 坐标方向的伸缩值（和 RotateAnimation 类似）。

（4）实例化 TranslateAnimation 对象

```
TranslateAnimation(float fromXDelta, float toXDelta,
                   float fromYDelta, float toYDelta)
```

其中，参数 fromXDelta 和 fromYDelta 表示起始坐标；toXDelta 和 toYDelta 表示结束坐标。

（5）设置动画持续时间

```
setDuration(long durationMillis)
```

其中，参数 durationMillis 表示动画持续时间，以 ms 为单位。

（6）开始动画

```
startAnimation(Animation animation)
```

其中，参数 animation 表示将要播放的动画。

（7）加载动画

```
AnimationUtis.loadAnimation(Context context, int animId)
```

其中，参数 context 表示上下文引用；animId 表示将要加载动画的 id。

1. *使用 Java 代码实现 Tween 动画*

实例 9-8　Tween 动画实例（\Chapter9\TweenJavaDemo）

下面的实例以 Java 代码的方式实现 Tween 动画

（1）创建工程

创建一个新的 Android 工程，工程名为 TweenJavaDemo，并为该工程添加如下文件。

①TweenJavaDemo.java：创建程序的 Activity 类，显示各种 Tween 动画。

②\res\anim\alpha_anim.xml：定义各种 Tween 动画，并配置该动画的相关属性。

（2）编写代码

代码 9-13　TweenJavaDemo.java

```
01. public class TweenJavaDemo extends Activity {
02.     private Button BtnAlpha = null;
03.     private Button BtnRotate = null;
04.     private Button BtnScale = null;
05.     private Button BtnTranslate = null;
06.     private ImageView robotImg = null;
07.     /** Called when the activity is first created. */
08.     @Override
09.     public void onCreate(Bundle savedInstanceState) {
10.         super.onCreate(savedInstanceState);
11.         setContentView(R.layout.main);
12.         robotImg = (ImageView) findViewById(R.id.animImg);
13.         BtnAlpha = (Button) findViewById(R.id.AlphaBtn);
14.         BtnRotate = (Button) findViewById(R.id.RotateBtn);
15.         BtnScale = (Button) findViewById(R.id.scaleBtn);
16.         BtnTranslate = (Button) findViewById(R.id.translateBtn);
```

```
17.         BtnAlpha.setOnClickListener(new OnClickListener() {
18.             @Override
19.             public void onClick(View v) {
20.                 Animation alphaAnim = new AlphaAnimation(0.0f, 1.0f);
21.                 alphaAnim.setDuration(4000);
22.                 robotImg.startAnimation(alphaAnim);
23.             }
24.         });
```

代码说明

①代码第 12～16 行为 ImageView 以及 4 个控制按钮获取引用实例。
②代码第 17～24 行为 BtnAlpha 按钮设置点击事件监听器，用于控制 alpha 动画的开始。
③代码第 20 行实例化 AlphaAnimation 对象。
④代码第 21 行设置 alpha 动画持续事件。
⑤代码第 22 行开始 alpha 动画。

```
25.         BtnRotate.setOnClickListener(new OnClickListener() {
26.             @Override
27.             public void onClick(View v) {
28.                 Animation rotateAnim = new RotateAnimation(0.0f, 360.0f,
29.                         Animation.RELATIVE_TO_SELF, 0.5f,
30.                         Animation.RELATIVE_TO_SELF, 0.5f);
31.                 rotateAnim.setDuration(4000);
32.                 robotImg.startAnimation(rotateAnim);
33.             }
34.         });
```

代码说明

①代码第 25～34 行为 BtnRotate 设置点击事件监听器，用于控制 rotate 动画的开始。
②代码第 28～30 行实例化 RotateAnimation 对象。
③代码第 31 行设置 rotate 动画的持续时间。
④代码第 32 行开始 rotate 动画。

```
35.         BtnScale.setOnClickListener(new OnClickListener() {
36.             @Override
37.             public void onClick(View v) {
38.                 Animation scaleAnim = new ScaleAnimation(0.0f, 1.0f,
39.                                 0.0f, 1.0f,
40.                                 Animation.RELATIVE_TO_SELF, 0.5f,
41.                                 Animation.RELATIVE_TO_SELF, 0.5f);
42.                 scaleAnim.setDuration(4000);
43.                 robotImg.startAnimation(scaleAnim);
44.             }
45.         });
```

代码说明

①代码第 35～45 行为 BtnScale 设置点击事件监听器，用于控制 scale 动画的开始。
②代码第 38～41 行实例化 ScaleAnimation 对象。

③代码第 42 行设置 scale 动画的持续时间。

④代码第 43 行开始 scale 动画。

```
46.        BtnTranslate.setOnClickListener(new OnClickListener() {
47.            @Override
48.            public void onClick(View v) {
49.                Animation translateAnim
50.                        = new TranslateAnimation(40, 200, 40, 300);
51.                translateAnim.setDuration(4000);
52.                robotImg.startAnimation(translateAnim);
53.            }
54.        });
55.    }
56. }
```

代码说明

①代码第 46～54 行为 BtnTranslate 设置点击事件监听器，用于控制 translate 动画的开始。

②代码第 49、50 行实例化 ScaleAnimation 对象。

③代码第 51 行设置 translate 动画的持续时间。

④代码第 52 行开始 translate 动画。

（3）运行程序

运行程序，4 种动画的效果分别如图 9-12、图 9-13、图 9-14 以及图 9-15 所示。

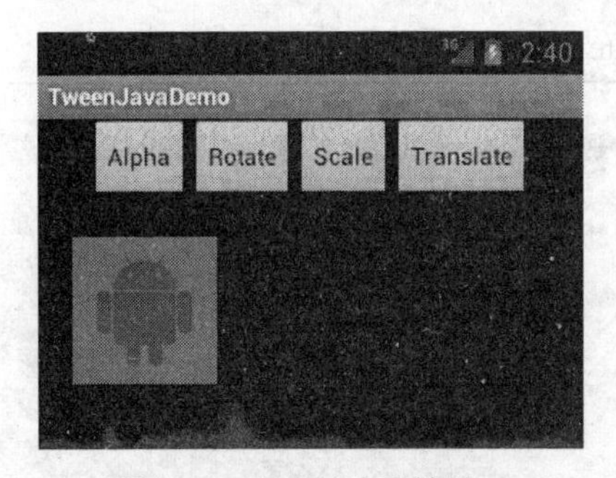

图 9-12　Alpha 动画效果

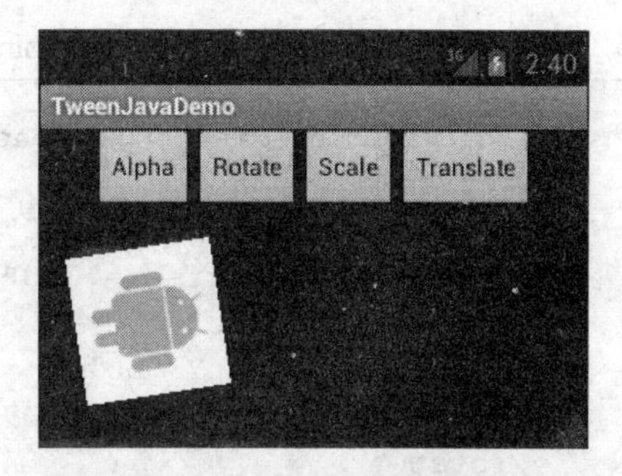

图 9-13　Rotate 动画效果

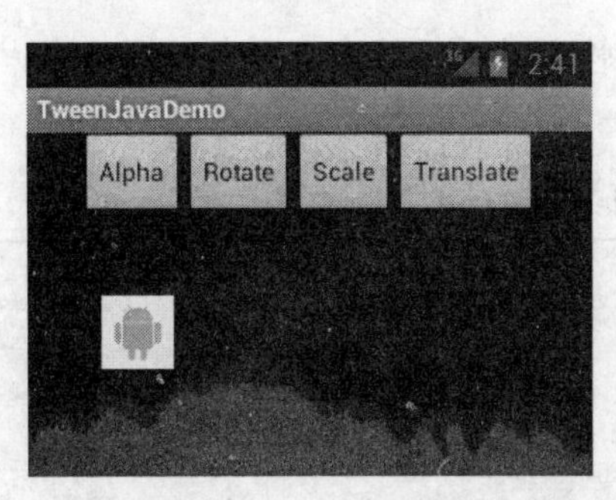

图 9-14　Scale 动画效果

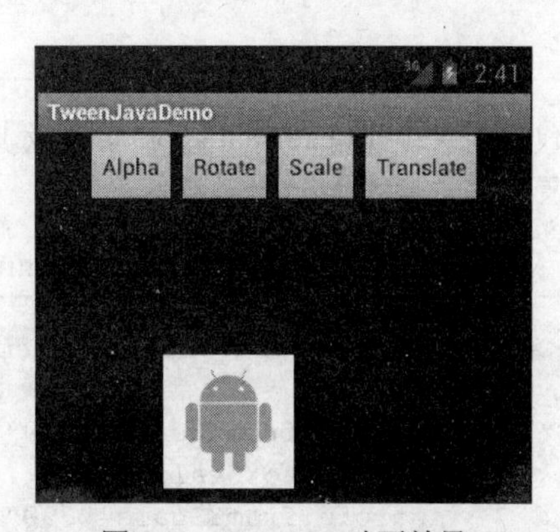

图 9-15　Translate 动画效果

2. 使用xml 文件配置动画

下面将使用 xml 文件配置动画的方式实现与实例 9-8 相同的动画效果。这种方式的基本思路是：首先在 res/anim/目录下定义动画配置文件，然后调用 AnimationUtils.loadAnimation 方法加载动画，最后调用 startAnimation 方法播放动画。

代码 9-14　\Chapter9\TweenXMLDemo\res\anim\alpha_anim.xml

```
01. <set xmlns:android="http://schemas.android.com/apk/res/android">
02.     <alpha android:fromAlpha="0.0"
03.         android:toAlpha="1.0"
04.         android:duration="4000">
05.     </alpha>
06. </set>
```

代码说明

①上述代码定义了 AlphaAnimation 动画及其相应的属性。其中根元素为 set，其中可以包含一个子元素，即为 alpha，当然一个 set 里面可以包含若干个子元素。

②代码第 2～4 行设置了该 alpha 动画的一些属性，和前面介绍到的 AlphaAnimation 构造函数以及属性设置方法的参数是对应的，如 fromAlpha 和 toAlpha 表示动画开始和结束时的透明度，而 duration 表示动画持续时间。

代码 9-15　\Chapter9\TweenXMLDemo\res\anim\rotate_anim.xml

```
01. <set xmlns:android="http://schemas.android.com/apk/res/android">
02.     <rotate
03.         android:fromDegrees="0"
04.         android:toDegrees="360"
05.         android:pivotX="50%"
06.         android:pivotY="50%"
07.         android:duration="4000">
08.     </rotate>
09. </set>
```

代码说明

上述代码定义了 RotateAnimation 动画及其属性，对应属性和 RotateAnimation 构造函数以及属性设置方法的参数是一一对应的。

代码 9-16　\Chapter9\TweenXMLDemo\res\anim\scale_anim.xml

```
01. <set xmlns:android="http://schemas.android.com/apk/res/android">
02.     <scale
03.         android:fromXScale="0.0"
04.         android:toXScale="1.0"
05.         android:fromYScale="0.0"
06.         android:toYScale="1.0"
07.         android:pivotX="50%"
```

```
08.         android:pivotY="50%"
09.         android:duration="4000">
10.     </scale>
11. </set>
```

代码说明

上述代码定义了 ScaleAnimation 动画及其属性，对应属性和 ScaleAnimation 构造函数以及属性设置方法的参数是一一对应的。

代码 9-17　\Chapter9\TweenXMLDemo\res\anim\translate_anim.xml

```
01. <set xmlns:android="http://schemas.android.com/apk/res/android">
02.     <translate
03.         android:fromXDelta="40"
04.         android:toXDelta="200"
05.         android:fromYDelta="40"
06.         android:toYDelta="300"
07.         android:duration="4000">
08.     </translate>
09. </set>
```

代码说明

上述代码定义了 TranslateAnimation 动画及其属性，对应属性和 TranslateAnimation 构造函数以及属性设置方法的参数是一一对应的。

代码 9-18　TweenXMLDemo.java

```
01.         BtnAlpha.setOnClickListener(new OnClickListener() {
02.             @Override
03.             public void onClick(View v) {
04.                 Animation alphaAnim = AnimationUtils.loadAnimation(
05.                         TweenXMLDemo.this, R.anim.alpha_anim);
06.                 robotImg.startAnimation(alphaAnim);
07.             }
08.         });
```

代码说明

①代码第 1～8 行为 BtnAlpha 按钮设置事件监听器,在该事件监听中加载并开始播放 alpha 动画。

②代码第 4、5 行实例化 AlphaAnimation 对象。AnimationUtils.loadAnimation(Context context, int Id) 从资源文件中加载动画，其中参数 context 为上下文引用，而 id 表示需要加载的动画的资源 id。

③代码第 6 行开始 Alpha 动画。

④其余的 rotate、scale 以及 translate 动画的加载、播放过程和 alpha 基本一样，只需要将 R.anim.alpha_anim 替换成相应动画的资源 id。

运行程序后，将会得到与实例 9-8 完全一样的结果。

9.6 使用 SufaceView

SurfaceView 是继承于视图(View)的子类，该类内嵌了一个专门用于绘制图形的 Surface。通过该类可以直接读取内存或 DMA 等硬件接口提供的数据，使得它成为一个非常重要的绘图容器，被广泛应用于游戏等图形开发中，如绘制游戏背景、人物以及动画等。在实际应用中，开发者可以利用 SurfaceView 控制绘图 Surface 的格式、尺寸以及位置。需要注意的是，Surface 是纵深排序（Z-ordered）的，因此它总是在自己所在窗口的后面，而 SurfaceView 提供了一个可见区域，只有在这个可见区域内的 Surface 内容才对用户可见。Surface 的布局显示受到视图层级关系的影响，它的兄弟（同一级的）视图将会在顶端显示，这意味着 Surface 的内容会被它的兄弟视图所遮挡，这一特性可以用来在其上面放置遮盖组件（如文本和按钮等）。还需要注意的是，如果 Surface 上有透明组件，则它的每次变化都会引起系统重新计算它和顶层组件的透明效果，这会带来性能上的影响。

SurfaceView 不能直接处理 Surface 对象，必须通过 SurfaceHolder 接口进行处理，开发者需要调用 getHolder()方法获取该接口，该接口主要用于控制 Surface，如处理 Surface 的绘图效果、大小、像素等。同时，还必须实现 SurfaceHolder.Callback 接口，该回调接口提供了 3 个回调方法，用于在 Surface 的状态发生变化时通知 View，这 3 个回调方法分别是：

（1）surfaceCreated（SurfaceHolder holder）：该回调方法在 Surface 在第一次创建时被调用，主要用于完成一些与绘图相关的初始化工作。一般情况下，Surface 的绘图都是在其他线程中进行的，所以不要在该方法中进行 Surface 绘图。

（2）surfaceChanged（SurfaceHolder，int format，int width，int height）：该回调方法在 Surface 的状态（格式和尺寸）发生变化时被调用，需要在该方法中更新绘制的图像。该方法至少会在调用 surfaceCreated 方法之后被调用一次。

（3）surfaceDestroy（SurfaceHolder hloder）：该回调方法将在 Surface 被销毁之前被调用。在该方法被调用之后，任何访问 Surface 的动作都是非法的，因此在该方法返回之前需要将绘图线程进行停止和释放以确保任何线程都不会再访问 Surface。

编者手记

在上面多次提到了一个概念名词 Surface，中文译为表面，这个概念在图形编程中经常被提到。可以把它当作是计算机显存的一个映射，写入 Surface 的数据可以直接被复制到显存进行显示，这大大加快了显示速度。

SurfaceView 的核心在于它提供了两个线程的机制，这两个线程分别是 UI 线程（主线程）和渲染（绘图）线程。SurfaceView 和 SurfaceHolder.Callback 的所有方法都在 UI 线程中调用，而渲染线程则用于实现具体的绘图工作，这可以避免繁重的绘图任务导致主线程的拥塞，从而提高了程序的执行速度。

另外，对于上面提到的 SurfaceHolder 接口，该接口作为 Surface 的控制器，有几个重要的方法，分别是：

（1）abstract void addCallback（SurfaceHolder.Callback callback）：该方法用于为 SurfaceView 添加回调接口对象。

（2）abstract Canvas lockCanvas()：该方法用于锁定画布，在其返回的画布 Canvas 对象上完成画图操作。

（3）abstract Canvas lockCanvas（Rect dirty）：该方法用于锁定 dirty 区域指定的画布，对于一些内存要求比较高的程序而言，只需要重写绘制 dirty 区域即可，这样可以提高程序的性能。

（4）abstract void unlockCanvasAndPost（Canvas canvas）：该方法用于对画布解锁并提交更新的绘图进行显示。

一般而言，使用 SurfaceView 进行绘图主要有以下几个步骤：

（1）继承 SurfaceView 类并实现 SurfaceHolder.Callback 接口；

（2）通过 getHolder 方法获取 SurfaceHolder 接口对象；

（3）通过 addCallback 方法添加回调接口对象；

（4）通过 lockCanvas 方法获取锁定的画布 Canvas 对象；

（5）使用 Canvas 进行绘图；

（6）通过 unlockCanvasAndPost 方法解锁画布并提交更新的绘图进行显示。

下面，通过一个实例向读者具体介绍有关利用 SurfaceView 进行绘图的内容。

实例 9-9　使用 SurfaceView 进行绘图（\Chapter9\SurfaceViewDraw）

演示如何使用 SurfaceView 进行绘图，本实例将实现下雪的动画。

（1）创建工程

创建一个新的 Android 工程，工程名为 SurfaceViewDraw，并为该工程添加如下文件。

①SurfaceViewDraw.java：创建程序的 Activity 类，显示下雪的动画。

②SnowControl.java：创建 SnowControl 类，用于控制雪花飘落的大小、位置及速度等属性。

③Snow.java：创建 Snow 类，定义雪花的大小、位置及速度等属性。

（2）编写代码

代码 9-19　SurfaceViewDraw.java

```
01. public class SurfaceViewDrawActivity extends Activity
02.                              implements SurfaceHolder.Callback {
03.     private static int WIDTH = 0;
04.     private static int HEIGHT = 0;
05.     private static final int SNOW_NUMBER = 120;
06.     private SurfaceHolder mHolder = null;
07.     private Paint mPaint = null;
08.     private SnowControl mSnowCtrl = null;
09.     private Bitmap mBitmap = null;
10.     private Handler mHandler = new Handler();
11.     private final Runnable drawFrameRun = new Runnable() {
12.         public void run() {
13.             mSnowCtrl.moveSnows();
14.             drawFrame();
15.         }
16.     };
```

代码说明

①代码第 3、4 行定义屏幕显示的宽和高；代码第 5 行定义雪花的数目；

②代码第 6 行定义 SurfaceHolder 对象；代码第 7 行定义 Paint 画笔对象；代码第 8 行定义雪花控制类 SnowControl 的对象，该类将在后面的 SnowControl.java 中实现；代码第 9 行定义画图的背景图片 Bitmap 对象。

③代码第 10 行定义 Handler 对象用于在主线程和绘图线程中传递消息。

④代码第 11～16 行定义用于绘制图形的线程 Runnable 接口。其中，代码第 13 行用于移动雪花；代码第 14 行用于绘制雪花。

```
17.     /** Called when the activity is first created. */
18.     @Override
19.     public void onCreate(Bundle savedInstanceState) {
20.         super.onCreate(savedInstanceState);
21.         setContentView(R.layout.main);
22.         final SurfaceView surface
23.                 = (SurfaceView) findViewById(R.id.surface);
24.         mHolder = surface.getHolder();
25.         mHolder.addCallback(this);
26.     }
```

代码说明

①代码第 21 行设置当前 Activity 显示界面对应的布局文件。

②代码第 22、23 行获取 SurfaceView 对象。

③代码第 24 行获取 SurfaceHolder 对象。

④代码第 25 行为 SurfaceHolder 添加 Callback 接口对象。在这里是使用当前 Activity 直接实现 Callback 接口。

```
27.     public void surfaceCreated(SurfaceHolder holder) {
28.         WIDTH = holder.getSurfaceFrame().width();
29.         HEIGHT = holder.getSurfaceFrame().height();
30.         mPaint = new Paint();
31.         mPaint.setColor(0xffffffff);
32.         mPaint.setAntiAlias(true);
33.         mPaint.setStrokeWidth(2.0f);
34.         mPaint.setStrokeCap(Paint.Cap.ROUND);
35.         mPaint.setStyle(Paint.Style.FILL);
36.         mSnowCtrl = new SnowControl(WIDTH, HEIGHT);
37.         mSnowCtrl.initSnows(SNOW_NUMBER);
38.         mBitmap = BitmapFactory.decodeResource(
39.                     getResources(), R.drawable.background);
40.     }
```

代码说明

①代码第 27～40 行重写 SurfaceHolder.Callback 接口的 surfaceCreated 回调方法。

②代码第 28、29 行获取当前 Surface 的实际宽和高。

③代码第 30～35 行设置 Paint 画笔对象。其中，代码第 31 行设置画笔颜色；代码第 32 行设置平滑锯齿效果；代码第 33 行设置线宽；代码第 34 行设置线端为半圆形；代码第 35 行设置画笔风格为实心。

④代码第 36 行初始化雪花控制类对象 mSnowCtrl。

⑤代码第 37 行初始化雪花。

⑥代码第 38、39 行获取背景图片的 Bitmap 对象。

```
41.     public void surfaceChanged(SurfaceHolder holder, int format, int width,
42.             int height) {
43.         if (mSnowCtrl != null) {
44.             mSnowCtrl.setHeight(height);
45.             mSnowCtrl.setWidth(width);
46.         }
47.         WIDTH = width;
48.         HEIGHT = height;
49.         drawFrameRun.run();
50.     }
```

代码说明

①代码第 41～50 行重写 SurfaceHolder.Callback 接口的 surfaceChanged 回调方法。

②代码第 43～46 行向雪花控制类重新设置改变后的 SurfaceView 宽和高。

③代码第 49 行启动 drawFrameRun 线程进行绘图。

```
51.     public void surfaceDestroyed(SurfaceHolder holder) {
52.         mHandler.removeCallbacks(drawFrameRun);
53.     }
```

代码说明

①代码第 11～53 行重写 SurfaceHolder.Callback 接口的 surfaceDestroyed 回调方法。

②代码第 52 行 Handler 消息队列中的回调线程 Runnable 接口，相当于停止和释放绘图线程。

```
54.     private void drawFrame() {
55.         Canvas canvas = null;
56.         try {
57.             canvas = mHolder.lockCanvas();
58.             canvas.drawBitmap(mBitmap, null,
59.                     new Rect(0, 0, WIDTH, HEIGHT), null);
60.             if (canvas != null) {
61.                 mSnowCtrl.drawSnows(canvas, mPaint);
62.             }
63.         } finally {
64.             if (canvas != null) {
65.                 mHolder.unlockCanvasAndPost(canvas);
66.             }
67.         }
68.         mHandler.removeCallbacks(drawFrameRun);
```

```
69.         mHandler.postDelayed(drawFrameRun, 40);
70.     }
71. }
```

代码说明

①代码第 54～70 行定义绘图方法的函数。

②代码第 57 行锁定并获取画布 Canvas 对象。

③代码第 58、59 行绘制背景背景图片。

④代码第 61 行绘制雪花。

⑤代码第 65 行在绘制完成之后解锁画布并提交更新的绘图进行显示。

⑥代码第 68 行将移除 Handler 的消息队列中的回调线程 drawFrameRun 接口。

⑦代码第 69 行将 drawFrameRun 接口重新加入 Handler 的消息队列，并在 40ms 后重新执行该线程。

代码 9-20　SnowControl.java

```
01. public class SnowControl {
02.     private int mWidth = 0;
03.     private int mHeight = 0;
04.     private Random mRandom = null;
05.     private int mSnowNum = 0;
06.     private Vector<Snow> mSnows = new Vector<Snow>();
07.     public SnowControl(int width, int height) {
08.         mWidth = width;
09.         mHeight = height;
10.         mRandom = new Random();
11.     }
```

代码说明

①代码第 4 行定义随机对象用于随机确定雪花的大小、位置以及速度。

②代码第 5 行定义变量 mSnowNum 表示雪花的数目。

③代码第 6 行定义 Vector 对象用于表示所有的雪花。

④代码第 7～11 行为 SnowControl 类的构造函数。

```
12.     public void initSnows(int numOfSnow) {
13.         mSnowNum = numOfSnow;
14.         for (int i = 0; i < numOfSnow; i++) {
15.             Snow aSnow = new Snow();
16.             aSnow.setX(mRandom.nextInt(mWidth));
17.             aSnow.setRadius(mRandom.nextInt(3));
18.             aSnow.setY(-aSnow.getRadius());
19.             aSnow.setColor(Color.WHITE);
20.             aSnow.setXSpeed(mRandom.nextInt(4) - 2);
21.             aSnow.setYSpeed(mRandom.nextInt(5) + 1);
22.             aSnow.setIsLive(mRandom.nextBoolean());
```

```
23.            mSnows.add(new Snow());
24.        }
25.    }
```

代码说明

①代码第 12～25 行初始化化元素为雪花类对象的 Verctor。

②代码第 14～24 行对每一个雪花类对象利用随机变量对象初始化该对象的 X 和 Y 方向位置、颜色、大小、X 和 Y 方向速度以及是否可见，并将每一个对象添加至 Verctor 中。

```
26.    public void moveSnows() {
27.        for (int i = 0; i < mSnowNum; i++) {
28.            if (mSnows.get(i).getIsLive()) {
29.                mSnows.get(i).setX(mSnows.get(i).getX()
30.                        +  mSnows.get(i).getXSpeed());
31.                mSnows.get(i).setY(mSnows.get(i).getY()
32.                        +  mSnows.get(i).getYSpeed());
33.                if ((mSnows.get(i).getX() < -mSnows.get(i).getRadius())
34.                    ||(mSnows.get(i).getX()
35.                        > mWidth + mSnows.get(i).getRadius())
36.                    ||(mSnows.get(i).getY()
37.                        > mHeight + mSnows.get(i).getRadius())) {
38.                    mSnows.get(i).setIsLive(false);
39.                }
40.            } else {
41.                mSnows.get(i).setX(mRandom.nextInt(mWidth));
42.                mSnows.get(i).setRadius(mRandom.nextInt(3));
43.                mSnows.get(i).setY(-mSnows.get(i).getRadius());
44.                mSnows.get(i).setColor(Color.WHITE);
45.                mSnows.get(i).setXSpeed(mRandom.nextInt(4) - 2);
46.                mSnows.get(i).setYSpeed(mRandom.nextInt(5) + 1);
47.                mSnows.get(i).setIsLive(true);
48.            }
49.        }
50.    }
```

代码说明

①代码第 26～50 行用于移动雪花。

②代码第 29～32 行用于在雪花可见时，通过该雪花移动的速度为其设置新的位置。

③代码第 33～39 行判断雪花在移动到新位置之后是否在屏幕可见。

④代码第 41～47 行用于在雪花不可见时，将其大小、位置等信息重新初始化。

```
51.    public void drawSnows(Canvas canvas, Paint paint) {
52.        for (int i = 0; i < mSnowNum; i++) {
53.            if(mSnows.get(i).getIsLive()) {
54.                Snow ab = mSnows.get(i);
55.                paint.setColor(ab.getColor());
56.                canvas.drawCircle(
```

```
57.                         ab.getX(), ab.getY(), ab.getRadius(), paint);
58.             }
59.         }
60.     }
61.     public void setWidth(int width) {
62.         mWidth = width;
63.     }
64.     public void setHeight(int height) {
65.         mHeight = height;
66.     }
67. }
```

代码说明

①代码第 51～60 行用于绘制雪花。

②代码第 52～58 行循环绘制每一片雪花。

③代码第 56、57 行调用 canvas 的 drawCircle 方法绘制雪花。

④代码第 61～63 行设置雪花可见区域的宽。

⑤代码第 64～66 行设置雪花可见区域的高。

代码 9-21　Snow.java

```
01. public class Snow {
02.     private int x = -1;
03.     private int y = -1;
04.     private int color = -1;
05.     private int radius = -1;
06.     private int xspeed = 0;
07.     private int yspeed = 0;
08.     private boolean isLive = false;
09.     public int getX() {
10.         return this.x;
11.     }
12.     public int getY() {
13.         return this.y;
14.     }
15.     public void setX(int x) {
16.         this.x = x;
17.     }
18.     public void setY(int y) {
19.         this.y = y;
20.     }
```

代码说明

①代码 Snow.java 定义雪花类，分别表示雪花的大小、颜色、位置、速度以及是否可见。

②代码第 9～11 行获取雪花 X 方向的位置。

③代码第 12～14 行获取雪花 Y 方向的位置。

④代码第 15～17 行设置雪花 X 方向的位置。

⑤代码第 18～20 行设置雪花 Y 方向的位置。

```
21.    public int getRadius() {
22.       return this.radius;
23.    }
24.    public void setRadius(int radius) {
25.       this.radius = radius;
26.       if (this.radius < 1) {
27.          this.radius = 1;
28.       }
29.    }
30.    public int getColor() {
31.       return this.color;
32.    }
33.    public void setColor(int color) {
34.       this.color = color;
35.    }
```

代码说明

①代码第 21～23 行获取雪花的大小，以半径表示。

②代码第 24～29 行设置雪花的大小，以半径表示。

③代码第 30～32 行获取雪花颜色。

④代码第 33～35 行设置雪花颜色。

```
36.    public int getXSpeed() {
37.       return this.xspeed;
38.    }
39.    public void setXSpeed(int xspeed) {
40.       this.xspeed = xspeed;
41.    }
42.    public int getYSpeed() {
43.       return this.yspeed;
44.    }
45.    public void setYSpeed(int yspeed) {
46.       this.yspeed = yspeed;
47.    }
48.    public void setIsLive(boolean isLive) {
49.       this.isLive =isLive;
50.    }
51.    public boolean getIsLive() {
52.       return this.isLive;
53.    }
54. }
```

代码说明

①代码第 36～38 行获取雪花 X 方向的速度。

②代码第 39～41 行设置雪花 X 方向的速度。

③代码第 42～44 行获取雪花 Y 方向的速度。

④代码第 45～47 行设置雪花 Y 方向的速度。

⑤代码第 48～50 行设置雪花是否可见。

⑥代码第 51～53 行获取雪花是否可见。

（3）运行程序

运行程序，结果如图 9-16 所示。

图 9-16　下雪动画

第 10 章　多媒体应用开发

随着消费者对手机产品依赖性的不断增加，对手机功能需求的不断提高，手机已经不只是简单的通信工具，而是日益扮演便携式的商务和娱乐终端设备的角色。作为娱乐和商务功能中非常重要的多媒体技术也就自然而然地成为了业界的热点。Android 系统同样提供了强大的多媒体技术，以满足用户不断增强的需求。本章将向读者介绍 Android 系统多媒体开发的若干知识。

10.1　Android 系统多媒体框架

在目前业界主流的多媒体处理框架中，Windows 采用的是 DirectShow，而桌面 Linux 的多媒体处理框架则较多，常见的有 GStreamer、xine 等。在嵌入式领域，Qtopia Linux 平台采用的是 GStreamer。Nokia 开发的 Maemo Linux 系统采用的多媒体框架也是 GStreamer。Android 系统最初在 2.3 版本之前采用的多媒体方案是 OpenCORE，而从 Android 2.3 开始，Android 对多媒体框架进行了很大的调整，引入了 StageFright 框架。本节将对 Android 的这两种多媒体框架方案进行整体的介绍，这将有助于读者在后面的开发。

10.1.1　OpenCORE 框架

OpenCORE 是 PV（Packet Video）公司开发的一种多媒体解决方案。Android 采用 OpenCORE 作为多媒体框架也是出于加速产品开发、减小成本、扩展编解码器和增强用户体验等方面的考虑。开发人员也能利用 OpenCORE 很方便快速地开发出各种多媒体应用。

OpenCORE 支持的格式包括：MPEG4、H.264、H.263、MP3、AAC、AMR、MIDI、PCM、JPEG、PNG、GIF 等主流的多媒体文件格式。在对数据源的支持上，除了本地文件，OpenCORE 还支持流媒体、OTA（Over-the-Air）下载、DRM（Digital Rights Management，数字版权管理）等。另外，OpenCORE 2.0 还提供了对基于 3G-324M 协议的视频电话会议的支持。

OpenCORE 是基于 C++语言实现的，要求平台必须支持 C++模板，但不需要支持所有的 C++标准（如运行时类型识别（RTTI, Run Time Type Indication））。同时，OpenCORE 遵循 OpenMAX 的接口规范，可以说是 OpenMAX 的一种实现。

OpenMAX 是 NVIDIA 和 Khronos 制定的多媒体处理框架规范。Khronos 制定的标准/规范 OpenGL 和 OpenGL ES 也被 Android 所采用，作为 Android 的图形渲染引擎使用。

根据层次划分，OpenCORE 可分为内容策略管理（Control Policy Manager）、多媒体引擎（Multimedia Engines）、数据格式解析器（Data Formats Parser）、视频编解码器（Video Codecs）、音频编解码器（Audio Codecs）、操作系统兼容库（OSCL，Operating System Compatibility Library）

等几个部分。图 10-1 所示为 OpenCORE 的框架。

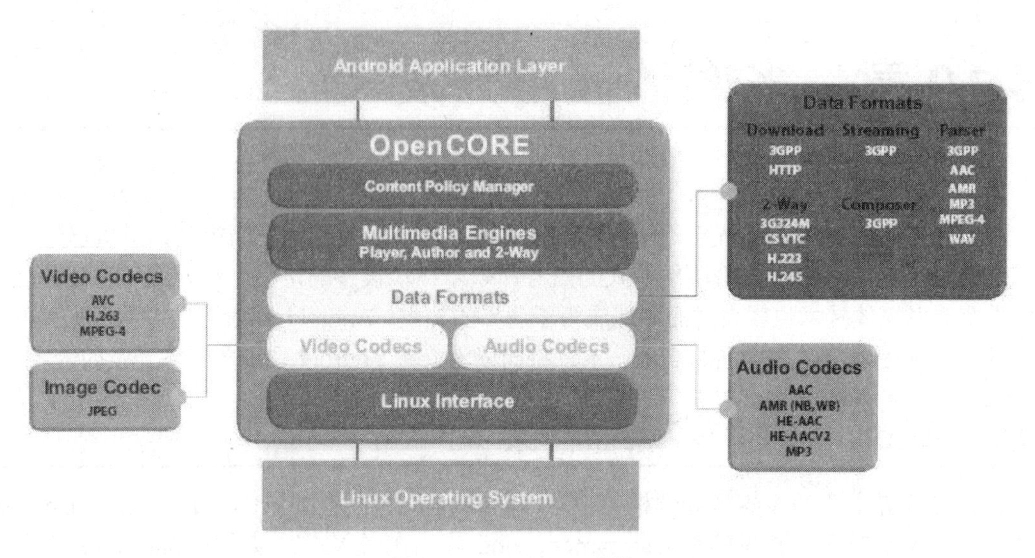

图 10-1　OpenCORE 框架

如图 10-1 所示，图中内容策略管理允许手机终端支持若干种商业模型和规则。

多媒体引擎可分为两大部分：PVPlayer 和 PVAuthor。PVPlayer 提供媒体播放器的功能，负责各种音频流、视频流的回放（Playback）功能。PVAuthor 提供媒体流记录功能，负责各种音频、视频流的功能和静态图像捕捉功能。

数据格式解析器则负责多媒体文件格式的解析。

视频编解码器、音频编解码器则负责完成压缩流和原始 Raw 数据之间的转换。目前 OpenCORE 已经支持几乎所有的主流音视频格式，包括 AAC、MP3、WAV 等音频格式和 3GP、MP4 等视频格式。

OSCL 是为了更好地在不同的操作系统上提供可移植性而提供的一个基础 C++库，它包含了基本数据类型、配置、字符串工具、输入/输出、错误处理和线程等内容。

在实际开发中，开发人员不需要对 OpenCORE 的实现有很深的了解，只需要使用 Android 提供给开发人员的上层 API 即可，系统会自动通过 JNI 调用 OpenCORE 的接口以实现各种多媒体应用。

10.1.2　StageFright 框架

从 Android 2.3(froyo)开始，Android 对多媒体框架进行了很大的变动，添加了 StageFright 框架，并且默认情况 Android 选择 StageFright，并没有完全抛弃 OpenCORE，主要是做了一个 OMX 层，仅仅是对 OpenCore 的 omx-component 部分做了引用。StageFright 的引入主要是为了录像和视频电话功能，另外在混音和多摄像头的支持上也做了相应的增强。同时，StageFright 框架相对 OpenCORE 更加易懂，封装相对简单，这有助于开发。但目前 StageFright 推出时间不长，支持的文件格式还不如 OpenCORE 框架丰富，稳定性也有待所商榷。

StageFright 在 Android 中是以 shared library 的形式存在（libstagefright.so），大致可以分为播放和记录两个模块。AwesomePlayer 负责音视频的播放，StageFrightRecorder 负责音视频流

的记录。对于这两个模块，本文不做具体阐述，有兴趣的读者可查阅相关文献资料。

10.2　音频和视频的播放

在多媒体应用的开发中，针对不同应用，我们可以采用不同的方式来实现音频和视频的播放。本节我们将对其中的一些实现方式逐一向读者介绍。

MediaPlayer 是 Android 中用于实现媒体播放功能的类，它具有非常全面的功能，对音频和视频的播放都提供了支持。在 Android 的界面上，Music 和 Video 两个自带的应用程序都是通过调用 MediaPlayer 实现。MediaPlayer 在底层是基于 StageFright（2.3 版本之前为 OpenCore）的库实现的，为了构建一个 MediaPlayer 程序，上层还需要包含进程之间通信的相关内容，这种进程间的通信采用 Android 基本库中的 Binder 机制。MediaPlayer 程序的整体框架结构如图 10-2 所示。

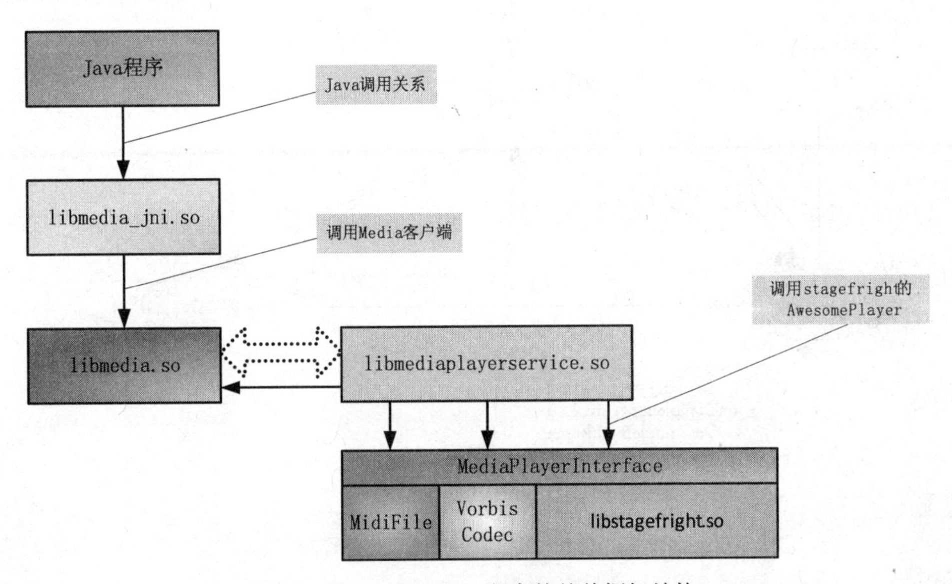

图 10-2　MediaPlayer 程序的整体框架结构

如图 10-2 所示，libmedia.so 位于整个 MediaPlayer 程序结构的核心位置，一方面向上层提供 JNI 调用的接口，该接口为 MediaPlayer 类。Libmedia-jni.so 通过调用 MediaPlayer 类提供它对 Java 的接口，并且实现了 android.media.MediaPlayer 类。另一方面，libmedia.so 又作为 Media 的客户端通过进程间通信和 libmediaplayerservice.so 进行通信。而 libmediaplayerservice.so 则是 Media 的服务器，它通过继承 libmedia.so 的类实现服务器的功能，它通过调用 StageFright 的 AwesomePlayer 实现对多媒体文件的播放功能。

MediaPlayer 是以状态机的形式实现音频和视频的回放功能。图 10-3 所示显示了 MediaPlayer 的生命周期和状态转移。

从图 10-3 中可以看到以下几种情况。

（1）当一个 MediaPlayer 对象被创建或调用 reset()方法之后，便处于空闲状态；

（2）当一个 MediaPlayer 对象调用 release()方法之后，便处于结束状态。当 MediaPlayer 对象处于结束状态中，便不能再使用了。因此，当一个 MediaPlayer 对象不再使用之后，最好使用 release()方法来释放使之处于结束状态，以免造成不必要的错误。

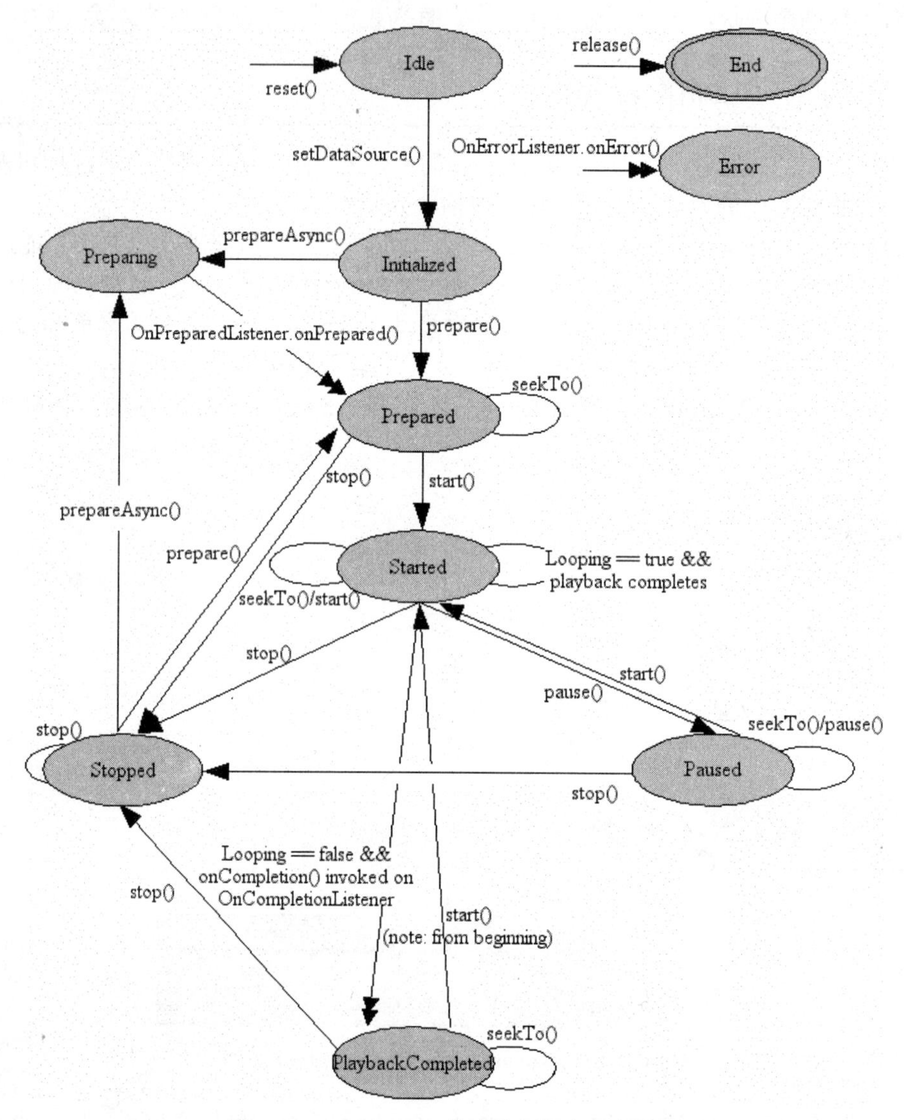

图 10-3　MediaPlayer 的生命周期和状态转移

（3）当一个 MediaPlayer 对象被创建处于空闲状态中，如果通过 create()方法创建便使之处于准备状态之中；

（4）任何 MediaPlayer 对象都必须先处于准备状态之中，然后才可以开始播放；

（5）任何 MediaPlayer 对象要开始播放都必须成功调用 start()方法，可以通过 isPlaying()方法来判断当前是否正在播放；

（6）当 MediaPlayer 对象正在播放时，可以进行暂停和停止等操作，pause()方法用来暂停播放，stop()方法用来停止播放；当 MediaPlayer 对象处于暂停状态时可以通过 start()方法来恢复播放；但是处于停止状态必须先调用 pause()方法来使之处于准备状态，然后才能通过 start()方法来开始播放。

（7）可以通过 setLooping(boolean)方法来设置 MediaPlayer 对象是否循环播放。

MediaPlayer 的常用方法如表 10-1 所示。

表 10-1　　MediaPlayer 的常用方法

方法	方法描述
create()	创建 MediaPlayer 对象
getCurrentPostion()	获取当前播放位置
getDuration()	获取媒体时间长度
getVideoHeight()	获取视频高度
getVideoWidth()	获取视频宽度
isLooping()	是否循环播放
isPlaying()	是否正在播放
pause()	暂停播放
prepare()	准备播放（同步）
prepareAsync()	准备播放（异步）
release()	释放 MediaPlayer 对象
reset()	重置 MediaPlayer 对象
seekTo()	指定播放位置
setAudioStreamType()	设置音频流类型
setDataSource()	设置媒体数据来源
setLooping()	设置是否循环播放
setOnBufferingUpdateListener()	设置网络流媒体缓冲监听器
setOnErrorListener()	设置错误信息监听器
setOnVideoSizeChangedListener()	设置视频尺寸改变监听器
setVolume()	设置音量大小
start()	开始播放
stop()	停止播放

10.2.1　使用 MediaPlayer 播放音频

对于音乐类型的音频资源，可以通过 MediaPlayer 来实现播放功能。

在 Android 中，对于音乐类型的音频资源，通常可以选择 MediaPlayer 来实现播放功能。另外，Android 中可选择播放的音频文件来源很多，如资源文件夹中的源文件、文件系统的音频文件和网络的音频流等。针对不同的数据来源，需要采用不同的处理过程。

1.　播放源文件

如果需要播放 Android 工程的资源文件夹“res/raw”中的一段音频文件，如 sound.mp3。播放过程为：

```
// 创建 MediaPlayer 实例
MediaPlayer mMediaPlayer = MediaPlayer.create(context, R.raw.sound);
mMediaPlayer.start ();
```

2. *播放文件系统中的音频文件*

如果需要播放文件系统中的一段音频文件，该音频文件的路径为/sdcard/sound.mp3。播放过程为：

```
MediaPlayer mMediaPlayer = new MediaPlayer(); // 创建 MediaPlayer 实例
mMediaPlayer.setDataSource("/sdcard/sound.mp3"); // 设置数据源
mMediaPlayer.prepare(); // 准备
mMediaPlayer.start(); // 开始播放
```

3. *播放网络音频流*

如果需要播放网络中的一段音频流，该文件路径为“http://www.xxx.com/xxx.mp3”。播放过程为：

```
MediaPlayer mMediaPlayer = new MediaPlayer(); // 创建 MediaPlayer 实例
String path = "http://www.xxx.com/xxx.mp3";
Uri mUri = Uri.parse(path); //解析字符串为 Uri 实例
mMediaPlayer.setDataSource(context, mUri"); // 设置数据源
mMediaPlayer.prepare(); // 准备
mMediaPlayer.start(); // 开始播放
```

编者手记

为了保证多媒体文件播放期间系统的正常工作，通常需要在 AndroidManifest.xml 文件中设置“android.permission.WAKE_LOCK”权限。

下面将通过实现一个简易的音乐播放器向读者详细讲解 MediaPlayer 的有关内容。

实例 10-1　简易音乐播放器（\Chapter10\MusicPlayer）

实现一个简易音乐播放器，该播放器具有播放、停止、暂停、上一曲和下一曲功能。

（1）创建工程

创建一个新的 Android 工程，工程名为 MusicPlayer，并为该工程添加如下文件。

MusicPlayerActivity.java：创建程序的 Activity 类，显示音乐播放器界面。

（2）编写代码

代码 10-1　MusicPlayerActivity.java

```
01. public class MusicPlayerActivity extends Activity {
02.     class MusicFilter implements FilenameFilter {
03.         public boolean accept(File dir, String filename) {
04.             return (filename.endsWith(".mp3"));
05.         }
06.     }
07.     private boolean isStart = true;
08.     private boolean isPause = false;
```

```
09.     private ImageButton mNextBtn  = null;
10.     private ImageButton mLastBtn  = null;
11.     private ImageButton mStartPauseBtn = null;
12.     private ImageButton mStopBtn  = null;
13.     public MediaPlayer mMediaPlayer = null;
14.     private List<String> mMusicList = new ArrayList<String>();
15.     private int currentId = 0;
16.     private static final String MUSIC_PATH = new String("/sdcard/");
```

代码说明

①代码第 2～6 行定义 MusicFilter 类，用于筛选音乐文件，该类实现了 FilenameFilter 接口。
②代码第 4 行返回后缀名是否为“.mp3”的音乐文件。
③代码第 7、8 行分别定义开始播放和暂停播放的标志。
④代码第 9～12 行定义“下一曲”、“上一曲”、“开始”和“停止”4 个图片按钮。
⑤代码第 13 行定义 MediaPlayer 对象。
⑥代码第 14 行定义音乐播放列表。
⑦代码第 15 行定义当前播放音乐的 id 标识。
⑧代码第 16 行定义播放音乐的路径。

```
17.     @Override
18.     public void onCreate(Bundle savedInstanceState) {
19.         super.onCreate(savedInstanceState);
20.         setContentView(R.layout.main);
21.         updateMusicList();
22.         mMediaPlayer = new MediaPlayer();
23.         mNextBtn  = (ImageButton) findViewById(R.id.nextButton);
24.         mLastBtn  = (ImageButton) findViewById(R.id.lastButton);
25.         mStartPauseBtn
26.                  = (ImageButton)findViewById(R.id.startPauseButton);
27.         mStopBtn = (ImageButton) findViewById(R.id.stopButton);
```

代码说明

①代码第 21 行调用 updateMusicList 方法更新音乐播放列表。
②代码第 22 行创建 MediaPlayer 对象实例 mMediaPlayer。
③代码第 23～27 行获取 4 个图片按钮的引用实例。

```
28.         mNextBtn.setOnClickListener(new OnClickListener() {
29.             public void onClick(View v) {
30.                 nextMusic();
31.             }
32.         });
33.         mLastBtn.setOnClickListener(new OnClickListener() {
34.             public void onClick(View v) {
35.                 lastMusic();
36.             }
37.         });
```

代码说明

①代码第 28～32 行设置 mNextBtn 按钮的单击事件监听器。

②代码第 30 行调用 nextMusic 方法播放下一首音乐。

③代码第 33～37 行设置 mLastBtn 按钮的单击事件监听器。

④代码第 35 行调用 lastMusic 方法播放上一首音乐。

```
38.         mStartPauseBtn.setOnClickListener(new OnClickListener() {
39.             public void onClick(View v) {
40.                 if (isStart) {
41.                     playMusic(MUSIC_PATH + mMusicList.get(currentId));
42.                     mStartPauseBtn.setImageResource(R.drawable.pause);
43.                 } else {
44.                     if (!isPause) {
45.                         mMediaPlayer.pause();
46.                         mStartPauseBtn.setImageResource(R.drawable.start);
47.                     } else {
48.                         mMediaPlayer.start();
49.                         mStartPauseBtn.setImageResource(R.drawable.pause);
50.                     }
51.                     isPause = !isPause; // 更新暂停标志
52.                 }
53.                 isStart = false; // 更新开始标志
54.             }
55.         });
```

代码说明

①代码第 38～55 行设置 mStartPauseBtn 按钮的点击事件监听器，用于开始和暂停播放音乐。

②代码第 40～42 行在判断 isStart 为 true 时，从头播放当前音乐并将 mStartPauseBtn 按钮的图标设置成暂停图标。

③代码第 45、46 行暂停播放音乐并将 mStartPauseBtn 按钮的图标设置成开始图标。

④代码第 48、49 行继续从暂停处播放本首音乐并将 mStartPauseBtn 按钮的图标设置成暂停图标。

```
56.         mStopBtn.setOnClickListener(new OnClickListener() {
57.             public void onClick(View v) {
58.                 if (mMediaPlayer.isPlaying()) {
59.                     mMediaPlayer.reset();
60.                 }
61.                 mStartPauseBtn.setImageResource(R.drawable.start);
62.                 isStart = true;
63.             }
64.         });
65.     }
66.     public void updateMusicList() {
67.         File path = new File(MUSIC_PATH);
68.         if (path.listFiles(new MusicFilter()).length > 0) {
69.             for (File file : path.listFiles(new MusicFilter())) {
70.                 mMusicList.add(file.getName());
```

```
71.            }
72.        }
73.    }
```

代码说明

①代码第 56～64 行为 mStopBtn 按钮设置点击事件监听器。

②代码第 58 行判断 mMediaPlayer 是否正在播放。

③代码第 59 行重置 mMediaPlayer 为初始状态。

④代码第 61、62 行 mStartPauseBtn 按钮的图标设置成开始图标并更新开始标志为 true。

⑤代码第 66～73 行定义 updateMusicList 方法用于更新播放列表。

⑥代码第 67 行获取音乐文件夹的路径。

⑦代码第 68～71 行将指定路径下后缀名为“.mp3”的文件全部加入 mMusicList 列表中。

```
74.    private void nextMusic() {
75.        if (currentId == (mMusicList.size()-1)) {
76.            currentId = 0;
77.        } else {
78.            currentId++;
79.        }
80.        playMusic(MUSIC_PATH + mMusicList.get(currentId));
81.    }
82.    private void lastMusic() {
83.        if (currentId == 0) {
84.            currentId = mMusicList.size() - 1;
85.        } else {
86.            currentId--;
87.        }
88.        playMusic(MUSIC_PATH + mMusicList.get(currentId));
89.    }
```

代码说明

①代码第 74～81 行定义 nextMusic 方法用于播放当前播放曲目的下一曲目。

②代码第 75～79 行首先判断当前曲目是否为播放列表中的最后一首。如果是最后一首则设置下一首为播放列表第一首 id，否则为下一首歌曲 id。

③代码第 80 行播放指定 id 的歌曲。

④代码第 82～89 行定义 lastMusic 方法用于播放当前播放曲目的上一曲目。

⑤代码第 83～87 行首先判断当前曲目是否为播放列表中的第一首。如果是第一首则设置上一首为播放列表最后一首 id，否则为上一首歌曲 id。

```
90.    private void playMusic(String path) {
91.        try {
92.            mMediaPlayer.reset();
93.            mMediaPlayer.setDataSource(path);
94.            mMediaPlayer.prepare();
95.            mMediaPlayer.start();
96.            mMediaPlayer.setOnCompletionListener(
97.                      new OnCompletionListener() {
```

```
98.                public void onCompletion(MediaPlayer mp) {
99.                    nextMusic();
100.               }
101.           });
102.       } catch (Exception e) {
103.       }
104.   }
105.   public boolean onKeyDown(int keyCode, KeyEvent event){
106.       if ( keyCode == KeyEvent.KEYCODE_BACK){
107.           mMediaPlayer.stop();
108.           mMediaPlayer.release();
109.           this.finish();
110.           return true;
111.       }
112.       return super.onKeyDown(keyCode, event);
113.   }
114. }
```

代码说明

①代码第 90～104 行定义 playMusic 方法用于播放音乐。

②代码第 92 行重置 mMediaPlayer 为初始状态。

③代码第 93 行设置播放数据来源。

④代码第 94、95 行准备和开始播放。

⑤代码第 96～101 行设置当前文件播放完成之后的操作为继续播放下一首歌曲。

⑥代码第 105 行定义 onKeyDown 方法用于在点击按键后退出程序。

⑦代码第 106 行判断点击的按键是否为 Back 键。

⑧代码第 107、108 行停止并释放 mMediaPlayer 对象。

⑨代码第 109 行完成退出当前程序。

最后，不要忘记在 AndroidManifest.xml 文件中设置 WAKE_LOCK 权限以保证播放期间系统的正常工作。

代码 10-2　\Chapter10\MusicPlayer\AndroidManifest.xml

```
01. <user-permission
02.     android:name="android.permission.WAKE_LOCK">
03. </user-permission>
```

（3）运行程序

图 10-4 所示为程序运行后的界面。

图 10-4　简易音乐播放器

10.2.2 使用 SoundPool 播放音效

在 Android 应用开发中，对于多媒体音频文件可以利用上节介绍的 MediaPlayer 进行播放。但 MediaPlayer 占用的资源较多。对于游戏和动画等应用中，需要在某些场景中播放声音片段来为应用提供音效作用，在这种情况下如果继续使用 MediaPlayer 对音效进行操作，显然会降低 CPU 性能。在 Android 系统中，提供了 SoundPool 类来执行此类的操作，相对于 MediaPlayer，它实现了较少的 CPU 资源占用和较短的反应延时。

在实现上，SoundPool 使用 MediaPlaybackService 将音频流解码为 16 位的 PCM 单声道或立体声流，这有助减小解码造成的延迟。同其他音频播放类相比，SoundPool 的特点是可以自行设置声音的品质、音量和播放速率等。并且它可以同时管理多个音频流，每个流拥有自己特定的 id，对每个音频流的引用都是通过 id 进行的。SoundPool 类的常用方法有：

1. *创建 SoundPool 实例*

```
SoundPool(int maxStreams, int streamType, int srcQuality);
```

其中，maxStreams 表示该 SoundPool 实例允许的并发音频流的最大数目；streamType 表示音频流的类型，在 AudioManager 类中有详细描述，例如游戏通常使用的 STREAM_MUSIC；srcQuality 表示音频的采样品质，当前该变量无影响，使用默认的 0。

2. *从资源或文件加载音频流*

```
load(Context context, int resId, int priority);
```

其中，context 指明当前应用；resId 表示资源的 id；priority 指示声音的优先级，当前无影响，使用 1 以便与以后的版本兼容。

3. *播放声音*

```
play(int soundId, float leftVolume,
         float rightVolume, int priority, int loop, float rate);
```

其中，soundId 表示 load()返回的声音 id；leftVolume 和 rightVolume 设置左右声道的音量，该值范围为 0.0～1.0；priority 表示音频流的优先级，0 表示最低优先级；loop 设置声音循环播放的次数，0 表示单次播放，-1 表示一直循环，其他正整数表示循环次数；rate 设置播放的速率，该值范围为 0.5～2.0，1.0 表示正常回放速率。

4. *其他一些方法*

```
pause(int streamID);      // 暂停播放
resume(int streamID);     // 恢复播放
setLoop(int streamID, int loop);  // 设置循环
setRate(int streamID, float rate); // 设置播放速率
setVolume(int streamID, float leftVolume, float rightVolume); // 设置音量
```

下面我们将通过一个实例向读者详细介绍 SoundPool 类的使用方法，在该实例中，实现一个简单的平移动画，利用 SoundPool 类为动画提供音效。

实例 10-2　卡丁车动画和音效（\Chapter10\SoundPoolTest）

实现一个简单的卡丁车沿直线移动的动画，并利用 SoundPool 播放声音片段来模拟卡丁车发动的音效。

（1）创建工程

创建一个新的 Android 工程，工程名为 SoundPoolTest，并为该工程添加如下文件。

SoundPoolTest.java：创建程序的 Activity 类，播放卡丁车动画以及音效。

（2）编写代码

代码 10-3　SoundPoolTest.java

```
01. public class SoundPoolActivity extends Activity {
02.     private Button moveButton = null;
03.     private ImageView carImage = null;
04.     private SoundPool mSoundPool = null;
05.     private int moveSound = 0;
06.     @Override
07.     public void onCreate(Bundle savedInstanceState) {
08.         super.onCreate(savedInstanceState);
09.         setContentView(R.layout.main);
10.         mSoundPool = new SoundPool(10, AudioManager.STREAM_MUSIC, 0);
11.         carImage = (ImageView) findViewById(R.id.carImageView);
12.         moveButton = (Button) findViewById(R.id.moveButton);
13.         moveSound = mSoundPool.load(this, R.raw.move, 0);
14.         moveButton.setOnClickListener(new OnClickListener() {
15.             public void onClick(View arg0) {
16.                 Animation moveAnimation
17.                         = new TranslateAnimation(10, 100, 10, 100);
18.                 moveAnimation.setDuration(3000);
19.                 carImage.startAnimation(moveAnimation);
20.                 mSoundPool.play(moveSound, 1, 1, 0, 0, (float)0.5);
21.             }
22.         });
23.     }
24. }
```

代码说明

①代码第 10 行创建 SoundPool 实例，最大允许 10 个并发音频流，使用 STREAM_MUSIC 声音类型。

②代码第 11、12 行获取 ImageView 和 Button 组件的引用实例。

③代码第 13 行将 raw 文件夹下的 move.mp3 资源文件加载为音频流。

④代码第 14～22 行为 moveButton 按钮设置点击事件监听器。

⑤代码第 16、17 行创建平移动画。

⑥代码第 18 行设置动画的持续时间。

⑦代码第 19 行开始播放动画。

⑧代码第 20 行开始播放声音片段，设置的播放速率为半倍速率，其他参数为默认值。

（3）运行程序

程序运行界面如图 10-5 所示。

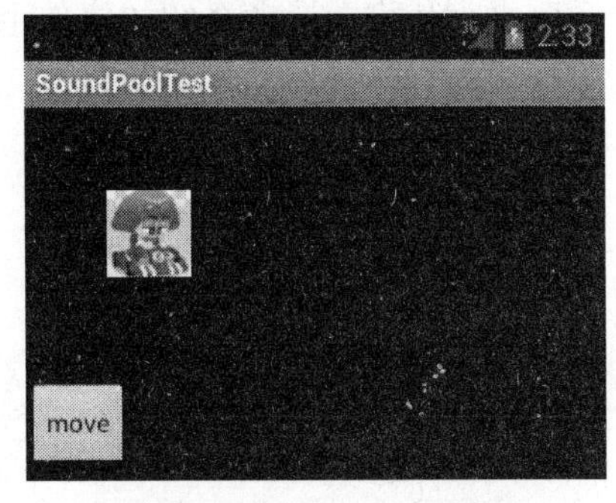

图 10-5　卡丁车动画和音效

需要注意的是，SoundPool 虽然可以很长地完成游戏音效播放等功能，但是在设计上存在一些缺陷和 Bug，需要在这里向读者说明，以便在使用时避免这些问题。首先，SoundPool 最大只能申请 1M 的内存空间，因此只能用来播放一些简短的声音片段，而不能用来播放歌曲或实现游戏背景音乐。其次，SoundPool 提供 pause()和 stop()等方法，单这些方法目前存在一些 Bug，建议最好不要使用。另外，SoundPool 虽然相比其他播放类，效率已经算高了，但仍存在一定效率问题。

基于 SoundPool 的优点和缺陷的考虑，建议读者在以下应用开发时使用 SoundPool：应用程序中的音效（如按钮提示音、消息等），游戏中密集而短促的声音（如多个飞船同时爆炸）等。

10.2.3　使用 VideoView 播放视频

视频作为多媒体应用中非常重要的一部分，已经成为越来越多移动终端开发的热点。Android 提供了强大的视频功能支持，相比于其他移动终端，Android 设备除了支持主流的 3GP 和 MP4 视频格式，还对更多的视频格式提供了支持，只需要添加相应的编解码器和文件解析器即可。在视频播放过程中，对视频的解码分为软件解码和硬件解码两种，对目前高端的移动终端而言，大多都支持高清视频，因此多数都借助于硬件解码实现。

在 Android 系统上层应用程序开发中，是利用 MediaPlayer 类播放多媒体音频和视频文件。同时 Android 还提供了 VideoView 类对 MediaPlayer 进行了封装，开发人员可以利用 VideoView 轻松实现视频的播放。VideoView 类可以从不同的来源（例如资源文件或内容提供器）读取图像，计算和维护视频的画面尺寸以使其适用于任何布局管理器，并提供一些诸如缩放、着色之类的显示选项。另外，在 10.2.1 小节实现的简易音乐播放器中，播放器的控制按钮是由开发者通过 ImageView 自定义实现的，其实 Andoird 已经为开发人员提供了一个类似功能的组件 MediaController。MediaController 包含了媒体播放器（MediaPlayer）控件，例如“播放（Play）/暂停（Pause）”、“倒带（Rewind）”、“快进（Fast Forward）”与进度滑动器（progress slider）等典型的按钮。同时它管理媒体播放器的状态以保持控件的同步，这无疑为开发人员带来了极大的方便。

通过编程对 MediaController 进行实例化，媒体控制器将创建一个具有默认设置的控件，媒体控制器默认显示播放/暂停、回退和快进 3 个按钮以及播放进度条，并把它们放到一个窗口里漂浮在媒体播放器中。如果这个窗口空闲 3 秒那么它将消失，直到用户触摸这个视图的时候重现。事实上，开发者还可以自定义设置 MediaController 的若干种属性，如显示上一个（previous）和下一个（next）按钮，则可以通过调用 setPrevNextListeners（View.OnClickListener next, View.OnClickListener prev）方法显示这两个按钮，同时设置这两个按钮的监听处理事件，若监听事件为 null 时，按钮仍然可见但是处于禁用状态。另外，如果不想显示回退和快进按钮，则可以在创建 MediaController 时使用构造函数 MediaController（Context, boolean）将 boolean 设置为 false。

本小节将向读者介绍如何使用 VideoView 和 MediaController 类实现视频的播放功能。这两个类的一些常用使用方法有：

1. *设置视频源*

设置视频来源有两种方式：

```
public void setVideoPath(String path); // 设置视频文件的路径名
public void setVideoURI(Uri uri); // 设置视频文件的统一资源标识符
```

2. *关联媒体控制器*

```
// 将媒体控制器 mCtrl 与媒体播放器进行关联，以控制播放器
public void setMediaController(MediaController mCtrl);
```

3. *几个重要的回调函数*

```
// 设置媒体文件播放完毕时执行的操作
public void setOnCompletionListener(MediaPlayer.OnCompletionListener());
// 设置播放过程中发生错误时执行的操作
public void setOnErrorListener(MediaPlayer.OnErrorListener());
// 设置媒体文件加载完毕，可以播放时的执行的操作
public void setOnPreparedListener(MediaPlayer.OnPreparedListener());
```

4. *播放、暂停、停止和恢复播放*

```
public void start(); // 开始播放
public void pause(); // 暂停播放
public void stopPlayback(); // 停止回放
public void resume(); // 恢复播放
public void seekTo(int msec); // 设置播放位置
```

下面将通过一个具体的视频播放器实例向读者详细介绍 VideoView 和 MediaController 的使用方法以及一些注意事项。

实例 10-3　视频播放器（\Chapter10\VideoViewDemo）

综合利用 VideoView 和 MediaController 实现一个简单的视频播放器。

（1）创建工程

创建一个新的 Android 工程，工程名为 VideoViewDemo，并为该工程添加如下文件。

①/res/layout/main.xml：定义程序的界面布局。

②VideoViewDemo.java：创建程序的 Activity 类，显示播放器界面及控制各种播放选项。

（2）编写代码

代码 10-4 /Chapter10/VideoViewDemo/res/layout/main.xml

```
01. <?xml version="1.0" encoding="utf-8"?>
02. <RelativeLayout
03.     xmlns:android=http://schemas.android.com/apk/res/android
04.     android:layout_width="fill_parent"
05.     android:layout_height="fill_parent"
06.     >
07.     <VideoView android:id="@+id/VideoWindow"
08.         android:layout_width="fill_parent"
09.         android:layout_height="fill_parent"
10.         android:layout_centerInParent="true"
11.         android:layout_gravity="center">
12.     </VideoView>
13. </RelativeLayout>
```

代码说明

①该布局文件采用 RelativeLayout，并且在界面中放置了一个 VideoView 组件。在这里之所以采用相对布局格式，主要是为了实现 VideoView 位于界面的正中，若采用 LinearLayout 将无法实现这一功能。

②代码第 10、11 行 android:layout_centerInParent="true"和 android:layout_gravity="center"将 VideoView 组件放置于界面的正中间。

代码 10-5 VideoViewDemo.java

```
01. public class VideoViewDemo extends Activity {
02.     private VideoView mVideoView = null;
03.     private String path = "/sdcard/test.3gp";
04.     private Uri mUri;
05.     private int iPosWhenPaused = -1;
06.     private MediaController mMediaController = null;
07.     @Override
08.     public void onCreate(Bundle savedInstanceState) {
09.         super.onCreate(savedInstanceState);
10.         requestWindowFeature(Window.FEATURE_NO_TITLE);
11.         getWindow().setFlags(WindowManager.LayoutParams.FLAG_FULLSCREEN,
12.                 WindowManager.LayoutParams.FLAG_FULLSCREEN);
13.         setContentView(R.layout.main);
14.         setRequestedOrientation(
15.                 ActivityInfo.SCREEN_ORIENTATION_LANDSCAPE);
16.         mVideoView = (VideoView) findViewById(R.id.VideoWindow);
17.         mUri = Uri.parse(path);
18.         mMediaController = new MediaController(this);
19.         mVideoView.setMediaController(mMediaController);
20.         mVideoView.requestFocus();
```

代码说明

①代码第 10 行设置程序窗口无标题特性。
②代码第 11、12 行设置程序窗口为全屏显示。
③代码第 13 行设置程序显示界面布局。
④代码第 14、15 行设置屏幕显示方向为横向。
⑤代码第 16 行获取 VideoView 组件的引用实例。
⑥代码第 17 行通过文件路径获取文件标识符。
⑦代码第 18 行实例化 MediaController 对象。
⑧代码第 19 行为媒体播放器 mVideoView 设置媒体控制器。
⑨代码第 20 行使 VideoView 获取焦点。

```
21.         mVideoView.setOnCompletionListener(
22.            new MediaPlayer.OnCompletionListener() {
23.            public void onCompletion(MediaPlayer mp) {
24.               finish();
25.            }
26.         });
27.         mVideoView.setOnErrorListener(
28.            new MediaPlayer.OnErrorListener() {
29.            public boolean onError(MediaPlayer mp, int what, int extra) {
30.               return false;
31.            }
32.         });
33.      }
```

代码说明

①代码第 21～26 行为 VideoView 注册媒体文件播放完毕事件监听器。
②代码第 24 行完成并退出当前程序。
③代码第 27～32 行为 VideoView 注册媒体文件播放错误事件监听器。
④代码第 30 行返回错误。

```
34.      public void onStart() {
35.         mVideoView.setVideoURI(mUri);
36.         mVideoView.start();
37.         super.onStart();
38.      }
39.      public void onPause() {
40.         iPosWhenPaused = mVideoView.getCurrentPosition();
41.         mVideoView.stopPlayback();
42.         super.onPause();
43.      }
44.      public void onResume() {
45.         if (iPosWhenPaused >= 0) {
46.            mVideoView.seekTo(iPosWhenPaused);
47.            iPosWhenPaused = -1;
48.         }
```

```
49.         super.onResume();
50.     }
51. }
```

代码说明

①代码第 34～38 行重写 Activity 的 onStart 方法，在其中开始播放视频。
②代码第 35 行设置视频播放源。
③代码第 36 行开始播放视频。
④代码第 39～43 行重写 Activity 的 onPause 方法，在其中暂停播放视频。
⑤代码第 40 行获取当前播放位置。
⑥代码第 41 行停止回放。
⑦代码第 44～50 行重写 Activity 的 onResume 方法，在其中重写继续播放视频。
⑧代码第 46 行跳转到上次暂停时的位置。

（3）运行程序

运行程序，程序执行界面如图 10-6 所示。

图 10-6　视频播放器界面

编者手记

读者在 2.3 版本及其以下版本的仿真器上对本实例程序进行测试时，可能会出现只有声音图像黑屏、无法播放该视频或者声音和视频不同步等情况。这种情况的出现与仿真器的版本和性能等因素有关。本实例在 2.2、2.3 版本的仿真器和真机上测试是正确无误的。当出现这样的情况时，需要读者改变媒体文件的格式、分辨率和帧率等参数。另外，当在 4.0 版本的仿真器测试本实例时，会出现只有声音无图像的黑屏现象，同时 Logcat 会提示如图 10-7 所示的错误，这是由于 Android4.0 对 GraphicBuffer 的管理机制进行了修改，在进行视频软解码时，导致底层的 gralloc.xxx.so 在分配内存时不支持 Android 自带 codec 解码出的 HAL_PIXEL_FORMAT_YV12 数据格式。解决的方法是更新 gralloc 库，使之支持 HAL_PIXEL_FORMAT_YV12 格式或者替换掉所有的 codec。还有一个最简单的方法就是将 SoftwareRender.cpp 中 switch 语句的 case 注释掉只剩

default 语句，即是规避掉 gralloc.xxx.so 不支持的几种格式。

```
GraphicBufferAlloc::createGraphicBuffer(w=176, h=144) failed (Invalid argument), handle=0x0
[SurfaceView] dequeueBuffer: SurfaceComposer::createGraphicBuffer failed
```

图 10-7 Android 4.0 Bug

10.2.4 使用 MediaPlayer 和 SurfaceView 播放视频

在前一小节中，通过 Android 系统封装好的 VideoView 类和 MediaController 类成功实现了视频文件的播放功能。虽然 VideoView 简单易用，但是从应用程序开发角度来讲，这也就意味着它的定制性显然太差。在 10.2.1 小节中，曾经提到 MediaPlayer 除了可以播放音频，同时也能提供视频播放支持。另外，VideoView 类实际上是继承于 SurfaceView 类，且实现了 MediaController.MediaPlayerControl 接口。因此，我们可以借助于 MediaPlayer 和 SurfaceView 这两个类来实现视频播放功能，相比于 VideoView，本小节使用方法稍微要复杂一些，但是允许开发者设计出拥有众多个性定制的视频播放器。

通过 MediaPlayer 和 SurfaceView 实现视频播放功能使用的一些关键方法有：

1. 设置音频流的类型

```
// 为 MediaPlayer 设置音频流的类型
public void setAudioStreamType();
```

本方法为 MediaPlayer 设置音频流的类型，常用的类型有 AudioManager.STREAM_MUSIC 等。读者可以查询 AudioManager 类获得所有的流类型。这个方法必须在调用 prepare()或者 prepareAsync()方法准备播放之前进行调用，以使设置的流类型在播放时有效。

2. 设置显示视图

```
// 为 MediaPlayer 设置显示视图
public void setDisplay(SurfaceHolder sh);
```

本方法将为 MediaPlayer 设置显示视频的视图，如果在播放媒体时不调用这个方法，那么将只有音轨会被播放。

3. 准备播放

为播放器准备回放有两个方法可以实现：

```
// 为 MediaPlayer 准备回放
public void prepare();
public void prepareAsync();
```

在设置好播放的数据源和显示的视图之后，必须调用这两个方法之一为回放准备好播放器。在工作方式上，前者是同步准备，后者是异步准备。对于本地文件或者资源文件来说，调用 prepare()就可以达到目的，程序将会阻塞直到 MediaPlayer 已经准备好开始播放为止。但是对于流媒体而言，需要调用 prepareAsync()，这样程序将会立即返回，而不是一直阻塞到足够多的数据缓冲好为止。

下面将通过一个实例向读者详细介绍 MediaPlayer 和 SurfaceView 的用法和注意事项。

实例 10-4　自定义视频播放器（\Chapter10\VideoPlayDemo）

综合利用 MediaPlayer 和 SurfaceView 实现一个视频播放器，开发者可自定义控件按钮、进度条等，支持进度条拖放和实时显示播放位置的功能。

（1）创建工程

创建一个新的 Android 工程，工程名为 VideoPlayDemo，并为该工程添加如下文件。

①/res/layout/main.xml：自定义视频播放器的界面布局。

②VideoPlayDemo.java：创建程序的 Activity 类，显示自定义播放器的界面及控制各种播放选项。

（2）编写代码

代码 10-6　\Chapter10\VideoPlayDemo\res\layout\main.xml

```
01. <?xml version="1.0" encoding="utf-8"?>
02. <LinearLayout android:id="@+id/LinearLayout01"
03.    xmlns:android="http://schemas.android.com/apk/res/android">
04.    android:orientation="vertical"
05.    android:layout_width="fill_parent"
06.    android:layout_height="fill_parent"
07.    <SurfaceView android:id="@+id/VideoSurfaceView"
08.       android:layout_width="fill_parent"
09.       android:layout_height="250px">
10.    </SurfaceView>
11.    <SeekBar android:id="@+id/VideoSeekBar"
12.       android:layout_width="fill_parent"
13.       android:layout_height="wrap_content">
14.    </SeekBar>
15.    <LinearLayout android:id="@+id/LinearLayout02"
16.       android:layout_width="wrap_content"
17.       android:layout_height="wrap_content">
18.       <ImageButton android:id="@+id/startImgBtn"
19.          android:layout_width="wrap_content"
20.          android:layout_height="wrap_content"
21.          android:src="@drawable/start">
22.       </ImageButton>
23.       <ImageButton android:id="@+id/stopImgBtn"
24.          android:layout_width="wrap_content"
25.          android:layout_height="wrap_content"
26.          android:src="@drawable/stop">
27.       </ImageButton>
28.    </LinearLayout>
29. </LinearLayout>
```

代码说明

该布局文件采用 LinearLayout，在界面中放置了一个 SurfaceView 组件用于显示解码的视频图像，一个进度条（SeekBar）组件用于显示和改变视频的播放进度，以及两个图像按钮用于开始和停止播放。

代码 10-7　VideoPlayDemo.java

```
01. public class VideoPlayDemo extends Activity {
02.     private static final String path = "/sdcard/test.3gp";
03.     private SeekBar videoSeekBar = null;
04.     private ImageButton startImgBtn = null;
05.     private ImageButton stopImgBtn = null;
06.     private SurfaceView mVideoSurfaceView = null;
07.     private SurfaceHolder mHolder = null;
08.     private MediaPlayer mMediaPlayer = null;
09.     private DelayThread dThread = null;
10.     @Override
11.     public void onCreate(Bundle savedInstanceState) {
12.         super.onCreate(savedInstanceState);
13.         setContentView(R.layout.main);
14.         mMediaPlayer = new MediaPlayer();
15.         mVideoSurfaceView
16.                 = (SurfaceView) findViewById(R.id.VideoSurfaceView);
17.         mHolder = mVideoSurfaceView.getHolder();
18.         mHolder.setType(SurfaceHolder.SURFACE_TYPE_PUSH_BUFFERS);
19.         videoSeekBar = (SeekBar) findViewById(R.id.VideoSeekBar);
20.         videoSeekBar.setOnSeekBarChangeListener(
21.                         new OnSeekBarChangeListener() {
22.             @Override
23.             public void onProgressChanged(SeekBar seekBar,
24.                         int progress, boolean fromUser) {
25.             }
26.             @Override
27.             public void onStartTrackingTouch(SeekBar seekBar) {
28.             }
29.             @Override
30.             public void onStopTrackingTouch(SeekBar seekBar) {
31.                 mMediaPlayer.seekTo(seekBar.getProgress());
32.             }
33.         });
```

代码说明

①代码第 14 行创建 MediaPlayer 对象实例。

②代码第 15、16 行获取 SurfaceView 组件的引用实例。

③代码第 17 行获取 SurfaceHolder 对象实例。

④代码第 18 行设置 Surface 的类型，在这里设置为 SURFACE_TYPE_PUSH_BUFFERS 表明该 Surface 不包含原生数据，Surface 用到的数据由其他对象提供。

⑤代码第 19 行获取 SeekBar 组件的引用实例。

⑥代码第 20～33 行为 SeekBar 组件设置进度条改变事件监听器。

⑦代码第 29～32 行重写 onStopTrackingTouch 方法，用于响应 SeekBar 停止拖动的事件。

⑧代码第 31 行将 mMediaPlayer 进度跳转到 SeekBar 拖动到的当前位置。

```
34.         startImgBtn = (ImageButton) findViewById(R.id.startImgBtn);
35.         startImgBtn.setOnClickListener(new OnClickListener() {
36.             @Override
37.             public void onClick(View v) {
38.                 mMediaPlayer.reset();
39.                 try {
40.                     mMediaPlayer.setDataSource(path);
41.                     mMediaPlayer.setAudioStreamType(
42.                                         AudioManager.STREAM_MUSIC);
43.                     mHolder.setFixedSize(mMediaPlayer.getVideoWidth(),
44.                                         mMediaPlayer.getVideoHeight());
45.                     mMediaPlayer.setDisplay(mHolder);
46.                     mMediaPlayer.prepare();
47.                     videoSeekBar.setMax(mMediaPlayer.getDuration());
48.                 } catch (IllegalStateException e) {
49.                     e.printStackTrace();
50.                 } catch (IOException e) {
51.                     e.printStackTrace();
52.                 }
53.                 mMediaPlayer.start();
54.             }
55.         });
```

代码说明

①代码第 34 行获取 startImgBtn 图片按钮的引用实例。

②代码第 35～55 行为 startImgBtn 按钮设置点击事件监听器。

③代码第 38 行重置 mMediaPlayer 对象。

④代码第 40 行设置播放视频源。

⑤代码第 41、42 行设置音轨流的类型。

⑥代码第 43、44 行设置 surface 的尺寸。

⑦代码第 45 行为视频设置显示视图 Surface。

⑧代码第 46 行准备播放视频。

⑨代码第 47 行设置进度条设置最大值为播放视频的时间长度。

⑩代码第 53 行开始播放视频。

```
56.         stopImgBtn = (ImageButton) findViewById(R.id.stopImgBtn);
57.         stopImgBtn.setOnClickListener(new OnClickListener() {
58.             @Override
59.             public void onClick(View v) {
60.                 mMediaPlayer.stop();
61.             }
62.         });
63.         mMediaPlayer.setOnCompletionListener(
64.                             new MediaPlayer.OnCompletionListener() {
65.             @Override
66.             public void onCompletion(MediaPlayer mp) {
```

```
67.                 Toast.makeText(VideoPlayDemo.this, "结束", 1000).show();
68.                 mMediaPlayer.stop();
69.                 mMediaPlayer.release();
70.                 mMediaPlayer = null;
71.                 VideoPlayDemo.this.finish();
72.             }
73.         });
74.         startProgressUpdate();
75.     }
```

代码说明

①代码第 56 行获取 stopImgBtn 图片按钮的引用实例。

②代码第 57～62 行设置 stopImgBtn 按钮的点击事件监听器。

③代码第 60 行停止播放。

④代码第 63～73 行设置视频播放完成事件监听器。

⑤代码第 67 行以 Toast 提示视频播放完毕。

⑥代码第 68～70 行停止、释放并销毁 mMediaPlayer 对象实例。

⑦代码第 71 行退出当前 Activity。

⑧代码第 74 行开始更新进度条。

```
76.     public boolean onKeyDown(int keyCode, KeyEvent event){
77.         if ( keyCode ==  KeyEvent.KEYCODE_BACK){
78.             mMediaPlayer.stop();
79.             mMediaPlayer.release();
80.             mMediaPlayer = null;
81.             this.finish();
82.             return true;
83.         }
84.         return super.onKeyDown(keyCode, event);
85.     }
86.     private Handler mHandle = new Handler() {
87.         public void handleMessage(Message msg) {
88.             if (mMediaPlayer != null) {
89.                 int pos = mMediaPlayer.getCurrentPosition();
90.                 videoSeekBar.setProgress(pos);
91.             }
92.         }
93.     };
```

代码说明

①代码第 76～85 行重写 onKeyDown 方法用于点击按钮退出程序。

②代码第 77～83 行判断按钮是否为 Back 键，如果是则停止、释放和销毁 mMediaPlayer 对象，并退出当前 Activity。

③代码第 86～93 行定义 Handler 对象实例。

④代码第 87～92 行重写 handleMessage 方法处理线程发送的消息。

⑤代码第 89 行获取当前播放进度的位置。

⑥代码第 90 行设置拖动条位置为视频播放进度的位置。

```
94.     public class DelayThread extends Thread {
95.        int milliseconds;
96.        public DelayThread(int msec) {
97.           milliseconds = msec;
98.        }
99.       public void run() {
100.          while(true) {
101.             try {
102.                sleep(milliseconds);
103.             } catch (InterruptedException e) {
104.                e.printStackTrace();
105.             }
106.             mHandle.sendEmptyMessage(0);
107.          }
108.       }
109.    }
110.    public void startProgressUpdate() {
111.       dThread = new DelayThread(100);
112.       dThread.start();
113.    }
114. }
```

代码说明

①代码第 94～109 行定义线程 DelayThread 用于定期更新进度条。因为 MediaPlayer 没有播放进度的回调函数。所以只能采用 DelayThread 线程定时通知进度条进行刷新，该线程在每过 100ms 的等待之后对播放进度进行一次获取并刷新进度条的状态。

②代码第 106 行发送消息更新进度条。

③代码第 110～113 行定义 startProgressUpdate 方法开始更新进度条。

④代码第 111 行创建 DelayThread 对象实例 dThread。

⑤代码第 112 行启动 dThread 线程。

编者手记

上述代码中有两个地方值得特别注意：

（1）代码 mMediaPlayer.prepare()这个调用必须放在 videoSeekBar.setMax()之前，否则进度条的最大值设置无效。这是因为视频必须在准备播放之后才能获取该视频的时间长度。

（2）代码第 88 行 if (mMediaPlayer != null)非常重要，读者可以尝试将这个判断删掉，实验一下会发生什么现象。当视频播放完成或点击按钮退出程序时，程序会报错并强制退出。这是因为在退出时程序销毁了 mMediaPlayer 实例，但是 DelayThread 线程此时仍然继续在执行中，如果直接去调用 mMediaPlayer 实例的方法或成员，显然程序会发生错误。

（3）运行程序

运行程序，程序执行界面如图 10-8 所示。

图 10-8　VideoPlayDemo 播放器界面

10.3　音频和视频的录制

在前面几节中，向读者介绍了如何在 Android 系统中实现声音和视频的播放功能，在本节中将向读者介绍如何实现音频和视频的录制功能。在 Android 中实现音频和视频采集录制功能的是 MediaRecorder 类。该类和 MediaPlayer 类似，也是作为状态机运行，需要为其设置不同的参数，如源设备和格式等。在参数设置好之后，便可以利用它执行任何时间长度的采集录制，直到用户停止。如图 10-9 为 MediaRecorder 的状态转换示意图。

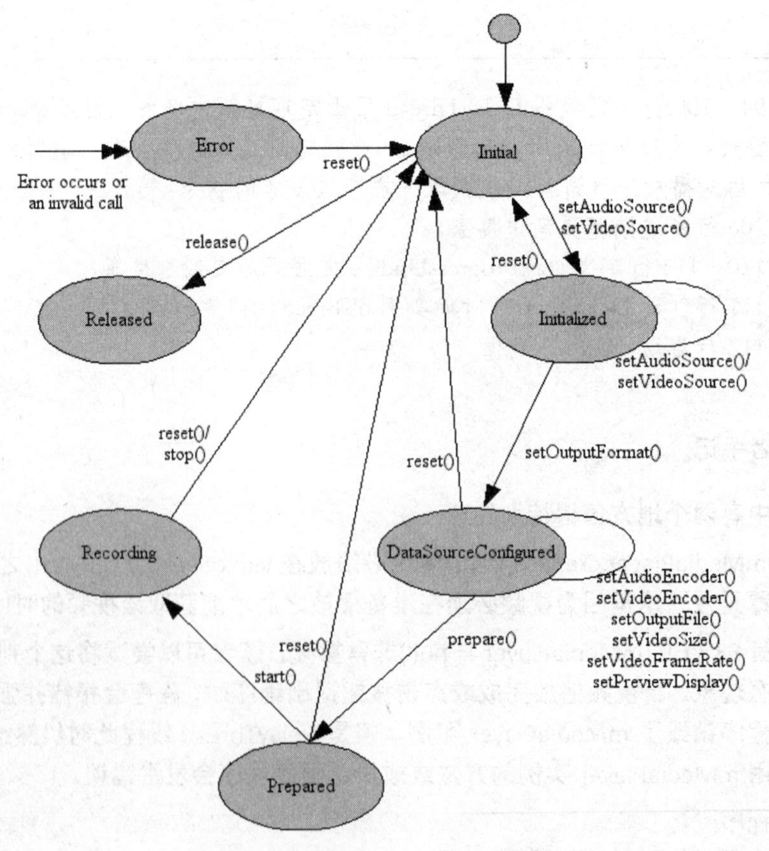

图 10-9　MediaRecorder 的状态转换图

MediaRecoder 的常用方法如表 10-2 所示。

表 10-2　　MediaPlayer 的常用方法

方法	方法描述
getMaxAmplitude()	获取最大幅度
setAudioEncoder()	设置音频编码格式
setAudioSource()	设置音频源
setCamera()	设置摄像机
setMaxDuration()	设置最大持续时间
setMaxFileSize()	设置文件允许的最大数据量
prepare()	准备播放（同步）
release()	释放 MediaRecorder 对象
reset()	重置 MediaRecorder 对象
setOutputFile()	指定输出文件
setOutputFormat()	设置输出文件格式
setPreviewDisplay()	设置预览
setVideoEncoder()	设置视频编码格式
setVideoFrameRate()	设置视频帧率
setVideoSize()	设置视频分辨率大小
setVideoSource()	设置视频源
start()	开始播放
stop()	停止播放

10.3.1　使用 MediaRecorder 录制音频

在 Android 中，使用 MediaRecorder 进行音频的录制大致可以分为以下几个步骤：

1.　创建 MediaRecorder 实例

```
MediaRecorder mRecorder = new MediaRecorder();
```

2.　设置录音的媒体源

```
mRecorder.setAudioSource(MediaRecorder.AudioSource.MIC);
```

Android 支持的录音媒体源包括：

（1）MIC：移动设备内置的麦克风。

（2）VIOCE_UPLINK：语音通话时向对方发送的音频。

（3）VOICE_DOWNLINK：语音通话时接收来自对方的音频。

（4）VOICE_CALL：语音通话时包括发送给对方和接收来自对方的音频。

（5）CAMCORDER：摄像状态时的麦克风（如果可用）。

（6）VOICE_RECOGNITION：语音识别状态时的麦克风（如果可用）。

3. 设置输出文件的格式

```
mRecorder.setOutputFormat(MediaRecorder.OutputFormat.THREE_GPP);
```

Android 支持的录音文件的输出格式包括：

（1）THREE_GPP：3GPP 多媒体文件格式。

（2）MPEG_4：MPEG4 多媒体文件格式。

（3）AMR_NB：自适应多速率窄带编码格式，即未经封装的 AMR 裸码流格式。

4. 设置音频的编码格式

```
mRecorder.setAudioEncoder(MediaRecorder.AudioEncoder.AMR_NB);
```

Android 支持的音频编码格式包括：

（1）AMR_NB：自适应多速率窄带语音编码。

5. 设置输出文件的保存路径

```
mRecorder.setOutputFile(path);
```

6. 准备并开始录音

```
mRecorder.prepare();
mRecorder.start();
```

下面通过一个简易的录音机向读者详细介绍音频的录制过程。

实例 10-5　简易录音机（AudioRecorder）

利用 MediaRecorder 实现一个简易的录音机，将录制的文件保存在 sdcard 中。

（1）创建工程

创建一个新的 Android 工程，工程名为 AudioRecorder，并为该工程添加如下文件。

AudioRecorder.java：创建程序的 Activity，显示录音机的界面及控制录音机的开始和停止。

（2）编写代码

代码 10-8　AudioRecorder.java

```
01. public class AudioRecorder extends Activity {
02.     private Button startRecordBtn = null;
03.     private Button stopRecordBtn = null;
04.     private MediaRecorder mRecorder = null;
05.     @Override
06.     public void onCreate(Bundle savedInstanceState) {
07.         super.onCreate(savedInstanceState);
08.         setContentView(R.layout.main);
09.         startRecordBtn = (Button) findViewById(R.id.startRecord);
10.         stopRecordBtn = (Button) findViewById(R.id.stopRecord);
11.         startRecordBtn.setOnClickListener(new OnClickListener() {
```

```
12.            public void onClick(View v) {
13.                File file = new File("/sdcard/" + "Music"
14.                       + new DateFormat().format("yyyyMMdd_hhmmss",
15.                              Calendar.getInstance(Locale.CHINA)) + ".amr");
16.                Toast.makeText(getApplicationContext(),
17.                         "正在录音，录音文件保存在" + file.getAbsolutePath(),
18.                                Toast.LENGTH_LONG).show();
```

代码说明

①代码第 9、10 行获取开始和停止录制按钮的引用实例。

②代码第 11～36 行设置 startRecordBtn 按钮的点击事件监听器，用于开始录音。

③代码第 13～15 行定义录音保存文件。

④代码第 16～18 行以 Toast 的方式提示正在录音状态。

```
19.                mRecorder = new MediaRecorder();
20.                mRecorder.setAudioSource(
21.                                MediaRecorder.AudioSource.DEFAULT);
22.                mRecorder.setOutputFormat(
23.                                MediaRecorder.OutputFormat.DEFAULT);
24.                mRecorder.setAudioEncoder(
25.                                MediaRecorder.AudioEncoder.DEFAULT);
26.                mRecorder.setOutputFile(file.getAbsolutePath());
27.                try {
28.                    file.createNewFile();
29.                    mRecorder.prepare();
30.                } catch (IOException e) {
31.                    e.printStackTrace();
32.                }
33.                mRecorder.start();
34.                startRecordBtn.setText("录音中......");
35.            }
36.        });
```

代码说明

①代码第 19 行创建 MediaRecorder 实例。

②代码第 20、21 行设置录音源。

③代码第 22、23 行设置录音输出文件格式。

④代码第 24、25 行设置音频编码格式。

⑤代码第 26 行设置录音输出文件。

⑥代码第 28 行创建新文件用于保存录音数据。

⑦代码第 29 行准备录音。

⑧代码第 33 行开始录音。

⑨代码第 34 行改变 startRecordBtn 按钮的文本内容，以显示录音状态。

```
37.        stopRecordBtn.setOnClickListener(new OnClickListener() {
38.            public void onClick(View v) {
39.                if (mRecorder != null) {
40.                    mRecorder.stop();
```

```
41.                     mRecorder.release();
42.                     mRecorder = null;
43.                     startRecordBtn.setText("录音");
44.                     Toast.makeText(getApplicationContext(), "录音完毕",
45.                                 Toast.LENGTH_LONG).show();
46.                 }
47.             }
48.         });
49.     }
50. }
```

代码说明

①代码第 37～48 行设置 stopRecordBtn 按钮的点击事件监听器，用于停止录音。

②代码第 40～42 行停止、释放并销毁 mRecorder 对象实例。

③代码第 43～45 行提示录音结束。

④代码中设置录音源、输出文件格式和录音编码格式时采用了系统默认值，分别是前面提到的 MIC、AMR_NB 和 AMR_NB，读者也可以设置成系统支持的其他任何值。

最后，因为录音和对存储卡进行写操作都需要进行权限声明，需要在 AndroidManifest.xml 中添加相应代码。

代码 10-9　AndroidManifest.xml

```
01. <uses-permission
02.     android:name="android.permission.RECORD_AUDIO">
03. </uses-permission>
04. <uses-permission
05.     android:name="android.permission.WRITE_EXTERNAL_STORAGE">
06. </uses-permission>
```

（3）运行程序

运行程序，单击录音按钮，程序执行界面如图 10-10 所示。当录音结束退出后可以在/sdcard 目录下找到我们录制的音频文件，如图 10-11 所示。

图 10-10　录音机运行界面

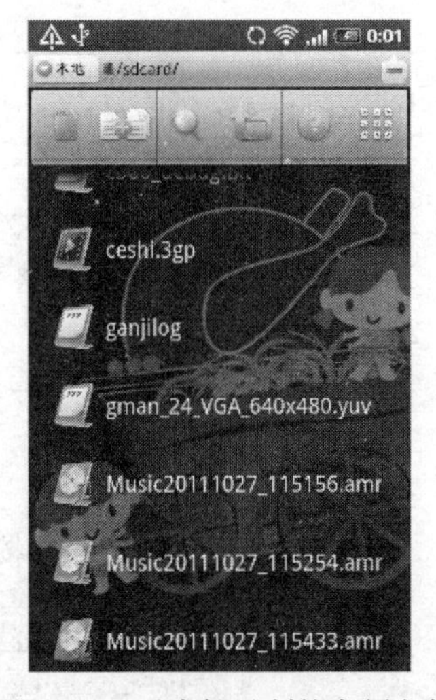

图 10-11　录音机录制的音频文件

编者手记

本实例要用到录音设备，Android 模拟器从 2.3 版本开始支持利用主机电脑声卡麦克风设置模拟录音设备，但是模拟器的性能是一个瓶颈，因此笔者选择在真机上进行测试。真机上测试方法也很简单，具体步骤如下。

（1）在真机上打开 USB 调试模式。

（2）将真机与电脑用 USB 线连接。

（3）设置电脑和手机的连接方式为“仅充电”，使手机可以操作存储卡，否则程序会因手机无法挂载存储卡而无法运行。

（4）打开 Eclipse，在不选择模拟器的情况下运行程序，此时，Eclipse 会自动找到真机，并使用它运行程序，它也可以把真机运行程序的输出信息，照样输出在 Eclipse 中的 Logcat 日志中。同时也能利用 DDMS 的截图工具对真机进行截图。

10.3.2　使用 MediaRecorder 录制视频

使用 MediaRecorder 录制视频和音频录制类似，大致分为以下几个步骤：

1.　创建 MediaRecorder 实例

```
MediaRecorder mRecorder = new MediaRecorder();
```

2.　设置录像的视频源

```
mRecorder.setVideoSource(MediaRecorder.VideoSource.CAMERA);
```

Android 目前只支持的视频源为摄像头。

3.　设置输出文件的格式

```
mRecorder.setOutputFormat(MediaRecorder.OutputFormat.THREE_GPP);
```

Android 支持的录像文件输出格式包括：

（1）THREE_GPP：3GPP 多媒体文件格式。

（2）MPEG_4：MPEG4 多媒体文件格式。

4.　设置视频的编码格式

```
mRecorder.setVideoEncoder(MediaRecorder.VideoEncoder.H264);
```

Android 支持的视频编码格式包括如下几种。

（1）H263：H.263 视频编码。

（2）H264：H.264 视频编码。

（3）MPEG_4_SP: MPEG4 Simple Profile 视频编码。

5. *设置输出文件的保存路径*

```
mRecorder.setOutputFile(path);
```

6. *准备并开始录像*

```
mRecorder.prepare();
mRecorder.start();
```

实例 10-6 视频录制实例（\Chapter10\VideoCapture）

演示如何录制视频短片，将录制的文件保存在 sdcard 中。

（1）创建工程

创建一个新的 Android 工程，工程名为 VideoCapture，并为该工程添加如下文件。

VideoCapture.java：创建程序的 Activity 类，显示视频录制的界面及控制视频录制的开始和停止。

（2）编写代码

代码 10-10 VideoCapture.java

```
01. public class VideoCapture extends Activity {
02.     private SurfaceView mSurfaceView;
03.     private SurfaceHolder mSurfaceHolder;
04.     private Button buttonStart;
05.     private Button buttonStop;
06.     private File dir;
07.     private MediaRecorder mMediaRecorder;
08.     private File myRecordingFile;
09.     @Override
10.     public void onCreate(Bundle savedInstanceState) {
11.         super.onCreate(savedInstanceState);
12.         setRequestedOrientation(
13.                     ActivityInfo.SCREEN_ORIENTATION_LANDSCAPE);
14.         setContentView(R.layout.video);
15.         mSurfaceView = (SurfaceView) findViewById(R.id.videoView);
16.         mSurfaceHolder = mSurfaceView.getHolder();
17.         mSurfaceHolder.setType(SurfaceHolder.SURFACE_TYPE_PUSH_BUFFERS);
18.         buttonStart = (Button) findViewById(R.id.start);
19.         buttonStop = (Button) findViewById(R.id.stop);
20.         File defaultDir = Environment.getExternalStorageDirectory();
21.         String path = defaultDir.getAbsolutePath()
22.                         + File.separator + "V" + File.separator;
23.         dir = new File(path);
24.         if (!dir.exists()) {
25.             dir.mkdir();
26.         }
```

代码说明

①代码第 12、13 行设置屏幕方向为横向。

②代码第 15 行获取 SurfaceView 组件的引用实例。

③代码第 16 行获取 SurfaceHolder 对象实例。

④代码第 17 行设置 SurfaceHolder 的类型，在这里设置为 SURFACE_TYPE_PUSH_BUFFERS，表明该 Surface 不包含原生数据，Surface 用到的数据由其他对象提供。

⑤代码第 18、19 行获取两个按钮组件的引用实例。

⑥代码第 20～22 行设置视频文件保存的路径。

⑦代码第 23～25 行创建保存视频文件的文件夹。

```
27.         mMediaRecorder = new MediaRecorder();
28.         buttonStart.setOnClickListener(new OnClickListener() {
29.             public void onClick(View arg0) {
30.                 startRecording();
31.             }
32.         });
33.         buttonStop.setOnClickListener(new OnClickListener() {
34.             public void onClick(View v) {
35.                 stopRecording();
36.             }
37.         });
38.     }
```

代码说明

①代码第 27 行创建 MediaRecorder 对象实例。

②代码第 28～32 行为 buttonStart 按钮设置点击事件监听器。

③代码第 30 行调用 startRecording 方法开始录制视频。

④代码第 33～37 行为 buttonStop 按钮设置点击事件监听器。

⑤代码第 35 行调用 stopRecording 方法停止录制视频。

```
39.     private void startRecording() {
40.         try {
41.             myRecordingFile = File.createTempFile("video", ".3gp", dir);
42.             mMediaRecorder.setPreviewDisplay(
43.                                         mSurfaceHolder.getSurface());
44.             mMediaRecorder.setVideoSource(
45.                                         MediaRecorder.VideoSource.CAMERA);
46.             mMediaRecorder.setAudioSource(
47.                                         MediaRecorder.AudioSource.MIC);
48.             mMediaRecorder.setOutputFormat(
49.                                 MediaRecorder.OutputFormat.THREE_GPP);
50.             mMediaRecorder.setVideoSize(800, 480);
51.             mMediaRecorder.setVideoFrameRate(15);
```

代码说明

①代码第 41 行创建保存视频数据的文件。

②代码第 42、43 行设置 SurfaceView 用于预览录制的视频。

③代码第 44、45 行设置录制的视频源为摄像头。

④代码第 46、47 行设置录制的音频源为麦克风。

⑤代码第 48、49 行设置录制的视频输出格式为 3gp 格式。

⑥代码第 50 行设置视频的分辨率大小。

⑦代码第 51 行设置视频的帧率。

```
52.             mMediaRecorder.setVideoEncoder(
53.                                 MediaRecorder.VideoEncoder.H264);
54.             mMediaRecorder.setAudioEncoder(
55.                                 MediaRecorder.AudioEncoder.AMR_NB);
56.             mMediaRecorder.setMaxDuration(10000);
57.             mMediaRecorder.setOutputFile(
58.                                 myRecordingFile.getAbsolutePath());
59.             mMediaRecorder.prepare();
60.             mMediaRecorder.start();
61.         } catch (IOException e) {
62.             e.printStackTrace();
63.         }
64.     }
65.     private void stopRecording() {
66.         mMediaRecorder.stop();
67.         mMediaRecorder.reset();
68.         mMediaRecorder.release();
69.         mMediaRecorder = null;
70.     }
71. }
```

代码说明

①代码第 52、53 行设置视频编码格式为 H.264。

②代码第 54、55 行设置音频编码格式为 amr。

③代码第 56 行设置录制的时间。

④代码第 57、58 行录制的视频输出文件。

⑤代码第 59、60 行准备并开始录制视频。

⑥代码第 66 行停止录制视频。

⑦代码第 67 行重置 MediaRecorder 对象。

⑧代码第 68 行释放 MediaRecorder 对象。

最后，需要在 AndroidManifest.xml 中进行相关权限声明。

代码 10-11　\Chapter10\VideoCapture\AndroidManifest.xml

```
01. <uses-permission
02.     android:name="android.permission.RECORD_AUDIO">
03. </uses-permission>
04. <uses-permission
05.     android:name="android.permission.WRITE_EXTERNAL_STORAGE">
06. </uses-permission>
```

```
07. <uses-permission
08.     android:name="android.permission.CAMERA">
09. </uses-permission>
```

（3）运行程序

运行程序，程序界面如图 10-12 所示。

图 10-12　视频录制界面

10.4　摄像头拍照

Android 作为功能强大的智能手机操作系统，自然为我们提供了强大的摄像头拍照功能。Camera 是 Android 专门提供用于处理相机相关事件的类，包含取景器（viewfinder）和拍摄照片的功能。Camera 的架构分成客户端和服务器两个部分，它们建立在 Android 的进程间通信 Binder 的结构上。如图 10-13 所示为 Camera 的整体框架结构，libui.so 位于整个 Camera 程序结构核心的位置，它对上层提供的 JNI 调用接口主要是 Camera 类，libandroid_runtime.so 库通过调用 Camera 类提供给 JAVA 的接口，并且实现了 android.hardware.camera 类。

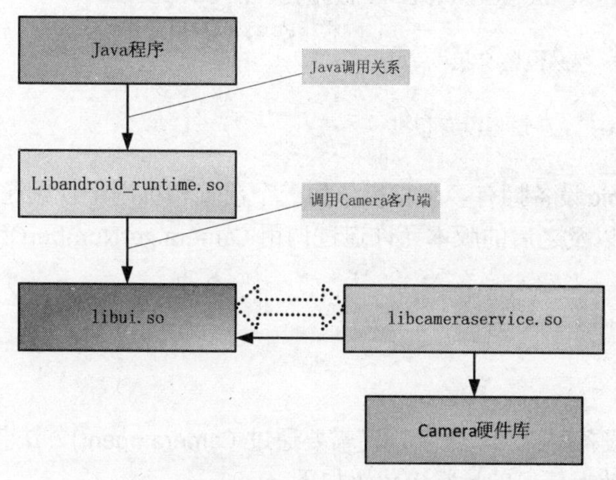

图 10-13　Camera 的整体框架结构

libcameraservice.so 是 Camera 的服务器程序，它通过继承 libui.so 的类实现服务器的功能，并且与 libui.so 通过进程间通信（即 Binder 机制）的方式进行通信，并且通过调用 Camera 硬件库实现手机拍照等功能。

Camera 在实现相机服务功能时，涉及如表 10-3 所示的一些重要子类和接口。

表 10-3　MediaPlayer 的常用方法

接口/子类	描述
Camera.Area	设置自动曝光、白平衡以及对焦时用到的计算区域
Camera.AutoFocusCallback	自动对焦回调接口
Camara.CameraInfo	相机信息
Camera.ErrorCallback	错误信息捕捉回调接口
Camera.Face	人脸检测的信息
Camara.FaceDectionListener	人脸检测回调接口
Camera.OnZoomChangeListener	相机 Zoom 改变监听接口
Camera.Parameters	相机服务参数设置
Camera.PictureCallback	拍照回调接口
Camera.PreviewCallback	预览回调接口
Camera.ShutterCallback	快门回调接口
Camera.Size	相机图像尺寸

利用 Camera 进行拍照一般可分为以下几个步骤：

1. *检测 Camera 硬件*

由于利用 Camera 进行相机拍照需要访问相机硬件设备，因此首先需要检测当前设备的相机是否可用，代码如下：

```
// 检测设备是否有相机
if (context.getPackageManager().hasSystemFeature(
                                    PackageManager.FEATURE_CAMERA)) {
    return true; // 设备有相机
} else {
    return false; // 设备没有相机
}
```

另外，有的 Android 设备拥有多个相机，如一个前置相机用于视频通话和一个后置相机用于拍照。Android 2.3 以及之后的版本允许通过调用 Camera.getNumberOfCameras()检测可用相机的数目。

2. *访问 Camera*

在确认所使用的设备用于相机之后，便需要通过 Camera.open()方法获取 Camera 实例对其进行访问，并且最好捕捉任何的异常，代码如下：

```
// 获取 Camera 实例
Camera mCamera = null;
try {
    mCamera = Camera.open(); // 获取 Camera 实例
} catch (Exception e) {
    // Camera 不可用
}
```

3. *检测并设置 Camera 参数*

在获取 Camera 实例之后便可以检测 Camera 的默认参数是否合理，同时还可以设置自定义的一些参数，代码如下：

```
Camera.Parameters params = mCamera.getParameters(); // 获取 Camera 参数
params.setPreviewSize(320, 240); // 设置预览大小
params.setPictureFormat(PixelFormat.JPEG); // 设置图片格式
```

4. *创建预览*

为了有效地进行图片拍摄，需要预览所拍摄的图片，可以通过 SurfaceView 显示 Camera 采集的实时数据进行有效的预览，代码如下：

```
Class CameraPreview extends SurfaceView implements SurfaceHolder.Callback {
    Private SurfaceHolder mHolder = getHolder();
    public void surfaceDestroyed(SurfaceHolder holder) {
        mCamera.stopPreview(); // 停止预览
        mCamera.release();
        mCamera = null;
    }
    public void surfaceCreated(SurfaceHolder holder) {
        mCamera.setPreviewDisplay(mPicHolder); // 设置预览 Surface
        mCamera.startPreview(); // 开始预览
    }
    public void surfaceChanged(SurfaceHolder holder, int format, int width,
                    int height) {
        mCamera.setPreviewDisplay(mPicHolder);
        mCamera.startPreview();
    }
}
```

5. *拍摄照片*

当设置好预览以及相关参数之后，便可以使用 Camera.takePicture()方法拍摄照片，代码如下：

```
private PictureCallback mPicture = new PictureCallback() {
    @Override
    public void onPictureTaken(byte[] data, Camera camera) {
        // 照片保存文件
        File pictureFile = getOutputMediaFile("sdcard/camera.jpg");
```

```
        if (pictureFile == null){
            Log.d(TAG, "Error" + e.getMessage());
            return;
        }
        try {
            // 写图像数据
            FileOutputStream fos = new FileOutputStream(pictureFile);
            fos.write(data);
            fos.close();
        } catch (FileNotFoundException e) {
            Log.d(TAG, "File not found: " + e.getMessage());
        } catch (IOException e) {
            Log.d(TAG, "Error accessing file: " + e.getMessage());
        }
    }
};
```

下面，通过一个拍照实例向读者介绍 Camera 拍照的详细用法以及过程。

实例 10-7　相机拍照实例（\Chapter10\CameraPhotoDemo）

演示如何使用相机进行拍照，将拍摄的照片存在 sdcard 中。

（1）创建工程

创建一个新的 Android 工程，工程名为 CameraPhotoDemo，并为该工程添加如下文件。

CameraPhotoDemo.java：创建程序的 Activity 类，显示拍照程序的界面以及控制拍照程序的对焦、退出等选项。

（2）编写代码

代码 10-12　CameraPhotoDemo.java

```
01. public class CameraPhotoDemo extends Activity {
02.     private SurfaceView mPhotoPreview = null;
03.     private SurfaceHolder mPicHolder = null;
04.     private Camera mCamera = null;
05.     private Button captureBtn = null;
06.     private Button focusBtn = null;
07.     private Button exitBtn = null;
08.     @Override
09.     public void onCreate(Bundle savedInstanceState) {
10.         super.onCreate(savedInstanceState);
11.         setContentView(R.layout.main);
12.         mPhotoPreview = (SurfaceView) findViewById(R.id.photoPreview);
13.         mPicHolder = mPhotoPreview.getHolder();
14.         mPicHolder.addCallback(new SurfaceHolder.Callback() {
15.             public void surfaceDestroyed(SurfaceHolder holder) {
16.                 mCamera.stopPreview();
17.                 mCamera.release();
18.                 mCamera = null;
19.             }
20.             public void surfaceCreated(SurfaceHolder holder) {
21.                 mCamera = Camera.open();
```

```
22.                try {
23.                    mCamera.setPreviewDisplay(mPicHolder);
24.                } catch (IOException e) {
25.                    e.printStackTrace();
26.                }
27.            }
28.            public void surfaceChanged(SurfaceHolder holder,
29.                            int format, int width, int height) {
30.                Camera.Parameters params = mCamera.getParameters();
31.                params.setPreviewSize(320, 240);
32.                params.setPictureFormat(PixelFormat.JPEG);
33.                mCamera.setParameters(params);
34.                mCamera.setPreviewDisplay(holder);
35.                mCamera.startPreview();
36.            }
37.        });
```

代码说明

①代码第 12、13 行获取 SurfaceView 组件的引用实例并获取对应的 SurfaceHolder。

②代码第 14～37 行为 mPicHolder 添加 SurfaceHolder 的回调函数并重写 SurfaceView 的 3 个回调方法。

③代码第 16～18 行停止 Camera 预览并释放销毁 Camera 对象实例。

④代码第 21 行获取 Camera 对象实例。

⑤代码第 23 行设置 Camera 预览 Surface。

⑥代码第 30 行获取 Camera 的参数信息。

⑦代码第 31、32 行设置 Camera 的预览大小和拍摄照片格式。

⑧代码第 34、35 行设置预览 Surface 并开始预览。

```
38.        mPicHolder.setType(SurfaceHolder.SURFACE_TYPE_PUSH_BUFFERS);
39.        captureBtn = (Button) findViewById(R.id.Capture);
40.        captureBtn.setOnClickListener(new OnClickListener() {
41.            public void onClick(View v) {
42.                mCamera.takePicture(null, null, new TakePicCallBack());
43.            }
44.        });
45.        focusBtn = (Button) findViewById(R.id.Focus);
46.            focusBtn.setOnClickListener(new OnClickListener() {
47.                public void onClick(View v) {
48.                    mCamera.autoFocus(null);
49.                }
50.        });
51.        exitBtn = (Button) findViewById(R.id.exit);
52.        exitBtn.setOnClickListener(new OnClickListener() {
53.            public void onClick(View v) {
54.                finish();
55.            }
56.        });
57.    }
```

代码说明

①代码第38行设置Surface的类型。
②代码第39行获取captureBtn按钮的引用实例。
③代码第40～44行为captureBtn按钮设置点击事件监听器。
④代码第42行调用takePicture开始拍摄图片。
⑤代码第45行获取focusBtn按钮的引用实例。
⑥代码第46～50行为focusBtn按钮设置点击事件监听器。
⑦代码第48行对Camera进行自动对焦。
⑧代码第51行获取focusBtn按钮的引用实例。
⑨代码第52～56行为focusBtn按钮设置点击事件监听器。
⑩代码第54行完成并退出当前Activity。

```
58.     private final class TakePicCallBack implements PictureCallback {
59.         public void onPictureTaken(byte[] data, Camera camera) {
60.             FileOutputStream picStream = null;
61.             Bitmap bm = BitmapFactory.decodeByteArray(
62.                          data, 0, data.length);
63.             File picFile
64.                 = new File(Environment.getExternalStorageDirectory(),
65.                                 System.currentTimeMillis() + ".jpg");
66.             try {
67.                 picStream = new FileOutputStream(picFile);
68.                 bm.compress(CompressFormat.JPEG, 100, picStream);
69.                 mCamera.stopPreview();
70.                 mCamera.startPreview();
71.             } catch (FileNotFoundException e) {
72.                 e.printStackTrace();
73.             } finally {
74.                 if (picStream != null) {
75.                     try {
76.                         picStream.close();
77.                     } catch (IOException e) {
78.                         e.printStackTrace();
79.                     }
80.                 }
81.             }
82.         }
83.     }
84. }
```

代码说明

①代码第58～83行定义PictureCallback接口。
②代码第59～82行重写PictureCallback接口的onPictureTaken方法用于获取照片数据。
③代码第61、62行将Camera采集的数据解码成Bitmap对象。
④代码第63～65行定义照片保存文件。

⑤代码第 67 行定义照片数据输出流。

⑥代码第 68 行将照片压缩成 JPEG 格式图片并写入输出流 picStream。

最后，需要在 AndroidManifest.xml 中对相机访问以及存储器写操作等进行相关权限声明。

代码 10-13　\Chapter10\CameraPhotoDemo\AndroidManifest.xml

```
01. <uses-permission
02.     android:name="android.permission.CAMERA">
03. </uses-permission>
04. <uses-permission
05.     android:name="android.permission.MOUNT_UNMOUNT_FILESYSTEMS">
06. </uses-permission>
07. <uses-permission
08.     android:name="android.permission.WRITE_EXTERNAL_STORAGE">
09. </uses-permission>
10. <uses-feature android:name="android.hardware.camera" />
11. <uses-feature android:name="android.hardware.camera.autofocus" />
```

代码说明

①代码第 1～3 行声明 Camera 访问权限。

②代码第 4～6 行声明文件系统挂载和卸载权限。

③代码第 7～9 行声明存储器写操作权限。

④代码第 10 行声明 Cemera 特征。

⑤代码第 11 行声明自动对焦特征。

（3）运行程序

运行程序，程序界面如图 10-14 所示。同时在手机的文件夹下可以找到拍摄的照片，如图 10-15 所示。

图 10-14　拍照界面

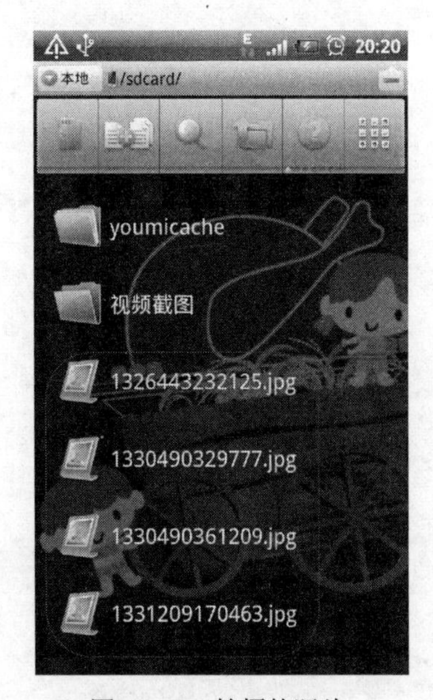

图 10-15　拍摄的照片

编者手记

实例 10-7 中需要注意的一点是，代码第 31 行 params.setPreviewSize(320, 240)设置预览大小，如果设置的值和实际设备的拍摄图片大小不一样，会导致程序出错无法运行，因此在不知道设备拍摄图片大小的情况下，最好不要设置该属性而采用默认的属性值。

第 11 章　OpenGL ES 与 3D 应用

在第 9 章向读者介绍了 Android 中的图形和图像处理，读者可以利用 Android 提供的图形和有关图形处理的 API 进行 2D 图形的处理，开发各种 2D 游戏。但随着用户体验的不断提高，3D 技术已经被广泛应用，手机 3D 游戏成为近期业界的热点。Android 系统显然也预见了 3D 技术的巨大价值，因此 Android 完全内置了 OpenGL ES，开发者可以在 Android 平台利用 OpenGL ES 的强大功能开发出极具特色的 3D 应用。在本章中将向读者介绍有关 Android 平台的 OpenGL ES 编程基础知识。

11.1　OpenGL 和 OpenGL ES 简介

OpenGL 的全称为 Open Graphics Library，即开放图形库接口。它定义了一个跨编程语言、跨平台的编程接口规范，主要用于三维图形编程。OpenGL 的前身是 SGI 公司为其图形工作站开发的 IRIS GL。IRIS GL 是一个工业标准的 3D 图形软件接口，功能虽然强大但是移植性较差，于是 SGI 公司便在 IRIS GL 的基础上开发了 OpenGL。

OpenGL 的体系简单，而且具有跨平台的特性，在图形工作站、个人 PC 等平台上均能良好地工作，因此虽然微软的 DirectX 在家用市场全面领先，但是在专业高端的绘图领域，OpenGL 显然是不二的选择。

虽然 OpenGL 用于跨平台的特性，在各种处理器平台均能良好地工作，但是三维图形计算的数据量巨大，因此在诸如手机等的嵌入式设备上使用 OpenGL 就比较困难。正是在这样的背景下，OpenGL ES 也就应运而生。

OpenGL ES（OpenGL for Embedded System）是由 Khronos 定义和提供的一个专为各种嵌入式设备（如手机、PDA、游戏主机、家电设备等）设计的 2D/3D 轻量级图形库。OpenGL ES 是基于 OpenGL API 设计，去除了 glBegin/glEnd、四边形（GL_QUADS）、多边形（GL_POLYGONS）等复杂图元许多非绝对必要的特性。经过多年发展，现在主要有两个版本：OpenGL ES 1.x 针对固定管线硬件；OpenGL ES 2.x 针对可编程管线硬件。OpenGL ES 1.0 是以 OpenGL 1.3 规范为基础的，OpenGL ES 1.1 是以 OpenGL 1.5 规范为基础的，它们分别又支持 common 和 common lite 两种 profile。lite profile 只支持定点实数，而 common profile 既支持定点数又支持浮点数。OpenGL ES 2.0 则是参照 OpenGL 2.0 规范定义的，common profile 发布于 2005 年 8 月，引入了对可编程管线的支持。

编者手记

在第 10 章曾经向读者提到，Khronos 是一个图形软硬件业协会，该协会主要专注于图形和多媒体方面的开放标准。在第 10 章曾向读者介绍过 Khronos 定义提供的 OpenMAX 多媒体标准。

目前，Android SDK 已经支持 OpenGL ES 2.0 的绝大部分功能，而且 Android 专门为 OpenGL 支持提供了 android.opengl 包，通过该包内的一些工具类可以使 Android 应用更加方便地使用 OpenGL ES。

11.2 OpenGL ES 编程

本节将向读者介绍 Android 平台构建 OpenGL ES 开发的基本框架。

11.2.1 OpenGL ES 编程类

在 Android 平台上进行 OpenGL ES 编程开发时，主要有 3 个重要的类：GLSurfaceView、GLSurfaceView.Renderer 以及 GL10。

1. GLSurfaceView

GLSurfaceView 用于显示 3D 图形，它是 Android 的 View 层次结构与 OpenGL ES 之间连接的桥梁。通过 GLSurfaceView 使得 OpenGL ES 库适应于 Android 系统的 Activity 生命周期，同时使得选择合适的 Frame Buffer 像素格式变得容易。

2. GLSurfaceView.Renderer

虽然 GLSurfaceView 用于显示 3D 图形，但它本身并不提供绘制 3D 图形的功能，而是通过 GLSurfaceView.Renderer 来完成 3D 图形的绘制。

GLSurfaceView.Renderer 定义了一个统一的图形绘制接口，在实现该类时需要实现其中的 3 个接口方法，如下所示：

```
// called when the surface is created or recreated
abstract public void onSurfaceCreated(GL10, EGLConfig config);

// called to draw the current frame
abstract public void onDrawFrame(GL10 gl);

// called when the surface changed size
abstract public void onSurfaceChanged(GL10 gl, int width, int height);
```

（1）onSurfaceCreated：当 GLSurfaceView 被创建或重建时调用该方法。该方法主要用于设置一些绘制 3D 图形时不常变化的参数，如背景色、是否打开 zbuffer 等。

（2）onDrawFrame：调用该方法绘制 GLSurfaceView 的当前帧。该方法主要用于完成实际的绘制操作。

（3）onSurfaceChanged：当 GLSurfaceView 的大小发生改变时调用该方法，如屏幕的横向和纵向切换时，此时可以通过该方法重新设置绘制的纵横比例。

3. GL10

GL10 即为 OpenGL ES 的绘图接口，相当于第 9 章介绍的 Android 绘图中的 canvas，该类中包含了许多绘图以及图形属性设置的方法。在上面介绍的 GLSurfaceView.Renderer 类中的 3 个回调方法均有 GL10 类对象的参数，在这 3 个方法中都需要调用 GL10 的一些方法进行处理。

（1）初始化 OpenGL ES：在方法 onSurfaceCreated 中对 OpenGL ES 进行初始化设置，代码如下所示。

```
@Override
public void onSurfaceCreated(GL10, EGLConfig config) {
    gl.glHint(GL10.GL_PERSPECTIVE_CORRECTION_HINT, GL10.GL_NICEST);
    gl.glClearColor(0,0,0,0);
    gl.glDisable(GL10.GL_DITHER);
    gl.glShadeModel(GL10.GL_SMOOTH);
    gl.glClearDepthf(1.0f);
    gl.glEnable(GL10.GL_DEPTH_TEST);
    gl.glDepthFunc(GL10.GL_LEQUAL);
}
```

其中，上面调用 GL10 的方法说明如下：

①glHint(int target, int mode)：该方法用于对 OpenGL ES 中某方面的属性进行修正，其中 target 表示需要修正的目标属性，而 mode 表示修正值。在上面的代码中调用该方法对透视进行修正，GL_NICEST 表示最好的透视修正，这会轻微影响性能，但透视图的效果是最好的。对 GL_PERSPECTIVE_CORRECTION_HINT 属性，可选的修正值还有 GL_FASTEST（性能最快）等。

②glClearColor(float red, float green, float blue, float alpha)：该方法用于设置清屏的颜色，4 个参数分别表示红色分量、绿色分量、蓝色分量以及 alpha 透明度值，取值范围为 0.0～1.0f。通过混合 3 种原色以及不同的透明度，可以得到不同的色彩。例如上述代码设置为黑色清屏。

③glDiable(int cap)：该方法用于禁用关闭 OpenGL ES 的某个特性。如上述代码中设置参数为 GL_DITHER，表示关闭 OpenGL ES 的抗抖动特性，这样可以提高性能。

④glShadeModel(int mode)：该方法用于设置 OpenGL ES 的阴影模式。如上述代码中设置为阴影平滑模式（GL_SMOOTH），该模式通过多边形精细地混合色彩，并对外部光进行平滑。

⑤glClearDepthf(float depth)：该方法用于设置 OpenGL ES 的深度缓冲区的清理值，其中参数 depth 的取值范围为 0.0～1.0f。

⑥glEnable(int cap)：该方法用于使能启动 OpenGL ES 的某个特性。如上述代码中启动深度测试（DEPTH_TEST）特性。将深度设想为设备屏幕后面的层，所谓的深度测试就是不断对进入屏幕后面的物体的深度进行跟踪和测试，以避免不同深度的物体之间的遮挡。

⑦glDepthFunc(int func)：该方法用于设置深度测试的类型。

（2）初始化 3D 场景：在方法 onSurfaceChanged 中对 GLSurfaceView 的尺寸变化进行响应设置，代码如下所示。

```
@Override
public void onSurfaceChanged (GL10 gl, int width, int height) {
    float ratio = (float)width / height;
    gl.glViewport(0,0,width,height);
    gl.glMatrixMode(GL10.GL_PROJECTION);
    gl.glLoadIdentity();
    gl.glFrustumf(-ratio,ratio,-1,1,1,10);
}
```

其中，上面调用 GL10 的方法说明如下：

①glViewport(int x, int y, int width, int height)：该方法用于设置 3D 视图的位置和大小，其中 x 和 y 指定位置，width 和 height 指定宽和高。

②glMatrixMode(int mode)：该方法用于设置 3D 场景的视图矩形模型。如上述代码中设置为投影矩阵模型（GL_PROJECTION），这样后面的操作将会影响投影矩阵，而投影矩阵主要负责为场景增加透视效果，因此通过设置为该模型将屏幕设置为透视图，使得越远的东西看起来越小，这大大增强了场景的 3D 效果。另外，还可以设置为 GL_MODELVIEW（模型视图矩阵），该矩阵模式存放了物体的信息，这样后面的任何新的变换操作都会影响该矩阵中的所有物体。

③glLoadIdentity()：该方法相当于 reset()方法，用于将所选的矩阵模式重置为原始的单位矩阵。

④glFrustumf(float left, float right, float bottom, float top, float zNear, float zFar)：该方法用于透视投影空间的大小，其中前面 4 个参数用于设置 XY 平面上窗口的大小，最后两个参数用于设置场景所能绘制的深度的起点和终点坐标值。值得注意的是，超过这里定义的空间大小的坐标点将无法显示。

（3）绘制图形：在 onDrawFrame 中进行图形的绘制操作，通常需要首先将屏幕清除成前面指定的颜色、清除深度缓存且重置场景，如下代码所示。

```
@Override
public void onDrawFrame (GL10 gl) {
    gl.glClear(GL10.GL_COLOR_BUFFER_BIT | GL10.GL_DEPTH_BUFFER_BIT);
    gl.glLoadIdentity();
    ...... // 具体绘图操作
}
```

编者手记

GL10 中的 10 代表 OpenGL ES 的 1.0 版本。读者还可能在一些程序中看到 GL11，它代表 OpenGL ES 的 1.1 版本。二者完成的工作是基本一致的，读者可以通过 gl instanceof GL11 语句判断它是否为 GL11 的实例。

11.2.2 OpenGL ES 编程框架

在介绍了 OpenGL ES 编程中最为重要的 3 个类之后，下面向读者介绍 OpenGL ES 编程的基本步骤和框架。

在 Android 平台使用 OpenGL ES 编程的基本步骤大致可以分成 4 步，分别是：

（1）创建 GLSurfaceView 组件对象，使得 Activity 可以显示 GLSurfaceView 组件设置的界面，代码如下所示：

```
GLSurfaceView mGLSurfaceView = new GLSurfaceView(this);
```

（2）为 GLSurfaceView 组件实现 GLSurfaceView.Renderer 接口，并且需要重写该接口中的 3 个回调方法，如下代码所示：

```
public class OpenGLRenderer implements Renderer {
    @Override
    public void onSurfaceCreated(GL10, EGLConfig config) {
        // 初始化设置
    }

    @Override
```

```
    public void onDrawFrame (GL10) {
        // 绘制当前帧
    }

    @Override
    public void onSurfaceChanged (GL10 gl, int width, int height) {
        // 响应屏幕大小改变
    }
}
```

（3）调用 GLSurfaceView 的 setRenderer()指定自定义实现的 OpenGLRenderer 对象，进行 3D 图形绘制，代码如下：

```
mGLSurfaceView.setRenderer(new OpenGLRenderer());
```

（4）显示 GLSurfaceView 组件设置的界面，如下代码所示：

```
setContentView(mGLSurfaceView);
```

在完成了上面的 4 个步骤之后，也就实现了 OpenGL ES 编程的基本框架。一般而言，该框架通常包括两个 java 文件，一个为 Activity 类，另一个即为步骤（3）中实现的 Renderer 接口。

11.3　3D 绘图基础知识

一个 3D 图形通常是由一些小的基本元素（顶点、边、面以及多边形等）构成，每个基本元素都可以单独进行操作。在具体实现 OpenGL ES 的 3D 绘图操作之前，有必要在本节中向读者介绍有关 3D 绘图的一些基础知识。

11.3.1　3D 坐标系

为了定义 3D 图形中的基本元素的位置，程序首先需要根据 3D 坐标系给出该基本元素在各个轴上的坐标值。Android 中的 3D 坐标系和 2D 坐标系完全不同，具体的坐标系如图 11-1 所示。

由图 11-1 可以看到，该 3D 坐标系统采用了右手坐标系统。其中，坐标系的原点位于手机屏幕的中心，X 轴从左向右延伸，原点左边为 X 轴的负方向，原点右边为 X 轴的正方向；Y 轴从下向上延伸，原点下边为 Y 轴负方向，原点上边为 Y 轴正方向；Z 轴从屏幕里面向外面延伸，屏幕里面为 Z 轴负方向，屏幕外面为 Z 轴正方向。

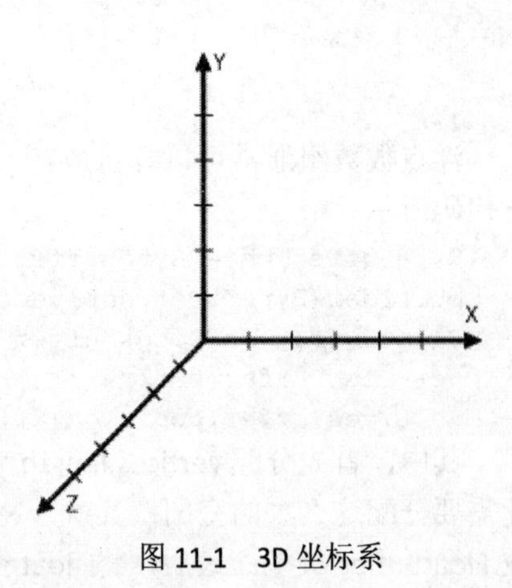

图 11-1　3D 坐标系

11.3.2　顶点（Vertex）

顶点是 3D 图形中的最小构成元素，顶点定义为两条或多条边的交汇处。在 3D 图形中一个顶点可以为多条边、多个面或多边形所共享。一个顶点也可以代表一个点光源或是 Camera 的位置。如图 11-2 中标识为红色的点即为一个顶点。

在 Android 的 OpenGL ES 编程中，可以使用一个浮点数数组定义一个顶点。如图 11-3 所示的坐标系中定义了 4 个顶点。

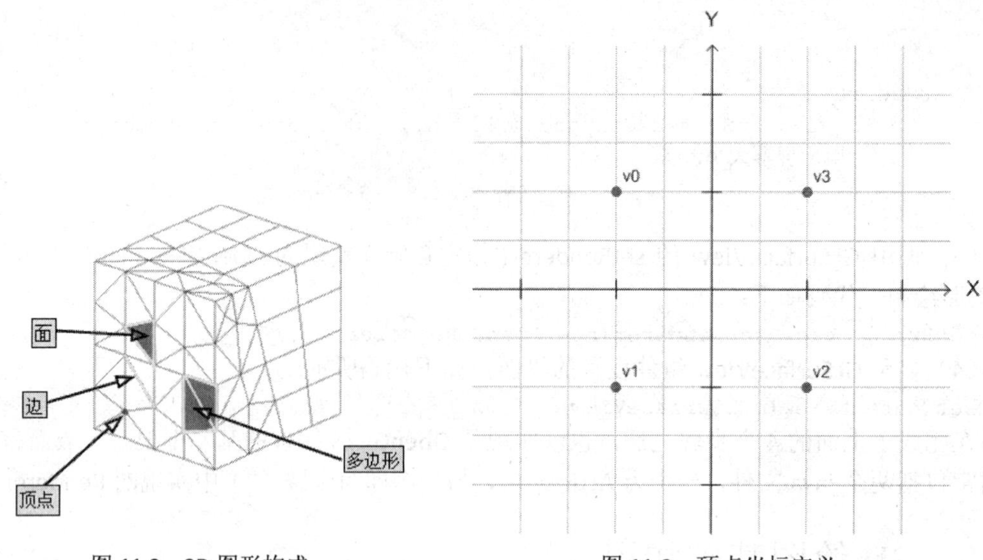

图 11-2 3D 图形构成　　图 11-3 顶点坐标定义

其中，图 11-3 定义的顶点全部在手机屏幕上，所有顶点的 Z 坐标值均为 0.0f，因此坐标定义时只是采用了 2D 坐标来定义 X、Y 坐标值。图 11-3 中的 4 个顶点对应的 Android 程序顶点定义为：

```
float[] vertices = new float[] {
    -1.0f, 1.0f, 0.0f,   // v0
    -1.0f, -1.0f, 0.0f,  // v1
    1.0f, 1.0f, 0.0f,    // v2
    1.0f, 1.0f, 0.0f     // v3
};
```

浮点数数组通常可以打包放在一个 java.nio 类中定义的 FloatBuffer 中以提高程序性能，如下代码所示：

```
ByteBuffer bb = ByteBuffer.allocateDirect(vertices.length*4);
bb.order(ByteOrder.nativeOrder());
FloatBuffer verticesBuffer = bb.asFloatBuffer();
verticesBuffer.put(fa);
verticesBuffer.position(0);
```

其中，首先分配 vertices.length*4 字节的空间，由于 float 类型变量的大小是 4 个字节，因此需要分配这么大的空间；其次，将分配的空间转换成 native 字节顺序并将分配的空间转换成 FloatBuffer 类型；最后，将 float 数组打包放入 FloatBuffer 中并将该 FloatBuffer 指向第一个元素的位置。

在有的资料或者 Android 2.0 以下的较低版本的代码中，可能会用如下代码实现 float 数组的打包存储：FloatBuffer verticesBuffer = FloatBuffer.wrap(vertices)；但事实上这样的用法是有问题的。这样的代码 Android 2.0 可以执行，但是在之后的版本将无法运行。在运行过程中，logcat

都将显示错误："called a GL11 Pointer method with an indirect buffer"，该错误正是由于没有使用直接缓存。因此，必须使用 allocateDirect 方法分配直接缓存并将字节顺序转换成 native 顺序。在所有将 float、int、short 等数组打包存储到 Buffer 对象时，都应该采用上述代码实现。

有了顶点的定义，下一步就是如何将它们传给 OpenGL ES 库，OpenGL ES 提供了一个称为"管道 Pipeline"的机制，这个管道定义了一些"开关"来控制 OpenGL ES 支持的某些功能，缺省情况下这些功能是关闭的，如果需要使用 OpenGL ES 的这些功能，需要通过调用 glEnableClientState 方法明确告知 OpenGL 打开所需功能。需要注意的是，在使用完某个功能之后，最好通过调用 glDisableClientState 方法关闭这个功能以免影响后续操作。这里需要告诉 OpenGL 库打开 vertex array 并且设置顶点坐标的 FloatBuffer，并且在使用完该功能之后，关闭 vertex array，代码如下所示：

```
gl.glEnableClientState(GL10.GL_VERTEX_ARRAY); // 打开 vertex array
gl.glVertexPointer(3, GL10.GL_FLOAT, 0, verticesBuffer);  // 传入顶点坐标
......
gl.glDiasableClientState(GL10.GL_VERTEX_ARRAY); // 关闭 vertex array
```

上述代码中调用了 glVertexPointer 方法将顶点的坐标值传入 OpenGL ES 中。该方法的定义为：

```
void glVertexPointer(int size, int type, int stride, Buffer pointer)
```

该方法有 4 个参数，其中第 4 个参数 pointer 即为顶点坐标值，该参数是一个 Buffer 类型（Buffer 是 FloatBuffer、IntBuffer 等的父类）的对象，其格式为(x1,y1,z1,x2,y2,z2,……xn,yn,zn)，即是说如果传入的顶点数目为 *N*，则 pointer 中将包含 3*N* 个数值，相邻的 3 个数值分别指定该顶点的 X、Y、Z 轴的坐标值。另外，该方法的第 1 个参数 size 指定多少个数值指定一个顶点坐标，通常总为 3 表示三维坐标系。第 2 个参数 type 指定顶点坐标值的类型，若顶点坐标为 float 类型，则 type 设置为 GL10.GL_FLOAT；若顶点坐标为 int 类型，则 type 设置为 GL10.GL_FIXED。第 3 个参数 stride 指定顶点坐标数值的步长，通常设为 0。

11.3.3　边（Edge）

在 3D 图形中，边定义为两个顶点之间的线段。边是面和多边形的边界线。在 3D 图形中，边可以被相邻的两个面或是多边形共享。对一个边做变换将影响边相接的所有顶点、面或多边形。在 OpenGL ES 中，通常无需直接定义一个边，而是通过顶点定义一个面，从而由面定义了其所对应的 3 条边，另外还可以通过修改边的两个顶点来更改一条边，图 11-2 中黄色的线段即代表一条边。

11.3.4　面（Face）

在 OpenGL ES 中，面特指一个三角形，由 3 个顶点和 3 条边构成，对一个面所做的变化将直接影响到连接面的所有顶点、边、面以及多边形。图 11-2 中红色区域代表一个面。

11.3.5　多边形（Polygon）

多边形由多个面（三角形）拼接而成，在三维空间上，多边形不一定表示这个 Polygon 在

同一平面上。图 11-2 中标示的区域即为一个多边形。

在 Android 的 OpenGL ES 编程中，可以使用顶点以及它们的连接顺序来定义一个多边形。如图 11-4 所示定义了一个正方形。

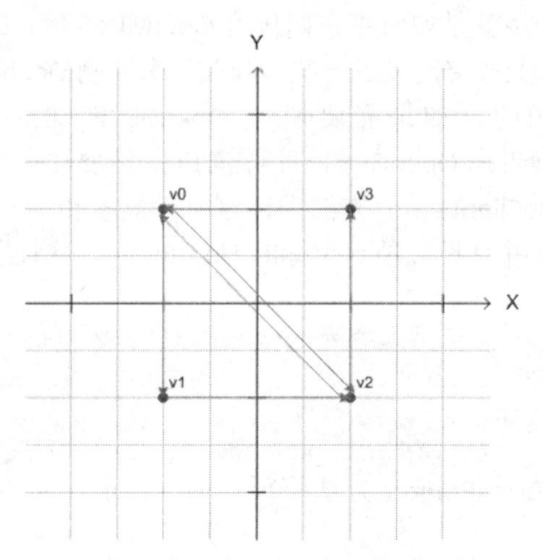

图 11-4　正方形定义

图 11-4 中定义正方形所对应的程序代码如下：

```
Short[] indices = new short[] { 0, 1, 2, 0, 2, 3}; // 顶点顺序
ByteBuffer indicesBuffer = ByteBuffer.wrap(indices);
```

上述代码定义了顶点的连接顺序，其中顶点坐标为前面定义的 vertices。

11.3.6　几何图形绘制（Render）

本节前面的部分已经介绍如何定义空间几何图形，接下来需要做的就是如何绘制（渲染）该空间图形。OpenGL ES 的 GL10 类提供了两个方法实现空间几何图形的绘制，分别是：

（1）glDrawArrays 方法

```
public void glDrawArrays(int mode, int first, int count)
```

可以看到，该方法有 3 个参数。其中，第 1 个参数 mode 指定绘制图形的类型；第 2 个参数指定从哪个顶点开始绘制；第 3 个参数指定所需绘制的顶点数目。事实上，该方法绘制的顶点是由前面介绍的已经由 glVertexPointer 方法传入 OpenGL ES 库的 verticesBuffer 指定。

（2）glDrawElements 方法

```
public void glDrawElements(int mode, int count, int type, Buffer indices)
```

该方法将根据 indices 指定的顶点顺序进行图形的绘制。可以看到，该方法有 4 个参数。其中，第 1 个参数指定绘制图形的类型；第 2 个参数指定所需绘制的顶点数目；第 3 个参数指定 indices 对象中的元素的数据类型，如 GL_UNSIGNED_BYTE 等；第 4 个参数指定顶点顺序。

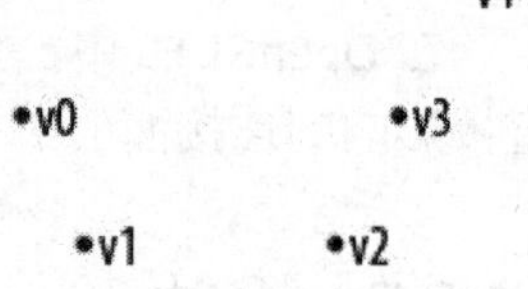

•v4

•v0　　•v3

•v1　　•v2

图 11-5　绘制孤立点

在上面两个绘制图形的方法中，参数 mode 都用于绘制图形的类型，OpenGL ES 中提供了如下几种绘制图形的类型：

（1）GL_POINTS：绘制孤立的点，如图 11-5 所示。

（2）LG_LINES：绘制顶点两两相连的孤立线段，如图 11-6 所示。

（3）GL_TRIANGLES：每 3 个顶点绘制一个三角形，这些三角形是孤立不相接的，如图 11-7 所示。

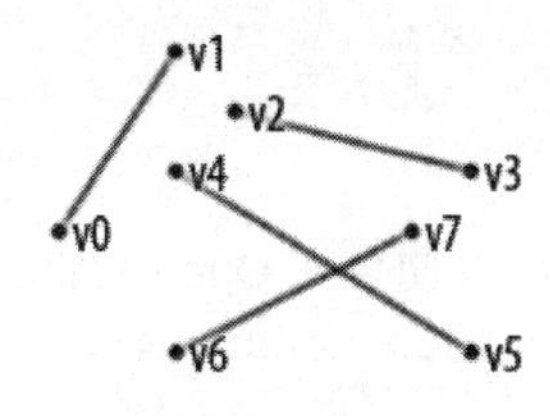

图 11-6　绘制孤立线段

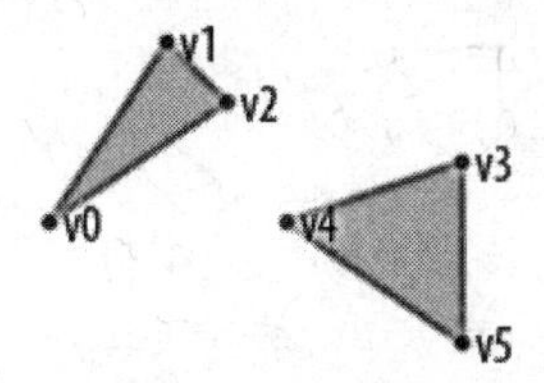

图 11-7　绘制孤立三角形

（4）GL_TRIANGLES_STRIP：每 3 个顶点绘制一个三角形，这些三角形为相接的，可以组合形成多边形，如图 11-8 所示。

（5）GL_TRIANGLES_FAN：每 3 个顶点绘制一个三角形，以一个点为公共顶点，形成一系列相邻的三角形，如图 11-9 所示。

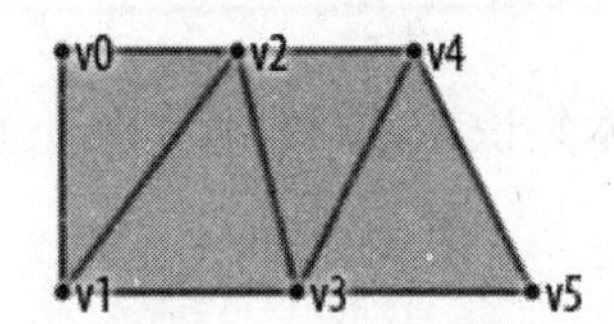

图 11-8　绘制相接三角形，形成多边形

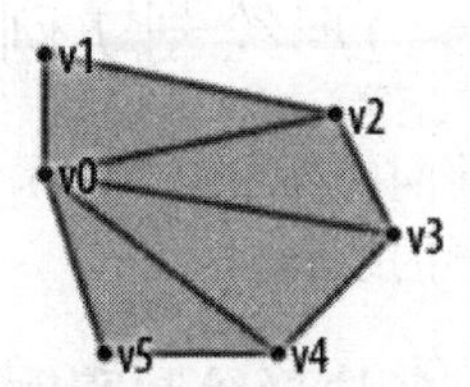

图 11-9　绘制有公共顶点的相邻三角形

11.3.7　添加图形颜色

在图形绘制过程中，通常都需要为绘制的图形添加各种颜色。OpenGL ES 中的颜色模式采用了常见的 RGBA 模式，即红、绿、蓝以及透明度表示方式。另外，OpenGL ES 中使用 0～1 范围的浮点数来表示颜色，但同时 OpenGL ES 也允许开发者使用整型数据来表示颜色，然后通过开发者指定使用的数据格式由 OpenGL ES 本身将其转化成浮点表示。在 OpenGL ES 中，提供了两种添加颜色的方式，分别是单色（Flat Coloring）和平滑渐变颜色（Smoothing Coloring）。

1.　单色（Flat Coloring）

单色是指使用单一颜色对图形进行渲染，一直到使用指定的其他颜色为止。指定单色渲染颜色的方法如下：

```
public abstract void glColor4f(float red, float green, float blue, float alpha)
```

其中，该方法的 red、green、blue 以及 alpha 参数分别代表 RGBA 颜色模式中的 R、G、B 以及 alpha 分量的值，缺省时所有参数值均为 1，即为白色。

2.　平滑渐变颜色（Smoothing Coloring）

平滑渐变颜色是对图形的每个顶点指定一种颜色，然后 OpenGL ES 会为图形的中间区域自动生成平滑渐变的过渡颜色，如为正方形的 4 个顶点指定颜色的代码如下：

```
float[] colors = new float[] {
    1.0f, 0.0f, 0.0f, 1.0f, // v0 : 红色
    0.0f, 1.0f, 0.0f, 1.0f, // v1 : 绿色
    0.0f, 0.0f, 1.0f, 1.0f, // v2 : 蓝色
    1.0f, 1.0f, 0.0f, 1.0f, // v3 : 黄色
};
```

接下去需要将该顶点颜色数组打包到 FloatBuffer 中，以便传入 OpenGL ES，代码如下：

```
ByteBuffer cbb = ByteBuffer.allocateDirect(colors.length*4);
tbb.order(ByteOrder.nativeOrder());
FloatBuffer colorsBuffer = tbb.asFloatBuffer();
colorsBuffer.put(Coords);
colorsBuffer.position(0);
```

最后，使能顶点颜色数组并传入该颜色数组，代码如下：

```
gl.glEnableClientState(GL10.GL_COLOR_ARRAY);
gl.glColorPointer(4, GL10.GL_FLOAT, 0, colorsBuffer);
```

11.3.8 多边形绘制实例

在本节前面的内容中介绍了 OpenGL ES 中绘图的基本知识之后，本小节将通过一个具体实例实现多边形的绘制。

实例 11-1 多边形绘制实例（\Chaper11\DrawPolygonDemo）

演示如何利用 OpenGL ES 提供的绘图功能，实现多边形的绘制。

（1）创建工程

创建一个新的 Android 工程，工程名为 DrawPolygonDemo，并为该工程添加如下文件。

①OpenGLRenderer.java：创建 OpenGLRenderer 类，实现 Renderer 接口，用于渲染（绘制）几何图形。

②DrawPolygonActivity.java：创建程序的 Activity 类，用于显示渲染的几何图形。

（2）编写代码

代码 11-1 OpenGLRenderer.java

```
01. public class OpenGLRenderer implements Renderer {
02.     private int[] rectqualColor = new int[] {
03.         65535, 0, 0, 0,   // red
04.         0, 65535, 0, 0,   // green
05.         0, 0, 65535, 0,   // blue
06.         65535, 65535, 0, 0  // yellow
07.     };
08.     private float[] rectPoint = new float[] {
09.         -0.5f, 0.5f, -1.0f,
10.         -0.5f, 0.1f, -1.0f,
11.         -0.1f, 0.5f, -1.0f,
12.         -0.1f, 0.1f, -1.0f
13.     };
```

```
14.     private byte[] rectPointIndex = new byte[] {
15.         0, 1, 2, 1, 2, 3
16.     };
```

代码说明

①代码第 2～7 行定义正方形顶点的颜色数组。
②代码第 8～13 行定义正方形顶点的坐标数组。
③代码第 14～15 行定义正方形顶点顺序数组。

```
17.     private float[] qualPoint = new float[] {
18.         0.1f, 0.5f, -1.0f,
19.         0.1f, 0.1f, -1.0f,
20.         0.5f, 0.5f, -1.0f,
21.         0.5f, 0.1f, -1.0f
22.     };
23.     private byte[] qualPointIndex = new byte[] {
24.         0, 1, 2, 0, 2, 3
25.     };
```

代码说明

①代码第 17～22 行定义四边形顶点坐标数组。
②代码第 23～25 行定义四边形顶点顺序数组。

```
26.     private float[] trianglePoint = new float[] {
27.         -0.3f, -0.1f, -1.0f,
28.         -0.5f, -0.5f, -1.0f,
29.         -0.1f, -0.5f, -1.0f
30.     };
31.     private float[] hexagonPoint = new float[] {
32.         0.2f, -0.1f, -1.0f,
33.         0.1f, -0.3f, -1.0f,
34.         0.2f, -0.5f, -1.0f,
35.         0.4f, -0.5f, -1.0f,
36.         0.5f, -0.3f, -1.0f,
37.         0.4f, -0.1f, -1.0f
38.     };
39.     private byte[] hexagonPointIndex = new byte[] {
40.         0, 1, 2, 0, 2, 5, 2, 3, 5, 3, 4, 5
41.     };
```

代码说明

①代码第 26～30 行定义三角形顶点坐标数组。
②代码第 31～38 行定义六边形顶点坐标数组。
③代码第 39～41 行定义六边形顶点顺序数组。

```
42.     private int[] oneColor = new int[] {
43.         65535, 0, 0, 0
44.     };
45.     private float[] onePoint = new float[] {
```

```
46.         0.0f, 0.0f, -1.0f
47.     };
48.     private int[] lineColor = new int[] {
49.         65535, 65535, 65535, 0,
50.         65535, 65535, 65535, 0,
51.         65535, 65535, 65535, 0,
52.         65535, 65535, 65535, 0,
53.     };
54.     private float[] linePoint = new float[] {
55.         -0.6f, 0.0f, -1.0f,
56.         0.6f, 0.0f, -1.0f,
57.         0.0f, -0.6f, -1.0f,
58.         0.0f, 0.6f, -1.0f
59.     };
```

代码说明

①代码第 42～44 行定义顶点的颜色数组。

②代码第 45～47 行定义顶点的坐标数组。

③代码第 48～53 行定义线段的顶点颜色数组。

④代码第 54～59 行定义线段的顶点坐标数组。

```
60.     FloatBuffer rectPointBuffer;
61.     FloatBuffer qualPointBuffer;
62.     FloatBuffer trianglePointBuffer;
63.     FloatBuffer hexagonPointBuffer;
64.     FloatBuffer onePointBuffer;
65.     FloatBuffer linePointBuffer;
66.     IntBuffer rectqualColorBuffer;
67.     IntBuffer oneColorBuffer;
68.     IntBuffer lineColorBuffer;
69.     ByteBuffer rectPointIndexBuffer;
70.     ByteBuffer qualPointIndexBuffer;
71.     ByteBuffer hexagonPointIndexBuffer;
```

代码说明

①代码第 60～65 行定义 6 个 FloatBuffer 类的对象分别用于保存正方形、四边形、三角形、六边形、点以及线段顶点坐标数组。

②代码第 66～68 行定义 3 个 IntBuffer 类的对象分别用于保存正方形和四边形、点以及线段顶点颜色数组。

③代码第 69～71 行定义 3 个 ByteBuffer 类的对象分别用于保存正方形、四边形以及六边形顶点顺序数组。

```
72.     private FloatBuffer puckFloatBuffer(float[] fa) {
73.         ByteBuffer bb = ByteBuffer.allocateDirect(fa.length*4);
74.         bb.order(ByteOrder.nativeOrder());
75.         FloatBuffer fb = bb.asFloatBuffer();
76.         fb.put(fa);
77.         fb.position(0);
```

```
78.         return fb;
79.     }
80.     private IntBuffer puckIntBuffer(int[] ia) {
81.         ByteBuffer bb = ByteBuffer.allocateDirect(ia.length*4);
82.         bb.order(ByteOrder.nativeOrder());
83.         IntBuffer ib = bb.asIntBuffer();
84.         ib.put(ia);
85.         ib.position(0);
86.         return ib;
87.     }
88.     private ShortBuffer puckShortBuffer(short[] sa) {
89.         ByteBuffer bb = ByteBuffer.allocateDirect(sa.length*2);
90.         bb.order(ByteOrder.nativeOrder());
91.         ShortBuffer sb = bb.asShortBuffer();
92.         sb.put(sa);
93.         sb.position(0);
94.         return sb;
95.     }
```

代码说明

①代码第 72～79 行将 float 数组打包放入 FloatBuffer 对象中，以便传入 OpenGL ES。

②代码第 80～87 行将 int 数组打包放入 IntBuffer 对象中，以便传入 OpenGL ES。

③代码第 88～95 行将 short 数组打包放入 ShortBuffer 对象中，以便传入 OpenGL ES。

```
96.     public OpenGLRenderer() {
97.         rectPointBuffer = puckFloatBuffer(rectPoint);
98.         qualPointBuffer = puckFloatBuffer(qualPoint);
99.         trianglePointBuffer = puckFloatBuffer(trianglePoint);
100.         hexagonPointBuffer = puckFloatBuffer(hexagonPoint);
101.         onePointBuffer = puckFloatBuffer(onePoint);
102.         linePointBuffer = puckFloatBuffer(linePoint);
103.         rectqualColorBuffer = puckFloatBuffer(rectqualColor);
104.         oneColorBuffer = puckIntBuffer(oneColor);
105.         lineColorBuffer = puckIntBuffer(lineColor);
106.         rectPointIndexBuffer = puckShortBuffer(rectPointIndex);
107.         qualPointIndexBuffer = puckShortBuffer(qualPointIndex);
108.         hexagonPointIndexBuffer = puckShortBuffer(hexagonPointIndex);
109.     };
```

代码说明

①代码第 96～109 行定义 OpenGLRenderer 类的构造函数。

②代码第 97～102 行将所需绘制的几何图形的顶点坐标打包放入 FloatBuffer 对象。

③代码第 103～105 行将所需绘制的几何图形的顶点颜色打包放入 IntBuffer 对象。

④代码第 106～108 行将所需绘制的几何图形的顶点顺序数组打包放入 ByteBuffer 对象。

```
110.     @Override
111.     public void onSurfaceCreated(GL10 gl, EGLConfig config) {
112.         gl.glHint(GL10.GL_PERSPECTIVE_CORRECTION_HINT, GL10.GL_NICEST);
113.         gl.glClearColor(0, 0, 0, 0);
```

```
114.        gl.glDisable(GL10.GL_DITHER);
115.        gl.glShadeModel(GL10.GL_SMOOTH);
116.        gl.glClearDepthf(1.0f);
117.        gl.glEnable(GL10.GL_DEPTH_TEST);
118.        gl.glDepthFunc(GL10.GL_LEQUAL);
119.    }
```

代码说明

代码第 111～119 行重写 Renderer 的 onSurfaceCreated 方法。其中，调用的 GL10 的初始化方法在前面都有介绍。

```
120.    @Override
121.        public void onSurfaceChanged(GL10 gl, int width, int height) {
122.        float ratio = (float)width / height;
123.        gl.glViewport(0, 0, width, height);
124.       gl.glMatrixMode(GL10.GL_PROJECTION);
125.       gl.glLoadIdentity();
126.       gl.glFrustumf(-ratio, ratio, -1, 1, 1, 10);
127.   }
```

代码说明

①代码第 121～127 行重写 Renderer 的 onSurfaceChanged 方法。

②代码第 123 行设置场景位置和大小。

③代码第 124 行设置矩阵模式为投影矩阵模式。

④代码第 125 行重置为原始单位矩阵。

⑤代码第 126 行设置透视投影空间，其中 X 轴最小坐标为-ratio，最大坐标为 ratio；Y 轴最小坐标为-1，最大坐标为 1；Z 轴最小深度为 1，最大深度为 10。

```
128.    @Override
129.    public void onDrawFrame(GL10 gl) {
130.       gl.glClear(GL10.GL_COLOR_BUFFER_BIT | GL10.GL_DEPTH_BUFFER_BIT);
131.       gl.glEnableClientState(GL10.GL_VERTEX_ARRAY);
132.       gl.glEnableClientState(GL10.GL_COLOR_ARRAY);
133.       gl.glMatrixMode(GL10.GL_MODELVIEW);
134.       // triangle
135.       gl.glLoadIdentity();
136.       gl.glColor4f(0.5f, 0.5f, 1.0f, 1.0f);
137.       gl.glVertexPointer(3, GL10.GL_FLOAT, 0, trianglePointBuffer);
138.       gl.glDrawArrays(GL10.GL_TRIANGLES, 0, 3);
```

代码说明

①代码第 129～172 行重写 Renderer 的 onDrawFrame 方法。

②代码第 130 行清除屏幕颜色缓存和深度缓存。

③代码第 131～132 行使能顶点坐标、顶点颜色数组。

④代码第 133 行设置矩阵模式为模型视图矩阵。

⑤代码第 134～138 行绘制三角形。其中，代码第 135 行重置为单位矩阵；代码第 136 行设

置单色渲染的颜色；代码 137 行传入顶点坐标；代码第 138 行调用 glDrawArrays 方法绘制三角形。

```
139.        // rectangle
140.        gl.glLoadIdentity();
141.        gl.glVertexPointer(3, GL10.GL_FLOAT, 0, rectPointBuffer);
142.        gl.glColorPointer(4, GL10.GL_FIXED, 0, rectqualColorBuffer);
143.        gl.glDrawElements(GL10.GL_TRIANGLE_STRIP,
144.                rectPointIndexBuffer.remaining(),
145.                GL10.GL_UNSIGNED_BYTE, rectPointIndexBuffer);
146.        // quadrangle
147.        gl.glLoadIdentity();
148.        gl.glVertexPointer(3, GL10.GL_FLOAT, 0, qualPointBuffer);
149.        gl.glDrawElements(GL10.GL_TRIANGLE_STRIP,
150.                qualPointIndexBuffer.remaining(),
151.                GL10.GL_UNSIGNED_BYTE, qualPointIndexBuffer);
```

代码说明

①代码第 139～145 行绘制正方形。其中，代码第 140 行重置为单位矩阵；代码第 141 行传入正方形顶点坐标；代码第 142 行传入正方形顶点颜色；代码第 143～145 行调用 glDrawElements 方法绘制正方形。

②代码第 146～151 行绘制四边形。

```
152.        // hexagon
153.        gl.glLoadIdentity();
154.        gl.glVertexPointer(3, GL10.GL_FLOAT, 0, hexagonPointBuffer);
155.        gl.glDrawElements(GL10.GL_TRIANGLE_STRIP,
156.                hexagonPointIndexBuffer.remaining(),
157.                GL10.GL_UNSIGNED_BYTE, hexagonPointIndexBuffer);
158.        // line
159.        gl.glLoadIdentity();
160.        gl.glVertexPointer(3, GL10.GL_FLOAT, 0, linePointBuffer);
161.        gl.glColorPointer(4, GL10.GL_FIXED, 0, lineColorBuffer);
162.        gl.glDrawArrays(GL10.GL_LINES, 0, 4);
```

代码说明

①代码第 152～157 行绘制六边形。

②代码第 158～162 行绘制线段。其中，设置的模式为 GL10.GL_LINES，与前面绘制时设置的模式 GL_TRIANGLE_STRIP 不同。

```
163.        // point
164.        gl.glLoadIdentity();
165.        gl.glVertexPointer(3, GL10.GL_FLOAT, 0, onePointBuffer);
166.        gl.glColorPointer(4, GL10.GL_FIXED, 0, oneColorBuffer);
167.        gl.glPointSize(5.0f);
168.        gl.glDrawArrays(GL10.GL_POINTS, 0, 1);
169.        gl.glFinish();
170.        gl.glDisableClientState(GL10.GL_VERTEX_ARRAY);
171.        gl.glDisableClientState(GL10.GL_COLOR_ARRAY);
172.    }
173. }
```

代码说明

①代码第 163~168 行绘制点。其中代码第 167 行设置点的大小；代码第 168 行设置的模式为 GL_POINTS。

②代码第 169 行调用 glFinish 方法结束绘制。

③代码第 170、171 行关闭顶点坐标和顶点颜色管道。

代码 11-2　DrawPolygonActivity.java

```
01. public class DrawPolygonActivity extends Activity {
02.     /** Called when the activity is first created. */
03.     @Override
04.     public void onCreate(Bundle savedInstanceState) {
05.         super.onCreate(savedInstanceState);
06.         GLSurfaceView mGLSurfaceView = new GLSurfaceView(this);
07.         mGLSurfaceView.setRenderer(new OpenGLRenderer());
08.         setContentView(mGLSurfaceView);
09.     }
10. }
```

代码说明

①代码第 6 行定义 GLSurfaceView 对象。

②代码第 7 行实例化 Renderer 子类 OpenGLRenderer 对象并调用 setRenderer 方法将该对象设置为 mGLSurfaceView 的 Renderer 对象。

③代码第 8 行设置当前 Activity 显示的界面为 mGLSurfaceView。

（3）运行程序

运行程序，采用单色渲染时，结果如图 11-10 所示；当采用平滑渐变渲染时，运行结果如图 11-11 所示。

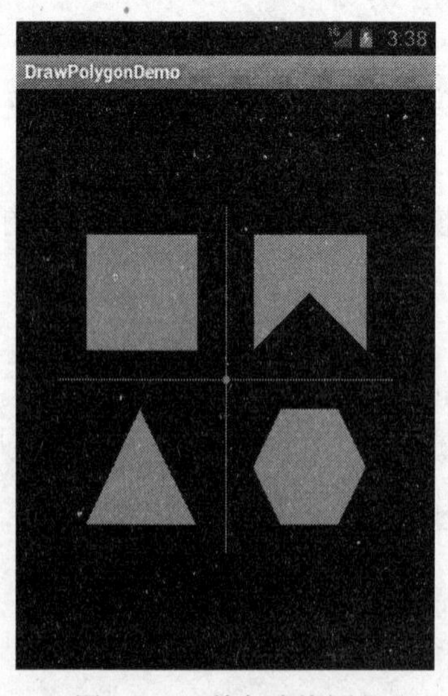

图 11-10　单色渲染图形

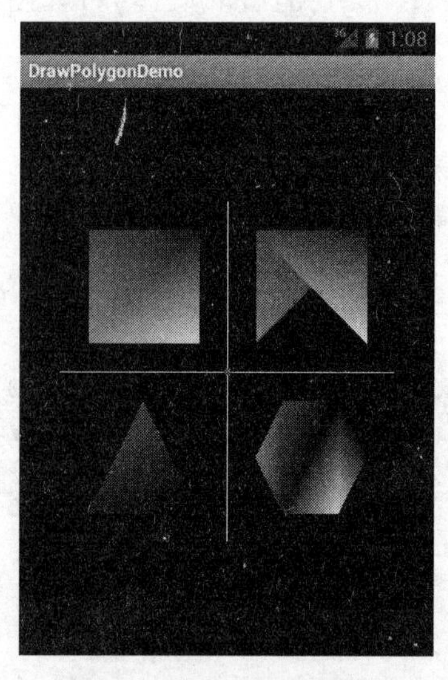

图 11-11　平滑渐变图形

编者手记

值得注意的是，上面所绘制的所有图形的 Z 平面坐标均为-1.0f。该 Z 坐标值必须在设定的 Z 轴深度范围之内而且只能是屏幕里面的方向，即是说在本实例中 Z 坐标必须在[-1.0f, 10.0f]范围内，否则 OpenGL ES 不能渲染显示该图形。

11.4　3D 坐标仿射变换

OpenGL ES 中提供一些常用的图形仿射变换操作，如平移、旋转以及缩放。本节将向读者介绍 OpenGL ES 中的这些仿射变换。

11.4.1　平移变换

OpenGL ES 中提供的用于进行坐标平移变换的方法为 glTranslatef，该方法具体定义如下：

```
public void glTranslatef(float x, float y, float z)
```

其中，该方法中的参数 x、y、z 用于定义平移后的坐标系的中心点。

如图 11-12 所示，此图中有一个中心点位于（0.0f, 0.0f, 0.0f）的正方形，对它进行坐标平移变换，具体变换为：

```
Gl.glTranslatef(3.0f,0.0f,0.0f);
```

则平移后的图形如图 11-13 所示，可以看到，坐标系中心平移到了（3.0f, 0.0f, 0.0f）点处。

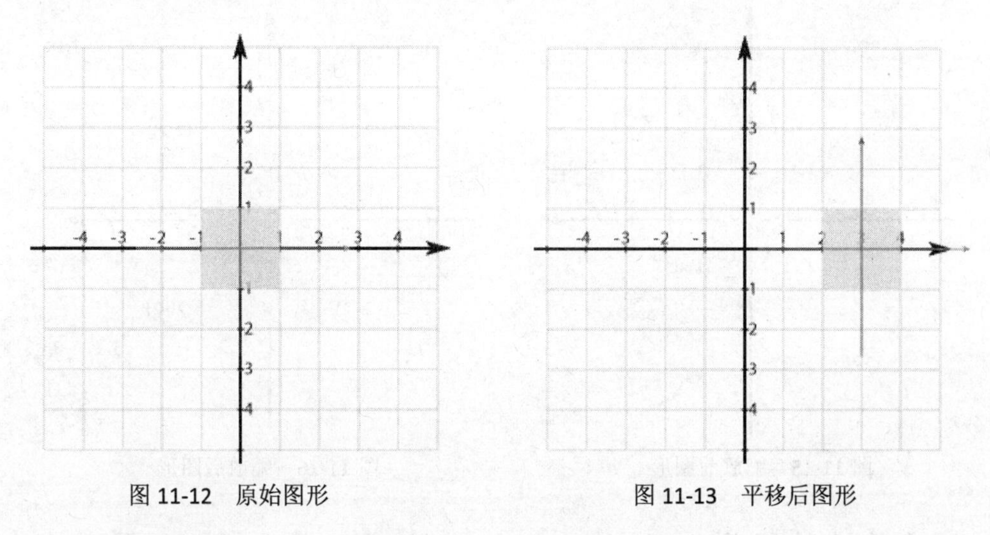

图 11-12　原始图形　　　　图 11-13　平移后图形

11.4.2　旋转变换

OpenGL ES 中提供的用于进行坐标旋转变换的方法为 glRotatef，该方法具体定义如下：

```
public void glRotatef (float angle, float x, float y, float z)
```

其中，该方法中的参数 angle 指定旋转角度，而 x、y、z 用于定义旋转变换的旋转中心点。

如图 11-14 所示，图 a 显示了骰子的原始状态，之后的图 b、c、d 分别表示 3 次旋转变换的效果，其中 3 次旋转变换为：

```
gl.glRotate(90f, 1.0f, 0.0f, 0.0f);
gl.glRotate(90f, 0.0f, 1.0f, 0.0f);
gl.glRotate(90f, 0.0f, 0.0f, 1.0f);
```

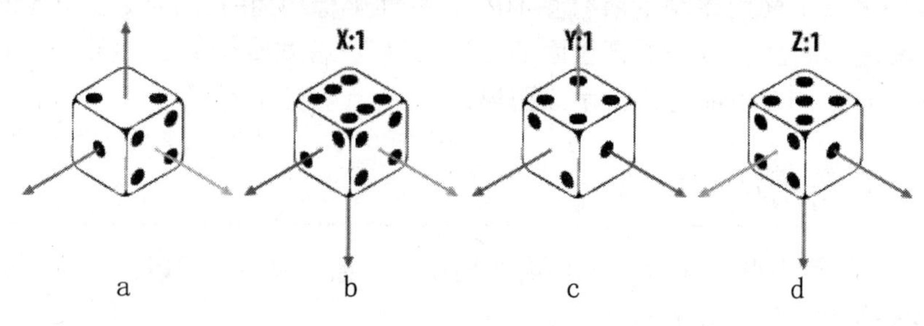

图 11-14　旋转变换

11.4.3　缩放变换

OpenGL ES 中提供的用于进行坐标缩放变换的方法为 glScalef，该方法具体定义如下：

```
public void glScalef(float x, float y, float z)
```

其中，该方法中的参数 x、y、z 用于指定缩放变换时 X、Y 以及 Z 坐标轴上的缩放倍数。如图 11-15 所示的图形，对它进行缩放变换，具体变换为：

```
gl.glScalef(2.0f, 2.0f, 2.0f);
```

经过缩放变换后的图形如图 11-16 所示，可以看到每个坐标轴上的坐标值都变为原来的 2 倍。

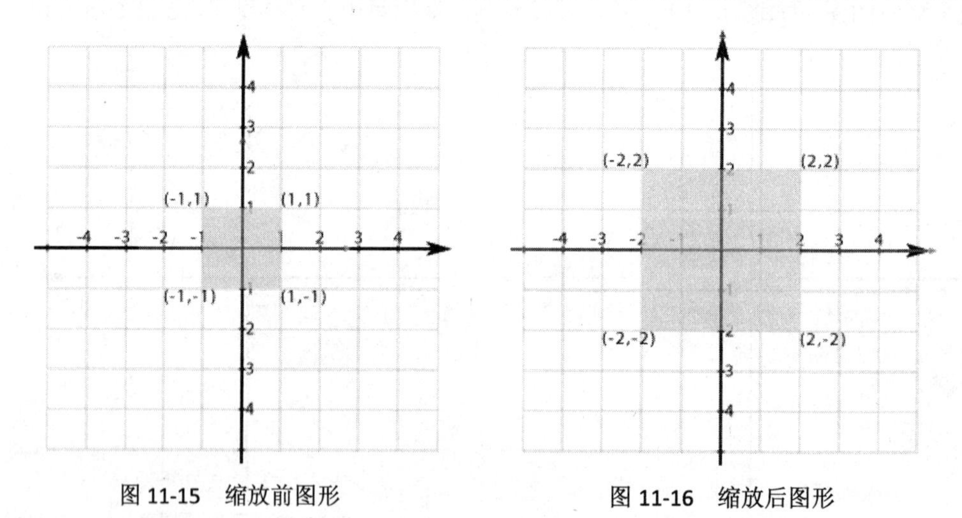

图 11-15　缩放前图形　　　　图 11-16　缩放后图形

11.4.4　变换矩阵操作

在进行平移、旋转、缩放变换时，所有的变换都是针对当前的矩阵（与当前矩阵相乘），如果需要将当前矩阵回复最初的原始无变换的矩阵，可以使用单位矩阵（无平移、缩放、旋转），直接调用 glLoadIdentity()方法即可。

同时，所有的变换均采用矩阵相乘的方式进行，在进行多次变换时经常需要保存当前变换矩阵以及恢复之前所存储的变换矩阵，OpenGL ES 中提供了这两个对应的方法，它们分别是：

```
public abstract void glPushMatrix() //保存当前变换矩阵
public abstract void glPopMatrix() // 恢复之前保存的变换矩阵
```

11.4.5　坐标变换实例

在介绍了 OpenGL ES 中的 3 种仿射坐标变换的基本知识之后，下面用一个实例向读者具体讲述这 3 种变换的用法。

实例 11-2　坐标变换实例（\Chapter11\TransformDemo）

演示如何使用 OpenGL ES 提供的 3D 坐标变换。

（1）创建工程

创建一个新的 Android 工程，工程名为 TransformDemo，并为该工程添加如下文件。

TransformRenderer.java：创建 TransformRenderer 类，用于几何图形的坐标变换渲染。

（2）编写代码

本实例只需要对实例 11-1 中的 Renderer 实现类进行适当的修改即可实现本实例所需的功能。

代码 11-3　TransformRenderer.java

```
01.     private float rotate;
02.     private float translate;
03.     private float scale;
04.     public TransformRenderer() {
......
05.         rotate = 0.0f;
06.         translate = 0.2f;
07.         scale = 1.0f;
08.     };
```

代码说明

①代码第 1～3 行定义旋转角度、平移以及缩放倍数 3 个变量。

②代码第 5～7 行在 TransformRenderer 类的构造函数初始化 3 个变量。

```
09.     public void onDrawFrame(GL10 gl) {
10.         gl.glClear(GL10.GL_COLOR_BUFFER_BIT | GL10.GL_DEPTH_BUFFER_BIT);
11.         gl.glEnableClientState(GL10.GL_VERTEX_ARRAY);
12.         gl.glEnableClientState(GL10.GL_COLOR_ARRAY);
13.         gl.glMatrixMode(GL10.GL_MODELVIEW);
14.         // triangle
15.         gl.glLoadIdentity();
16.         gl.glTranslatef(0.0f, translate, 0.0f);
17.         gl.glVertexPointer(3, GL10.GL_FLOAT, 0, trianglePointBuffer);
18.         gl.glDrawArrays(GL10.GL_TRIANGLES, 0, 3);
```

代码说明

代码第 16 行用于坐标平移变换，坐标系中心点平移到 (0.0f, translate, 0.0f) 处，其中 translate

在不断变化，因此三角形将会实现平移运动。

```
19.         // rectangle
20.         gl.glLoadIdentity();
21.         gl.glRotatef(rotate, 0.0f, 0.0f, -1.0f);
22.         gl.glVertexPointer(3, GL10.GL_FLOAT, 0, rectPointBuffer);
23.         gl.glColorPointer(4, GL10.GL_FIXED, 0, rectqualColorBuffer);
24.         gl.glDrawElements(GL10.GL_TRIANGLE_STRIP,
25.                 rectPointIndexBuffer.remaining(),
26.                 GL10.GL_UNSIGNED_BYTE, rectPointIndexBuffer);
27.         // quadrangle
28.         gl.glLoadIdentity();
29.         gl.glScalef(1.0f, 1.0f, scale);
30.         gl.glVertexPointer(3, GL10.GL_FLOAT, 0, qualPointBuffer);
31.         gl.glDrawElements(GL10.GL_TRIANGLE_STRIP,
32.                 qualPointIndexBuffer.remaining(),
33.                 GL10.GL_UNSIGNED_BYTE, qualPointIndexBuffer);
```

代码说明

①代码第 21 行用于对该矩形进行坐标旋转变换。其中，旋转中心为（0.0f, 0.0f, −1.0f），即沿 Z 轴的复方向旋转。

②代码第 29 行用于对该四边形进行坐标缩放变换。其中，X、Y 轴不缩放，Z 轴缩放倍数为 scale。

```
34.         // hexagon
35.         gl.glLoadIdentity();
36.         gl.glTranslatef(0.0f, translate, 0.0f);
37.         gl.glRotatef(rotate, 1.0f, 1.0f, -1.0f);
38.         gl.glScalef(1.0f, 1.0f, scale);
39.         gl.glVertexPointer(3, GL10.GL_FLOAT, 0, hexagonPointBuffer);
40.         gl.glDrawElements(GL10.GL_TRIANGLE_STRIP,
41.                 hexagonPointIndexBuffer.remaining(),
42.                 GL10.GL_UNSIGNED_BYTE, hexagonPointIndexBuffer);
......
43.         gl.glFinish();
44.         gl.glDisableClientState(GL10.GL_VERTEX_ARRAY);
45.         gl.glDisableClientState(GL10.GL_COLOR_ARRAY);
46.         rotate += 1;
47.         if (scale >= 2) {
48.             scale = 0.5f;
49.         } else
50.             scale += 0.05f;
51.         }
52.         if (translate <= -1.0f) {
53.             translate = 0.2f;
54.         } else {
55.             translate -= 0.05f;
56.         }
57.     }
```

代码说明

①代码第 36、37、38 行将对六边形同时进行平移、旋转以及缩放变换。

②代码第 46～56 行用于更新平移、旋转和缩放变换的参数。其中，缩放倍数每次递增 0.05 倍，最大为 2 倍，最小为 0.5 倍；平移距离每次递减 0.05，最大为 0.2，最小为−1；旋转角度每次递增 1°。

（3）运行程序

运行程序，4 个图形的变换效果如图 11-17 所示。

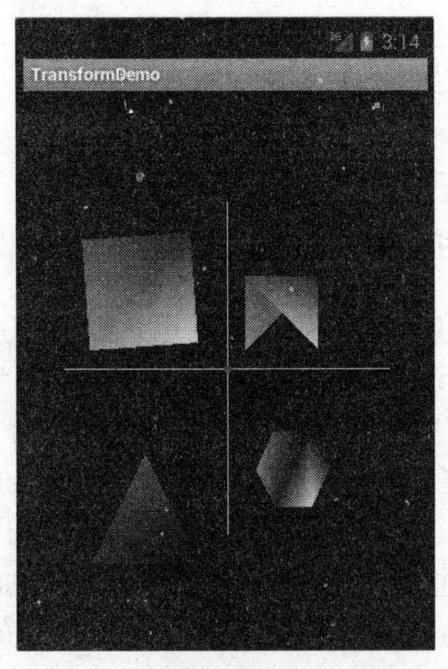

图 11-17　坐标变换实例运行效果

11.5　绘制 3D 图形

在本章前面的内容中，向读者介绍了如何使用 OpenGL ES 绘制简单的图形，但绘制的都是二维的平面图形，在这一节中将向读者介绍如何绘制 3D 图形。

在使用 OpenGL ES 绘制 3D 图形时，尤其是复杂的 3D 图形时，最好能够采用组合模式（Composite Pattern）的设计原则，将 3D 图形拆分成树形结构组织的各种构成元素，这样可以使得对 3D 图形的操作更加对象化，从而使程序结构更加清晰。

组合模式（Composite Pattern）有时候又叫做部分-整体模式，它使我们树型结构的问题中，模糊了简单元素和复杂元素的概念，客户程序可以向处理简单元素一样来处理复杂元素,从而使得客户程序与复杂元素的内部结构解耦。关于运用组合模式的一个普遍性的例子就是你每次使用电脑时所遇到的文件系统。文件系统由目录和文件组成，每个目录都可以装内容，目录的内容可以是文件，也可以是目录。按照这种方式，计算机的文件系统就是以递归结构来组织的。如果你想要描述这样的数据结构，组合模式便是一种很好的选择。

在描述 3D 图形的数据结构时，采用的设计结构如图 11-18 所示。其中，Mesh 指网格，即三角形面，它是 OpenGL ES 中所有图形最基本的组成元素，如正方形由两个 Mesh 构成。在 3D 图形绘制的实现中，Mesh 便作为所有其他图形类的基类存在，在该类中需要实现图形的基本操作，如定义顶点坐标、颜色以及顺序等。

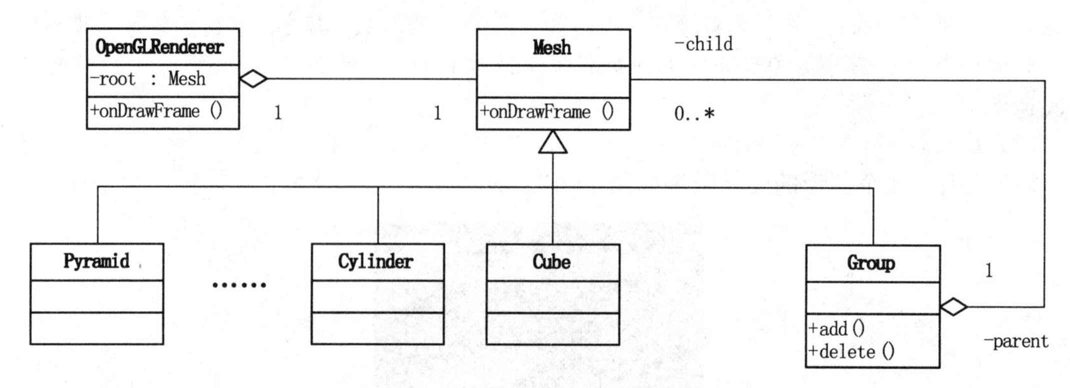

图 11-18　3D 图形组合模式设计结构

如图 11-18 所示，通过继承 Mesh 基类，可以定义任何 3D 图形，如正方体（Cube）、圆柱体（Cylinder）、金字塔（Pyramid）以及椎体（Cone）等，同时还可以进一步将这些简单的空间图形进行合理的组合，以形成更加复杂的 3D 图形。另外，图 11-18 中有一个继承于 Mesh 的子类 Group，该类主要用于管理多个空间几何形体，而 Mesh 与 Group 之间的关系就类似于 Android 中的 View 和 ViewGroup 之间的关系，事实上 Android 中的 View 的设计原则也是采用组合模式。Group 的主要功能是把针对 Group 的操作分发到 Group 中的每个成员对应的操作，如 onDrawFrame 等，另外 Group 还允许通过 add 方法添加新的图形以及通过 delete 方法删除原有图形。

下面，通过一个具体的实例向读者展示如何以组合模式设计进行 3D 图形的绘制。

实例 11-3　绘制 3D 图形（\Chapter11\Draw3DGraph）

演示如何使用 OpenGL ES 绘制 3D 图形，本实例采用组合模式进行程序的设计。

（1）创建工程

创建一个新的 Android 工程，工程名为 Draw3DGraph，并为该工程添加如下文件。

①Mesh.java：创建 Mesh 类，用于表示 3D 图形的基本单元网格，即三角形面。

②Group.java：创建继承于 Mesh 的 Group 类，用于管理空间几何形体。

③Cube.java：创建继承于 Mesh 的 Cube 类，用于表示正方体。

④OpenGLRenderer.java：创建 OpenGLRenderer 类，实现 Renderer 接口，用于渲染（绘制）几何图形。

（2）编写代码

代码 11-4　Mesh.java

```
01. public class Mesh {
02.     private FloatBuffer verticesBuffer = null;
03.     private ShortBuffer indicesBuffer = null;
04.     private float[] rgba = new float[] {1.0f, 1.0f, 1.0f, 1.0f};
```

```
05.     private FloatBuffer colorsBuffer = null;
06.     private float tx = 0;
07.     private float ty = 0;
08.     private float tz = 0;
09.     private float rx = 0;
10.     private float ry = 0;
11.     private float rz = 0;
12.     private float sx = 1;
13.     private float sy = 1;
14.     private float sz = 1;
15.     private int numOfIndices = -1;
```

代码说明

①代码第 2、3 行分别定义顶点坐标数组和顶点顺序数组。

②代码第 4、5 行定义顶点颜色，其中代码第 4 行定义顶点单色渲染的颜色，代码第 5 行定义顶点平滑渐变渲染的颜色。

③代码第 6～8 行分别定义平移变换时 X、Y、Z 轴的中心坐标。

④代码第 9～11 行定义旋转变换的中心点，分别定义 X、Y、Z 轴方向的坐标。

⑤代码第 12～14 行分别定义缩放变换时 X、Y、Z 轴方向的缩放比例。

⑥代码第 15 行定义顶点数目。

```
16.     public void setTranslateParams(float tx, float ty, float tz) {
17.         this.tx = tx;
18.         this.ty = ty;
19.         this.tz = tz;
20.     }
21.     public void setRotateParams(float rx, float ry, float rz) {
22.         this.rx = rx;
23.         this.ry = ry;
24.         this.rz = rz;
25.     }
26.     public void setScaleParams(float sx, float sy, float sz) {
27.         this.sx = sx;
28.         this.sy = sy;
29.         this.sz = sz;
30.     }
```

代码说明

①代码第 16～20 行设置平移变换的中心点。

②代码第 21～25 行设置旋转变换的中心点。

③代码第 26～30 行设置缩放变换的缩放比例。

```
31.     protected void setVertices(float[] vertices) {
32.         ByteBuffer vbb = ByteBuffer.allocateDirect(vertices.length*4);
33.         vbb.order(ByteOrder.nativeOrder());
34.         verticesBuffer = vbb.asFloatBuffer();
35.         verticesBuffer.put(vertices);
36.         verticesBuffer.position(0);
```

```
37.     }
38.     protected void setIndices(short[] indices) {
39.         ByteBuffer ibb = ByteBuffer.allocateDirect(indices.length*2);
40.         ibb.order(ByteOrder.nativeOrder());
41.         indicesBuffer = ibb.asShortBuffer();
42.         indicesBuffer.put(indices);
43.         indicesBuffer.position(0);
44.         numOfIndices = indices.length;
45.     }
```

代码说明

①代码第 31～37 行设置顶点坐标，将以 float 数组表示的顶点坐标打包放入 FloatBuffer 类型的对象中，以便传入 OpenGL ES。

②代码第 38～45 行设置顶点顺序，将以 short 数组表示的顶点顺序打包放入 ShortBuffer 类型的对象中，以便传入 OpenGL ES。

```
46.     protected void setFlatColors(float[] rgba) {
47.         this.rgba[0] = rgba[0];
48.         this.rgba[1] = rgba[1];
49.         this.rgba[2] = rgba[2];
50.         this.rgba[3] = rgba[3];
51.     }
52.     protected void setSmoothColors(float[] colors) {
53.         ByteBuffer cbb = ByteBuffer.allocateDirect(colors.length*4);
54.         cbb.order(ByteOrder.nativeOrder());
55.         colorsBuffer = cbb.asFloatBuffer();
56.         colorsBuffer.put(colors);
57.         colorsBuffer.position(0);
58.     }
```

代码说明

①代码第 46～51 行设置顶点采用单色渲染时使用的颜色。

②代码第 52～58 行设置顶点采用渐变渲染时使用的颜色。

```
59.     public void draw(GL10 gl) {
60.         gl.glEnableClientState(GL10.GL_VERTEX_ARRAY);
61.         gl.glVertexPointer(3, GL10.GL_FLOAT, 0, verticesBuffer);
62.         if (colorsBuffer != null) {
63.             gl.glEnableClientState(GL10.GL_COLOR_ARRAY);
64.             gl.glColorPointer(4, GL10.GL_FIXED, 0, colorsBuffer);
65.         } else {
66.             gl.glColor4f(rgba[0], rgba[1], rgba[2], rgba[3]);
67.         }
68.         gl.glTranslatef(tx, ty, tz);
69.         gl.glRotatef(rx, 1, 0, 0);
70.         gl.glRotatef(ry, 0, 1, 0);
71.         gl.glRotatef(rz, 0, 0, 1);
72.         gl.glScalef(sx, sy, sz);
73.         gl.glDrawElements(GL10.GL_TRIANGLES, numOfIndices,
74.                                 GL10.GL_UNSIGNED_SHORT, indicesBuffer);
```

```
75.         gl.glDisableClientState(GL10.GL_VERTEX_ARRAY);
76.         if (colorsBuffer != null) {
77.             gl.glDisableClientState(GL10.GL_COLOR_ARRAY);
78.         }
79.     }
80. }
```

代码说明

①代码第 59～79 行绘制 Mesh 类定义的几何图形。

②代码第 60～61 行使能并传入顶点坐标。

③代码第 62～67 行设置顶点渲染颜色。其中，代码 62 行判断采用单色还是渐变渲染；代码第 63、64 行在渐变渲染时使能并传入颜色数组；代码第 66 行在单色渲染时设置渲染颜色。

④代码第 68～72 行进行坐标的平移、旋转以及缩放变换。

⑤代码第 73、74 行使用 glDrawElements 方法绘制几何图形。

⑥代码第 75～78 行禁用顶点坐标和顶点颜色。

代码 11-5　Group.java

```
01. public class Group extends Mesh {
02.     private Vector<Mesh> children = new Vector<Mesh>();
03.     @Override
04.     public void draw(GL10 gl) {
05.         for (int i = 0; i < children.size(); i++) {
06.             children.get(i).draw(gl);
07.         }
08.     }
09.     public void add(int location, Mesh mesh) {
10.         children.add(location, mesh);
11.     }
12.     public void add(Mesh mesh) {
13.         children.add(mesh);
14.     }
15.     public void clear() {
16.         children.clear();
17.     }
18.     public Mesh get(int location) {
19.         return children.get(location);
20.     }
21.     public void delete(int location) {
22.         children.remove(location);
23.     }
24.     public void delete(Mesh mesh) {
25.         children.remove(mesh);
26.     }
27.     public int size() {
28.         return children.size();
29.     }
30. }
```

代码说明

①代码第 2 行定义存放 Mesh 类对象的 Vector 容器。

②代码第 4～8 行重写 Mesh 类的 draw 方法，将所有的 Mesh 图形按顺序进行绘制。

③代码第 9～14 行向 Mesh 容器添加新的 Mesh 对象。其中，代码第 9～11 行将 Mesh 对象添加到指定位置；代码第 12～14 行将 Mesh 对象添加到 Mesh 容器默认位置。

④代码第 15～17 行清空 Mesh 容器。

⑤代码第 18～20 行获取指定位置的 Mesh 对象。

⑥代码第 21～26 行删除 Mesh 容器中的 Mesh 对象。其中，代码第 21～23 行删除指定位置的 Mesh 对象；代码第 24～26 行删除指定的 Mesh。

⑦代码第 27～29 行获取 Mesh 容器的大小，即 Mesh 对象的数目。

代码 11-6　Cube.java

```
01. public class Cube extends Mesh {
02.     public Cube(float width, float height, float depth,
03.                 boolean colorFlag, float[] colors) {
04.         width /= 2;
05.         height /= 2;
06.         depth /= 2;
07.         float[] vertices = new float[] { -width, -height, -depth, // v0
08.                                           width, -height, -depth, // v1
09.                                           width,  height, -depth, // v2
10.                                          -width,  height, -depth, // v3
11.                                          -width, -height,  depth, // v4
12.                                           width, -height,  depth, // v5
13.                                           width,  height,  depth, // v6
14.                                          -width,  height,  depth  // v7
15.         };
16.         short[] indices = new short[] { 0, 4, 5,
17.                                         0, 5, 1,
18.                                         1, 2, 6,
19.                                         1, 6, 5,
20.                                         2, 3, 7,
21.                                         2, 6, 7,
22.                                         3, 4, 7,
23.                                         3, 4, 0,
24.                                         4, 6, 7,
25.                                         4, 5, 6,
26.                                         0, 1, 2,
27.                                         0, 2, 3
28.         };
29.         setIndices(indices);
30.         setVertices(vertices);
31.         if (colorFlag) {
32.             setSmoothColors(colors);
33.         } else {
34.             setFlatColors(colors);
```

```
35.         }
36.     }
37. }
```

代码说明

①代码第 4～15 行设置正方体顶点坐标。

②代码第 16～28 行设置正方体顶点顺序。

③代码第 29～30 行将顶点顺序和坐标分别传入 Mesh 类。

④代码第 31～35 行设置顶点渲染颜色，根据 colorFlag 变量判断是单色或渐变渲染。

代码 11-7　OpenGLRenderer.java

```
01. public class OpenGLRenderer implements Renderer {
02.     private Mesh root = null;
03.     private Cube cube = null;
04.     private float ry = 0;
05.     private float rz = 0;
06.     private float[] colors = new float[] {
07.          1.0f, 0, 0, 0,
08.          0, 1.0f, 0, 0,
09.          0, 0, 1.0f, 0,
10.          1.0f, 1.0f, 0, 0
11.     };
12.     public OpenGLRenderer() {
13.        Group group = new Group();
14.        cube = new Cube(1, 1, 1, true, colors);
15.        group.add(cube);
16.        root = group;
17.     }
18.     public void onDrawFrame(GL10 gl) {
19.        gl.glClear(GL10.GL_COLOR_BUFFER_BIT | GL10.GL_DEPTH_BUFFER_BIT);
20.        gl.glLoadIdentity();
21.        cube.setTranslateParams(0, 0, -2);
22.        cube.setRotateParams(0, ry++, rz++);
23.        root.draw(gl);
24.     }
......
25. }
```

代码说明

①代码第 12～17 行为 OpenGLRenderer 的构造函数。其中，代码第 13、14 行创建 Group 和 Cube 对象；代码第 15 行将 Cube 对象添加到 Group 中；代码第 16 行将 Group 对象赋给 root。

②代码第 18～24 行绘制 root 表示的图形。其中，代码第 19、20 行清除颜色并加载单位矩阵；代码第 21、22 行设置平移和旋转变换参数；代码第 23 行调用 Mesh 的 draw 方法绘图。

（3）运行程序

运行程序，结果如图 11-19 所示。

图 11-19　OpenGL ES 绘制的 3D 图形

11.6　纹理渲染

在前面介绍了如何给 3D 图形进行颜色渲染。事实上，为了使图形更加逼真，一般情况是使用位图对图形进行渲染，称之为纹理渲染。在本节中，将向读者介绍如何对图形进行纹理渲染。进行纹理渲染的主要步骤分为以下几步：

1.　创建 Bitmap 位图对象

使用纹理渲染，首先需要构造用来渲染的 Bitmap 位图对象，Bitmap 对象可以从资源文件中读取或从文件系统中读取或从网络下载以及使用代码构造。如下代码通过从资源文件读取 Bitmap 位图对象：

```
Bitmap bm = BitmapFactory.decodeResource(getResources(),R.drawable.robot);
```

编者手记

值得注意的是，有些设备对使用 Bitmap 的大小有要求，要求 Bitmap 的长度和宽度必须为 2 的 *N* 次幂（如 64、128 等），如果使用不合要求的 Bitmap 来渲染，可能只会显示白色。因此，建议读者尽量使用长宽均为 2 的 *N* 次幂的图片。

2.　创建纹理

在创建了纹理渲染所需的 Bitmap 对象之后，便是创建渲染的纹理。创建纹理的代码如下：

```
int[] textures = new int[1]; // 该数组用于保存纹理
gl.glGenTextures(1, textures, 0); // 创建纹理
gl.glBindTexture(GL10.GL_TEXTURE_2D, textures[0]); // 将 textures 绑定到 2D 纹理
```

其中，glGenTextures(int n, int[] textures, int offset)方法用于创建纹理，该方法将创建 *n* 个纹理，并将这 *n* 个纹理的标识号放入 textures 数组中，offset 指定从 textures 数组的第几个元

素开始存放纹理标识号；glBindTexture(int target, int texture)方法用于将 texture 纹理绑定到纹理目标 target 上，上述代码指定 target 为 GL_TEXTURE_2D 表示 2D 纹理目标。

3.　设置纹理属性

在进行纹理渲染时，需要设置一些必要的纹理属性，主要有两种属性需要设置。

首先，用来渲染的纹理可能比要渲染的区域大或小，这时需要对纹理进行放大或缩小，此时便需要设置放大或缩小时所使用的采样方式，常用的缩放采样方式有 GL_LINEAR（线性插值）和 GL_NEAREST（最近邻域插值）两种。一般而言，线性插值的效果较好，但运算量会略微大一些。

其次，在渲染时还可以设置横向和纵向是否平铺重复渲染属性，有两种模式可以设置，分别是 GL_REPEAT（平铺重复渲染）和 GL_CLAMP_TO_EDGE（靠边渲染一次）。

设置这两种属性的具体代码如下：

```
gl.glTexParameterf(GL10.GL_TEXTURE_2D,
                    GL10.GL_TEXTURE_MIN_FILTER, GL10.GL_LINEAR);
gl.glTexParameterf(GL10.GL_TEXTURE_2D,
                    GL10.GL_TEXTURE_MAG_FILTER, GL10.GL_LINEAR);
gl.glTexParameterf(GL10.GL_TEXTURE_2D,
                    GL10.GL_TEXTURE_WRAP_S, GL10.GL_REPEAT);
gl.glTexParameterf(GL10.GL_TEXTURE_2D,
                    GL10.GL_TEXTURE_WRAP_T, GL10.GL_REPEAT);
```

其中，glTexParameterf(int target, int pname, float param)方法用于为 target 纹理目标设置属性，pname 为属性名，而 param 则为属性值。上述代码中，GL_TEXTURE_MIN_FILTER 表示缩小的滤波方式、GL_TEXTURE_MAG_FILTER 表示放大的滤波方式、GL_TEXTURE_WRAP_S 表示横向渲染模式、GL_TEXTURE_WRAP_T 表示纵向渲染模式。

4.　设置纹理坐标数组

在设置好纹理的属性之后，需要告诉 OpenGL ES 如何将 Bitmap 对象的像素映射到图形上，此时便需要通过设置纹理的坐标。

在使用 2D 纹理时，纹理的坐标定义为左上角为（0,0），右下角为（1,1），如图 11-20 所示。

此时，若定义的该正方形顶点顺序如图 11-21 所示，则需要将纹理坐标的（0,1）映射到顶点 0，（1,1）映射到顶点 1，（0,0）映射到顶点 2 以及（1,0）映射到顶点 3，实际渲染结果如图 11-22 所示。具体映射定义的纹理坐标数组如下：

```
float[] textureCoords = new float[] {
    0.0f, 1.0f, // v0
    1.0f, 1.0f, // v1
    0.0f, 0.0f, // v2
    1.0f, 0.0f  // v3
};
```

和顶点坐标定义一样，OpenGL ES 同样需要将纹理坐标放入 FloatBuffer 对象中，代码如下：

```
ByteBuffer tbb = ByteBuffer.allocateDirect(textureCoords.length*4);
tbb.order(ByteOrder.nativeOrder());
FloatBuffer textureBuffer = tbb.asFloatBuffer();
```

```
    textureBuffer.put(Coords);
    textureBuffer.position(0);
```

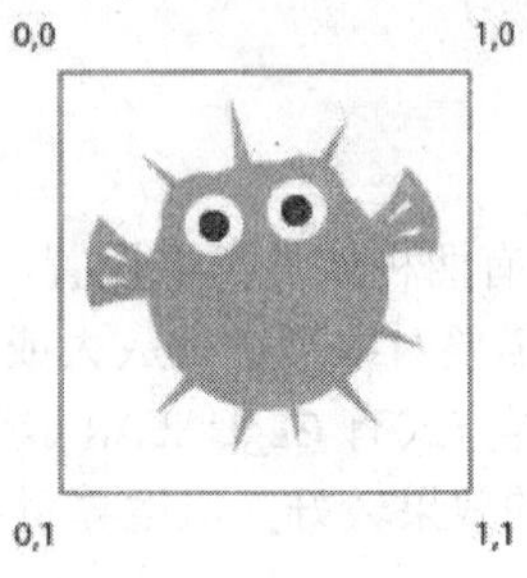

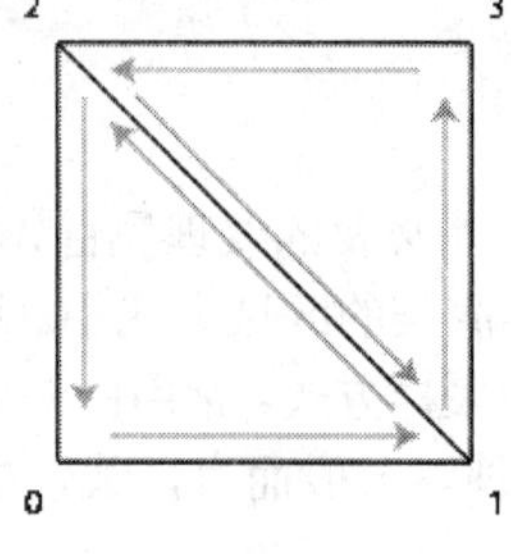

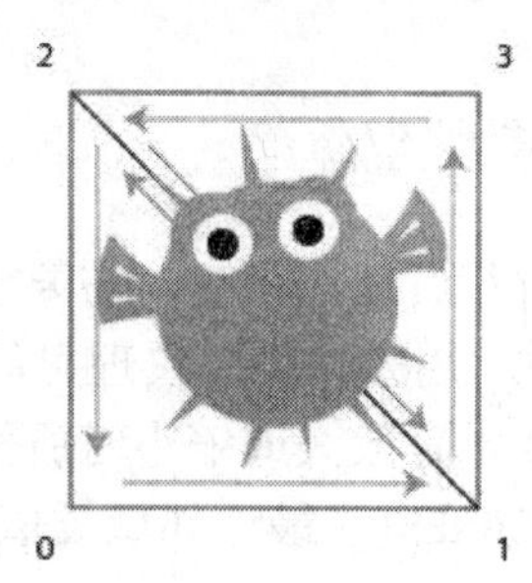

图 11-20　纹理坐标定义　　图 11-21　正方形顶点顺序　　图 11-22　纹理渲染结果

5. 生成纹理

在设置好纹理属性以及坐标之后，接下去便是将 Bitmap 位图绑定到纹理上，进而生成实际渲染时所用的纹理，具体代码如下：

```
    GLUtils.textImage2D(GL10.GL_TEXTURE_2D, 0, bm, 0);
```

6. 渲染纹理

在完成上述 5 步操作之后，便可以执行纹理渲染，具体代码如下：

```
    gl.glEnable(GL10.GL_TEXTURE_2D);
    gl.glEnableClientState(GL10.GL_TEXTURE_COORD_ARRAY);
    gl.glTexCoordPointer(2, GL10.GL_FLOAT, 0, textureBuffer);
    gl.glBindTexture(GL10.GL_TEXTURE_2D, textures[0]);
```

上述代码首先调用 glEnable 和 glEnableClientState 方法使能 2D 纹理和纹理坐标数组，之后调用 glTexCoordPointer 方法将纹理坐标传入 OpenGL ES 中，最后调用 glBindTexture 方法将纹理绑定到 2D 纹理目标，至此便完成了纹理的渲染。

需要注意的一点是，在完成图形的绘制和渲染之后，也需要将 2D 纹理和纹理坐标禁用掉，代码如下：

```
    gl.glDisable(GL10.GL_TEXTURE_2D);
    gl.glDisableClientState(GL10.GL_TEXTURE_COORD_ARRAY);
```

在介绍完如何进行图形纹理渲染的步骤和方法之后，下面通过一个具体的实例向读者详细介绍纹理渲染的使用。

实例 11-4　纹理渲染实例（\Chapter11\TextureDemo）

演示如何使用 OpenGL ES 对绘制的几何图形进行纹理渲染，本实例将对正方体的表面进行纹理渲染。

（1）创建工程

创建一个新的 Android 工程，工程名为 TextureDemo，并为该工程添加如下文件。

①Mesh.java：创建 Mesh 类，用于表示 3D 图形的基本单元网格，即三角形面。

②Cube.java：创建继承于 Mesh 的 Cube 类，用于表示经过纹理渲染的正方体。

（2）编写代码

代码 11-8　Mesh.java

```
01. public class Mesh {
......
02.     private Bitmap mBitmap = null;
03.     private int mTextureId = -1;
04.     private FloatBuffer mTextureBuffer = null;
05.     private boolean bLoadTexture = false;
......
06.     protected void loadBitmap(Bitmap bitmap) {
07.         this.mBitmap = bitmap;
08.         bLoadTexture = true;
09.     }
10.     protected void setTextureCoordinates(float[] Coords) {
11.         ByteBuffer tbb = ByteBuffer.allocateDirect(Coords.length*4);
12.         tbb.order(ByteOrder.nativeOrder());
13.         mTextureBuffer = tbb.asFloatBuffer();
14.         mTextureBuffer.put(Coords);
15.         mTextureBuffer.position(0);
16.     }
```

代码说明

①代码第 2 行定义纹理渲染所用的 Bitmap 对象；代码第 3 行定义 mTextureId 指定渲染所用的纹理；代码第 4 行定义纹理坐标数组；代码第 5 行定义 bLoadTexture 用于判断是否需要使用纹理渲染。

②代码第 6～9 行加载纹理渲染所需的 Bitmap 图像并设定 bLoadTexture 为 true，表示需要使用纹理渲染。

③代码第 10～16 行设置纹理渲染的纹理坐标数组。

```
17.     private void loadGLTexture(GL10 gl) {
18.         int[] textures = new int[1];
19.         gl.glGenTextures(1, textures, 0);
20.         mTextureId = textures[0];
21.         gl.glBindTexture(GL10.GL_TEXTURE_2D, mTextureId);
22.         gl.glTexParameterf(GL10.GL_TEXTURE_2D,
23.                            GL10.GL_TEXTURE_MIN_FILTER, GL10.GL_LINEAR);
24.         gl.glTexParameterf(GL10.GL_TEXTURE_2D,
25.                            GL10.GL_TEXTURE_MAG_FILTER, GL10.GL_LINEAR);
26.         gl.glTexParameterf(GL10.GL_TEXTURE_2D,
27.                            GL10.GL_TEXTURE_WRAP_S, GL10.GL_REPEAT);
28.         gl.glTexParameterf(GL10.GL_TEXTURE_2D,
29.                            GL10.GL_TEXTURE_WRAP_T, GL10.GL_REPEAT);
30.         GLUtils.texImage2D(GL10.GL_TEXTURE_2D, 0, mBitmap, 0);
31.     }
```

代码说明

①代码第 18～20 行生成纹理并获取生成的纹理中的第一个纹理。

②代码第 21 行将 mTextureId 纹理绑定到 GL_TEXTURE_2D。

③代码第 22～25 行设置纹理缩小和放大时的采样方式为线性滤波方式。

④代码第 26～29 行设置在横向和纵向都采用平铺重复渲染纹理。

⑤代码第 30 行加载位图 mBitmap 生成 2D 纹理。

```
......
32.    public void draw(GL10 gl) {
......
33.        if (bLoadTexture) {
34.            loadGLTexture(gl);
35.            bLoadTexture = false;
36.        }
37.        if (mTextureId != -1 && mTextureBuffer != null) {
38.            gl.glEnable(GL10.GL_TEXTURE_2D);
39.            gl.glEnableClientState(GL10.GL_TEXTURE_COORD_ARRAY);
40.            gl.glTexCoordPointer(2, GL10.GL_FLOAT, 0, mTextureBuffer);
41.            gl.glBindTexture(GL10.GL_TEXTURE_2D, mTextureId);
42.        }
......
43.        if (mTextureId != -1 && mTextureBuffer != null) {
44.            gl.glDisableClientState(GL10.GL_TEXTURE_COORD_ARRAY);
45.        }
46.    }
47. }
```

代码说明

①代码第 33～36 行加载纹理。

②代码第 37～42 行执行纹理渲染。其中，代码第 38 行使能 2D 纹理渲染；代码第 39 行使能纹理坐标数组；代码第 40 行设置纹理坐标数组；代码第 41 行渲染纹理。

③代码第 43～45 行禁用纹理坐标数组。

代码 11-9　Cube.java

```
01. public class Cube extends Mesh {
02.    public Cube(float width, float height, float depth,
03.                boolean colorFlag, float[] colors, Bitmap bitmap) {
04.        w /= 2;
05.        h /= 2;
06.        d /= 2;
07.        float[] vertices = new float[] {
08.            -w, -h, -d, -w,  h, -d,  w,  h, -d, // 1
09.             w,  h, -d,  w, -h, -d, -w, -h, -d, // 2
10.            -w, -h,  d,  w, -h,  d,  w,  h,  d, // 3
11.             w,  h,  d, -w,  h,  d, -w, -h,  d, // 4
12.            -w, -h, -d,  w, -h, -d,  w, -h,  d, // 5
13.             w, -h,  d, -w, -h,  d, -w, -h, -d, // 6
14.             w, -h, -d,  w,  h, -d,  w,  h,  d, // 7
15.             w,  h,  d,  w, -h,  d,  w, -h, -d, // 8
16.             w,  h, -d, -w,  h, -d, -w,  h,  d, // 9
```

```
17.            -w,  h,  d,  w,  h,  d,  w,  h, -d, // 10
18.            -w,  h, -d, -w, -h, -d, -w, -h,  d, // 11
19.            -w, -h,  d, -w,  h,  d, -w,  h, -d, // 12
20.        };
21.        short[] indices = new short[] {
22.            0, 1, 2, 3, 4, 5, 6, 7, 8,
23.            9, 10,11,12,13,14,15,16,17,
24.            18,19,20,21,22,23,24,25,26,
25.            27,28,29,30,31,32,33,34,35
26.        };
27.        float[] textures = new float[] {
28.            1.0f, 1.0f, 1.0f, 0.0f, 0.0f, 0.0f,
29.            0.0f, 0.0f, 0.0f, 1.0f, 1.0f, 1.0f,
30.            0.0f, 1.0f, 1.0f, 1.0f, 1.0f, 0.0f,
31.            1.0f, 0.0f, 0.0f, 0.0f, 0.0f, 1.0f,
32.            0.0f, 1.0f, 1.0f, 1.0f, 1.0f, 0.0f,
33.            1.0f, 0.0f, 0.0f, 0.0f, 0.0f, 1.0f,
34.            0.0f, 1.0f, 1.0f, 1.0f, 1.0f, 0.0f,
35.            1.0f, 0.0f, 0.0f, 0.0f, 0.0f, 1.0f,
36.            0.0f, 1.0f, 1.0f, 1.0f, 1.0f, 0.0f,
37.            1.0f, 0.0f, 0.0f, 0.0f, 0.0f, 1.0f,
38.            0.0f, 1.0f, 1.0f, 1.0f, 1.0f, 0.0f,
39.            1.0f, 0.0f, 0.0f, 0.0f, 0.0f, 1.0f
40.        };
41.        setIndices(indices);
42.        setVertices(vertices);
43.        if (colorFlag) {
44.            setSmoothColors(colors);
45.        } else {
46.            setFlatColors(colors);
47.        }
48.        if (bitmap != null) {
49.            loadBitmap(bitmap);
50.        }
51.        setTextureCoordinates(textures);
52.    }
53. }
```

代码说明

①代码第 4～20 行定义正方体顶点坐标数组，通过依次定义正方体 6 个面共 12 个三角形的 36 个顶点的方式定义正方体顶点坐标。

②代码第 21～26 行定义正方体顶点顺序数组。

③代码第 27～40 行定义正方体纹理坐标数组。

④代码第 48～50 行加载 Bitmap 位图。

⑤代码第 51 行设置纹理坐标。

（3）运行程序

运行程序，运行结果如图 11-23 所示。

图 11-23　纹理渲染

编者手记

在实例 11-4 的 Cube.java 中定义正方体的顶点坐标以及纹理坐标看起来相当麻烦。事实上，我们可以借助 3ds Max 等 3D 建模工具构造各种复杂的 3D 图形，并从 3ds Max 中导出顶点坐标以及纹理坐标即可。

至此，本章对 OpenGL ES 编程的入门知识的简单讲解就告一段落，有兴趣的读者可以阅读一些有关 OpenGL 的专业书籍进行这方面更加深入的学习。

第 12 章　Android 网络应用

随着移动互联网的发展，作为终端设备的手机所拥有的网络功能也越来越强大。而 Google 发布 Android 的初衷也是期望借助 Android 这一平台将其核心的业务向移动互联网拓展，自然而然，Google 也为 Android 配备相当强大的互联网功能。在本章中，我们将向读者详细介绍 Android 所拥有的网络应用。

12.1　基于 TCP 协议的网络通信

TCP 是 Tranfer Control Protocol 的简称，是一种面向连接的保证可靠传输的协议。通过 TCP 协议传输，得到的是一个顺序的无差错的数据流。TCP 需要在网路通信的两端建立成对的两个 socket，之间必须建立连接，当一个 socket 等待建立连接时，另一个 socket 可以要求进行连接，一旦这两个 socket 连接起来，便在网络通信的两端建立了虚拟数据链路，就可以进行双向数据传输，双方都可以进行发送或接收数据。

目前较为流行的网络编程模型是客户机/服务器（C/S）结构。即通信双方一方作为服务器等待客户端提出请求并予以响应。客户端则在需要服务时向服务器提出申请。服务器一般作为守护进程始终运行，监听网络端口，一旦有客户请求，就会启动一个服务进程来响应该客户端，同时自己继续监听服务端口，使后来的客户端也能及时得到服务。如图 12-1 所示显示了 C/S 网络编程模型的示意图。

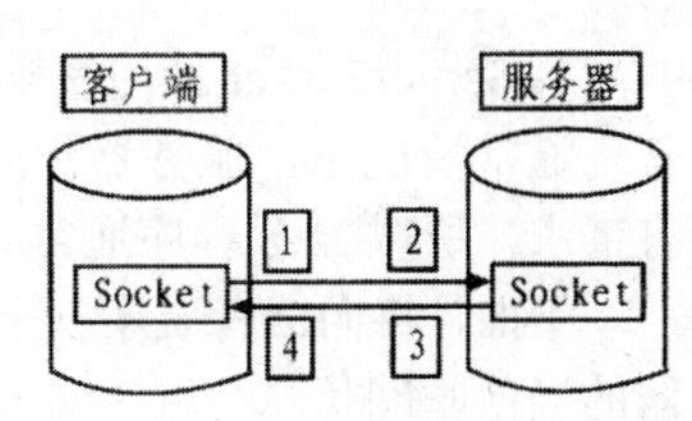

图 12-1　C/S 网络编程模型

12.1.1　使用 ServerSocket 建立 TCP 服务器端

要实现如图 12-1 所示的 C/S 结构的 TCP 协议网络通信，需要分别建立服务器端和客户端。一般而言，Android 设备都是作为终端设备，一是由于移动设备资源的有限性，同时也由于采用 3G 网络服务时的 IP 地址是由移动运营商动态分配的，没有固定的 IP 地址。因此，通常是在主机上建立服务器。

在主机上可以采用 Java 中的 ServerSocker 建立服务程序。ServerSocket 的常用方法有：

1.　创建 ServerSocket 对象

Java 为 ServerSocket 类提供了 3 个构造函数，分别是：

```
ServerSocket(int port)
```

用主机上指定的端口 port 创建一个 ServerSocket 对象，该端口应该是一个有效的端口整数值：0～65535。需要注意的是，在选择端口时，必须小心。每一个端口提供一种特定的服务，只有给出正确的端口，才能获得相应的服务。0～1023 的端口号为系统所保留，例如 http 服务的端口号为 80，telnet 服务的端口号为 21，ftp 服务的端口号为 23，所以我们在选择端口号时，最好选择一个大于 1023 的数以防止发生冲突。

```
ServerSocket(int port, int backlog)
```

用主机上指定的端口 port 创建一个 ServerSocket 对象，同时增加一个用来改变连接队列长度的参数 backlog。

```
ServerSocket(int port, int backlog, InetAddress localAddr)
```

当主机拥有多个 IP 地址时，允许通过 localAddr 参数指定将 ServerSocket 绑定到指定的 IP 地址。

2. *接收客户端 Socket 的连接请求*

```
Socket accept()
```

当 ServerSocket 对象创建好之后，它将被用于监听来自客户端的 Socket 连接，如果没有连接，它将一直处于等待状态。当有客户端试图连接时，ServerSocket 将会调用该方法接收客户端 Socket 的连接请求，返回一个与客户端 Socket 对应的 Socket 用于与客户端进行通信。

3. *关闭 ServerSocket 对象*

```
close()
```

当 ServerSocket 使用完毕后，应调用该方法来关闭 ServerSocket 对象。

通常情况下，服务器不应该只接受一个客户端请求，而应该不断地接受来自客户端的所有请求，所以 Java 程序通常会通过永真循环，不断地调用 ServerSocket 的 accept()方法。

下面，将向读者展示一个完整的 ServerSocket 服务程序，该服务程序将向客户端发送服务器的当前时间信息。

代码 12-1　MyTimeServer.java

```
01. public class MyTimeServer {
02.     public static void main(String[] args) {
03.         try {
04.             ServerSocket timeServer = new ServerSocket(40000);
05.             while(true) {
06.                 Socket client = timeServer.accept();
07.                 OutputStream out = client.getOutputStream();
08.                 String timeMsg = new java.util.Date().toString();
09.                 System.out.printf(timeMsg);
10.                 out.write(timeMsg.getBytes());
11.                 client.close();
12.             }
13.         } catch (IOException e) {
14.             e.printStackTrace();
15.         }
16.     }
17. }
```

代码说明

①代码第 4 行创建了用于时间服务器的 ServerSocket 对象，其中端口号为 40000。
②代码第 5～12 行建立永真循环用于处理客户端连接。
③代码第 6 行连接客户端的 Socket。
④代码第 7 行打开客户端 Socket 的输出流。
⑤代码第 8、9 行获取主机时间，并在本地打印该时间。
⑥代码第 10 行将时间字符串写到输出流。
⑦代码第 11 行关闭连接的客户端 Socket。

如果现在简单地运行程序，该程序将暂时无法正常执行，因为目前还没有客户端程序与之对应。不过，请稍安勿躁，接下去将向读者介绍与之匹配的客户端程序。

12.1.2　使用 Socket 进行通信

当建立好服务程序之后，客户端就可以创建 Socket 对象与服务器进行通信。Socket 的创建通常采用如下两种构造函数：

```
Socket(InetAddress remoteAddress, int port)
```

该方法将创建连接到指定远程主机、远程端口的 Socket，该构造器没有指定本地地址、本地端口，默认使用本地主机的 IP 地址。

```
Socket(InetAddress remoteAddress, int port,
       InetAddress localAddr, int localPort)
```

该方法将创建连接到指定远程主机、远程端口的 Socket，并指定本地 IP 地址和本地端口号，适用于本地主机有多个 IP 地址的情形。

需要注意的是，上面两个构造器中指定远程主机时既可使用 InetAddress 来指定，也可直接使用 String 对象来指定，但程序通常使用 String 对象（如 192.168.2.23）来指定远程 IP。当本地主机只有一个 IP 地址时，使用第一个方法更为简单。如下代码所示：

```
Socket socket = new Socket("192.168.12.20", 30000);
```

当客户端程序执行上面这行代码后，将建立与指定服务器的连接，让服务器的 ServerSocket 的 accept()方法向下执行，于是服务器端和客户端就产生一对互相连接的 Socket。当客户端、服务器端产生了对应的 Socket 之后，程序无须再区分服务器、客户端，而是通过各自的 Socket 进行通信。之后便可以采用 Java 的 IO 流实现 Socket 之间的数据传送了。

下面向读者展示 Android 完整的 Socket 通信实例。

实例 12-1　Socket 实例（\Chapter12\SocketDemo）

演示 C/S 模型下的 Socket 通信的使用实例。在本实例中，Android 客户端将向服务器获取主机的时间信息。

（1）创建工程

创建一个新的 Android 工程，工程名为 SocketDemo，并为该工程添加如下文件。

GetTimeActivity.java：创建程序的 Activity 类，用于从服务器获取并显示当前时间。

（2）编写代码

代码 12-2　GetTimeActivity.java

```
01. public class GetTimeActivity extends Activity {
02.     private TextView timeInfoText = null;
03.     /** Called when the activity is first created. */
04.     @Override
05.     public void onCreate(Bundle savedInstanceState) {
06.         super.onCreate(savedInstanceState);
07.         setContentView(R.layout.main);
08.         timeInfoText = (TextView) findViewById(R.id.timeInfo);
09.         try {
10.             Socket socket = new Socket("192.168.12.20", 30000);
11.             InputStream in = socket.getInputStream();
12.             byte[] buf = new byte[in.available()];
13.             in.read(buf);
14.             String timeMsg = new String(buf);
15.             timeInfoText.setText(timeMsg);
16.         } catch (UnknownHostException e) {
17.             e.printStackTrace();
18.         } catch (IOException e) {
19.             e.printStackTrace();
20.         }
21.     }
22. }
```

代码说明

①代码第 10 行创建 Socket 对象，连接到指定主机的指定端口。

②代码第 11 行获取 Socket 的输入流。

③代码第 12、13 行根据输入流数据的大小创建对应大小的 byte 数组，并从输入流中读取数据到 buf 数组中。

④代码第 14、15 行将 byte 数组转换成 String 对象，并在文本框中显示。

最后，不要忘记在 AndroidManifest.xml 文件中加入网络访问的权限设置，否则程序无法正确执行，代码如下所示：

```
<uses-permission
   android:name="android.permission.INTERNET">
</uses-permission>
```

（3）运行程序

首先，在主机上执行 ServerSocket 服务程序，然后运行 Android 客户端程序 SocketDemo，将会在主机终端打印当前主机时间，同时 Android 客户端界面也将显示主机时间，如图 12-2 所示。

图 12-2　Android 客户端获取主机时间

12.2　使用 URL 访问网络资源

如果我们知道网络上某些资源的 URL 地址（如一些图片、音乐或视频文件等），则可以直接通过该文件的 URL 地址来访问该资源。在通过 URL 直接访问网络资源的过程中，首先需要根据该网络资源文件的 URL 地址实例化 URL 对象，然后可以通过该 URL 对象直接获取输入流，也可以通过 URLConnection 提交 URL 连接申请，然后再通过 URLConnection 打开输入流读取网络资源。

在编写 URL 访问网络资源的程序之前，有一些网络编程中的准备工作需要在主机上完成。首先需要在主机上安装网络服务器 Tomcat 程序，然后对该程序进行正确的配置。当配置好该程序之后，在网页目录中放置将要访问的网络资源文件。这里我们在网页目录中新建一个 url 目录，并在该目录下放置一张名为 test.jpg 的图片，于是该图片的网络 URL 地址则为：

```
http://192.168.12.20:8080/url/test.jpg
```

其中，192.168.12.20 为服务器的 IP 地址，8080 为默认的 http 服务器的端口，而 test.jpg 则为我们放置在目录中的图片文件。

在准备工作完成之后，将向读者展示完整的 URL 访问网络资源的实例程序。

实例 12-2　URL 访问网络资源实例（\Chapter12\UrlDemo）

演示如何使用 URL 访问网络资源。在本实例中，将通过 URL 访问服务器中的图片文件。

（1）创建工程

创建一个新的 Android 工程，工程名为 UrlDemo，并为该工程添加如下文件。

UrlDemoActivity.java：创建程序的 Activity 类，用于通过 URL 从服务器获取并显示图片。

（2）编写代码

代码 12-3　UrlDemoActivity.java

```
01. public class UrlDemoActivity extends Activity {
02.     private ImageView urlImgView = null;
03.     private static final String urlpath =
04.                                 "http://192.168.12.20:8080/url/test.jpg";
05.     /** Called when the activity is first created. */
06.     @Override
07.     public void onCreate(Bundle savedInstanceState) {
08.         super.onCreate(savedInstanceState);
09.         setContentView(R.layout.main);
10.         urlImgView = (ImageView) findViewById(R.id.urlImg);
11.         try {
12.             URL url = new URL(urlpath);
13.             InputStream in = url.openStream();
14.             Bitmap bm = BitmapFactory.decodeStream(in);
15.             urlImgView.setImageBitmap(bm);
16.         } catch (IOException e) {
17.             e.printStackTrace();
18.         }
19.     }
20. }
```

代码说明

①代码第 12 行利用该图片的 URL 地址实例一个 URL 对象。

②代码第 13 行通过 URL 对象获取输入流。

③代码第 14 行将输入流解码成 Bitmap 对象。

④代码第 15 行将该 Bitmap 对象设置为图片视图显示的图片。

其中，上述代码是采用 URL 直接访问该图片资源，我们还可以利用 URLConnection 来访问该资源，只需要将上述代码中的第 13 行替换成如下代码即可：

```
URLConnection urlConn = url.openConnection();
InputStream in = urlConn.getInputStream();
```

上述两行代码首先通过 URL 获取 URLConnection 对象，再由 URLConnection 提交连接申请并打开输入流。

最后，同样不要忘记在 AndroidManifest.xml 文件中添加网络访问的权限：

```
<uses-permission
   android:name="android.permission.INTERNET">
</uses-permission>
```

（3）运行程序

启动 Tomcat 服务器，并在 Android 上运行 UrlDemo 程序，将会在 Android 界面上显示服务器上的 test.jpg 图片，如图 12-3 所示。

图 12-3　使用 URL 访问网络图片

12.3　使用 HTTP 访问网络

基于 HTTP 的应用是互联网中最为广泛的应用，客户端通过浏览器对服务器中的资源进行访问。在 Android 中，针对 HTTP 的网络通信方式有两种，分别是 HttpURLConnection 和 Apache

HttpClient。在这一节中，将向读者详细介绍这两种方式的应用。

12.3.1　使用 HttpURLConnection

HttpURLConnection 提供了一种访问 HTTP 资源的方式，它具有 HTTP 资源的完全访问能力。一般地，使用 HttpURLConnection 访问 HTTP 资源的步骤如下：

1. 创建 HttpURLConnection 实例

在程序中创建新的 HttpURLConnection 实例，需要首先使用 URL 类封装 HTTP 资源的 URL 地址，然后再使用 URL 的 openConnection()方法获取与该 URL 地址对应的 HttpURLConnection 对象实例，如下代码所示：

```
URL url = new URL("http://192.168.12.20:8080/upload.jsp");
HttpURLConnection conn = (HttpURLConnection) url.openConnection();
```

2. 设置请求方法

使用 HttpURLConnection 访问 HTTP 资源时，需要为该 HttpURLConnection 对象设置请求方法。HttpURLConnection 中提供了两种请求方式，分别是 GET 和 POST。这两种方式分别用于获取和提交信息。代码如下所示：

```
conn.setRequestMethod("POST");
conn.setRequestMethod("GET");
```

3. 设置 HttpURLConnection 连接的属性

在实际使用 HttpURLConnection 访问 HTTP 资源时，还需要视具体情况对 HttpURLConnection 设置一些连接的属性，诸如输入输出权限、是否允许使用缓存等。代码如下所示：

```
conn.setDoInput(true); // 设置输入权限，允许下载数据
conn.setDoOutput(true);  // 设置输出权限，允许上传数据
conn.setUseCache(false);  //禁止 HttpURLConnection 使用缓存
```

4. 设置 HttpURLConnection 请求的头信息

在很多情况下，要根据实际情况设置一些 HTTP 请求头的信息。例如，设置请求的字符集为 UTF-8、设置请求的数据类型等。代码如下所示：

```
conn.setRequestProperty("Cahrset", "UTF-8");
conn.setRequestProperty("Content-type", "text/html");
```

5. 读写数据

当对 HttpURLConnection 进行正确设置以及连接好之后，便可以对 HTTP 资源进行读写操作。可以通过 Java 的标准 IO 流实现这一功能，但首先需要获取 HttpURLConnection 的 InputStream 和 OutputStream 对象。代码如下所示：

```
InputStream is = conn.getInputStream();
OutputStream os = conn.getOutputStream();
```

在第 6 章中，我们曾经提到在 Android 中可以利用网络实现数据的存储访问。下面，将通过一个实例向读者介绍如何使用网络对数据进行存储以及读取。在该实例中将通过使用本节介绍的 HttpURLConnection 实现文件的上传和下载功能。

在通过 HttpURLConnection 实现文件的上传和下载功能之前，首先要向读者简单介绍一下 HTTP 表单数据的格式。在使用 HTTP 协议对文件进行传输的时候，需要按照规定的 form 表单格式对文件数据进行传输。一个典型的表单如图 12-4 所示。

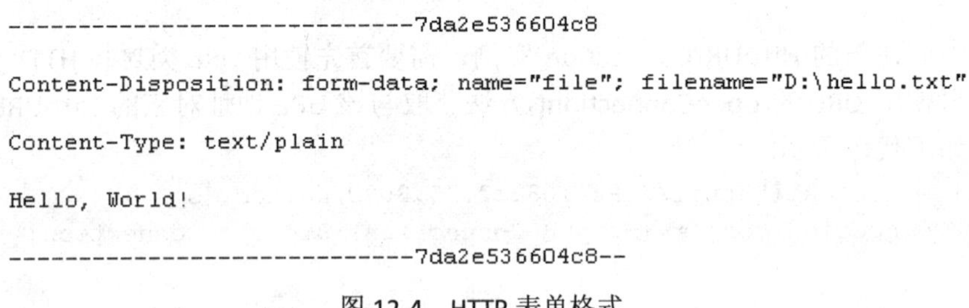

```
-----------------------------7da2e536604c8
Content-Disposition: form-data; name="file"; filename="D:\hello.txt"
Content-Type: text/plain

Hello, World!
-----------------------------7da2e536604c8--
```

图 12-4　HTTP 表单格式

如图 12-4 所示的 form 表单由几部分组成：

（1）第一行-----------------------------7d92221b604bc 为分隔符，然后是“ \r\n ” 回车换行符，其中 7d92221b604bc 分隔符由浏览器随机生成。

（2）第二行 Content-Disposition: form-data; name="file"; filename="D:\hello.txt";name 对应输入的 name 值，filename 对应要上传的文件名（包括绝对路径在内）。

（3）第三行 Content-Type: text/plain 表示上传文件，其中 text/plain 表示上传的是文本文件，如果上传的是 jpg 图片就可以采用 image/jpg，当然可以使用默认的 text/html。

（4）第四行 Hello, World!表示文件的内容。

（5）第五行-----------------------------7da2e536604c8--表示 form 表单的结束，需要注意的是结尾多了--。

在了解了 form 表单的格式之后，我们就可以将文件数据封装成 form 表单的格式并将其上传到服务器了。

编者手记

本章后面所有实例所用的服务器程序均在随书附带的光盘中，具体位置在 Chapter12 目录下的 server 子目录中。有关这些服务器程序所涉及的内容不在本书范围之内，因此不再向读者进行讲解。

实例 12-3　文件上传下载实例（\Chapter12\HttpUploadDown）

演示 HttpURLConnection 的具体用法。在本实例中，将使用 HttpURLConnection 将 Android 手机上的文件上传到服务器中，同时还会下载服务器上的文件到 Android 手机上。

（1）创建工程

创建一个新的 Android 工程，工程名为 HttpUploadDown，并为该工程添加如下文件。

HttpUploadDown.java：创建程序的 Activity 类，用于向服务器上传及从服务器下载文件。

（2）编写代码

代码 12-4　HttpUploadDown.java

```
01. public class HttpUploadDown extends Activity {
02.     private static final String upfilename = "/sdcard/test.mp3";
03.     private static final String downfilename = "/sdcard/test_copy.jpg";
04.     private static final String serverUrlPath =
05.                          "http://192.168.12.20:8080/upload_file_service/";
06.     private TextView uploadText = null;
07.     private TextView downloadText = null;
08.     private ImageView downloadImgView = null;
09.     private Button uploadBtn = null;
10.     private Button downloadBtn = null;
11.     /** Called when the activity is first created. */
12.     @Override
13.     public void onCreate(Bundle savedInstanceState) {
14.         super.onCreate(savedInstanceState);
15.         setContentView(R.layout.main);
16.         uploadText = (TextView) findViewById(R.id.uploadcomment);
17.         uploadText.setText("上传文件" + upfilename + "到服务器"
18.                 + serverUrlPath + "的" + "D:\\upload 目录中");
19.         downloadText = (TextView) findViewById(R.id.downloadcomment);
20.         downloadText.setText("从服务器：" + serverUrlPath
21.                 + "的 D:\\upload 目录中下载 test.jpg 文件到"
22.                 + downfilename + "，并显示图片在界面上");
23.         downloadImgView = (ImageView) findViewById(R.id.downloadImg);
24.         uploadBtn = (Button) findViewById(R.id.uploadBtn);
25.         downloadBtn = (Button) findViewById(R.id.downloadBtn);
```

代码说明

①代码第 2、3 行分别定义了上传文件名和下载文件另存名。

②代码第 4、5 行定义了远程服务器的 URL 路径。

```
26.         uploadBtn.setOnClickListener(new OnClickListener(){
27.             @Override
28.             public void onClick(View v) {
29.                 uploadFile(upfilename);
30.             }
31.         });
32.         downloadBtn.setOnClickListener(new OnClickListener(){
33.             @Override
34.             public void onClick(View v) {
35.                 downloadFile(downfilename);
36.                 Toast.makeText(HttpUploadDown.this, "文件下载成功",
37.                                     Toast.LENGTH_LONG).show();
38.                 Bitmap bm = BitmapFactory.decodeFile(downfilename);
39.                 downloadImgView.setImageBitmap(bm);
40.             }
```

```
41.         });
42.     }
```

代码说明

①代码第 26～31 行设置了上传按钮的点击事件，当点击上传按钮之后，将调用 uploadFile 方法将 upfilename 文件上传至服务器。

②代码第 32～41 行设置了下载按钮的点击事件，当点击下载按钮之后，将调用 downloadFile 方法从服务器下载文件并另存为 downfilename。其中，代码第 36、37 行用 Toast 显示下载成功；代码第 38、39 行将下载的图片解码为 Bitmap 对象并显示在界面上。

```
43.     private void uploadFile(String filename) {
44.         String upUrlStr = serverUrlPath + "UploadServlet";
45.         if (!filename.equals("")) {
46.             String lineEnd = "\r\n";
47.             String twoHyphens = "--";
48.             String boundary = "*****";
49.             try {
50.                 URL upUrl = new URL(upUrlStr);
51.                 HttpURLConnection conn
52.                         = (HttpURLConnection) upUrl.openConnection();
53.                 conn.setRequestMethod("POST");
54.                 conn.setDoInput(true);
55.                 conn.setDoOutput(true);
56.                 conn.setUseCaches(false);
57.                 conn.setRequestProperty("Connection", "Keep-Alive");
58.                 conn.setRequestProperty("Charset", "UTF-8");
59.                 conn.setRequestProperty("Content-Type",
60.                         "multipart/form-data;boundary=" + boundary);
```

代码说明

①代码第 50 行创建 URL 实例。

②代码第 51、52 行通过 URL 获取 HttpURLConnection 实例并连接到服务器。

③代码第 53 行设置请求方法为 POST。

④代码第 54、55 行设置输入输出权限。其中，代码第 54 行设置输入权限，允许读取服务器传来的 response 信息；代码第 55 行设置输出权限，允许向服务器上传数据。

⑤代码第 56 行设置缓存属性，禁止 HttpURLConnection 使用缓存。

⑥代码第 57～60 设置了若干请求属性。其中，代码第 57 行设置连接属性为持续连接；代码第 58 行设置连接使用的字符集为 UTF-8；代码第 59 行设置了请求连接的内容类型为表单数据。

```
61.                 FileInputStream fis = new FileInputStream(filename);
62.                 DataOutputStream dos
63.                         = new DataOutputStream(conn.getOutputStream());
64.                 dos.writeBytes(twoHyphens + boundary + lineEnd);
65.                 dos.writeBytes("Content-Disposition: form-data;"
66.                     + name=\"file\"; filename=\""
67.                     + filename.substring(filename.lastIndexOf("/") + 1)
68.                     + "\"" + lineEnd);
69.                 dos.writeBytes(lineEnd);
```

代码说明

①代码第 61 行创建文件输入流。

②代码第 62 行创建 DataOutputStream 对象，使用该对象将上传文件的数据写入到服务器。

③代码第 63～69 行传送上传文件相关的头信息。

```
70.                 int maxBufsize = 1024;
71.                 byte[] buf = new byte[maxBufsize];
72.                 int length = -1;
73.                 while((length = fis.read(buf)) != -1) {
74.                     dos.write(buf, 0, length);
75.                 }
76.                 dos.writeBytes(lineEnd);
77.                 dos.writeBytes(twoHyphens + boundary + twoHyphens + lineEnd);
78.                 fis.close();
79.                 dos.flush();
```

代码说明

①代码第 73～75 行循环从文件输入流中读取数据并写入 dos 中，通过这样的方式将文件数据上传到服务器。

②代码第 76、77 行传送文件结束的符号，用以表示上传完成。

③代码第 78、79 行关闭 FileInputStream 并且刷新 DataOutputStream 对象。

```
80.                 InputStream is = conn.getInputStream();
81.                 InputStreamReader isr = new InputStreamReader(is, "utf-8");
82.                 BufferedReader br = new BufferedReader(isr);
83.                 String result = br.readLine();
84.                 Toast.makeText(this, result, Toast.LENGTH_LONG).show();
85.                 dos.close();
86.                 is.close();
87.             } catch (Exception e) {
88.                 showDialog("" + e);
89.             }
90.         }
91.     }
```

代码说明

①代码第 80～82 行读取服务器返回的 response 信息。其中，代码第 80 行打开 HttpURL Connection 的输入流；代码第 81 行将该输入流的字符集设置为 utf-8；代码第 82 行将 response 信息读入 BufferedReader 对象。

②代码第 83、84 行将返回的 response 信息以 Toast 显示在界面上。

③代码第 85、86 行关闭 DataOutputStream 和 InputStream 对象。

```
92.     private void downloadFile(String filename) {
93.         String downUrlStr = serverUrlPath + "/LoadFile";
94.         if (!filename.equals("")) {
95.             try {
96.                 URL downUrl = new URL(downUrlStr);
```

```
97.            HttpURLConnection conn
98.                    = (HttpURLConnection) downUrl.openConnection();
99.            conn.setRequestMethod("GET");
100.           conn.setDoInput(true);
101.           conn.setDoOutput(true);
102.           conn.connect();
```

代码说明

①代码第 99 行设置请求为 GET。
②代码第 100、101 行设置输入输出权限。
③代码第 102 行用于连接到服务器。

```
103.            FileOutputStream fos = new FileOutputStream(filename);
104.            InputStream is = conn.getInputStream();
105.            byte[] buf = new byte[1024];
106.            int len = -1;
107.            while((len = is.read(buf)) != -1) {
108.               fos.write(buf, 0, len);
109.            }
110.            fos.close();
111.            is.close();
112.         } catch (Exception e) {
113.            showDialog("" + e);
114.         }
115.      }
116.   }
```

代码说明

①代码第 103 行创建下载文件的输出流。
②代码第 104 行获取 HttpURLConnection 的输入流对象。
③代码第 107～109 行循环从 is 读取数据并写入文件输出流中。
④代码第 110、111 行关闭 FileOutputStream 和 InputStream 对象。
⑤代码第 113 行用于在发生异常时在对话框中显示异常信息。

```
117.   private void showDialog(String msg) {
118.       AlertDialog.Builder builder = new AlertDialog.Builder(this);
119.       builder.setMessage(msg)
120.           .setCancelable(false)
121.           .setPositiveButton("确定",
122.               new DialogInterface.OnClickListener() {
123.                   @Override
124.                   public void onClick(DialogInterface dlg, int which) {
125.                   }
126.               });
127.       AlertDialog alert = builder.create();
128.       alert.show();
129.   }
130. }
```

代码说明

①代码第 118 行定义 AlertDialog.Builder 实例。

②代码第 119～126 行设置了 builder 的属性，它将显示 msg，同时还会显示“确定”按钮。

③代码第 127、128 行创建并显示对话框。

最后，在 AndroidManifest.xml 文件中添加网络访问权限。

（3）运行程序

运行程序，点击上传按钮，结果如图 12-5 所示；点击下载按钮，程序将显示下载的图片，如图 12-6 所示。其中，本实例对应的服务器程序为 upload_file_service 目录中的 upload.jsp。

图 12-5　上传文件

图 12-6　下载图片并显示

12.3.2　使用 Apache HttpClient

Apache HttpClient 是一个开源项目，弥补了 java.net.* 灵活性不足的缺点，为客户端的 HTTP 编程提供高效、最新、功能丰富的工具包支持。Android 平台引入了 Apache HttpClient 的同时还提供了对它的一些封装和扩展，例如设置缺省的 HTTP 超时和缓存大小等。

要使用 Apache HttpClient 进行网络编程，需要了解其中的一些重要的类。

1.　DefaultHttpClient

DefaultHttpClient 是默认的一个 HTTP 客户端，可以使用该类来创建一个 HTTP 连接。如下代码所示：

```
HttpClient httpclient = new DefaultHttpClient();
```

2.　HttpGet 和 HttpPost

这是 HttpClient 中非常重要的两个类，它们分别用来提交 HTTP GET 和 HTTP POST 请求。

在创建 HttpGet 或 HttpPost 对象时，需要将要请求的 URL 通过构造方法传入 HttpGet 或 HttpPost 对象。然后调用 HttpClient 对象的 execute 方法发送请求，代码如下所示：

```
HttpPost request = new HttpPost(url);
```

3. *HttpResponse*

HttpResponse 是一个表示 HTTP 连接响应的类，当调用 HttpClient 对象的 execute 方法执行一个 HTTP 连接后，就会返回一个 HttpResponse 对象，然后可以通过调用该 HttpResponse 对象的 getStatusLine 方法获取一些响应的信息，如下代码所示：

```
HttpResponse httpresponse = httpclient.execute(request);
if (httpresponse.getStatusLine().getStatusCode() == HttpStatus.SC_OK) {
    // Connection OK
}
```

下面，将通过一个实例向读者介绍 HttpClient 的具体用法。

实例 12-4 网页登录实例（\Chapter12\HttpLogin）

演示如何使用 HttpClient 访问网络。在本实例中，将演示用户如何在客户端登录到服务器中。其中，首先需要在服务器中创建一个名为 login 的目录，同时在该目录下创建一个名为 login.jsp 的 jsp 文件。

（1）创建工程

创建一个新的 Android 工程，工程名为 HttpUploadDown，并为该工程添加如下文件。

HttpLoginActivity.java：创建程序的 Activity 类，用于显示登录界面及显示用户登录信息。

（2）编写代码

代码 12-5 HttpLoginActivity.java

```
01. public class HttpLoginActivity extends Activity {
02.     private Button cancelBtn = null;
03.     private Button confirmBtn = null;
04.     private EditText userField = null;
05.     private EditText pwdField = null;
06.     /** Called when the activity is first created. */
07.     @Override
08.     public void onCreate(Bundle savedInstanceState) {
09.         super.onCreate(savedInstanceState);
10.         setContentView(R.layout.main);
11.         cancelBtn = (Button) findViewById(R.id.cancel);
12.         confirmBtn = (Button) findViewById(R.id.confirm);
13.         userField = (EditText) findViewById(R.id.user);
14.         pwdField = (EditText) findViewById(R.id.password);
```

代码说明

①代码第 11、12 行获取确定和取消按钮的视图组件实例。

②代码第 13、14 行获取用户名和密码两个编辑框的视图组件。

```
15.         cancelBtn.setOnClickListener(new OnClickListener() {
16.             @Override
17.             public void onClick(View v) {
18.                 finish();
19.             }
20.         });
21.         confirmBtn.setOnClickListener(new OnClickListener() {
22.             @Override
23.             public void onClick(View v) {
24.                 String username = userField.getText().toString();
25.                 String password = pwdField.getText().toString();
26.                 login(username, password);
27.             }
28.         });
29.     }
```

代码说明

①代码第 15～20 行设置了取消按钮的点击事件，当点击取消按钮之后，程序只是简单地结束当前 Activity，即结束当前程序。

②代码第 21～28 行设置了确定按钮的点击事件。其中，代码第 24、25 行读取编辑框中输入的用户名和密码；代码第 26 行调用 login 方法进行登录。

```
30.     private void login(String username, String password) {
31.         String urlStr = "http://192.168.12.20:8080/login/login.jsp";
32.         HttpPost request = new HttpPost(urlStr);
33.         List<NameValuePair> params = new ArrayList<NameValuePair>();
34.         params.add(new BasicNameValuePair("name", username));
35.         params.add(new BasicNameValuePair("pass", password));
36.         try {
37.             request.setEntity(
38.                 new UrlEncodedFormEntity(params,HTTP.UTF_8));
39.             HttpClient httpclient = new DefaultHttpClient();
40.             HttpResponse response = httpclient.execute(request);
41.             if (response.getStatusLine().getStatusCode()
42.                                     == HttpStatus.SC_OK) {
43.                 String msg = EntityUtils.toString(response.getEntity());
44.                 showDialog(msg);
45.             }
46.         } catch (Exception e) {
47.             e.printStackTrace();
48.         }
49.     }
```

代码说明

①代码第 30～49 将把客户端输入的用户名和密码发送到服务器上进行登录。

②代码第 31、32 行设置了服务器中 jsp 文件的 URL，并创建了 HttpPost 实例。

③代码第 33～35 行将用户名和密码封装成一个元素为 key-value 类型的 List 中。NameValuePair 是一个简单封装的 key-value 对象，用来保存要传递的参数。

④代码第 37、38 行设置所使用的字符集。

⑤代码第 39、40 行创建 HttpClient 对象并发送 HTTP POST 请求执行 HTTP 连接。

⑥代码第 41～45 行首先判断 HTTP 连接响应是否正常，并从响应 response 中获取响应信息，并调用 showDialog 进行对话框显示。

```
50.     private void showDialog(String msg) {
51.         AlertDialog.Builder builder = new AlertDialog.Builder(this);
52.         builder.setMessage(msg)
53.                 .setCancelable(false)
54.                 .setPositiveButton("确定",
55.                     new DialogInterface.OnClickListener() {
56.                         @Override
57.                         public void onClick(DialogInterface dialog,
58.                                                 int which) {
59.                         }
60.                     });
61.         AlertDialog alert = builder.create();
62.         alert.show();
63.     }
```

代码说明

①代码第 51 行创建 AlertDialog.Builder 实例。

②代码第 52～60 行设置 builder 的属性，包括显示的信息、确定按钮等。

③代码第 61 行利用 builder 创建对话框 alert。

④代码第 62 行显示对话框。

最后，再次提醒千万不要忘记 AndroidManifest.xml 文件中的网络访问权限。

（3）运行程序

运行程序，输入正确的用户名“danny”以及密码“android”，点击确认按钮之后，将会显示正确登录的结果，如图 12-7 所示。如果输入其他错误的用户名和密码，将会显示登录错误的界面，如图 12-8 所示。其中，本实例对应的服务器程序为 login 目录中的 login.jsp。

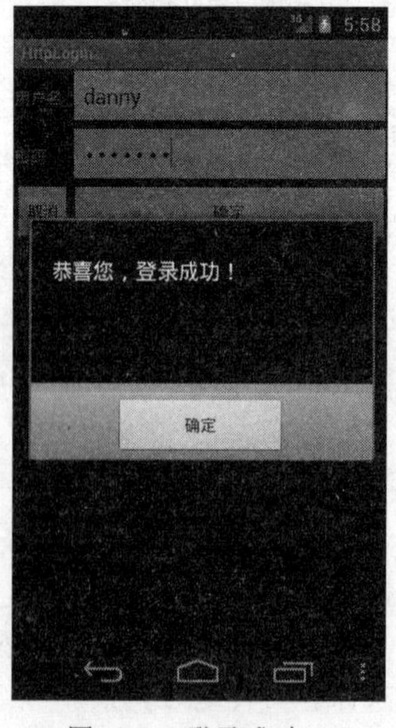

图 12-7　登录成功

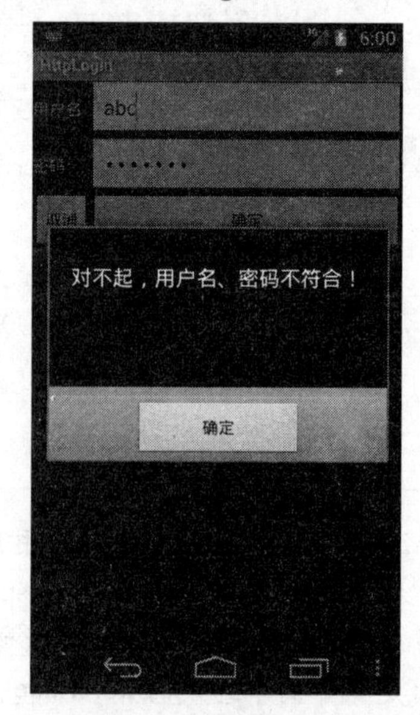

图 12-8　登录失败

12.4　使用 WebView 视图

Android 提供了一个名为 WebView 的视图组件，该组件用于显示 Android 内置的 Web 浏览器。Android 中内置的 Web 浏览器使用 WebKit 渲染网页内容。WebKit 是一个开源的浏览器引擎，被广泛应用在诸如苹果的 Safari 浏览器等中。

12.4.1　使用 WebView 浏览网页

使用 WebView 浏览网页是一个非常简单的操作，只需要在 xml 文件中定义一个 WebView 组件，同时如果有必要的话可以设置 WebView 组件的若干属性，然后在程序中调用 WebView 的 loadUrl()方法显示该 URL 指向的网页内容。下面的实例 12-5 向读者展示了如何使用 WebView 浏览网页。

实例 12-5　WebView 浏览网页实例（\Chapter12\WebViewDemo）

（1）创建工程

创建一个新的 Android 工程，工程名为 WebViewDemo，并为该工程添加如下文件。

①\res\layout\main.xml：定义程序的界面布局。

②WebViewDemo.java：创建程序的 Activity 类，显示网页内容。

（2）编写代码

代码 12-6　\Chapter12\WebViewDemo\res\layout\main.xml

```
01. <?xml version="1.0" encoding="utf-8"?>
02. <LinearLayout
03.     xmlns:android="http://schemas.android.com/apk/res/android"
04.     android:orientation="vertical"
05.     android:layout_width="fill_parent"
06.     android:layout_height="fill_parent"
07.     >
08.     <WebView android:id="@+id/web"
09.         android:layout_width="fill_parent"
10.         android:layout_height="fill_parent">
11.     </WebView>
12. </LinearLayout>
```

代码说明

上述代码采用 LinearLayout 布局，其中放置了一个 WebView 组件并设置其水平和垂直方向均填满父容器窗口。

代码 12-6　WebViewDemo.java

```
01. public class WebViewDemo extends Activity {
02.     private WebView webview = null;
03.     @Override
```

```
04.    public void onCreate(Bundle savedInstanceState) {
05.        super.onCreate(savedInstanceState);
06.        setContentView(R.layout.main);
07.        webview = (WebView) findViewById(R.id.web);
08.        String url = "http://www.163.com";
09.        webview.loadUrl(url);
10.    }
11. }
```

代码说明

①代码第 7 行获取 WebView 组件引用实例。
②代码第 8 行定义网页 URL 地址。
③代码第 9 行调用 loadUrl()方法显示指定 URL 网页内容。
（3）运行程序
运行程序，将显示网易主页内容，如图 12-9 所示。

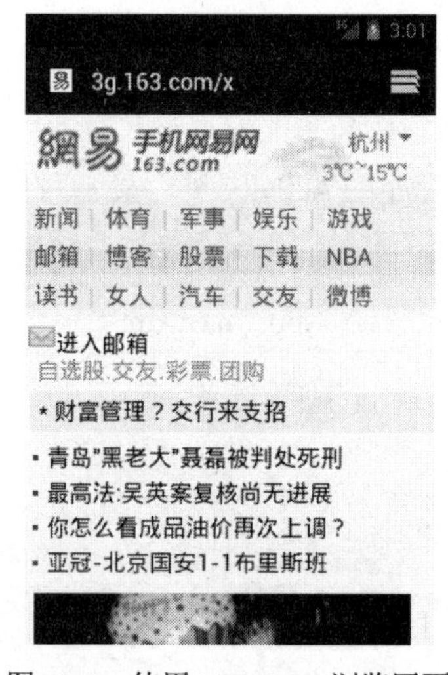

图 12-9　使用 WebView 浏览网页

12.4.2　使用 WebView 加载 HTML 代码

上一小节通过 WebView 的 loadUrl()方法浏览网页，同样也可以使用 loadData()方法加载 HTML 代码来显示网页内容。如同设置超链接一样，通过点击该链接显示相应的网页。下面通过一个实例向读者介绍如何使用 WebView 加载 HTML 代码。

实例 12-6　使用 WebView 加载 HTML 代码实例（\Chapter12\WebViewHtml）

（1）创建工程
创建一个新的 Android 工程，工程名为 WebViewHtml，并为该工程添加如下文件。
WebViewHtml.java：创建程序的 Activity 类，显示网页超链接及对应网页内容。

（2）编写代码

代码 12-7　WebViewHtml.java

```
01. public class WebViewHtml extends Activity {
02.     private WebView webviewhtml = null;
03.     @Override
04.     public void onCreate(Bundle savedInstanceState) {
05.         super.onCreate(savedInstanceState);
06.         setContentView(R.layout.main);
07.         webviewhtml = (WebView) findViewById(R.id.webviewhtml);
08.         String htmlcode = "<html>" + "<head>" + "<title> Welcome </title>"
09.                   + "</head>" + "<body>"
10.                   + "<h2> Welcome to <a href=\"http://www.google.com.hk\">"
11.                   + " Google Home</a></h2>"
12.                   + "</body>" + "</head>" + "</html>";
13.         webviewhtml.loadData(htmlcode, "text/html", "utf-8");
14.     }
15. }
```

代码说明

①代码第 7 行获取 WebView 组件引用实例。

②代码第 8～12 行定义 HTML 代码。

③代码第 13 行调用 loadData()方法加载 HTML 代码。其中，该方法的 3 个参数分别为 HTML 代码、mine 类型以及字符编码类型。

（3）运行程序

运行程序，界面如图 12-10 所示；点击其中的链接（带下划线的部分），将显示如图 12-11 所示的 Google 主页。

图 12-10　加载 HTML 代码

图 12-11　Google 主页

第 13 章　Android 手机桌面

和 PC 操作系统一样，Android 也为用户提供了一个桌面，如图 13-1 所示。桌面是用户启动 Android 系统之后看到的第一个界面，通常用于放置一些常用的程序和功能。本章将会向读者介绍 Android 桌面的相关知识。

13.1　Android 桌面简介

从操作系统的本质上讲，Android 桌面是由 Home 程序 Launcher 负责管理的。Home 程序 Launcher 是 Android 设备开启后第一个与用户交互的应用程序。在其他应用程序运行于前台时，Home 也将一直运行于后台。当其他应用程序都退出时，又会返回到 Home 的用户界面以供用户进行下一步操作，如在应用程序列表中选择要启动的程序。

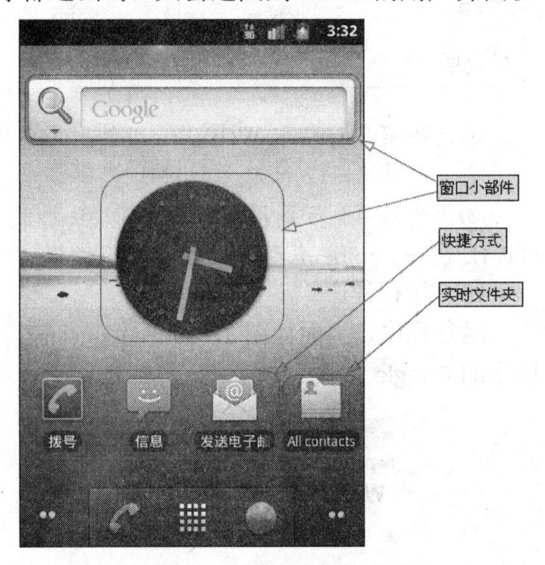

图 13-1　Android 系统桌面

从用户直观的角度讲，Android 系统的桌面可以分为 4 部分，如图 13-1 所示。图中，桌面背景显示的图片为壁纸（Wallpaper）；桌面上规则排列的若干图标为 Android 的桌面组件，包括窗口小部件（Widget）、快捷方式（Shortcut）以及实时文件夹（Live Foloder）3 类。

Android 的桌面区域被分为大小一致的若干矩阵单元格，其中实时文件夹和快捷方式均占一个单元格的大小，而窗口小部件则根据功能需要和用户指定占用一个或多个单元格。另外，用户可以根据自己的喜好在桌面上添加和删除这些桌面组件。例如，用户可以通过“MENU”按键启动手机桌面的选项菜单，并选择“添加”菜单项进入如图 13-2 所示的上下文菜单，进而选择添加自己所需的桌面组件。另外，用户还可以通过长按需要删除的桌面组件并将其拖动到回收站的方式进行桌面组件的删除，如图 13-3 所示。

在简单地介绍了桌面组件的内容之后，本章接下去将向读者介绍如何通过程序实现用户自己的桌面组件。

编者手记

对于桌面组件中的 Widget，在这里为了与 Android 系统保持一致，故翻译为窗口小部件，但有的书籍或是资料亦翻译为桌面小插件或桌面小组件等。

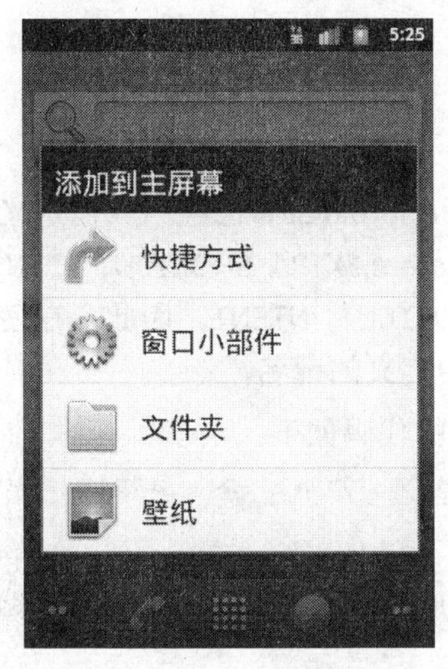

图 13-2　添加桌面组件

图 13-3　删除桌面组件

13.2　快捷方式（Shortcut）

快捷方式是桌面上最基本的组件，它用于直接启动某一应用程序的某个组件（如 Activity、Service 等）。一般情况下，可以在系统的应用程序列表上，通过长按应用程序的图标在桌面上创建启动该应用程序的快捷方式。另外，还可以通过两种方式在桌面上添加快捷方式，一种是在应用程序中构建一个 Intent，然后以 Broadcast 的形式通知 Launcher 创建一个快捷方式；另一种则是为应用程序的组件注册一个符合特定条件的 IntentFilter，然后就可以直接通过前一节介绍的方法添加启动该组件的快捷方式了。本节将向读者介绍上面两种方式的具体实现。

13.2.1　在应用程序中添加快捷方式

在第 7 章中向读者介绍如何利用 Broadcast 机制在不同应用程序之间传递消息，在应用程序中添加快捷方式也利用了 Broadcast 机制。Launcher 为了让其他应用程序能够添加自己的快捷方式，就注册了一个 BroadcastReceiver 专门用于接收其他应用程序发来的添加快捷方式的信息。因此，我们只需要根据该 BroadcastReceiver 构造出相对应的 Intent 并将该快捷方式的相关信息封装在 Intent 对象中，然后调用 sendBroadcast 方法将该 Intent 广播出去，当 Launcher 接收到该 Intent 后便会自动创建快捷方式。

快捷方式的信息主要有 3 种：图标、显示名称以及该快捷方式对应启动的程序的 Intent。快捷方式这 3 种信息是通过 key-value 的结构进行组织的，相应的说明如表 13-1 所示，我们只需调用 Intent 的 putExtra 方法即可将这 3 种信息放入附加信息的 Bundle 对象中。

表 13-1　　快捷方式的 3 种信息

描述	键名	数据类型
图标	Android.intent.extra.shortcut.ICON	Bitmap
	Android.intent.extra.shortcut.ICON_RESOURCE	ShortcutIconResource
显示名称	Android.intent.extra.shortcut.NAME	String
对应启动的程序的 Intent	Android.intent.extra.shortcut.INTENT	Intent

编者手记

关于表 13-1 中所示的快捷方式 3 种信息的键名，Android SDK 已经为我们定义了这 4 个键名的宏定义，分别是 Intent.EXTRA_SHORTCUT_ICON、Intent.EXTRA_SHORTCUT_ICON_RESOURCE、Intent.EXTRA_SHORTCUT_NAME 以及 Intent.EXTRA_SHORTCUT_INTENT。因此，在使用时我们可以直接使用这 4 个宏定义，当然也可以使用表 13-1 中定义的键名。

对于 Launcher 中定义的 BroadcastReceiver，具体的代码如下：

```
<!—Intent received used to install shortcuts from other applications -->
<receiver
    android:name=".InstallShortcutReceiver"
    android:permission="com.android.launcher.permission.INSTALL_SHORTCUT">
    <intent-filter>
        <action
            android:action= com.android.launcher.action.INSTALL_SHORTCUT">
        </action>
    </intent-filter>
</receiver>
```

从上述代码可以看到，要向这个 BroadcastReceiver 发送广播消息，首先应用程序必须要有 com.android.launcher.permission.INSTALL_SHORTCUT 权限，然后广播出去的 Intent 的 action 必须设置为 com.android.launcher.action.INSTALL_SHORTCUT，这样广播就可以被该广播接收器顺利接收了。

下面，通过一个实例向读者介绍在应用程序中添加快捷方式的具体实现过程。

实例 13-1　在应用程序中添加快捷方式（AddShortcutDemo）

演示如何实现在应用程序中添加快捷方式，在此将在实例 11-4（纹理渲染实例）中的程序中为该应用程序添加快捷方式。

（1）创建工程

创建一个新的 Android 工程，工程名为 AddShortcutDemo，并为该工程添加如下文件。

AddShortcutActivity.java：创建程序的 Activity 类，用于为程序添加桌面快捷方式。

（2）编写代码

代码 13-1　AddShortcutActivity.java

```
01. public class AddShortcutActivity extends Activity {
02.     /** Called when the activity is first created. */
03.     @Override
04.     public void onCreate(Bundle savedInstanceState) {
05.         super.onCreate(savedInstanceState);
06.         Bitmap bitmap = BitmapFactory.decodeResource(
07.                                 getResources(), R.drawable.robot);
08.         GLSurfaceView mGLSurfaceView = new GLSurfaceView(this);
09.         mGLSurfaceView.setRenderer(new OpenGLRenderer(bitmap));
10.         setContentView(mGLSurfaceView);
11.         Intent shortcutIntent
12.             = new Intent("com.android.launcher.action.INSTALL_SHORTCUT");
13.         String title = "纹理渲染";
```

```
14.         Parcelable icon = Intent.ShortcutIconResource.fromContext(
15.                 AddShortcutActivity.this, R.drawable.shortcut_icon);
16.         Intent appIntent = new Intent(
17.                 AddShortcutActivity.this, AddShortcutActivity.class);
18.         shortcutIntent.putExtra(Intent.EXTRA_SHORTCUT_NAME, title);
19.         shortcutIntent.putExtra(
20.                         Intent.EXTRA_SHORTCUT_ICON_RESOURCE, icon);
21.         shortcutIntent.putExtra(
22.                         Intent.EXTRA_SHORTCUT_INTENT, appIntent);
23.         sendBroadcast(shortcutIntent);
24.     }
25. }
```

代码说明

①代码第 11～12 行创建 Intent 对象，该 Intent 对象的 Action 即为 InstallShortcutReceiver 中指定的 Action。

②代码第 13 行设置该快捷方式显示的名称。

③代码第 14～15 行设置该快捷方式的图标。

④代码第 16～17 行创建该快捷方式对应启动程序的 Intent 对象。

⑤代码第 18～22 行通过 putExtra 方法将快捷方式的 3 种信息放入 Intent 的 Boundle 对象中。

⑥代码第 23 行调用 sendBroadcast 方法将创建快捷方式的 Intent 广播出去。

最后，还需要在本应用程序的 AndroidManifest.xml 文件中添加创建快捷方式的权限，代码如下：

```
<uses-permission
   android:name="com.android.launcher.permission.INSTALL_SHORTCUT">
</uses-permission >
```

（3）运行程序

运行程序，除了实现实例 11-4 所实现的功能之外，程序还会通过 Toast 提示用户为该应用程序在桌面创建了快捷方式，如图 13-4 所示。另外，当运行完当前程序回到桌面后，会发现在桌面上已经创建了我们定制的快捷方式，如图 13-5 所示。

图 13-4　Toast 提示

图 13-5　创建的快捷方式

13.2.2　向 Launcher 添加应用程序的快捷方式

除了上一小节介绍的在应用程序中添加快捷方式之外，更为常用的方式是向 Launcher 添加应用程序的快捷方式。如图 13-2 所示的上下文菜单中有一个菜单项“快捷方式”，单击该菜单项将会显示可添加快捷方式的应用程序，如图 13-6 所示。用户可以通过选择图 13-6 中的某列表项进而创建该项对应的应用程序的快捷方式。因此，当把某应用程序添加到该列表之后，即可通过选择对应列表项创建快捷方式了。

图 13-6　可添加的快捷方式

向 Launcher 添加应用程序快捷方式的实现过程和在应用程序中添加快捷方式的实现过程只有一些细微的不同，下面通过改写实例 13-1 实现向 Launcher 添加应用程序快捷方式。

实例 13-2　向 Launcher 添加应用程序的快捷方式（ShortcutDemo）

演示如何向 Launcher 添加应用程序的快捷方式。

（1）创建工程

创建一个新的 Android 工程，工程名为 ShortcutDemo，并为该工程添加如下文件。

ShortcutActivity.java：创建程序的 Activity 类，用于向 Launcher 添加程序的快捷方式。

（2）编写代码

代码 13-2　ShortcutActivity.java

```
01. public class ShortcutActivity extends Activity {
02.     /** Called when the activity is first created. */
03.     @Override
04.     public void onCreate(Bundle savedInstanceState) {
05.         super.onCreate(savedInstanceState);
06.         Bitmap bitmap = BitmapFactory.decodeResource(
07.                                     getResources(), R.drawable.robot);
08.         GLSurfaceView mGLSurfaceView = new GLSurfaceView(this);
09.         mGLSurfaceView.setRenderer(new OpenGLRenderer(bitmap));
10.         setContentView(mGLSurfaceView);
11.         if (getIntent().getAction().equals(
```

```
12.                 Intent.ACTION_CREATE_SHORTCUT)) {
13.             Intent shortcutIntent = new Intent();
14.             String title = "纹理渲染";
15.             Parcelable icon = Intent.ShortcutIconResource.fromContext(
16.                         ShortcutActivity.this, R.drawable.shortcut_icon);
17.             Intent appIntent = new Intent(
18.                        ShortcutActivity.this, ShortcutActivity.class);
19.             shortcutIntent.putExtra(Intent.EXTRA_SHORTCUT_NAME, title);
20.             shortcutIntent.putExtra(
21.                         Intent.EXTRA_SHORTCUT_ICON_RESOURCE, icon);
22.             shortcutIntent.putExtra(
23.                         Intent.EXTRA_SHORTCUT_INTENT, appIntent);
24.             setResult(RESULT_OK, shortcutIntent); // this is very important
25.         } else {
26.             setResult(RESULT_CANCELED);
27.         }
28.     }
29. }
```

代码说明

①代码第 11、12 行判断当前 Activity 的 Intent 的 Action 是否为创建快捷方式，若是则创建快捷方式。

②代码第 24 行设置当前 Activity 的返回值为 RESULT_OK，进而表示正确执行返回。

③代码第 26 行设置当前 Activity 的返回值为 RESULT_CANCELED，表示没有正确执行。

同时，还需要在 AndroidManifest.xml 中为 ShortcutActivity 添加一个 Action 创建快捷方式的 Intent Filter，这样程序才能正确执行，代码如下：

```
<action android:name="android.intent.action.CREATE_SHORTCUT"/>
```

（3）运行程序

安装程序之后，点击图 13-2 中的“快捷方式”菜单项，将在可添加的快捷方式列表中出现本实例实现的应用程序，如图 13-7 所示。当点击桌面的该快捷方式之后，程序将会正确执行，如图 13-8 所示。

图 13-7　快捷方式列表

图 13-8　通过快捷方式启动程序

13.3 窗口小部件（Widget）

窗口小部件是一款能够直接显示在 Android 桌面的小程序，它的优点在于可以让用户将一些使用非常频繁的程序（如时钟、日历等）直接放置在桌面上，以方便用户使用。

窗口小部件是使用 AppWidget 框架实现的，而对于 AppWidget 框架而言，则是采用广播 Intent 的方式对窗口小部件进行控制。AppWidget 框架主要包含以下 4 个主要的类。

（1）AppWidgetProvider 类：该类继承于 BroadcastReceiver 类，主要用于在 AppWidget 应用的 4 种生命周期状态下接收广播通知并执行相应操作。关于这 4 种生命周期状态的说明如表 13-2 所示。由于该类继承于 BroadcastReceiver，因此也可以重写 onReceive 方法接收通知。

表 13-2　AppWidget 应用的 4 种生命周期状态

生命周期	描述
onUpdate	在周期更新时间到时调用此方法更新窗口小部件
onDeleted	在一个或多个窗口小部件被删除时调用此方法
onEnabled	在当前 AppWidgetProvider 提供的第一个窗口小部件被实例化后调用此方法
onDisabled	在当前 AppWidgetProvider 提供的最后一个窗口小部件被删除后调用此方法

（2）AppWidgetProviderInfo 类：该类用于描述 AppWidget 的相关信息，包括窗口小部分在桌面所占空间大小、更新频率以及界面布局等信息。通常而言，该类通过应用程序的 res\xml 目录下的 xml 文件实现。具体的 xml 文件代码如下所示：

```
<?xml version="1.0" encoding="UTF-8"?>
<appwidget-provider
    xmlns:android="http://schemas.android.com/apk/res/android"
    android:minWidth="240dp" <!-- 窗口小部件在桌面所占的最小宽度 -->
    android:minHeight="30dp" <!-- 窗口小部件在桌面所占的最小高度 -->
    android:updatePeriodMillis="80000000" <!-- 更新频率 -->
    android:initialLayout="@layout/main"> <!-- 布局界面 -->
</appwidget-provider>
```

（3）AppWidgetManager 类：该类主要用于管理 AppWidget，并向 AppWidgetProvider 发送广播通知。在程序中一般通过调用 AppWidgetManager.getInstance (Context context)方法并传入当前的上下文对象获取 AppWidgetManager 实例。另外，还需要调用 AppWidgetManager 实例对象的 updateAppWidget 方法向 AppWidgetProvider 发送广播通知以更新 AppWidget 部件。

（4）RemoteViews 类：该类用于描述一种可以在其他进程中显示的 view，通过该类可以定义窗口小部件布局组件中的内容。

一般而言，实现窗口小部件主要有以下步骤：

（1）创建 res\xml 目录下的 xml 文件用于描述窗口小部件的相关信息。

（2）创建一个继承于 AppWidgetProvider 的子类，并重写该类的 onUpdate 方法以用于更新窗口小部件。在 onUpdate 方法中需要实例化 RemoteViews 对象以用于修改窗口小部件中的组件内容并调用 AppWidgetManager 对象的 updateAppWidget 方法更新 AppWidget 部件。

（3）在 AndroidManifest.xml 中注册 Receiver 用于接收广播消息。

下面通过一个实例向读者介绍窗口小部件的具体实现过程。

实例 13-3　窗口小部件实例（NoteWidget）

演示如何显示窗口小部件，本实例将实现一个类似于小贴士一样的桌面贴士提醒小程序。

（1）创建工程

创建一个新的 Android 工程，工程名为 NoteWidget，并为该工程添加如下文件。

①\res\xml\appwidget-provider.xml：定义窗口小部件的属性。

②NoteWidgetProvider.java：创建 NoteWidgetProvider 类，用于描述窗口小部件相关信息。

③NoteUpdateActivity.java：创建程序的 Activity 类，用于向桌面添加窗口小部件。

（2）编写代码

代码 13-3　res\xml\appwidget-provider.xml

```
01. <?xml version="1.0" encoding="UTF-8"?>
02. <appwidget-provider
03.     xmlns:android="http://schemas.android.com/apk/res/android"
04.     android:minWidth="240dp" <!-- 窗口小部件在桌面所占的最小宽度 -->
05.     android:minHeight="30dp" <!-- 窗口小部件在桌面所占的最小高度 -->
06.     android:updatePeriodMillis="80000000" <!-- 更新频率 -->
07.     android:initialLayout="@layout/main"> <!-- 布局界面 -->
08. </appwidget-provider>
```

代码 13-4　NoteWidgetProvider.java

```
01. public class NoteWidgetProvider extends AppWidgetProvider {
02.     public void onUpdate(Context context,
03.             AppWidgetManager appWidgetManager, int[] appWidgetIds) {
04.         RemoteViews rv = new RemoteViews(
05.                 context.getPackageName(), R.layout.main);
06.         SharedPreferences shared = context.getSharedPreferences(
07.                         "NoteInfo", Activity.MODE_PRIVATE);
08.         rv.setTextViewText(R.id.diaplayText, shared.getString("note",
09.                 context.getResources().getString(R.string.note)));
10.         int res = (int)(shared.getFloat("star", 1)/0.5);
11.         rv.setImageViewResource(
12.                 R.id.displayStar, NoteUpdateActivity.resId[res]);
13.         Intent intentClick = new Intent(context, NoteUpdateActivity.class);
14.         PendingIntent pendingIntent
15.                 = PendingIntent.getActivity(context, 0, intentClick, 0);
16.         rv.setOnClickPendingIntent(R.id.NoteLayout, pendingIntent);
17.         appWidgetManager.updateAppWidget(appWidgetIds, rv);
18.     }
19. }
```

代码说明

①代码第 2～18 行重写 AppWidgetProvider 类的 onUpdate 方法。

②代码第 4、5 行创建 RemoteViews 对象实例，其中该构造函数第一个参数表示当前应用程序所在包的包名，第二个参数表示布局文件。

③代码第 6、7 行获取 SharedPreferences 对象用于在程序之间共享数据。

④代码第 8~12 行设置窗口小部件中的文本组件和图片组件的内容，其中该内容正是来自于 SharedPreferences 对象共享的数据。

⑤代码第 13~15 行定义点击窗口小部件执行动作的 Intent 并将其封装成 PendingIntent 对象。点击窗口小部件将会跳转到名为 NoteUpdateActivity 的 Activity 中。

⑥代码第 16 行设置窗口小部件的点击事件监听器，点击窗口小部件执行的动作定义在 pendingIntent 对象中。

⑦代码第 17 行调用 AppWidgetManager 对象的 updateAppWidget 方法更新窗口小部件。

代码 13-5 NoteUpdateActivity.java

```
01. public class NoteUpdateActivity extends Activity {
02.     private TextView noteText = null;
03.     private RatingBar noteStar = null;
04.     private Button confirmBtn = null;
05.     public static int[] resId = new int[] {
06.         R.drawable.green, R.drawable.green,
07.         R.drawable.green, R.drawable.yellow,
08.         R.drawable.yellow, R.drawable.red,
09.         R.drawable.red
10.     };
11.     @Override
12.     protected void onCreate(Bundle savedInstanceState) {
13.         super.onCreate(savedInstanceState);
14.         setContentView(R.layout.note);
```

代码说明

①代码第 2~4 行分别定义更新窗口小部件内容界面的组件。

②代码第 5~10 行定义图片资源的 Id 数组。

③代码第 14 行设置 NoteUpdateActivity 对应的界面为 R.layout.note 定义的布局。

```
15.         noteText = (TextView)findViewById(R.id.mynote);
16.         noteStar = (RatingBar) findViewById(R.id.noteStar);
17.         confirmBtn = (Button) findViewById(R.id.confirmBtn);
18.         SharedPreferences noteInfo
19.             = getSharedPreferences("NoteInfo", Activity.MODE_PRIVATE);
20.         noteText.setText(noteInfo.getString("note", ""));
21.         noteStar.setRating(noteInfo.getFloat("star", 1));
22.         confirmBtn.setOnClickListener(new OnClickListener() {
23.             public void onClick(View v) {
24.                 SharedPreferences noteInfo = getSharedPreferences(
25.                         "NoteInfo", Activity.MODE_PRIVATE);
26.                 String note = noteText.getText().toString();
27.                 int rating = (int)(noteStar.getRating()/0.5);
28.                 SharedPreferences.Editor editor = noteInfo.edit();
29.                 editor.putFloat("star", noteStar.getRating());
30.                 editor.putString("note", note);
31.                 editor.commit();
```

代码说明

①代码第 15～17 行实例化 3 个组件。

②代码第 18、19 行获取 SharedPreferences 对象，该对象与 NoteWidgetProvider 定义的是同一个共享数据的对象。

③代码第 20、21 行通过 SharedPreferences 对象获取窗口小部件的当前内容并显示在当前界面上。

④代码第 22 行为 confirmBtn 按钮定义点击事件监听器。

⑤代码第 26～31 行将通过当前 Activity 修改的内容存储到 SharedPreferences 对象对应的共享数据文件中。

```
32.                 RemoteViews rv = new RemoteViews(
33.                             NoteUpdateActivity.this.getPackageName(),
34.                             R.layout.main);
35.                 rv.setTextViewText(R.id.diaplayText, note);
36.                 rv.setImageViewResource(R.id.displayStar, resId[rating]);
37.                 ComponentName cpName = new ComponentName(
38.                      NoteUpdateActivity.this, NoteWidgetProvider.class);
39.                 AppWidgetManager appWM =
40.                    AppWidgetManager.getInstance(NoteUpdateActivity.this);
41.                 appWM.updateAppWidget(cpName, rv);
42.                 NoteUpdateActivity.this.finish();
43.             }
44.         });
45.     }
46. }
```

代码说明

①代码第 32～36 行创建 RemoteViews 对象并修改窗口小部件的内容。

②代码第 37、38 行创建 ComponentName 对象，用于表示当前程序中组件的完整名字。

③代码第 39、40 行获取 AppWidgetManager 对象。

④代码第 41 行调用 updateAppWidget 方法更新窗口小部件。

⑤代码第 42 行调用 finish 方法结束当前 Activity。

代码 13-6 AndroidManifest.xml

```
01. <receiver android:name=".NoteWidgetProvider"
02.         android:label="@string/app_name">
03.     <intent-filter>
04.         <action
05.            android:name="android.appwidget.action.APPWIDGET_UPDATE">
06.         </action>
07.     </intent-filter>
08.     <meta-data android:name="android.appwidget.provider"
09.         android:resource="@xml/appwidget_provider">
10.     </meta-data>
11. </receiver>
```

代码说明

①上述代码为当前应用程序注册 receiver。

②代码第 3～7 行定义该 receiver 的 intent filter，其中该 Intent 对应的动作为更新 AppWidget（android.appwidget.action.APPWIDGET_UPDATE）；

③代码第 8～10 行定义该 receiver 的 meta-data，其中代码第 9 行定义窗口小部件的描述文件为 xml\appwidget_provider。

（3）运行程序

通过 Launcher 列表添加本实例实现的窗口小部件，并点击它对其内容进行修改，界面如图 13-9 所示；当修改完内容回到桌面之后，窗口小部件将更新为之前修改的内容，如图 13-10 所示。

图 13-9　修改窗口小部件内容

图 13-10　窗口小部件运行结果

13.4　实时文件夹（Live Folder）

实时文件夹是一种用来显示由某个 ContentProvider 提供的数据信息的桌面组件。它的添加方法与前面介绍的快捷方式和窗口小部件类似。Android 系统已经为我们自带了一些实时文件夹，如图 13-1 所示中的所有联系人文件夹，点击该文件夹图标将会显示所有联系人列表，如图 13-11 所示，当点击联系人列表中的某一项时，将会显示该联系人的详细信息，如图 13-12 所示。

在第 6 章中，我们创建了学生信息数据库的 ContentProvider，本节将以该实例进行修改，为该程序创建实时文件夹。

要创建一个实时文件夹，必须同时有两方面的支持。一是要定义一个用来创建实时文件夹的 Activity；另一方面需要所指定数据信息的 URI 的 ContentProvider 必须支持实时文件夹的查询。

和创建桌面快捷方式类似，需要为创建实时文件夹的 Activity 注册一个 Action 为创建实时文件夹（android.intent.action.CREATE_LIVE_FOLDER）的 Intent Filter，同时将实时文件夹的信息存储在 Intent 对象的 Bundle 附加信息中，并通过 setData 方法将需要查询的数据的 Uri 以 Data 的形式存储在 Intent 对象中，最后通过 setResult 方法返回给 Home 程序 Launcher 在桌面上添加实时文件夹。其中，需要添加的实时文件夹的信息如表 13-3 所示。

图 13-11　联系人列表文件夹

图 13-12　显示联系人详细信息

表 13-3　　实时文件夹的信息

描述	键名	数据类型
名称	Android.intent.extra. livefolder.NAME	String
图标	Android.intent.extra.livefolder.ICON	ShortcutIconResource
显示方式	Android.intent.extra.livefolder.DISPLAY_MODE	int
点击实时文件夹中的数据项时将启动该 Intent 对应的程序组件	Android.intent.extra. livefolder.BASE_INTENT	Intent

编者手记

关于如表 13-3 所示的实时文件夹信息的键名，Android SDK 已经为我们定义了这 4 个键名的宏定义，分别是 Intent.EXTRA_LIVE_FOLDER_NAME、Intent.EXTRA_LIVE_FOLDER_ICON、Intent.EXTRA_LIVE_FOLDER_DISPLAY_MODE 以及 Intent.EXTRA_LIVE_FOLDER_BASE_INTENT。因此，在使用时我们可以直接使用这 4 个宏定义，当然也可以使用表 13-3 中定义的键名。另外，对于表 13-3 所指的显示方式有两种，分别是栅格（Grid）形式（值为 1 时）和列表（List）形式（值为 2 时）。

通过上面的讲解，便可以编写创建实时文件夹的 Activity，详细代码如代码 13-7 所示。

代码 13-7　StuInfoLiveFolderActivity.java

```
01. public class StuInfoLiveFolderActivity extends Activity {
02.     /** Called when the activity is first created. */
03.     @Override
```

```
04.     public void onCreate(Bundle savedInstanceState) {
05.         super.onCreate(savedInstanceState);
06.         if (getIntent().getAction()
07.              .equals(LiveFolders.ACTION_CREATE_LIVE_FOLDER)) {
08.             Intent intent = new Intent();
09.             intent.setData(StudentInfo.StuInfoColumns.LIVE_FOLDER_URI);
10.             intent.putExtra(LiveFolders.EXTRA_LIVE_FOLDER_BASE_INTENT,
11.                 new Intent(Intent.ACTION_VIEW,
12.                 StudentInfo.StuInfoColumns.LIVE_FOLDER_URI));
13.             intent.putExtra(
14.                 LiveFolders.EXTRA_LIVE_FOLDER_NAME, "学生信息");
15.             intent.putExtra(LiveFolders.EXTRA_LIVE_FOLDER_ICON,
16.                          Intent.ShortcutIconResource.fromContext(this,
17.                                    R.drawable.livefoldericon));
18.             intent.putExtra(LiveFolders.EXTRA_LIVE_FOLDER_DISPLAY_MODE,
19.                 LiveFolders.DISPLAY_MODE_LIST);
20.             setResult(RESULT_OK, intent);
21.         } else {
22.             setResult(RESULT_CANCELED);
23.         }
24.         finish();
25.     }
26. }
```

代码说明

①代码第 6、7 行判断当前 Activity 对应 Intent Filter 的 Action 是否为创建实时文件夹动作，该 Intent Filter 会在 AndoirdManifest.xml 为当前 Activity 注册。

②代码第 8、9 行创建 Intent 对象并将所要查询数据的 Uri 存储在 Intent 对象的 Data 中。

③代码第 10~19 行为实时文件夹设置名称、图标、显示方式以及 Intent 信息。其中，代码第 10~12 行为实时文件夹设置 Intent 信息，其中该 Intent 动作为 ACTION_VIEW，数据为查询到的数据 Uri，这表示当点击该学生项时，将会启动该 Intent 对应的程序，即查看学生的详细信息。

④代码第 20 行通过 setResult 方法返回给 Launcher。

当点击实时文件夹中的某一学生项时，将启动显示该学生详细信息的 Activity，实现此功能的代码如代码 13-8 所示。

代码 13-8　ShowStuInfoActivity.java

```
01. public class ShowStuInfoActivity extends Activity {
02.     private TextView ShowNameText = null;
03.     private TextView ShowNoText = null;
04.     private TextView ShowScoreText = null;
05.     @Override
06.     protected void onCreate(Bundle savedInstanceState) {
07.         super.onCreate(savedInstanceState);
08.         setContentView(R.layout.show);
09.         ShowNameText = (TextView) findViewById(R.id.showname);
10.         ShowNoText = (TextView) findViewById(R.id.showno);
```

```
11.         ShowScoreText = (TextView) findViewById(R.id.showscore);
12.         Uri uri = getIntent().getData();
13.         long id = ContentUris.parseId(uri);
14.         Cursor c = getContentResolver().query(
15.             StudentInfo.StuInfoColumns.CONTENT_URI,
16.             null, "_id=?", new String[]{id + ""}, null);
17.         if (c.moveToNext()) {
18.             ShowNameText.setText(c.getString(1));
19.             ShowNoText.setText("学号: " + c.getString(2));
20.             Integer score = new Integer(c.getInt(3));
21.             ShowScoreText.setText("成绩: " + score.toString());
22.         }
23.     }
24. }
```

代码说明

①代码第 8 行设置当前 Activity 显示的界面为 R.layout.show 对应的布局。

②代码第 9～11 行获取 3 个 TextView 组件的实例，分别用于显示学生姓名、学号和分数信息。

③代码第 12、13 行获取当前学生的 Uri 以及 id。

④代码第 14～16 通过 ContentProvider 提供的 query 方法查询学生的详细信息。

⑤代码第 18～21 行将学生信息显示在界面的 TextView 中。其中，分数在数据库中以 int 类型存储，需先转换成 String 类型才能显示。

根据前面的介绍，为使创建实时文件夹的 Activity 能够正常工作，还需要为该 Activity 注册动作为创建实时文件夹的 Intent Filter，同时也需要为显示学生详细信息的 Activity 注册响应的 Intent Filter，代码如代码 13-9 所示。

代码 13-9　AndroidManifest.xml

```
01. <activity android:name="StuInfoLiveFolderActivity">
02.   <intent-filter>
03.     <action android:name="android.intent.action.CREATE_LIVE_FOLDER"/>
04.     <category android:name="android.intent.category.DEFAULT"/>
05.   </intent-filter>
06. </activity>
07. <activity android:name="ShowStuInfoActivity">
08.   <intent-filter>
09.     <action android:name="android.intent.action.VIEW"/>
10.     <category android:name="android.intent.category.DEFAULT"/>
11.     <data                   12.
12.       android:mimeType=
13.         "vnd.android.cursor.item/vnd.google.stuinfolivefolder" />
14.   </intent-filter>
15. </activity>
```

代码说明

①代码第 2～5 行为 StuInfoLiveFolderActivity 注册 Intent Filter。

②代码第 8～14 行为 ShowStuInfoActivity 注册 Intent Filter。其中，代码第 12、13 行设置

data，该处设置 data 的 MIME 类型是与对应 ContentProvider 中定义的实时文件夹 Uri 对应的 MIME 类型一致的，将在后面向读者介绍。

在定义好创建实时文件夹的 Activity 之后，还需使实现学生信息数据库的 Content Provider 支持实时文件夹的查询。主要有两个方面的工作，一是为实时文件夹查询定义专门的 Uri；二是在 ContentProvider 接口提供的 query 查询方法中为实时文件夹的查询返回相应含有特定列名的 Cursor 对象。需要注意的是，实时文件夹自定义了一些有效列，在进行查询时，返回的 Cursor 对象所包含的列必须在这些有效列中。关于实时文件夹支持的有效列以及其含义如表 13-4 所示。

表 13-4　实时文件夹的有效列及其含义

列名	描述	类型	是否必须
_id	用于标识一行的 id	Long	Yes
name	实时文件夹每项的名称	String	Yes
description	数据项的描述；以栅格显示时该列被忽略	String	No
intent	点击实时文件夹每项后启动的程序对应的 Intent 对象，若没指定则使用 BASE_INTENT，若 BASE_INTENT 也没有指定，则点击无效	Intent	No
icon_bitmap	实时文件夹每一项的图标	Bitmap	No
icon_resource	与 icon_package 结合使用，表示图标资源的名称	String	No
icon_package	与 icon_ resource 结合使用，表示图标资源所在包的包名	String	No

下面向读者介绍具体实现实时文件夹查询的代码。首先，定义实时文件夹查询的 Uri。代码如代码 13-10 所示。

代码 13-10　StudentInfo.java

```
......
01. public static final Uri LIVE_FOLDER_URI
02.     = Uri.parse("content://" + AUTHORITY + "/livefolder");
......
```

最后，修改 query 方法返回包含实时文件夹有效列的 Cursor 对象。需要注意的是，在实现查询之前，还需要对 URI 匹配器加入对实时文件夹 URI 的匹配，同时还需要为实时文件夹的 Uri 指定对应的 MIME 类型，代码如代码 13-11 所示。

代码 13-11　StuInfoContentProvider.java

```
......
01.     private static final int LIVE_FOLDER = 3;
02.     private static final int LIVE_FOLDER_ID = 4;
......
03.     static {
04.         sUriMatcher = new UriMatcher(UriMatcher.NO_MATCH);
05.         sUriMatcher.addURI(StudentInfo.AUTHORITY, "students", STUDENTS);
06.         sUriMatcher.addURI(StudentInfo.AUTHORITY,
07.                 "students/#", STUDENT_ID);
08.         sUriMatcher.addURI(StudentInfo.AUTHORITY,
```

```
09.                  "livefolder/", LIVE_FOLDER);
10.         sUriMatcher.addURI(StudentInfo.AUTHORITY,
11.                 "livefolder/#", LIVE_FOLDER_ID);
12.     }
......
13.     public String getType(Uri uri) {
14.         switch(sUriMatcher.match(uri)) {
15.         case STUDENTS:
16.             return StuInfoColumns.CONTENT_TYPE;
17.         case STUDENT_ID:
18.             return StuInfoColumns.CONTENT_ITEM_TYPE;
19.         case LIVE_FOLDER:
20.             return StuInfoColumns.CONTENT_TYPE;
21.         case LIVE_FOLDER_ID:
22.             return StuInfoColumns.CONTENT_ITEM_TYPE;
23.         default:
24.             throw new IllegalArgumentException("Unknown URI " + uri);
25.         }
26.     }
......
27.     public Cursor query(Uri uri, String[] projection, String selection,
28.             String[] selectionArgs, String sortOrder) {
29.         SQLiteQueryBuilder qb = new SQLiteQueryBuilder();
30.         qb.setTables(STUDENT_TABLE);
31.         SQLiteDatabase db = mHelper.getReadableDatabase();
32.         if (sUriMatcher.match(uri) == LIVE_FOLDER) {
33.             String[] myProjection = {
34.                 StudentInfo.StuInfoColumns._ID + " AS " + LiveFolders._ID,
35.                 StudentInfo.StuInfoColumns.STUDENT_NAME
36.                         + " AS " + LiveFolders.NAME};
37.             return qb.query(db, myProjection, selection,
38.                 selectionArgs, null, null, sortOrder);
39.         } else {
40.             return qb.query(db, projection, selection,
41.                 selectionArgs, null, null, sortOrder);
42.     }
43. }
```

代码说明

①代码第8～11行对URI匹配器加入对实时文件夹Uri的匹配,包括所有项和指定ID项。

②代码第19～22行为实时文件夹的Uri指定对应的MIME类型。

③代码第32行判断当前查询Uri是否为实时文件夹的Uri。

④代码第33～36行设置实时文件夹Uri查询时返回的列，将学生信息数据库的主键ID作为实时文件夹的主键ID，将学生名字作为实时文件夹每一项的名称。

⑤代码第37、38行查询实时文件夹Uri指定的数据。

至此，实现学生信息实时文件夹所需的所有代码都已经编写好了。运行程序，点击图13-2中的“文件夹”菜单项，将在可添加的文件夹列表中出现我们创建的学生信息实时文件夹，如

图 13-13 所示；点击图 13-13 中的“学生信息”菜单项，将在桌面创建该实时文件夹，如图 13-14 所示；点击桌面的“学生信息”实时文件夹，运行结果如图 13-15；点击“寒梅梅”列表项，将显示该学生的详细信息，如图 13-16 所示。

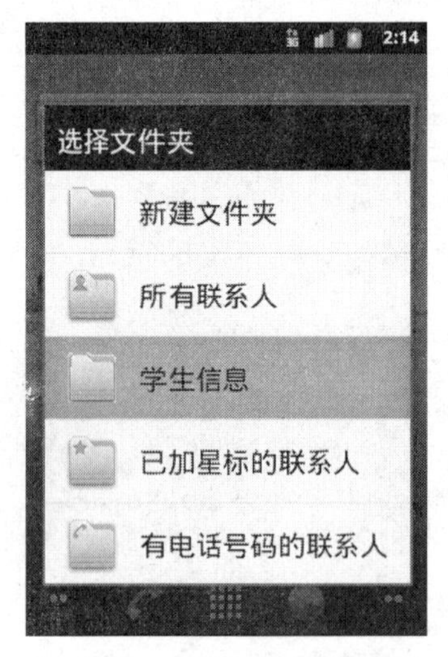

图 13-13　文件夹列表

图 13-14　实时文件夹

图 13-15　实时文件夹界面

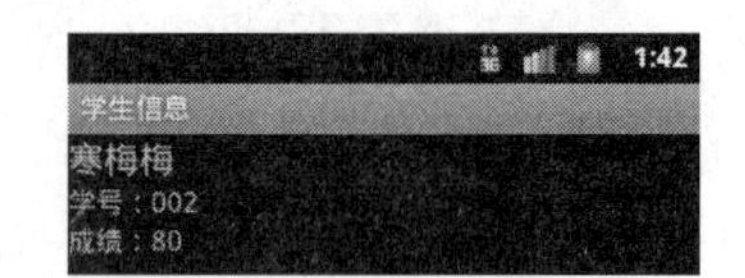

图 13-16　单项学生详细信息

13.5　壁纸（Wallpaper）

Android 桌面的背景图片称为壁纸（Wallpaper），用户可以通过点击图 13-2 中的“壁纸”菜单项设置自己喜爱的壁纸。Android 为用户提供了 3 种类型的壁纸，如图 13-17 所示。其中，“壁纸”菜单项表示 Android 自带的一些壁纸；“照片”菜单项表示以 Android 手机图片媒体库中的图片作为壁纸；“动态壁纸”则表示手机桌面壁纸不再是简单的图片，而是运动的动画。Android 系统默认并未提供任何动态壁纸，必须由开发者实现，这也给开发者提供了一个非常好的机会，使得我们可以开发出各种各样新奇的动态壁纸。本节就将向读者介绍动态壁纸的开发。

动态壁纸（LiveWallpaper）是 Android 的一大特色功能，是指手机桌面背景不再是简单的图片，而是可以动态变化的。相对于静态桌面壁纸，动态壁纸可以展示各种动态变化的背景，而与传统手机系统采用 GIF 作为动态背景不同的是，Android 的动态壁纸并不是 GIF 图片，而是一个标准的 Android 应用程序，这意味着天生具有 GIF 图片不具备的功能，即能与用户发生交互，而且动态的背景变化绝不仅仅局限于 GIF 图片那样几张固定图片的循环播放。

图 13-17　壁纸类型

Android 动态壁纸本质上是一个 Service，这个 Service 能够被 Home 程序 Launcher 所加载。但是 Launcher 是如何识别这个包含动态壁纸 Service 的应用程序呢？事实上，是通过为动态壁纸 Service 注册一个表示壁纸服务的 Intent Filter，进而使得系统识别该动态壁纸程序，并将其加入到 LivePicker 列表中供用户选择。

在动态壁纸的开发框架中，有 3 个重要的类，如表 13-5 所示。

表 13-5　　动态壁纸开发类

类名	描述
WallpaperService	实现动态壁纸服务类，继承于 Service
WallpaperService.Engine	实际描绘动态壁纸的引擎类
PreferenceActivity	用于动态壁纸参数设置的 Activity

动态壁纸程序必须实现 WallpaperService 和 WallpaperService.Engine 两个类，当你需要设置动态壁纸的参数时，才需要实现 PreferenceActivity 类，因此该类并不是必须的。

在实现 WallpaperService 类时，必须重写该类的 onCreateEngine()方法，该方法用于返回一个 WallpaperService.Engine 对象。而在实现 WallpaperService.Engine 类时，也必须重写其中的 onVisibilityChanged()方法，该方法用于在动态壁纸可见性发生变化时被调用。另外，还需要指出的是，WallpaperService.Engine 采用了与 SurfaceView 相同的绘图机制，因此可以重写 SurfaceHolder.Callback 中的 3 个回调方法，进而采用 SurfaceHolder 绘制动态图像。

在第 9 章中，通过 SurfaceView 的绘图机制实现了下雪的动画实例，下面我们将改写该实例以实现下雪动画的动态壁纸。

实例 13-4　动态壁纸实例（LiveWallpaper）

演示如何实现动态壁纸程序，本实例将实现下雪动画的动态实例。

（1）创建工程

创建一个新的 Android 工程，工程名为 LiveWallpaper，并为该工程添加如下文件。

①LiveWallpaperService.java：创建 LiveWallpaperService 类，实现动态壁纸服务。

②livewallpaper.xml：指定动态壁纸服务的资源来源。

（2）编写代码

代码 13-12　LiveWallpaperService.java

```
01. public class LiveWallpaperService extends WallpaperService {
02.     @Override
03.     public Engine onCreateEngine() {
04.         return new MyLiveWallpaperEngine();
05.     }
06.     private class MyLiveWallpaperEngine extends Engine {
07.         private boolean mVisible = false;
......
08.         @Override
09.         public void onCreate(SurfaceHolder surfaceHolder) {
10.             mPaint = new Paint();
11.             mPaint.setColor(0xffffffff);
12.             mPaint.setAntiAlias(true);
13.             mPaint.setStrokeWidth(2.0f);
14.             mPaint.setStrokeCap(Paint.Cap.ROUND);
15.             mPaint.setStyle(Paint.Style.FILL);
16.             mSnowCtrl = new SnowControl(WIDTH, HEIGHT);
17.             mSnowCtrl.initSnows(SNOW_NUMBER);
18.             mBitmap = BitmapFactory.decodeResource(
19.                         getResources(), R.drawable.background);
20.             super.onCreate(surfaceHolder);
21.         }
```

代码说明

①代码第 3～5 行重写 WallpaperService 的 onCreateEngine 方法，并在该方法中返回自定义的 WallpaperService. Engine 的子类 MyLiveWallpaperEngine 对象。

②代码第 7 行定义变量 mVisible 用于判断壁纸是否可见。

③代码第 9～21 行重写 WallpaperService. Engine 的 onCreate 方法，该方法在创建 Engnie 时被调用，在该方法中主要完成绘制下雪动画的初始化功能，和实例 9-9 中在 surfaceCreated 方法中完成的工作是一样的，在此不再赘述。

```
22.         @Override
23.         public void onDestroy() {
24.             mHandler.removeCallbacks(drawWallpeperRun);
25.             super.onDestroy();
26.         }
27.         private void drawFrame() {
28.             final SurfaceHolder mHolder = getSurfaceHolder();
29.             Canvas canvas =null;
30.             try {
31.                 canvas = mHolder.lockCanvas();
32.                 canvas.drawBitmap(mBitmap, null,
33.                         new Rect(0,0,WIDTH,HEIGHT), null);
34.                 if (canvas != null) {
```

```
35.                 mSnowCtrl.drawSnows(canvas, mPaint);
36.             }
37.         } finally {
38.             if (canvas != null) {
39.                 mHolder.unlockCanvasAndPost(canvas);
40.             }
41.         }
42.         mHandler.removeCallbacks(drawWallpeperRun);
43.         if (mVisible) {
44.             mHandler.postDelayed(drawWallpeperRun, 40);
45.         }
46.     }
```

代码说明

①代码第 23～26 行重写 WallpaperService. Engine 的 onDestroy 方法，该方法在销毁 Engnie 时被调用。其中，代码第 24 行用于释放绘图线程。

②代码第 27～46 行用于绘制具体的下雪动画。该方法与实例 9-9 中的方法几乎一致，除了需要在代码第 43 行判断当前壁纸是否可见，可见时才将在 40s 后继续绘制动态壁纸。

```
47.     @Override
48.     public void onSurfaceChanged(SurfaceHolder holder, int format,
49.             int width, int height) {
50.         WIDTH = width;
51.         HEIGHT = height;
52.         if (mSnowCtrl != null) {
53.             mSnowCtrl.setWidth(width);
54.             mSnowCtrl.setHeight(height);
55.         }
56.         drawWallpeperRun.run();
57.         super.onSurfaceChanged(holder, format, width, height);
58.     }
59.     @Override
60.     public void onSurfaceDestroyed(SurfaceHolder holder) {
61.         mVisible = false;
62.         mHandler.removeCallbacks(drawWallpeperRun);
63.         super.onSurfaceDestroyed(holder);
64.     }
65.     @Override
66.     public void onVisibilityChanged(boolean visible) {
67.         mVisible = visible;
68.         if (visible) {
69.             drawWallpeperRun.run();
70.         } else {
71.             mHandler.removeCallbacks(drawWallpeperRun);
72.         }
73.         super.onVisibilityChanged(visible);
74.     }
75. }
76. }
```

代码说明

①代码第 48～58 行重写 SurfaceHolder.Callback 的 onSurfaceChanged 方法。

②代码第 60～64 行重写 SurfaceHolder.Callback 的 onSurfaceDestroyed 方法。其中，代码第 61 行设置动态壁纸不可见。

③代码第 66～74 行重写 WallpaperService. Engine 的 onVisibilityChanged 方法，该方法将在动态壁纸可见性发生改变时被调用。其中，代码第 67 行设置当前动态壁纸的可见性；代码第 68～70 行在可见时继续绘制动态壁纸；代码第 70～72 行在不可见时释放绘图线程。

代码 13-13　AnddroidManifest.xml

```
......
01.  <service android:label="@string/app_name"
02.    android:name=".LiveWallpaperService"
03.    android:permission="android.permission.BIND_WALLPAPER" >
04.    <intent-filter>
05.      <action
06.        android:name="android.service.wallpaper.WallpaperService"/>
07.    </intent-filter>
08.    <meta-data
09.      android:name="android.service.wallpaper"
10.      android:resource="@xml/livewallpaper"/>
11.  </service>
......
```

代码说明

①代码第 3 行为当前动态壁纸 Service 添加绑定壁纸（BIND_WALLPAPER）的权限。

②代码第 4～7 行为当前动态壁纸 Service 注册 Action 为壁纸服务的 Intent Filter 以使 Launcher 能够识别该 Service。

③代码第 8～10 行为当前动态壁纸 Service 指定 meta-data。其中，代码第 10 行指定 meta-data 定义来自于\xml 目录下的 livewallpaper.xml 文件。

代码 13-14　livewallpaper.xml

```
01. <?xml version="1.0" encoding="utf-8"?>
02. <wallpaper xmlns:android="http://schemas.android.com/apk/res/android"/>
```

代码说明

上述代码很简单，只是指明动态壁纸服务程序的资源来源 xml 文件。

（3）运行程序

运行程序，点击图 13-17 中的“动态壁纸”菜单项，选择图 13-18 中的“LiveWallpaper”菜单项，将其设置为壁纸，结果如图 13-9 所示。

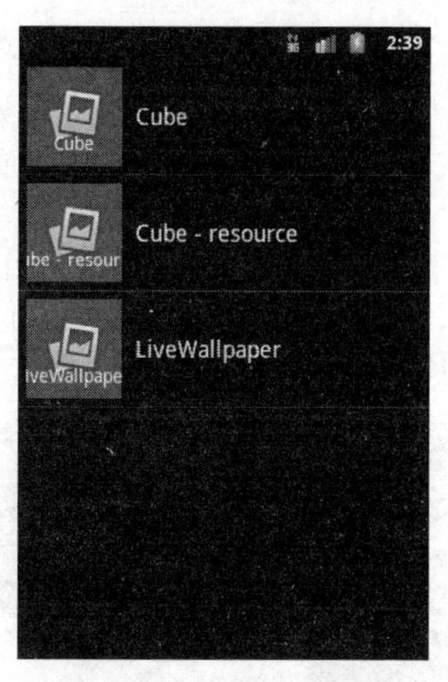

图 13-18　选择动态壁纸

图 13-19　下雪动画的动态壁纸

13.6　Android 4.0 桌面

最新发布的 Android 4.0 在桌面内容方面相比之前的 2.x 系统进行了较大的改变，本节将对这些变化逐一向读者进行介绍。

13.6.1　桌面组件的添加方式

Android 4.0 抛弃了之前 2.x 系统中的桌面选项菜单，当用户点击“MENU”按键之后，系统的主菜单发生了变化。

如图 13-20 所示，可以看到，Android 4.0 已经没有桌面选项菜单，当然，系统保留了壁纸这一项，因此，用户可以点击该主菜单中的“壁纸”菜单项，选择需要添加的壁纸。如图 13-21 所示为实例 13-3 实现的动态壁纸在 Android 4.0 系统上运行的效果。

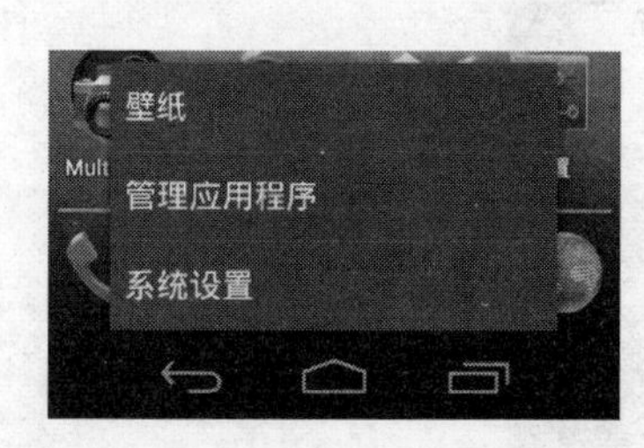

图 13-20　Android 4.0 的系统主菜单

图 13-21　Android 4.0 动态壁纸效果

由于 Android 4.0 抛弃了桌面选项菜单，读者不禁要问，那么应该怎么添加如快捷方式、窗口小部件等其他的桌面组件呢？Android 4.0 采用了一种更为简洁的添加方式来处理这个问题。当用户长按应用程序图标时，便可以将该程序的快捷方式拖动到桌面上，并放置在用于希望的位置，如图 13-22 所示。

另外，Android 4.0 还通过选项卡的方式将窗口小部件和应用程序并列在一起。如图 13-23 所示，用户可以通过 Tab 选项卡切换到窗口小部件列表中，通过和快捷方式相同的添加方式将所需的窗口小部件添加到自己的桌面上。如图 13-24 所示为实例 13-2 在 Android 4.0 上的运行效果。

图 13-22　Android 4.0 的快捷方式添加方法

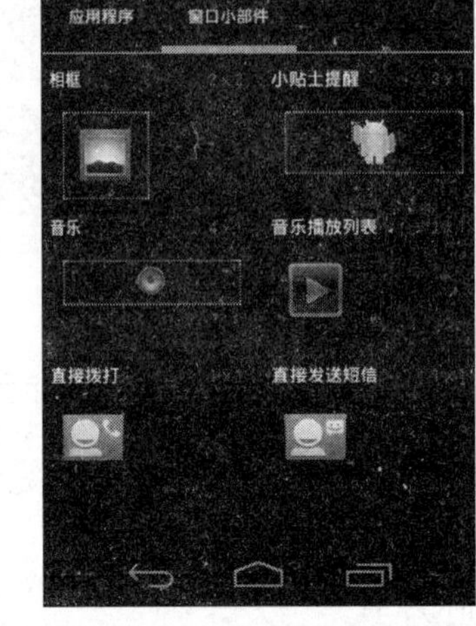

图 13-23　Widget 列表

图 13-24　桌面小贴士

13.6.2　桌面文件夹

Android 4.0 桌面的另一个大的变化是桌面文件夹。一方面 Android 4.0 系统抛弃了之前版本中使用的实时文件夹功能；而另一方面又引入了新的文件夹功能，这种文件夹功能允许用户将多个应用程序图标放置在桌面的同一文件夹中，如图 13-25 所示。

图 13-25　Android 4.0 的桌面文件夹

第 14 章　Android 传感器应用

移动设备的一个最大优势就在于它的移动优势，而随着技术的不断发展和信息获取及时性的要求越来越高，越来越多的传感器设备被嵌入到移动终端设备中，以满足移动信息的及时获取、处理、传输以及存储。Android 作为一个面向应用程序开发的丰富平台，它当然提供了诸多传感器接口。在本章中，将向读者介绍 Android 支持的各种传感器的原理以及使用方法，使读者能够配合使用 Android 的各种传感器选项来开发一些颇具特色和创意的应用程序。

14.1　Android 传感器开发

Android 操作系统内置了许多传感器，并将它们封装在一个名为 Sensor 的类中，如表 14-1 所示。

表 14-1　　Android 传感器

传感器类型	说明
Sensor.TYPE_ACCELEROMETER	加速度传感器
Sensor.TYPE_GRAVITY	重力传感器
Sensor.TYPE_GYROSCOPE	回转陀螺仪传感器
Sensor.TYPE_LIGHT	光传感器
Sensor.TYPE_MAGNETIC_FIELD	磁场传感器
Sensor.TYPE_ORIENTATION	方向传感器
Sensor.TYPE_PRESSURE	压力传感器
Sensor.TYPE_PROXIMITY	近程传感器
Sensor.TYPE_ROTATION_VECTOR	旋转向量传感器
Sensor.TYPE_TEMPERATURE	温度传感器

对于Android传感器开发使用而言，除了Sensor之外，还有两个非常重要的类，它们分别是：SensorManager和SensorEventListener。SensorManager用于管理所有传感器，包括传感器的种类、采样率、精确度等。而SensorEventListener则用于对传感器的事件监听。通常而言，使用传感器的一般用法为：

1.　获取 SensorManager 对象

对所有传感器的操作均需要通过 SensorManager 进行管理，因此在使用传感器时，首先需要获取 SensorManager 对象，可以通过 getSystemService()方法轻易实现这一需求，代码如下：

```
SensorManager mSensorManager
                    = (SensorManager) getSystemSivece (SENSOR_SERVICE);
```

其中，SENSOR_SERVICE 是系统定义用于表示传感器服务的标识。

2. 获取所需类型的传感器

当取得 SensorManager 对象实例之后，下一步所需的是获取我们所需要的特定类型的传感器，如方向传感器。可以通过 getSensorList 方法实现这一目的，并将我们所需的传感器保存在一个元素为传感器的列表中，代码如下：

```
List<Sensor> sensors
            = mSensorManager.getSensorList (Sensor.TYPE_ORIENTATION);
```

其中，参数 Sensor.TYPE_ORIENTATION 正是表 14-1 中列举的 Android 所支持的传感器类型。如果需要使用 Android 支持的所有传感器，可以将参数设置为 TYPE_ALL。

3. 定义传感器监听器

当获取所需类型的传感器之后，接下来就需要实现传感器的监听器，以便通过该监听器和传感器进行交互。这时所需要做的便是定义 SensorEventListener 类的对象，并且重写该类中的两个重要的监听事件方法：onSensorChanged 和 onAccuracyChanged，如下代码所示：

```
private SensorEventListener SEListener = new SensorEventListener() {
    @Override
    public void onAccuracyChanged(Sensor sensor, int accuracy) {
        // 响应该事件的代码
    }
    @Override
    public void onSensorChanged(SensorEvent event) {
        // 响应该事件的代码
    }
}
```

其中，onSensorChanged(SensorEvent event)方法在传感器的值发生变化时被调用，该方法的参数为一个 SensorEvent 对象，该对象包括传感器的当前状态下的及时信息，如方向传感器的方向、加速度传感器的加速度以及温度传感器的温度等。

onAccuracyChanged(Sensor sensor, int accuracy)方法在传感器的精确度发生变化时被调用，该方法的第一个参数表示传感器的类型，第二个参数表示传感器新的精确度。

编者手记

在 Android 较低版本中，传感器的监听器接口采用的是 SensorListener，与目前版本中的监听器接口 SensorEventListener 相比，该接口中的方法的参数是裸露出来的。而目前版本将这些裸露的参数封装到 Sensor 或 SensorEvent 中，这极大地增强了程序的安全性和模块化。

4. 注册传感器监听器

当定义好传感器的监听器之后，还必须将该监听器对象进行注册，才能与之进行交互。实现这一功能的方法是 registerListener，代码如下：

```
Sensor sensor = sensors.get(0);
mSensorManager.registerListener(SEListener,
                                  sensor, SensorManager.SENSOR_DELAY_UI);
```

其中，该方法包括 3 个参数：第一个参数为传感器监听器 SensorEventListener 对象；第二个参数为所需的传感器类型 Sensor 对象；第三个参数表示与传感器交互更新的频率。关于传感器更新的频率，系统定义了几种不同的值，如表 14-2 所示。

表 14-2　　Android 传感器

参数定义	对应值
Sensor.Manager.SENSOR_DELAY_FASTEST	8～30ms
Sensor.Manager.SENSOR_DELAY_GAME	大约 40ms
Sensor.Manager.SENSOR_DELAY_NORMAL	大约 200ms
Sensor.Manager.SENSOR_DELAY_UI	大约 350ms

其中，如表 14-2 中参数定义可以看到，传感器更新的频率共有 4 种选择，如参数名所示，它们分别针对不同的应用场合，如 SENSOR_DELAY_FASTEST 表示可能的最快更新率，这可以被应用在一些实时需求非常高的场合中；而 SENSOR_DELAY_GAME 则是适用于游戏场合的更新率；而 SENSOR_DELAY_ NORMAL 则是系统的默认值，适用于屏幕方向变化等的更新率；最后一种 SENSOR_DELAY_UI 则是适合于用户界面刷新的更新率。需要注意的是，传感器更新的频率与电池电量的消耗及其相关，同时也会影响应用程序的效率，因此，需要根据实际的需求选择不同的传感器更新频率。

5. 卸载传感器监听器

当传感器使用完毕之后，通常还需要对其监听器进行卸载，可以通过 unregisterListener 方法实现，代码如下：

```
mSensorManager.unregisterListener(SEListener);
```

14.2　使用 SensorSimulator

Android 模拟器提供了非常强大的调试开发功能，但它并不能模拟手机所有功能，例如，摄像头采集、麦克风输入、传感器以及多点触摸等功能，但是在实际开发中，确实需要针对这些场景利用模拟器来测试手机应用。在本节中将向读者介绍如何使用 SensorSimulator 工具来模拟 Android 的传感器功能。

SensorSimulator 是一个开源免费的传感器小工具，通过该工具便可以在模拟器中调试传感器的应用。该工具软件包括主机端和 Android 端两部分，通过鼠标在主机端模拟传感器的数据，然后将数据通过网络发送到 Android 端。本节将介绍该工具的安装和使用方法。

14.2.1　下载和安装 SensorSimulator

这一小节将向读者介绍如何下载和安装 SensorSimulator 工具，包括以下几个步骤。

1.　*下载和解压 SensorSimulator 安装文件*

读者可以从 http://code.google.com/p/openintents/wiki/SensorSimulator 网页找到该工具的下载链接，并下载 sensorsimulator-1.1.1.zip 压缩包文件。在下载完毕之后，将下载的压缩包解压到指定位置，例如 C 盘根目录下。在解压文件夹的 bin 目录下可以看到两个重要的文件，一个是主机端 Java 程序 sensorsimulator-1.1.1.jar；另一个是 Android 端的 apk 程序文件，名为 SensorSimulatorSettings-1.1.1.apk，如图 14-1 所示。

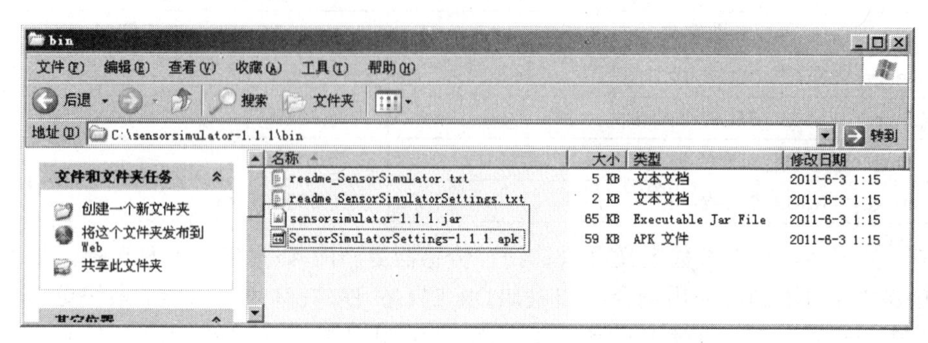

图 14-1　SensorSimulator 安装文件

2.　*安装 Android 端程序 SensorSimulatorSettings-1.1.1.apk*

首先在操作系统中依次选择【开始→运行】，进入“运行”对话框，如图 14-2 所示。然后在“运行”对话框中输入 cmd 进行 cmd 命令行窗口，之后通过 cd 命令将当前目录导航到 SensorSimulatorSettings-1.1.1.apk 所在的目录下，然后输入 adb 命令向模拟器安装该 apk 文件，命令如下代码所示：

```
adb install SensorSimulatorSettings-1.1.1.apk
```

整个安装过程如图 14-3 所示。

图 14-2　运行对话框

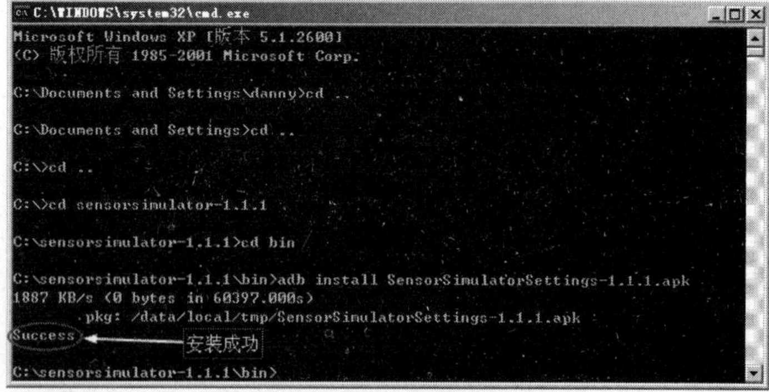

图 14-3　向 Android 模拟器安装 apk

3.　*安装主机端 Java 程序 sensorsimulator-1.1.1.jar*

通过 Java 命令安装主机端程序 sensorsimulator-1.1.1.jar，命令如下：

```
java -jar sensorsimulator-1.1.1.jar
```

运行该命令之后，将出现主机端程序界面，如图 14-4 所示。

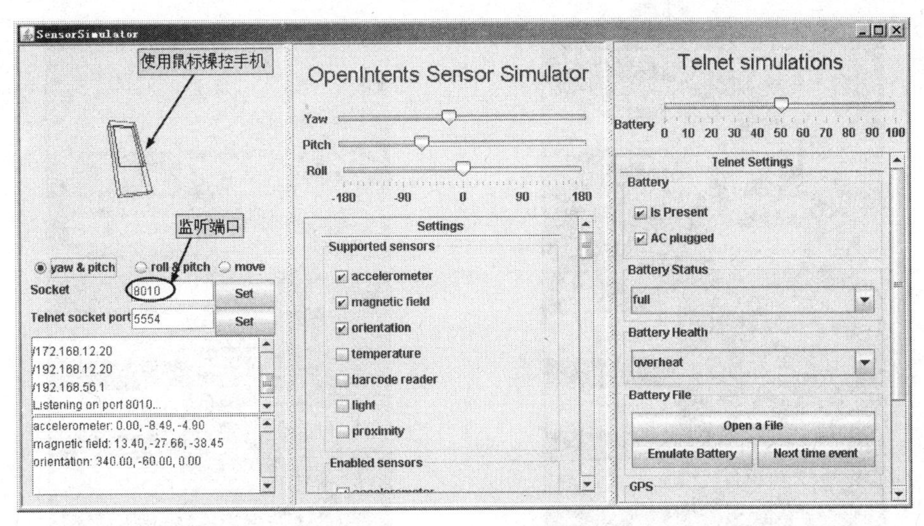

图 14-4　SensorSimulator 界面

14.2.2　使用 SensorSimulator 模拟传感器

当安装好 SensorSimulator 的主机端和 Android 端程序后，本小节将向读者介绍如何使用该工具模拟传感器。

启动 Android 端的 SensorSimulatorSettings 程序，该程序图标以及启动后的界面如图 14-5 所示。

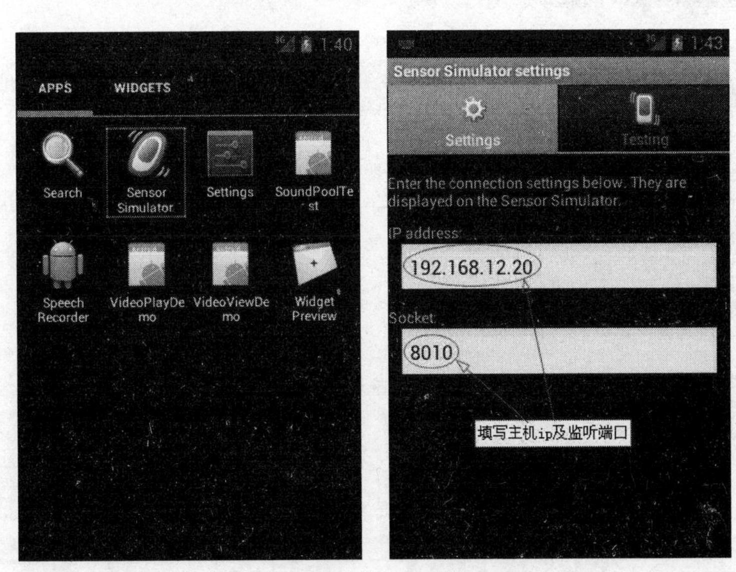

图 14-5　SensorSimulatorSettings 程序以及界面

在输入主机的 IP 地址以及监听端口之后，点击 Testing Tab 页，并点击其中的“Connect”按钮，界面如图 14-6 所示。之后，可以选择我们想要读取的传感器的数据，如图 14-7 所示，这里我们勾选了加速度传感器、磁场传感器以及方向传感器共 3 项，对应位置显示了该传感器的数值。另外，图 14-7 中的“update rate”表示传感器更新的频率。

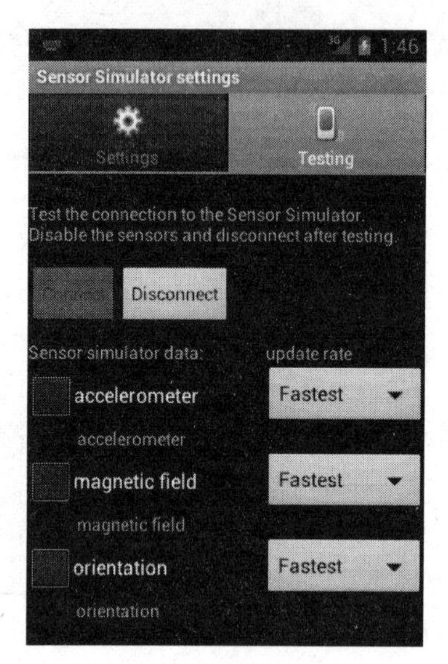

图 14-6 连接主机

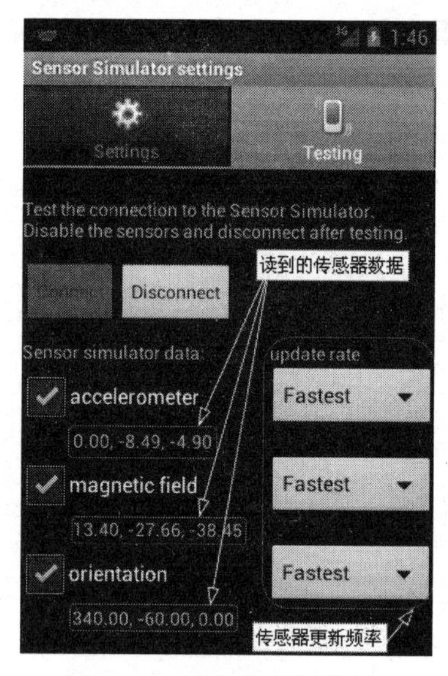

图 14-7 读取传感器数据

值得注意的是，所有这些传感器的数据都是来自与主机端 SensorSimulator 程序模拟出来的数据，因此，首先需要在主机端的 SensorSimulator 程序中支持和使能相关的传感器，如图 14-8 所示。之后，我们可以利用鼠标在主机的 SensorSimulator 程序中操控手机模拟传感器的操作，而 Android 端的 SensorSimulatorSettings 程序便可以按设定的更新频率读取相关传感器的数据。

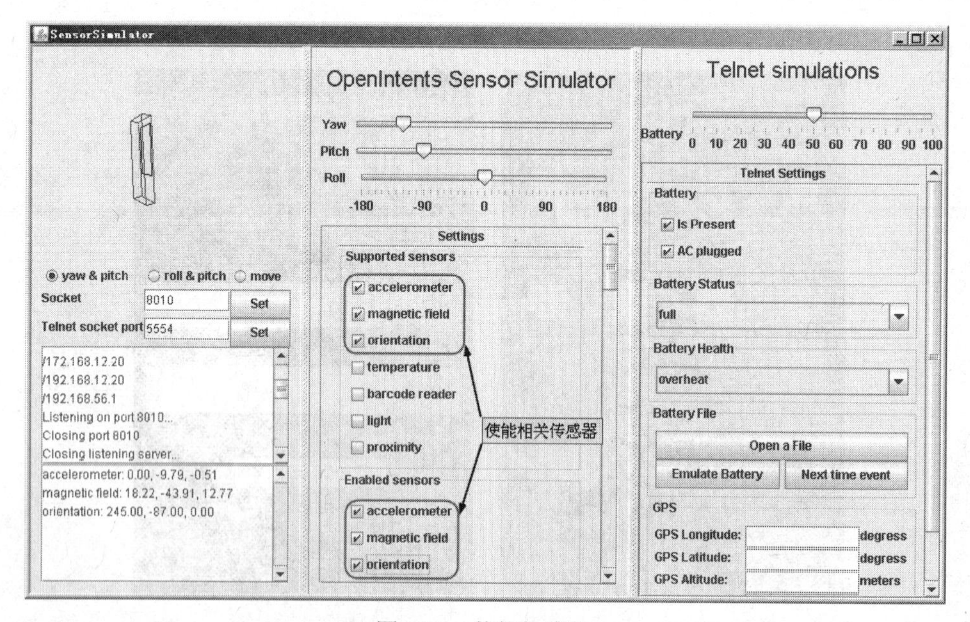

图 14-8 使能传感器

在配置好 SensorSimulator 之后，便可以在模拟器上运行我们自己编写的传感器程序，并通过该工具来模拟传感器的动作了。

14.3　Andoird 常用传感器

在本节中，将向读者介绍表 14-1 中所列举的常用的几种传感器，包括它们的原理以及详细的使用方法。

14.3.1　加速度传感器 Accelarator

Android 中最常用的一种是加速度传感器，它是两种 Android 手机传感器标准配置中的其中一种，主要用于感应手机的运动，测量该运动的加速度。该传感器捕获 3 个参数，分别表示空间坐标系中 X、Y、Z 轴方向上的加速度减去重力加速度在相应轴上的分量，其单位均为 m/s^2。传感器的坐标系如图 14-9 所示，可以看到，传感器坐标系与通用的空间坐标系不同，它是以屏幕的左下角为原点，X 轴沿着屏幕向右，Y 轴沿着屏幕向上，Z 轴垂直手机屏幕向上。

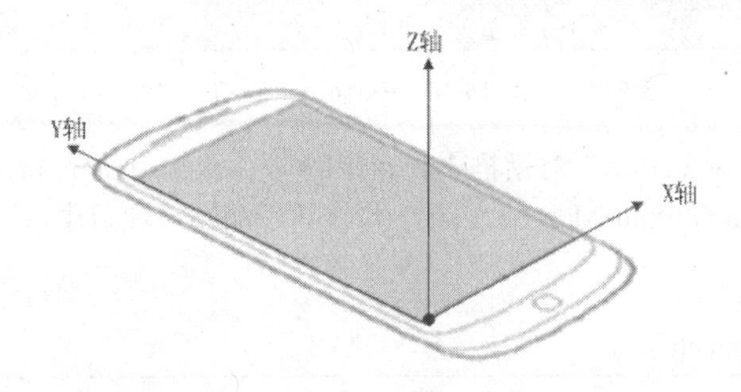

图 14-9　传感器的坐标系

加速度传感器捕捉的 3 个参数被保存在 SensorEvent 类的 float 型数组 values 中，分别对应于坐标系 X、Y、Z 轴方向的值。

下面，将通过一个简单的实例向读者介绍如何获取加速度的值，正如前一节介绍的工具中 SensorSimulatorSettings 所做的一样，只是这里我们将向读者分别介绍在真机和模拟器上的用法，二者有一些细节的差异。

实例 14-1　获取加速度传感器的值（\Chaper14\AccelaratorDemo）

演示如何使用加速度传感器，在本实例中将读取加速度传感器的值。

（1）创建工程

创建一个新的 Android 工程，工程名为 AccelaratorDemo，并为该工程添加如下文件。

AccelaratorActivity.java：创建程序的 Activity 类，用于获取并显示加速传感器的值。

（2）为项目添加 SensorSimulator 的 JAR 包

为使本实例能够使用 SensorSimulator 工具的类和方法，需要为本项目添加 SensorSimulator 提供的 JAR 开发包，添加方法如下。

①在 Eclipse 的 Package Explorer 中找到本实例项目，右键单击项目并选择“Properties”选项，弹出如图 14-10 所示的 Properties 对话框。

②选择左列的“Java Build Path”选项，然后单击“Libraries”选项卡。

③单击“Add External JARs”按钮添加所需的 JAR 包。

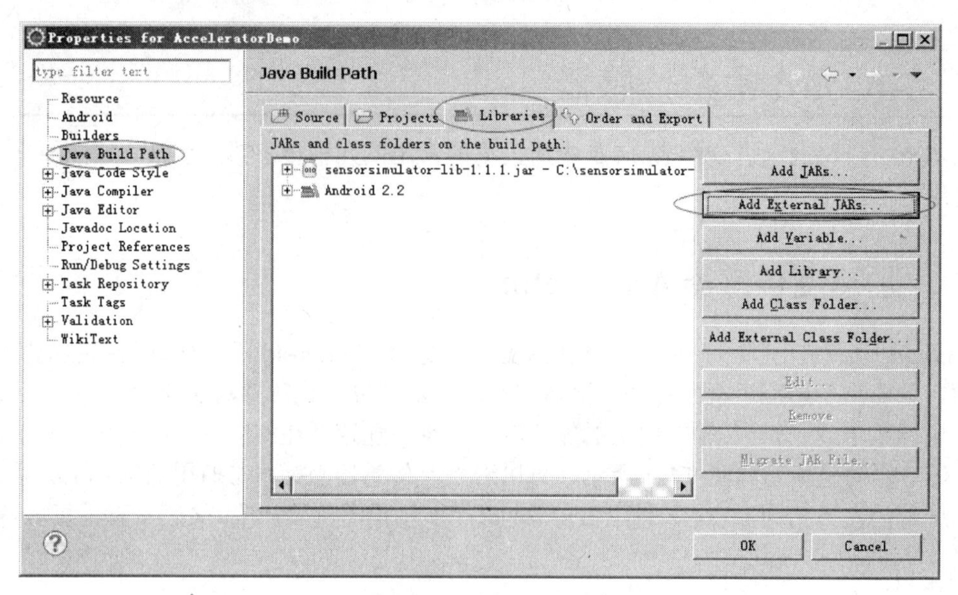

图 14-10　Properties 窗口

④在弹出的“JAR Selection”对话框中将目录导向 C:\ sensorsimulator-1.1.1\lib 文件夹，并选择该目录下的 sensorsimulator-lib-1.1.1.jar，并将其添加到该项目中。

（3）编写代码

代码 14-1　AccelaratorActivity.java

```
01. public class AcceleratorActivity extends Activity {
02.     private TextView axText = null;
03.     private TextView ayText = null;
04.     private TextView azText = null;
05.     //private SensorManager mSensorManager = null;
06.     private SensorManagerSimulator mSensorManager = null;
07.     /** Called when the activity is first created. */
08.     @Override
09.     public void onCreate(Bundle savedInstanceState) {
10.         super.onCreate(savedInstanceState);
11.         setContentView(R.layout.main);
12.         axText = (TextView) findViewById(R.id.ax);
13.         ayText = (TextView) findViewById(R.id.ay);
14.         azText = (TextView) findViewById(R.id.az);
15.         //mSensorManager = (SensorManager)
16.         //                        getSystemService(SENSOR_SERVICE);
17.         mSensorManager = SensorManagerSimulator.getSystemService(
18.                                             this, SENSOR_SERVICE);
19.         mSensorManager.connectSimulator();
20.     }
```

代码说明

①代码第 6 行定义 SensorManagerSimulator 类型的对象，需要注意的是在模拟器上使用的

是该类型对象，如果是在真机上需要如代码第 5 行那样来代替这行代码定义 SensorManager 类型的对象。

②代码第 12-14 行分别获取三个 TextView 实例，用于显示 X、Y 和 Z 轴方向的加速度。

③代码第 17、18 行用于获取 SensorManagerSimulator 对象实例，需要注意的是这是在模拟器上的用法，在真机上应该使用第 15、16 代码来代替这两行代码来获取 SensorManager 对象实例。

④代码第 19 行连接主机上的 SensorSimulator。如果运行在真机上不需要这行代码。

```
21.     private SensorEventListener mSensorListener
22.                                 = new SensorEventListener() {
23.         @Override
24.         public void onAccuracyChanged(Sensor arg0, int arg1) {
25.         }
26.         @Override
27.         public void onSensorChanged(SensorEvent event) {
28.             if (event.sensor.TYPE_ACCELEROMETER
29.                  == Sensor.TYPE_ACCELEROMETER) {
30.                 float[] values = event.values;
31.                 axText.setText("x 方向的加速度为：" + values[0]);
32.                 ayText.setText("y 方向的加速度为：" + values[1]);
33.                 azText.setText("z 方向的加速度为：" + values[2]);
34.             }
35.         }
36.     };
```

代码说明

①代码第 21-36 行定义了传感器的监听器。

②代码第 23-25 行重写了 SensorEventListener 的 onAccuracyChanged 方法，当传感器的精度改变是被调用，在这里因为只是简单地读取加速度的值，因此在该方法里没有进行任何操作。

③代码第 26-35 行重写了 SensorEventListener 的 onSensorChanged 方法，当传感器的值发生变化时被调用。

④代码第 28、29 行判断是否为加速度传感器类型，只对该类型传感器进行操作。

⑤代码第 30-34 行分别读取三个方向的加速度值并将值显示在 TextView 中。

```
37.     @Override
38.     protected void onResume() {
39.         mSensorManager.registerListener(mSensorListener,
40.             mSensorManager.getDefaultSensor(Sensor.TYPE_ACCELEROMETER),
41.             SensorManager.SENSOR_DELAY_UI);
42.         super.onResume();
43.     }
```

代码说明

代码第 37～43 行重写 Activity 的 onResume 方法，在该方法中注册传感器监听器。其中，代码第 40 行用 mSensorManager 的 getDefaultSensor 方法获取 TYPE_ACCELEROMETER 类型的传感器，即加速度传感器；代码第 41 行的参数表示传感器的更新频率为 SENSOR_DELAY_UI。

```
44.     @Override
45.     protected void onPause() {
```

```
46.         mSensorManager.unregisterListener(mSensorListener);
47.         super.onPause();
48.     }
49. }
```

代码说明

代码第 45～48 行重写 Activity 的 onPause 方法，在该方法中取消注册的传感器监听器。

最后，在模拟器上运行本实例时需与主机进行网络通信，因此必须在 AndroidManifest.xml 中设置网络访问权限，在真机上不需要设置。代码如下：

```
<uses-permission
    android:name="android.permission.INTERNET">
</uses-permission>
```

（4）运行程序

运行程序，在模拟器上运行时，可以通过主机上的 SensorSimulator 模拟传感器的运动，在真机上运行时可以让手机随意运动，程序运行界面如图 14-11 所示。

图 14-11　加速度传感器实例运行结果

14.3.2　方向传感器 Orientation

方向传感器是 Android 手机传感器标准配置中的另外一种，主要用于感应手机方向的变化，它捕获的也是 3 个参数，分别代表手机沿 X、Y、Z 轴转过的角度，单位为 degree。这 3 个参数也是被保存在 SensorEvent 类的 float 型数组 values 中。其中，

①SensorEvent.values[0]：Azimuth，沿 Z 轴旋转时，地磁北极和 Y 轴间的角度（0～359）。其中，Y 轴朝向为东西南北时的值为：0=北，90=东，180=南，270=西。

②SensorEvent.values[1]：Pitch，沿 X 轴旋转与 Z 轴间的角度（-180 to 180），当 Z 轴朝向 Y 轴旋转时为正值。

③SensorEvent.values[2]：Roll，沿 Y 轴旋转与 Z 轴间的角度（-90 to 90），当 X 轴朝向 Z 轴旋转时为正值。

编者手记

值得注意的是，方向传感器是由于遗留原因一直存在的，最好结合使用 getRotationMatrix() 和 remapCoordinateSystem()以及 getOrientation()方法来计算这 3 个角度。另外，需要指出的是，由于历史的原因使得 Roll 在顺时针方向时为正，但从数学角度讲，应该是逆时针方向为正。

对于方向传感器的使用方法和加速度传感器的使用方法基本一致，只需要在实例 14-1 的代码上做简单的修改，即可读取方向传感器的值。与 AccelaratorActivity.java 相比，需要修改的

代码如下：

代码 14-2　OrientationActivity.java

```
28.           if (event.sensor. TYPE_ORIENTATION
29.                == Sensor. TYPE_ORIENTATION) {
30.               float[] values = event.values;
31.               axText.setText("Azimuth 角度为：" + values[0]);
32.               ayText.setText("Pitch 角度为：" + values[1]);
33.               azText.setText("Roll 角度为：" + values[2]);
......
39.         mSensorManager.registerListener(mSensorListener,
40.              mSensorManager.getDefaultSensor(Sensor.TYPE_ORIENTATION),
41.              SensorManager.SENSOR_DELAY_UI);
```

代码说明

①代码第 28、29 行判断是否为方向传感器。

②代码第 40 行设置传感器类型为方向传感器。

运行程序后，读取的方向传感器值的结果如图 14-12 所示。

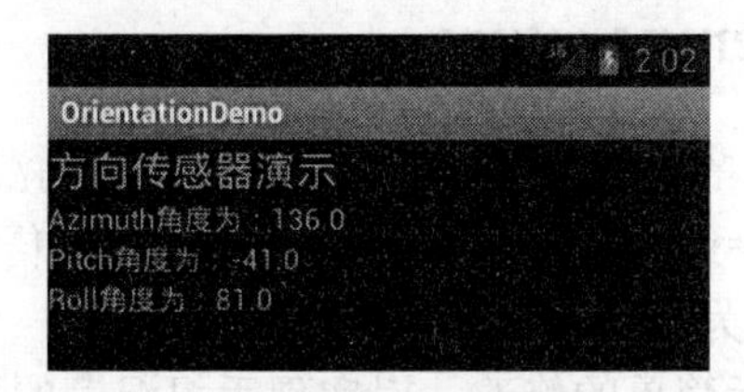

图 14-12　方向传感器演示运行结果

14.3.3　磁场传感器 Magnetic Field

磁场传感器主要用于感应磁场的变化，该传感器可以检测周围磁场的强度值，单位为 uT，即微特斯拉。利用这个传感器可以开发出如指南针、罗盘等非常实用的应用程序。

该传感器捕获的磁场值分为 3 个值，被保存在 SensorEvent 类的 float 型数组 values 中。其中，

①SensorEvent.values[0]：X 轴方向的磁场强度。

②SensorEvent.values[1]：Y 轴方向的磁场强度。

③SensorEvent.values[2]：Z 轴方向的磁场强度。

对于磁场传感器的使用方法和前面介绍的传感器的使用方法基本一致，只需要在实例 14-1 的代码上做简单的修改，即可读取磁场传感器的值。与 AccelaratorActivity.java 相比，需要修改的代码如下：

代码 14-3　MagneticFieldActivity.java

```
28.           if (event.sensor.TYPE_MAGNETIC_FIELD
29.                == Sensor.TYPE_MAGNETIC_FIELD) {
30.               float[] values = event.values;
31.               axText.setText("X 方向的磁场强度值为：" + values[0]);
32.               ayText.setText("Y 方向的磁场强度值为：" + values[1]);
```

```
33.                azText.setText("Z 方向的磁场强度值为: " + values[2]);
......
39.          mSensorManager.registerListener(mSensorListener,
40.             mSensorManager.getDefaultSensor(Sensor. TYPE_MAGNETIC_FIELD),
41.               SensorManager.SENSOR_DELAY_UI);
```

代码说明

①代码第 28、29 行判断是否为磁场传感器。

②代码第 40 行设置传感器类型为磁场传感器。

运行程序后，读取的磁场传感器值的结果如图 14-13 所示。

图 14-13　磁场传感器演示运行结果

14.3.4　温度传感器 Temperature

温度传感器也是一个常用的传感器，可以用来测试手机的温度，以便校准内部的硬件，通过运用该传感器可以开发诸如手机温度计等有趣的应用。温度传感器所捕获的温度值被保存在 SensorEvent.values[0]中，单位为摄氏度（℃）。

下面通过对实例 14-1 进行简单的修改，以实现手机温度的读取。

代码 14-4　TemperatureActivity.java

```
28.             if (event.sensor.TYPE_TEMPERATURE
29.                  == Sensor. TYPE_TEMPERATURE) {
30.                float[] values = event.values;
31.                temperatureText.setText("手机温度为: " + values[0]);
......
37.          mSensorManager.registerListener(mSensorListener,
38.             mSensorManager.getDefaultSensor(Sensor. TYPE_TEMPERATURE),
39.               SensorManager.SENSOR_DELAY_UI);
```

代码说明

①代码第 28、29 行判断是否为温度传感器。

②代码第 38 行设置传感器类型为温度传感器。

运行程序后，读取的手机温度值如图 14-14 所示。

图 14-14　温度传感器演示

14.3.5　光传感器 Light

光传感器主要可以用来检测手机周围光的强度，通过运用该传感器可以对手机屏幕的亮度根据当前环境自适应地进行调整。光传感器所捕获的光强度值被保存在 SensorEvent.values[0] 中，单位为勒克斯（lux）。

下面通过对实例 14-1 进行简单的修改，以实现手机周围光强的检测。

代码 14-5　LightActivity.java

```
28.             if (event.sensor.TYPE_LIGHT
29.                  == Sensor.TYPE_LIGHT) {
30.                 float[] values = event.values;
31.                 lightText.setText("手机周围光强度为: " + values[0]);
......
37.         mSensorManager.registerListener(mSensorListener,
38.             mSensorManager.getDefaultSensor(Sensor.TYPE_LIGHT),
39.               SensorManager.SENSOR_DELAY_UI);
```

代码说明

①代码第 28、29 行判断是否为光传感器。

②代码第 38 行设置传感器类型为光传感器。

运行程序后，读取的手机周围光强度值如图 14-15 所示。

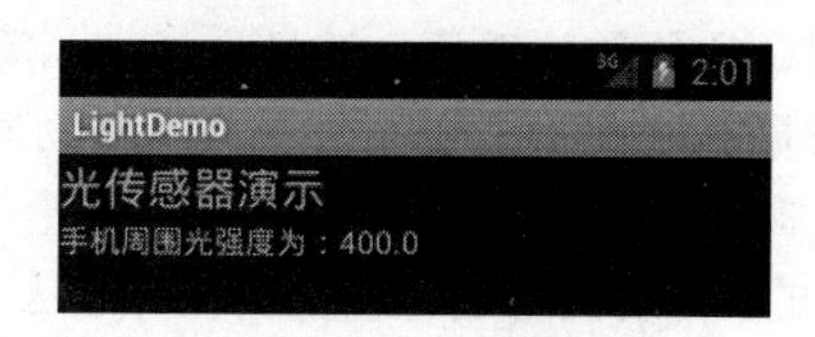

图 14-15　光传感器演示

编者手记

除了上面介绍的几种传感器以外，Android 还提供了一些其他的传感器，如压力传感器、近程传感器、旋转向量传感器等。对于这些传感器，在此不进行一一赘述，它们的使用方法和之前介绍的传感器基本大同小异，有兴趣的读者可以查阅 Android SDK 等资料进行详细学习。

14.4　传感器应用案例—Box2D 重力球

在前面介绍了 Android 各种传感器的基本知识之后，本节将向读者介绍传感器在 Android 中的具体应用案例。这里，我们将结合 Box2D 物理引擎和加速度传感器实现一个重力小球的简单应用。

14.4.1 Box2D 物理引擎

Box2D 是一款用于 2D 游戏的开源物理引擎。在 Box2D 物理世界里，创建出的每个物体都更接近于真实世界中的物体，让游戏中的物体运动起来更加真实可信，让游戏世界看起来更具交互性和真实感。Box2D 在很多平台都有相应的版本：Flash 版本、Iphone 版本、Java 版本（JBox2D）等，Android 开发采用的是 Java 语言，因此这里介绍的对应 Box2D 平台也是 Java 平台，称为 JBox2D，对应的版本为 JBox2d 2.0.1。由于 JBox2D 的图形渲染使用的是 Processing 库，因此在 Android 平台上使用 JBox2D 时，图形渲染工作只能自行开发。该引擎能够根据开发人员设定的参数，如重力、密度、摩擦系数和弹性系数等，自动地进行 2D 刚体物理运动的全方位模拟。

编者手记

所谓的物理引擎，主要功能是通过赋予物体真实的物理属性来模拟物体的运动，包括碰撞、移动、旋转等。物理引擎不仅会帮助实现碰撞检测、力学公式模拟，而且还会提供很多机械结构的实现，如滑轮、齿轮、铰链等。

Box2D 物理引擎中涉及到众多的物理学概念，主要包括：

1. *密度（density）*

物理学中密度指的是物理单位体积的质量，符号为“ρ”，常用单位为 kg/m^3。它是物质的一种基本特性，不随物体的质量、体积的改变而改变，同种物质的密度相同。在 Box2D 物理引擎中，当物体密度设置为 0 时，此物体被视为“静态物体”；所谓“静态物体”表示不需要运动的物体；比如现实生活中的山、房门等这些没有外力不会发生运动的物体就被认为是静态不运动的。

2. *质心（centroid）*

物体（或物体系）的质量中心，是研究物体（或物体系）机械运动的一个重要参考点。当作用力（或合力）通过该点时，物体只作移动而不发生转动；否则在发生移动的同时物体将绕该点转动。研究质心的运动时，可将物体的质量看作集中于质心。理论上，质心是对物体的质量分布用“加权平均法”求出的平均中心。

3. *摩擦力（friction）*

当两个互相接触的物体，如果将要发生或者已经发生相对运动。就会在接触面上产生一种阻碍该相对运动的力，这种力就称之为摩擦力。根据物体是否发生相对运动可以分为静摩擦力与滑动摩擦力，实际开发中可以进行简化，但若要模拟更加真实的效果就需要分别开发。在 Box2D 物理引擎中，摩擦力的取值通常设置在 0～1 之间，0 意味着没有摩擦，1 会产生最强摩擦。

4. *恢复系数（restitution）*

两物体碰撞后的总动能与碰撞前的总动能之间的比称之为恢复系数，其取值范围为 0～1。如果恢复系数为 1，则碰撞为完全弹性碰撞，满足机械能守恒；如果恢复系数小于 1 并且大于 0，则为非完全弹性碰撞，不满足机械能守恒，这种情况是最常见的；如果恢复系数为 0，则为完全非弹性碰撞，两个物体会粘在一起。

Box2D 为了使物体与关节等更加贴近现实的模拟，在 Box2D 引擎中使用的长度单位是“米（m）”，所以 Box2D 引擎中的一些方法的长度参数不再是以像素为单位，而是需要转换成“米”；反之，从 Box2D 引擎函数返回值中得到的长度值也是以“米”做单位的，使用其值前需要将其转换为像素，然后再使用。另外，Box2D 也和手机屏幕采用不同的坐标系。如图 14-16 所示，创建了一个边长 200m 的平面物理世界，手机屏幕的左上角（0，0）坐标，正是物理世界的中心点坐标。手机屏幕绘制图形时，一般默认以左上角作为锚点，而在 Box2d 的物理世界中，一个新的 Body（物体）等被创建出来之后，默认以其质心（当物体密度均匀时，即为几何中心点）作为锚点。

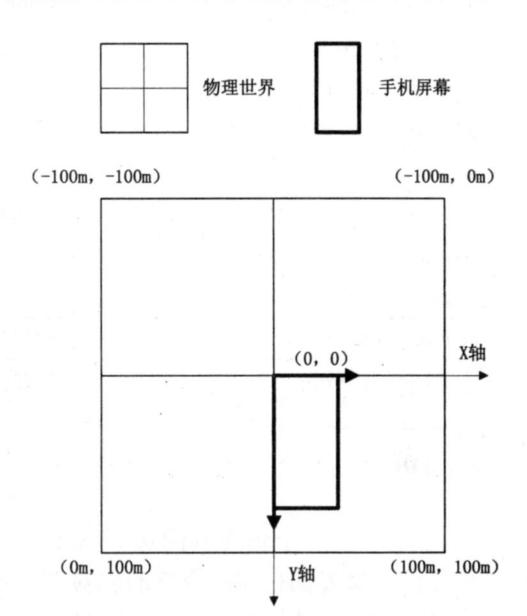

图 14-16　Box2D 物理世界和手机屏幕坐标系

5. *刚体*

刚体是指在任何力的作用下，体积和形状都不发生改变的物体。在物理学中，理想的刚体是一个固体的，尺寸值有限的，形变情况可以被忽略的物体。不论有否受力，在刚体内任意两点的距离都不会改变。在运动中，刚体上任意一条直线在各个时刻的位置都保持平行。

14.4.2　JBox2D 常用类介绍

在介绍了 Box2D 物理引擎的基本知识之后，本小节将向读者介绍 Box2D 的 Java 版本 JBox2D 中一些常用的类。

1. *Vec2 类*

Vec2 类用于表示一个二维向量或二维坐标，在 JBox2D 中使用频率非常高，通常用于表示物体的位置、速度和加速度等。该类属于 org.jbox2d.common 包，继承于 java.lang.Object 类。该类的构造函数和主要方法如表 14-3 所示。

表 14-3　　Vec2 类的构造函数和主要方法

构造函数或方法名	描述
public Vec2(float x, float y)	创建一个 Vec2 对象，x 和 y 分别为 X 轴和 Y 轴的分量
public static Vec2 abs(Vec2 a)	返回向量的绝对值
public Vec2 add(Vec2 v)	返回该向量与另一向量的和
public Vec2 addLocal(Vec2 v)	返回该向量与另一向量的和，同时改变当前向量
public Vec2 clone()	复制向量
public float length()	返回向量的长度
public float lengthSquared()	返回向量长度的平方
public static Vec2 max(Vec2 a, Vec2 b)	返回两个向量中较大的向量
public static Vec2 min(Vec2 a, Vec2 b)	返回两个向量中较小的向量
public void set(float x, float y)	设置向量 X 轴和 Y 轴的分量
public void set(Vec2 v)	设置当前向量为向量 v
Public void setZero()	设置向量为 0 向量

2.　AABB 类

AABB 类是一个轴对齐的边界盒子，用于表示物理模拟世界的范围。所谓的轴对齐，是指盒子的左、右侧边界与 Y 轴平行，同时上、下侧边界与 X 轴平行，如图 14-17 所示。该类属于 org.jbox2d.collision 包，继承于 java.lang.Object 类。

需要注意的是，使用该类对象创建模拟边界时，使用的度量单位是“米”，同时 AABB 的范围应该永远大于或等于物理实际所占区域大小。该类的构造函数和主要方法及属性如表 14-4 所示。

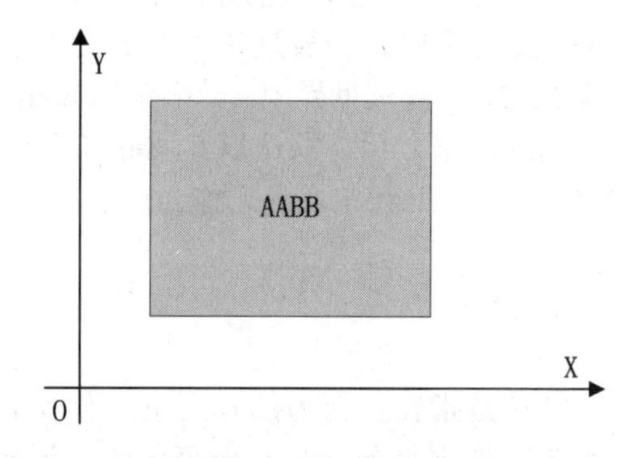

图 14-17　AABB 定义的物理模拟世界范围

表 14-4　　AABB 类的构造函数和主要方法及属性

方法、属性或构造函数名	描述
public AABB()	创建 AABB 对象
public Vec2 lowerBound	用于指定 AABB 对象左、上边界的 Vec 对象
public Vec2 upperBound	用于指定 AABB 对象右、下边界的 Vec 对象
public boolean isValid()	判断 AABB 对象是否合法
public boolean testOverlap(AABB box)	判断两个 AABB 对象是否重叠（碰撞）

3.　BodyDef 类

BodyDef 类对象用于存储刚体的一些描述性信息，主要是在创建刚体时被调用。该类属于

org.jbox2d.dynamics 包，继承于 java.lang.Object 类。该类的构造函数和主要方法及属性如表 14-5 所示。

表 14-5　　BodyDef 类的构造函数和主要方法及属性

方法、属性或构造函数名	描述
public BodyDef ()	创建 BodyDef 对象
public boolean allowSleep	表示是否允许刚体休眠的标志
public float angle	刚体在世界坐标系中的角度
public boolean isBullet	表示是否时刻检测碰撞的表示，一般用于子弹等刚体
public boolean isSleeping	表示刚体当前是否处于休眠状态的标志
public MassData massData	刚体的质量
public Vec2 position	刚体的位置

4. *World 类*

World 类用于表示 Box2D 引擎中的物理世界，所有刚体（Body）都必须放在 Box2D 这个物理世界中，因为物理世界也是有范围的，一旦物体不在世界范围内，它们将不会进行物理模拟。JBox2D 支持同时创建多个世界，但这通常是不必要的。要创建一个世界对象，首先需要创建一个世界的 AABB 对象用于表示物理世界的范围。该类属于 org.jbox2d.dynamics 包，继承于 java.lang.Object 类，它的构造函数和主要方法及属性如表 14-6 所示。

表 14-6　　World 类的构造函数和主要方法及属性

方法、属性或构造函数名	描述
public World (AABB worldAABB, Vec2 gravity, boolean doSleep)	创建 World 类对象
public Body createBody(BodyDef def)	根据刚体描述信息创建刚体
public void destroyBody(Body b)	从物理世界中销毁刚体
public int getBodyCount()	返回刚体个数
public Body getBodyList()	返回刚体列表
public Vec2 getGravity()	返回重力向量
public AABB gerWorldAABB()	返回物理世界的 AABB 对象
public void setGravity(Vec2 gravity)	设置重力向量
public void step(float dt, int iterations)	开始进行模拟

5. *ShapeDef 类*

ShapeDef 类对象用于存储形状的描述性信息，它有两个子类，分别是 CircleDef（圆形描述）和 PolygonDef（多边形描述）。该类属于 org.jbox2d.collision 包，继承于 java.lang.Object 类，其基本属性如表 14-7 所示。

表 14-7　　ShapeDef 类的基本属性

属性名	描述
public float density	密度，单位为 kg/m^2
public float friction	摩擦力
public float restitution	恢复系数
public java.lang.Object userData	用户自定义数据

6. CircleDef 类

CircleDef 类对象用于存储圆形几何形状的一些描述性信息，包括圆心坐标、半径等。该类属于 org.jbox2d.collision 包，继承于 ShapeDef 类，其构造函数及属性如表 14-8 所示。

表 14-8　　CircleDef 类的构造函数及属性

构造函数及属性名	描述
public CircleDef()	创建 CircleDef 对象
public float radius	圆形的半径
public Vec2 localPosition	圆形的圆心坐标

7. PolygonDef 类

PolygonDef 类对象用于存储多边形几何形状的顶点信息。需要注意的是，这里的多边形指凸多边形，并且多边形顶点顺序以顺时针方向卷绕。该类属于 org.jbox2d.collision 包，继承于 ShapeDef 类，其构造函数及主要方法如表 14-9 所示。

表 14-9　　PolygonDef 类的构造函数及主要方法

构造函数及主要方法名	描述
public PolygonDef ()	创建 PolygonDef 对象
public void addVertex(Vec2 v)	为多边形添加一个顶点
public void clearVertices()	移除多边形的所有顶点
public int getVertexCount()	获取顶点的个数
public java.util.List<Vec2> getVertexList()	获取所有顶点的集合
public void setAsBox(float hx, float hy)	设置多边形为矩形形状，hx 和 hy 分别为矩形宽高的一半

8. Body 类

Body 类对象用于表示物理世界中的刚体。在创建该类的对象时，不能直接通过构造器创建，必须通过 World 类对象的 createBody(BodyDef bd)方法进行创建，然后调用 Body 类对象的 createShape(ShapeDef sd)方法创建刚体对应的几何形状，再调用 setMassFromShapes()方法计算出该刚体的质量。Body 类属于 org.jbox2d.dynamics 包，继承于 java.lang.Object 类，其主要方法如表 14-10 所示。

表 14-10　　　　　　　　　　Body 类的主要方法

主要方法名	描述
public Shape createShape(ShapeDef def)	创建一个几何形状并将其添加进刚体
public void destroyShape(Shape s)	销毁一个几何形状
public float getMass()	获取刚体的质量
public Body getNext()	获取刚体列表中的下一个刚体
public Vec2 getPosition()	获取刚体的位置
public Shape getShapeList()	获取刚体包含的几何形状的列表
public World getWorld()	获取刚体所属的世界对象
public Vec2 getWorldCenter()	获取刚体质心在世界坐标系的位置
public boolean isSleeping()	判断刚体是否为活动的
public void setMassFromShapes()	根据密度及几何形状自动计算刚体质量
public boolean isStatic()	判断刚体是否为静止的

14.4.3　Box2D 物理世界模拟

通过 Box2D 实现物理世界的模拟，首先需要创建 Box2D 物理世界，然后为其设置物理模拟，具体过程如下。

1.　创建 Box2D 物理世界

创建一个 Box2D 物理世界的唯一方式是调用 World 类的构造函数，定义如下：

```
Public world(AABB worldAABB, Vec2 gravity, boolean doSleep)
```

其中，该构造函数的 3 个参数含义如下：

（1）worldAABB：一个 AABB 类的实例，AABB 表示一个物理模拟世界的范围；

（2）gravity：一个 Vec2 实例，用于表示物理世界的重力方向；

（3）doSleep：一个布尔值变量，用于表示在物理世界中，是否对静止不动的物体进行休眠。如果设置其值为“true”，则表示当物理世界开始进行模拟时，在这个物理世界中静止没有运行的物体都将进行休眠，除非物体被施加了力的作用或者与其他物体发生碰撞之后会被唤醒；如果设置其值设置为“false”，那么物理世界中的所有物体不管是否静止都会一直进行物理模拟。

完整地创建一个 Box2D 物理世界的代码如下所示：

```
AABB worldAABB = new AABB(); // 实例化表示物理世界范围的 AABB 对象
worldAABB.lowerBound.set(-100, -100); // 设置 AABB 对象的左上坐标
worldAABB.upperBound.set(100, 100); // 设置 AABB 对象的右下坐标
Vec2 gravity = new Vec2(0, 10); // 实例化用于表示物理世界重力方向的 Vec2 对象
World world = new World(worldAABB, gravity, true); // 创建物理世界 world
```

其中，上述代码有两点值得注意：

（1）worldAABB 对象设置左上坐标和右下坐标时，传入的参数单位为“米”而非“像素”，

这里即为-100m 和 100m。

（2）设置物理世界重力方向向量 gravity 时，其两个参数在这里分别表示物理世界中的 X 轴与 Y 轴方向上的重力数值，“+”和“-”符号表示 X 与 Y 轴的重力方向，X 轴正值表示向右，Y 轴正值表示向下；因为是模拟真实世界，所以这里的 X 重力向量设置为零，Y 轴方向设置为现实生活中的重力值：+10，即为 10N（牛顿）。

2. 创建 Box2D 物理世界中的刚体

在 Box2D 物理世界中，创建刚体大致分为 3 步：

（1）创建刚体形状对象；

（2）创建刚体描述信息对象；

（3）根据形状对象和刚体描述信息对象创建一个刚体。

具体的代码如下所示：

```
// 创建圆形形状
CircleDef shape = new CircleDef(); // 实例化圆形形状对象
shape.density = 1.0f; //设置圆形形状的密度
shape.friction = friction; // 设置圆形形状的摩擦力
shape.restitution = restitution; // 设置圆形形状的恢复系数
shape.radius = 1; // 设置圆形形状的半径，单位为米，即 1 米
// 创建刚体描述信息对象
BodyDef bodydef = new BodyDef(); // 实例化刚体描述信息对象
bodydef.position.set(5, 3); // 设置刚体在物理世界坐标系中的坐标位置
//根据形状对象和刚体描述信息对象创建刚体
Body body = mWorld.createBody(bodydef);  // 创建刚体对象
body.createShape(shape);  // 为刚体添加形状，这里为圆形形状
body.setMassFromShapes(); //根据密度及几何形状自动计算刚体质量
body.setUserData("ball"); //为刚体设置用户自定义数据
```

3. 启动 Box2D 物理世界模拟

当创建好物理世界并且在其中添加好刚体之后，便可以启动 Box2D 物理世界的模拟，启动方法为：

```
World.step(float timeStep, int iterations)
```

其中，该方法的两个参数含义如下：

（1）timeStep：表示物理世界模拟的频率；如设置 timeStep 为 1/60，即表示每秒将会进行 60 次模拟；一般而言，该值应该与应用程序的刷新频率保持一致，否则会导致物理世界模拟的不同步；

（2）iterations：表示物理世界模拟的迭代值，即是单次模拟中进行迭代模拟运算的次数，该值越大模拟越精确，但性能越低。

14.4.4 Box2D 重力球实例

在经过本节前面几个小节对 Box2D 物理引擎基本知识的介绍之后，在这一小节中，将向读者介绍使用 Android 加速度传感器和 Box2D 物理引擎实现重力球实例的具体过程。

实例 14-2　Box2D 重力球实例（\Chaper14\GravityBall）

（1）创建工程

创建一个新的 Android 工程，工程名为 GravityBall，并为该工程添加如下文件。

GravityBallActivity.java：创建程序的 Activity 类，用于模拟并显示重力小球运动过程。

（2）编写代码

代码 14-6　GravityBallActivity.java

```
01. public class GravityBallActivity extends Activity {
02.     private final static int RATE = 30; // 屏幕到现实世界的比例 30px: 1m;
03.     private DisplayMetrics mDisplayMetrics = null;
04.     private AABB AABBWorld = null;
05.     private World mWorld = null;
06.     private float friction;
07.     private float restitution;
08.     private float halfThin;
09.     protected Body body;
10.     protected float gx;
11.     protected float gy;
12.     private float timeStep;
13.     private int iterations;
14.     private GameView mGameView = null;
15.     private Handler mHandler = null;
```

代码说明

①代码第 2 行定义 int 变量 RATE 表示屏幕到物理世界的比例，30pixel 对应物理世界的 1m。

②代码第 3 行定义表示屏幕显示信息的 DisplayMetrics 对象 mDisplayMetrics。

③代码第 4、5 行分别定义物理世界和物理世界范围对象。

④代码第 6、7 行分别定义摩擦力和恢复系数值。

⑤代码第 9 行定义刚体对象 body。

⑥代码第 14 行定义视图对象 mGameView，其中 GameView 类为自定义类，继承于 View。

⑦代码第 15 行定义 Handler 对象，用于线程消息传递。

```
16.     public void onCreate(Bundle savedInstanceState) {
17.         super.onCreate(savedInstanceState);
18.         requestWindowFeature(Window.FEATURE_NO_TITLE);
19.         getWindow().setFlags(WindowManager.LayoutParams.FLAG_FULLSCREEN,
20.                 WindowManager.LayoutParams.FLAG_FULLSCREEN);
21.         mDisplayMetrics = new DisplayMetrics();
22.         getWindowManager().getDefaultDisplay()
23.                 .getMetrics(mDisplayMetrics);
24.         initValues();
25.         createWorld();
26.         createGround();
27.         createBalls();
```

代码说明

①代码第 18 行设置屏幕特性为不显示标题。

②代码第 19、20 行设置屏幕为全屏显示。

③代码第 21～23 行获取屏幕显示信息。

④代码第 24 行初始化参数。

⑤代码第 25 行创建物理世界。

⑥代码第 26 行创建物理世界中的一个平面。

⑦代码第 27 行创建物理世界中的球。

```
28.         setGravityChangeListener();
29.         mGameView = new GameView(this);
30.         setContentView(mGameView);
31.         mHandler = new Handler();
32.         mHandler.post(updateView);
33.     }
```

代码说明

①代码第 28 行设置传感器。

②代码第 29 行实例化 GameView 对象 mGameView。

③代码第 30 行设置界面显示视图为 mGameView。

④代码第 31 行实例化 Handler 对象 mHandler。

⑤代码第 32 行将 updateView 线程添加到 mHandler 的消息队列，即是启动模拟。

```
34.     public void onStop() {
35.         super.onStop();
36.         finish();
37.     }
38.     private Runnable updateView = new Runnable() {
39.         public void run() {
40.             Vec2 v = new Vec2();
41.             v.set(gx, gy);
42.             mWorld.setGravity(v);
43.             mWorld.step(timeStep, iterations);
44.             body = mWorld.getBodyList();
45.             mGameView.updateView();
46.             mHandler.postDelayed(updateView, (long)timeStep*1000);
47.         }
48.     };
```

代码说明

①代码第 34～37 行重写 Activity 的 onStop 方法，用于完成并退出当前 Activity。

②代码第 38～48 行定义 Runnable 对象 updateView。

③代码第 40～42 行设置物理世界重力方向向量。

④代码第 43 行开始进行物理世界模拟。

⑤代码第 44 行获取物理世界中的刚体对象列表。

⑥代码第 45 行更新界面视图。

⑦代码第 46 行用于每隔 timeStep 秒的时间后重新执行 updateView。

```
49.     private void setGravityChangeListener() {
50.         SensorManager sensorMgr =
51.                 (SensorManager)getSystemService(SENSOR_SERVICE);
52.         Sensor sensor =
53.                 sensorMgr.getDefaultSensor(Sensor.TYPE_ACCELEROMETER);
54.         SensorEventListener listener = new SensorEventListener() {
55.             public void onAccuracyChanged(Sensor sensor, int accuracy) {
56.             }
57.             public void onSensorChanged(SensorEvent event) {
58.                 gx = -event.values[SensorManager.DATA_X];
59.                 gy = event.values[SensorManager.DATA_Y];
60.             }
61.         };
62.         sensorMgr.registerListener(
63.                 listener, sensor, SensorManager.SENSOR_DELAY_GAME);
64.     }
```

代码说明

①代码第 50、51 行获取 SensorManager 对象。

②代码第 52、53 行获取加速度传感器对象 sensor。

③代码第 54～61 行为传感器设置事件监听器。

④代码第 57～60 行重写 onSensorChanged 方法，获取更新后的 X 和 Y 方向的重力加速度。

⑤代码第 62、63 行为 sensor 注册传感器事件监听器，并设置更新频率。

```
65.     private void initValues() {
66.         gx = 0.0f;
67.         gy = 10.0f;
68.         friction = 0.2f;
69.         restitution = 0.8f;
70.         halfThin = 1.0f;
71.         timeStep = 1.0f/60.0f;
72.         iterations = 10;
73.     }
74.     private void createWorld() {
75.         AABBWorld = new AABB();
76.         AABBWorld.lowerBound.set(-20.0f, -20.0f);
77.         AABBWorld.upperBound.set(120.0f, 120.0f);
78.         Vec2 gVec2 = new Vec2(gx, gy);
79.         mWorld = new World(AABBWorld, gVec2, false);
80.     }
```

代码说明

①代码第 65～73 行定义 initValues 方法用于初始化一些参数设置。

②代码第 74～80 行定义 createWorld 方法创建物理世界。

③代码第 76、77 行设置物理世界的范围。

```
81.     private void createGround() {
82.         BodyDef bodydef = new BodyDef();
83.         bodydef.position.set(0.0f, 0.0f);
84.         Body body = mWorld.createBody(bodydef);
85.         PolygonDef shape = new PolygonDef();
86.         Vec2 centerVec2 = new Vec2();
87.         shape.density = 0.0f;
88.         shape.friction = friction;
89.         shape.restitution = restitution;
90.         centerVec2.set(
91.                 -halfThin, mDisplayMetrics.heightPixels/RATE/2.0f);
92.         shape.setAsBox(halfThin,
93.                 mDisplayMetrics.heightPixels/RATE/2.0f, centerVec2, 0);
94.         body.createShape(shape);
95.         centerVec2.set(mDisplayMetrics.widthPixels/RATE+halfThin,
96.                 mDisplayMetrics.heightPixels/RATE/2.0f);
97.         shape.setAsBox(halfThin,
98.                 mDisplayMetrics.heightPixels/RATE/2.0f, centerVec2, 0);
99.         body.createShape(shape);
100.        centerVec2.set(
101.                mDisplayMetrics.widthPixels/RATE/2.0f, -halfThin);
102.        shape.setAsBox(mDisplayMetrics.widthPixels/RATE/2.0f,
103.                halfThin, centerVec2, 0);
104.        body.createShape(shape);
105.        centerVec2.set(mDisplayMetrics.widthPixels/RATE/2.0f,
106.                mDisplayMetrics.heightPixels/RATE+halfThin);
107.        shape.setAsBox(mDisplayMetrics.widthPixels/RATE/2.0f,
108.                halfThin, centerVec2, 0);
109.        body.createShape(shape);
110.        body.setMassFromShapes();
111.    }
```

代码说明

①代码第 81～111 行定义 createGround 方法用于创建一个平面。

②代码第 92、93 行设置多边形为矩形，并设置该矩形的宽和高，其中以米为单位，将像素转换为米。

③代码第 109 行创建平面刚体。

④代码第 110 行根据形状和密度计算平面刚体的质量。

```
112.    private void createBall(float x, float y, float radius) {
113.        CircleDef shape = new CircleDef();
114.        shape.density = 1.0f;
115.        shape.friction = friction;
116.        shape.restitution = restitution;
117.        shape.radius = radius / RATE;
118.        BodyDef bodydef = new BodyDef();
119.        bodydef.position.set(x/RATE, y/RATE);
120.        Body body2 = mWorld.createBody(bodydef);
121.        body2.createShape(shape);
```

```
122.        body2.setMassFromShapes();
123.        body2.setUserData("ball");
124.    }
125.    private void createBalls() {
126.        createBall(160, 100, 30);
......
136.    }
```

代码说明

①代码第 112～124 行定义 createBall 方法用于创建一个圆形的球。

②代码第 125～136 行定义 createBalls 方法创建 10 个圆形的球。

```
137.    class GameView extends View {
138.        Canvas canvas;
139.        public GameView(Context context) {
140.            super(context);
141.        }
142.        public void updateView() {
143.            postInvalidate();
144.        }
145.        public void onDraw(Canvas canvas) {
146.            super.onDraw(canvas);
147.            this.canvas = canvas;
148.            while(body != null) {
149.                if (body.getUserData() == "ball") {
150.                    Paint mPaint = new Paint();
151.                    mPaint.setAntiAlias(true);
152.                    mPaint.setColor(Color.RED);
153.                    Vec2 vec = body.getPosition();
154.                    canvas.drawCircle(vec.x*RATE, vec.y*RATE, 30, mPaint);
155.                }
156.                body = body.getNext();
157.            }
158.        }
159.    }
160. }
```

代码说明

①代码第 137～159 行自定义 GameView 类，该类继承于 View 类，用于显示视图。

②代码第 143 行刷新视图。

③代码第 145～158 行重写 onDraw 方法用于绘制更新位置的小球。

④代码第 148 行循环获取所有刚体对象。

⑤代码第 149 行根据用于定义的数据判断当前刚体是否为小球。

⑥代码第 151、152 行设置 Paint 的锯齿效果和颜色。

⑦代码第 153 行获取小球刚体的当前位置。

⑧代码第 154 行绘制小球。

⑨代码第 156 行获取下一个刚体对象。

（3）运行程序

运行程序，效果如图 14-18 所示。

图 14-18 Box2D 重力小球

第 15 章　GPS 定位和 Google Maps 地图服务

GPS 定位和地图导航是现代移动设备向用户提供的必要服务，用户可以通过这两种服务实时定位和跟踪自己的位置，并同时利用地图对自己的路线进行导航。Android 系统为用户提供了 android.location 包和 Google Maps 地图外部库以实现这两种服务。本章将向读者详细介绍 GPS 定位和 Google Maps 地图导航这两种服务。

15.1　GPS 和 Google Maps 简介

GPS（Global Positioning System，全球定位系统）是在 20 世纪 70 年代由美国陆海空三军联合研制的新一代空间卫星定位导航系统。该系统是由位于距地表 20200km 的上空，均匀分布在 6 个地球轨道面上（每个轨道面 4 颗），轨道倾角为 55° 的 24 颗卫星组成（21 颗工作卫星；3 颗备用卫星）组成，卫星的分布使得在全球任何地方、任何时间都可观测到 4 颗以上的卫星。在 GPS 实际定位中，根据卫星到观测点到接收机的距离，由于用户接收机使用的时钟与卫星星载时钟不可能总是同步，所以除了根据卫星到观测点到接收机的距离计算用户的三维坐标 x、y、z 外，还要引进一个 Δt 即卫星与接收机之间的时间差作为未知数，然后用 4 个方程将这 4 个未知数求解出来。最终，根据 4 个求解值得到观测点的经纬度和高程信息等。目前，GPS 除了用于军事用途之外，还被集成到各种移动设备中广泛用于船舶、汽车、飞机以及行人等运动物体的定位导航。

Google Maps 是 Google 公司提供的电子地图服务，包括局部详细的卫星照片，如图 15-1 为 Google Maps 显示的中国地图。Google Maps 能提供 3 种视图：一是矢量地图（传统地图），可提供政区和交通以及商业信息；二是不同分辨率的卫星照片（俯视图）；三是地形视图，可以用于显示地形和等高线。由于 Google 地图是一项电子地图服务，因而拥有比纸质的图更多的优越性，特别是近年来移动设备的智能化，网络速度的提升，更是让 Google 地图与人们的生活产生更为紧密的联系，因而备受人们的赞誉。

图 15-1　Google Maps 的中国地图

15.2　GPS 定位服务

Android 应用程序通过使用 android.location 包对移动设备提供的 GPS 定位服务进行访问。GPS 定位服务的中心组件是 LocationManager 系统服务，该系统服务提供 API 以确定设备的位置和方位信息。和其他系统服务一样，开发者不是通过构造函数直接实例化 LocationManager

对象，而是通过 getSystemService(Context.LOCATION_SERVICE)获取一个新的 LocationManager 实例。android.location 中包含了 GPS 定位服务所需的所有类或接口，如表 15-1 所示。

表 15-1 android.location 包的类或接口

类或接口名称	描述
GpsStatus.Listener	用于 GPS 状态发生改变时接收通知
GpsStatus.NmeaListener	用于接收来自于 GPS 的 NMEA
LocationListener	用于位置发生改变时从 LocationManager 接收通知
Address	该类用于表示地址，如描述一个给定经纬度的地址名
Criteria	该类用于指出应用程序选择位置提供者（location provider）的标准
Geocoder	该类用于处理 GeoCoder 的正逆向编解码
GpsSatellite	该类用于表示 GPS 卫星的当前状态
Location	该类用于表示给定时刻的地理位置
LocationManager	该类用于提供对系统位置服务的访问
LocationProvider	该类用于表示位置提供者

15.2.1 LocationManager

LocationManager 用于提供对系统位置服务的访问，该服务允许应用程序周期性地更新设备的地理位置，或者在趋近某一指定的地理位置时关闭特定的 Intent。在实际使用中不是通过构造函数直接实例化 LocationManager，而是通过 getSystemService(Context.LOCATION_SERVICE)获取一个新的 LocationManager 实例。该类的主要方法和属性如表 15-2 所示。

表 15-2 LocationManager 的主要方法和属性

方法或属性名称	描述
GPS_PROVIDER	字符串常量，表明 LocationProvider 是 GPS
NETWORK_PROVIDER	字符串常量，表明 LocationProvider 是网络
addGpsStatusListener(GpsStatus.Listener listener)	添加 GPS 状态监听器
addProximityAlert(double latitude, double longitude, Float radius, long expiration, PendingIntent intent)	为通过经度、纬度以及半径指定的位置添加趋近警告
getAllProviders()	返回所有的 LocationProvider 列表
getBestProvider(Crateria criteria, Boolean enabledOnly)	返回最适合 Cariteria 指定标准的 LocationProvider
getLastKnonwLocation(String provider)	返回给定 provider 上一次定位得到的地理位置
getProvider(String name)	返回给定名称的 LocationProvider
getProviders(Boolean enabledOnly)	返回可用的 LocationProvider 列表
removeProximityAlert(PendingIntent intent)	删除趋近警告
requestLocationUpdates(String provider, long minTime, float minDistance, LocationListener listener)	注册给定 provider 进行周期性更新位置的位置监听器。minTime 表示最小周期时间，minDistance 表示最小移动距离
removeUpdates(LocationListener listener)	删除位置监听器

15.2.2　LocationListener

LocationListener 用于在位置发生改变时接收来自于 LocationManager 的通知，以获取更新后的地理位置。该接口的使用需要事先调用 requestLocationUpdates 方法为当前 Activity 注册位置监听器。一般地，在实现自己的 LocationListener 时，都需要重写该类中的几个回调方法，如表 15-3 所示。

表 15-3　LocationListener 的回调方法

回调方法名称	描述
onLocationChanged(Location location)	该方法在位置信息发生改变时被调用
onProviderDisabled(String provider)	该方法在 provider 关闭时被调用
onProviderEndabled(String provider)	该方法在 provider 开启时被调用
onStatusChanged(String provider, int status, Bundle extras)	该方法在 GPS 状态发生改变时被调用

15.2.3　Location

Location 用于描述某一特定时间的地理位置信息。通常而言，一个地理位置包括经度、纬度、UTC 时间戳（timestamp）以及可选的海拔高度、速度和方位信息。通过该类获取上述信息的主要方法如表 15-4 所示。

表 15-4　Location 的主要方法

方法名称	描述
getLatitude()	获取当前位置的纬度
getLongitude()	获取当前位置的经度
getAccuracy()	获取定位的精确度，以米为单位
getAltitude()	获取当前位置的海拔高度
getTime()	获取当前位置的 UTC 时间，以距 1970.1.1 的毫秒数表示
getSpeed()	获取设备的地面速度，以米/秒为单位
getBearing()	获取当前位置的方位

15.2.4　LocationProvider

LocationProvider 用于描述位置提供者，常用的有 GPS 和网络。一般而言，每一个位置服务者都有一套标准，告知用户可以使用的情形。如某一些位置提供者需要 GPS 硬件支持以及给定数目的可见卫星；其他需要使用移动无线、指定运营商的网络或因特网。不同的定位提供者可能会有不同的电池消耗和费用开销。用户可以通过 Criteria 为 LocationProvider 设置指定的条件，进而选择最为合适的 LocationProvider。LocationProvider 的相关方法和属性如表 15-5 所示。

表 15-5　　LocationProvider 的相关方法和属性

方法或属性名称	描述
AVAILABLE	整型变量，表示可用
OUT_OF_SERVICE	整型变量，表示不在服务区
TEMPORARILY_UNAVAILABLE	整型变量，表示临时不可用
getAccuracy()	获取定位精度
getName()	获取名称
getPowerRequirement()	获取电源消耗需求
hasMoneteryCost()	是否需要花钱
requiresCell()	是否需要访问基站网络
requiresNetwork()	是否需要访问 Internet 网络
requiresSatellite()	是否需要方位卫星
supportsAltitude()	是否提供海拔高度信息
supportsBearing()	是否提供方位信息
supportsSpeed()	是否提供速度信息

15.2.5　Criteria

Criteria 封装了获取 LocationProvider 的标准，用户可以根据指定的 Criteria 条件（电源消耗、定位精确度等）来过滤获取最为合适的 LocationProvider。Criteria 的常用属性和方法如表 15-6 所示。

表 15-6　　Criteria 的常用属性和方法

属性或方法名称	描述
ACCURACY_COARSE	粗糙定位精确度
ACCURACY_FINE	精细定位精确度
POWER_HIGH	高电源消耗
POWER_LOW	低电源消耗
isAltitudeRequired()	Provider 是否提供海拔高度信息
isBearingRequired()	Provider 是否提供方位信息
isSpeedRequired()	Provider 是否提供速度信息
isCostAllowed()	是否允许产生费用

15.3　GPS 定位功能实现

在上一节介绍了 android.location 包的相关内容之后，本节将详细介绍 GPS 定位功能的具体程序实现过程。

15.3.1　GPS 定位程序实现

GPS 定位程序的具体实现大致可以分为以下几个步骤：

1. 获取 LocationManager 实例

要想实现 GPS 定位服务，首先需要获取 LocationManager 实例，具体代码如下：

```
LocationManager mLocationManager
        = (LocationManager)getSystemService(Context.LOCATION_SERVICE);
```

2. 实现位置监听器 LocationListener

在获取 LocationManager 实例之后，需要实现位置监听器 LocationListener，并重写该接口的几个回调方法，以用于监听定位信息的改变，具体代码如下：

```
LocationListener mLocationListener = new LocationListener() {
    public void onLocationChanged(Location arg0) {
        // 更新改变之后的位置坐标信息
    }
    public void onProviderDisabled(String provider) {
        // 添加 LocationProvider 被禁用时的处理操作
    }
    public void onProviderEnabled(String provider) {
        // 添加 LocationProvider 被启用时的处理操作
    }
    public void onStatusChanged(String provider, int status, Bundle extras) {
        // 添加 LocationProvider 状态发生改变时的处理操作
    }
};
```

3. 注册周期性更新的位置监听器

在实现 LocationListener 监听接口之后，需要将其注册到 LocationManager 实例，以实现周期性更新定位信息，具体代码如下：

```
mLocationManager.requestLocationUpdates(
                            mProviderName, 1000, 1, mLocationListener);
```

4. 获取给定 LocationProvider 上一次的定位信息

在进行定位服务的起始时刻，通常需要将给定 LocationProvider 上一次定位得到的位置信息作为定位服务的起始位置，具体代码如下：

```
Location lastKnownLocation
    = mLocationManager.getLastKnownLocation(LocationManager.GPS_PROVIDER);
```

5. 删除位置监听器 LocationListener

在完成定位服务不再需要继续更新 GPS 位置信息之后，需要删除相应的位置监听器，具体代码如下：

```
mLocationManager.removeUpdates(mLocationListener);
```

6. 声明用户权限

为了获取由 GPS_PROVIDER 或 NETWORK_PROVIDER 更新的位置信息，还必须在应用程序的 AndroidManifest.xml 中声明用户权限 ACCESS_COARSE_LOCATION（允许应用程序进行精确定位）或 ACESS_FINE_LOCATION（允许应用程序进行粗糙定位）。具体代码如下：

```
<uses-permission android:name="android.permission.ACCESS_FINE_LOCATION"/>
<uses-permission android:name="android.permission.ACCESS_COARSE_LOCATION"/>
```

其中，ACCESS_FINE_LOCATION 权限包括了 GPS_PROVIDER 或 NETWORK_PROVIDER 两种的定位权限，而 ACCESS_COARSE_LOCATION 仅仅只有 NETWORK_PROVIDER 的定位权限。

另外，在使用模拟器运行 GPS 定位程序时，还需要声明网络访问（INTERNET）和模拟定位提供者（ACCESS_MOCK_LOCATION）的权限，具体代码如下：

```
<uses-permission android:name="android.permission.INTERNET"/>
<uses-permission android:name="android.permission.ACCESS_MOCK_LOCATION"/>
```

下面通过一个实例向读者介绍 GPS 定位程序实现的详细过程。

实例 15-1 GPS 定位实例（\Chapter15\GPSLocation）

演示如何获取和更新 GPS 位置信息。

（1）创建工程

创建一个新的 Android 工程，工程名为 GPSLocation，并为该工程添加如下文件。

GPSLocationActivity.java：创建程序的 Activity 类，用于获取并显示更新的 GPS 位置信息。

（2）编写代码

代码 15-1 GPSLocationActivity.java

```
01. public class GPSLocationActivity extends Activity {
02.     LocationListener mLocationListener = null;
03.     LocationManager mLocationManager = null;
04.     String mProviderName = null;
05.     TextView LatitudeText = null;
06.     TextView LongitudeText = null;
07.     TextView AltitudeText = null;
08.     TextView AccuracyText = null;
09.     TextView TimeText = null;
10.     TextView SpeedText = null;
11.     TextView BearingText = null;
12.     @Override
13.     public void onCreate(Bundle savedInstanceState) {
14.         super.onCreate(savedInstanceState);
15.         setContentView(R.layout.main);
16.         LatitudeText = (TextView) findViewById(R.id.Latitude);
17.         LongitudeText = (TextView) findViewById(R.id.Longitude);
18.         AltitudeText = (TextView) findViewById(R.id.Altitude);
19.         AccuracyText = (TextView) findViewById(R.id.Accuracy);
20.         TimeText = (TextView) findViewById(R.id.Time);
```

```
21.         SpeedText = (TextView) findViewById(R.id.Speed);
22.         BearingText = (TextView) findViewById(R.id.Bearing);
23.         mLocationManager
24.            = (LocationManager)getSystemService(Context.LOCATION_SERVICE);
25.         mLocationListener = new LocationListener() {
26.             public void onLocationChanged(Location arg0) {
27.                 if (arg0 != null) {
28.                     LatitudeText.setText(
29.                                 "纬度-Latitude :  " + arg0.getLatitude());
30.                     LongitudeText.setText(
31.                                 "经度-Longitude :  " + arg0.getLongitude());
32.                     AltitudeText.setText(
33.                                 "海拔-Altitude :  " + arg0.getAltitude());
34.                     AccuracyText.setText(
35.                                 "精度-Accuracy :  " + arg0.getAccuracy());
36.                     TimeText.setText("时间-Time :  " + arg0.getTime());
37.                     SpeedText.setText("速度-Speed :  " + arg0.getSpeed());
38.                     BearingText.setText(
39.                                 "方位-Bearing :  " + arg0.getBearing());
40.                 } else {
41.                     Toast.makeText(GPSLocationActivity.this,
42.                                 "No GPS", Toast.LENGTH_LONG).show();
43.                 }
44.             }
45.             public void onProviderDisabled(String provider) {
46.                 Log.v("GPS", "onProviderDisabled");
47.             }
48.             public void onProviderEnabled(String provider) {
49.                 Log.v("GPS", "onProviderEnabled");
50.             }
51.             public void onStatusChanged(String provider,
52.                                   int status, Bundle extras) {
53.                 Log.v("GPS", "onStatusChanged");
54.             }
55.         };
56.     }
```

代码说明

①代码第 16～22 行获取 7 个 TextView 组件的引用实例，用于显示定位信息。

②代码第 23、24 行获取 LocationManager 实例。

③代码第 25～55 行获取 LocationListener 监听接口实例，并重写其中的 4 个回调方法。

④代码第 26～44 行重写 onLocationChanged 方法，获取更新后的位置信息并显示在相应的 TextView 中。

```
57.     @Override
58.     protected void onStart() {
59.         super.onStart();
60.         Location lastKnownLocation = null;
61.         lastKnownLocation = mLocationManager.getLastKnownLocation(L
```

```
62.                              ocationManager.GPS_PROVIDER);
63.         mProviderName = LocationManager.GPS_PROVIDER;
64.         if (!TextUtils.isEmpty(mProviderName)) {
65.            mLocationManager.requestLocationUpdates(
66.                       mProviderName, 1000, 1, mLocationListener);
67.         }
68.         if (lastKnownLocation != null) {
69.            LatitudeText.setText(
70.                 "纬度-Latitude :  " + lastKnownLocation.getLatitude());
71.            LongitudeText.setText(
72.                 "经度-Longitude :  " + lastKnownLocation.getLongitude());
73.            AltitudeText.setText(
74.                 "海拔-Altitude :  " + lastKnownLocation.getAltitude());
75.            AccuracyText.setText(
76.                 "精度-Accuracy :  " + lastKnownLocation.getAccuracy());
77.            TimeText.setText(
78.                 "时间-Time :  " + lastKnownLocation.getTime());
79.            SpeedText.setText(
80.                 "速度-Speed :  " + lastKnownLocation.getSpeed());
81.            BearingText.setText(
82.                 "方位-Bearing :  " + lastKnownLocation.getBearing());
83.         }
84.     }
```

代码说明

①代码第 61、62 行获取 GPS_PROVIDER 上一次的定位信息保存于 lastKnownLocation 中。

②代码第 65、66 行为 mLocationManager 注册位置监听器 mLocationListener。

③代码第 69～82 行将 lastKnownLocation 中的位置信息显示在相应的 TextView 中。

```
85.     protected void onResume() {
86.         super.onResume();
87.         Log.v("GPS", "onResume. Provider Name: " + mProviderName);
88.         if (!TextUtils.isEmpty(mProviderName)) {
89.            mLocationManager.requestLocationUpdates(
90.                       mProviderName, 1000, 1, mLocationListener);
91.         }
92.     }
93.     protected void onPause() {
94.         super.onPause();
95.         if (mLocationManager != null) {
96.            mLocationManager.removeUpdates(mLocationListener);
97.         }
98.     }
99. }
```

代码说明

①代码第 89、90 行为 mLocationManager 注册位置监听器 mLocationListener。需要注意的是，这里是在 Activity 的 onResume()中注册的，虽然在 onStart()方法中已经注册过该监听器，

但此处还是必须的。

②代码第 96 行在 onPause()方法中删除位置监听器 mLocationListener。

代码 15-2　\Chapter15\GPSLocation\AndroidManifest.xml

```
01. <uses-permission android:name="android.permission.INTERNET"/>
02. <uses-permission
03.     android:name="android.permission.ACCESS_COARSE_LOCATION"/>
04. <uses-permission
05.     android:name="android.permission.ACCESS_FINE_LOCATION"/>
06. <uses-permission
07.     android:name="android.permission.ACCESS_MOCK_LOCATION"/>
```

（3）运行程序

在真机上运行程序，界面将显示通过 GPS 定位获取的位置信息，如图 15-2 所示。

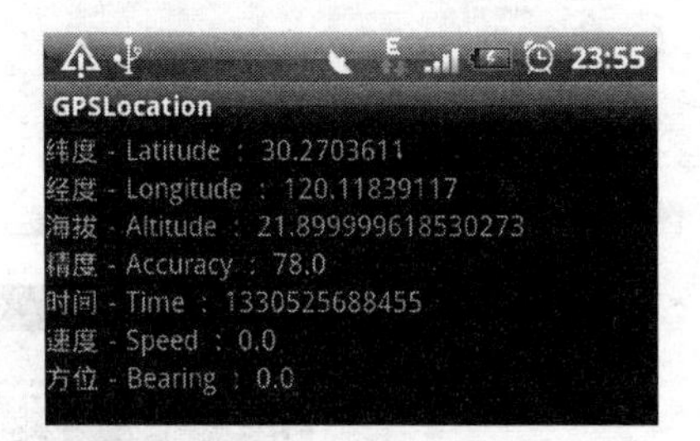

图 15-2　GPS 定位信息

15.3.2　使用 Android 模拟器测试 GPS 定位程序

当在 Android 模拟器上运行实例 15-1 的 GPS 定位程序时，由于 Android 模拟器并没有实际的 GPS 设备，因此，需要借助 Eclipse 开发环境提供的 DDMS 工具模拟 GPS 设备。

在启动 Android 模拟器之后，启动 Eclipse 开发环境提供的 DDMS 调试监控服务系统，拖动 DDMS 左侧“Emulator Control”窗体的下拉条，找到“Location Controls”子窗口，如图 15-3 所示，在此窗口中，可以自由输入经度和纬度，并点击“Send”按钮将输入的 GPS 位置信息发送给 Android 模拟器。

将输入的 GPS 位置信息发送给 Android 模拟器之后，在模拟器上运行实例 15-1 的 GPS 定位程序，运行结果如图 15-4 所示。

通过 DDMS 修改经度和纬度并发送给模拟器之后，程序将会显示更新后的 GPS 位置信息，如图 15-5 所示。

编者手记

除了通过 Eclipse 开发环境的 DDMS 窗口为模拟器设置经度和纬度信息之外，还可以通过命令行方式的“geo”命令为模拟器设置 GPS 位置信息，有关“geo”命令的使用，请参阅开发文档中的“Using the Emulator Console”网页。

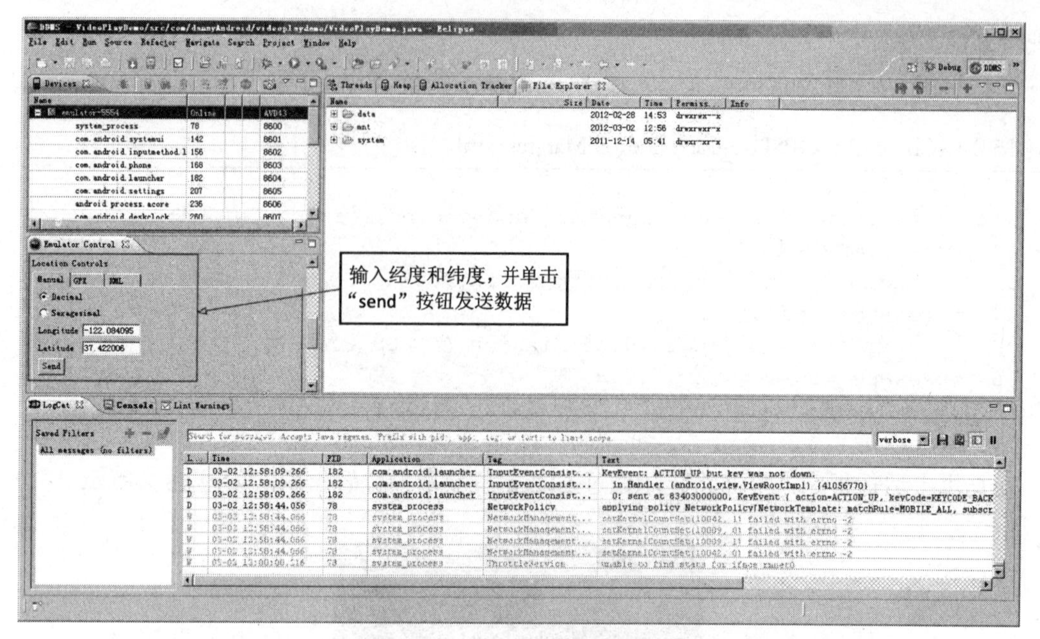

图 15-3　为模拟器设置虚拟经度和纬度

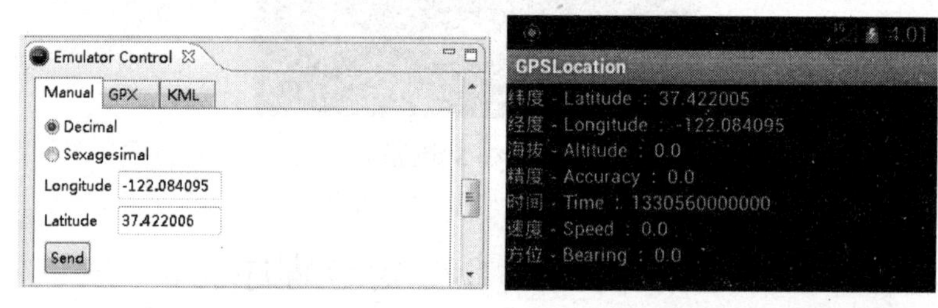

图 15-4　模拟器上的 GPS 定位信息

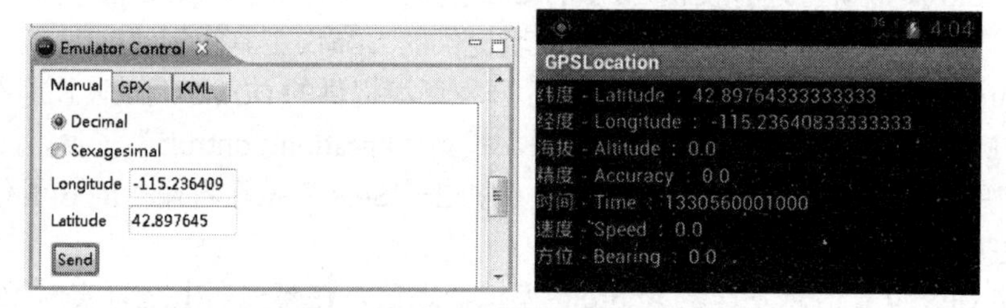

图 15-5　更新后的 GPS 位置信息

15.4　Google Maps 地图应用

为了使开发人员能够在自己的应用程序中添加强大的 Google 地图导航功能，Google 专门为 Android 提供了一个 Google 地图外部库，开发人员可以使用该库提供的 API 开发出个性化的地图应用。本节将向读者介绍如何开发自己的 Google Maps 应用。

15.4.1　获取 Google 地图外部库

Google 地图外部库不是标准 Android 库的一部分，因此该库并没有包含在 Android SDK

中。然而，值得庆幸的是Google地图外部库被作为Google APIs add-on的一部分，开发者可以通过“Android SDK and AVD Manager”工具对其自动下载安装。如果不能通过该工具进行自动下载，也可以在如下网页上手动下载安装 Google APIs：

```
http://code.google.com/android/add-ons/google-apis
```

Google 地图外部库包含 com.google.android.maps 包，其中包含了一系列用于在 Google 地图上显示、控制和叠层的功能类，其中该包中最重要的几个类如表 15-7 所示。

表 15-7　Google 地图外部库中的重要类

类名	描述
MapView	用于显示地图的 View 组件
MapActivity	用于显示 MapView 的 Activity 类
MapController	用于控制地图的移动、缩放等功能
Overlay	用于在 Google 地图上层叠一些可绘制的对象，如图片等
GeoPoint	一个包含经纬度位置的对象类

1. *MapView*

MapView 是用于显示地图的 View 组件。该类派生自 Android 的 ViewGroup 类。MapView 必须和 MapActivity 配合使用，而且也只能被 MapActivity 所创建，这是因为 MapView 需要通过后台的线程来连接网络或者文件系统，而这些线程需要由 MapActivity 进行管理。当 MapView 获得焦点之后，它可以捕捉键盘下压和触摸姿态对地图进行移动和缩放，同时也可以在地图上层叠若干 OverLay 对象。该类的主要方法如表 15-8 所示。

表 15-8　MapView 类的主要方法

方法名	描述
getController()	获取 MapView 的 MapController 对象，可以利用该对象控制地图的移动和缩放
getMapCenter()	获取地图的中心位置，以 GeoPoint 对象的形式返回
getOverlays()	获取 MapView 上层叠的 Overlays 列表
setBuiltInZoomControls(boolean on)	设置 MapView 是否可以进行缩放
setSatellite(boolean on)	设置地图是否为卫星地图模式
setTraffic(boolean on)	设置地图是否为交通地图模式
onSizeChanged(int w, int h, int oldw, int oldh)	重新调整地图的尺寸大小并重新配置十字线
getProjection()	获取屏幕像素坐标和经纬度之间的映射转换

2. *MapActivity*

MapActivity 是用于显示 MapView 的 Activity 类，它需要连接底层网络。该类是一个抽象类，任何想要显示 MapView 的 Activity 都需要继承该类，并且在重写的 onCreate()方法中创建 MapView 实例。该类的主要方法如表 15-9 所示。

表 15-9　　MapActivity 类的主要方法

方法名	描述
isRouteDisplayed()	为了计算的目的，服务器需要知道是否正在显示任何一种路线信息，例如一组驾车导向标志。子类必须实现这个方法以便真正报告这个信息，否则将违反使用条款
onCreate(Bundle icicle)	初始化静态工厂类，创建地图对象和交通服务，但并不开启任何线程，子类在调用 super.onCreate()后应该创建自身的 MapView 对象
onResume()	通知地图进行“提前绘制”，即提前装载和解码，以便第一次绘制显示更加“原子化”。启动交通服务线程，恢复要注册更新的 MapView
onPause()	暂停如交通服务等线程，同时存储偏好设置
onStop()	终止所有线程，释放所有资源

3. *MapController*

MapController 是一个用于控制地图的移动、缩放等功能的工具类。该类的主要方法如表 15-10 所示。

表 15-10　　MapController 类的主要方法

方法名	描述
animateTo(GeoPoint point)	对于给定的坐标点，开始动画移动到该点显示地图
onKey(View v, int keyCode, KeyEvent event)	处理按键事件，把事件转换成适当的地图平移
scrollBy(int x, int y)	按照给定的像素值滚动地图，没有动画效果
setCenter(GeoPoint point)	在给定的中心点 GeoPoint 处显示地图视图
setZoom(int zoomLevel)	设置地图的缩放级别，取值范围为[1, 21]
stopAnimation(boolean jumpToFinish)	停止所有未完成的动画
stopPanning()	重新设置平移状态，使地图静止
zoomIn()	地图放大一个级别，动画缩放的一个步骤
zoomOut()	地图缩小一个级别，动画缩放的一个步骤
zoomToSpan(int latSpanE6, int lonSpanE6)	调整地图的缩放级别，以便显示给定的经纬度范围的地图

4. *Overlay*

Overlay 是一个用于在地图上层叠一些可绘制对象的基类。当需要在地图上层叠一个可绘制对象时，应该通过 Overlay 类派生一个子类，创建一个子类实例并将其加入一个 Overlay 的列表中。这个列表可以通过调用 MapView.getOverlays()方法获取。另外，为了允许用户通过触摸对齐一个点，子类还应当实现 Overlay.Snappable 接口。Overlay 类的属性和主要方法如表 15-11 所示。

表 15-11　　Overlay 类的属性和主要方法

属性或方法名	描述
SHADOW_X_SKEW	在透视图中创建一个标记阴影的 X 偏移量
SHADOW_Y_SCALE	在透视图中创建一个标记阴影的 Y 刻度值
draw(Canvas canvas, Mapview mapView, shadow)	在地图上绘制 overlay

续表

属性或方法名	描述
drawAt(Canvas canvas, Drawable drawable, int x, int y, Boolean shadow)	在 x，y 坐标指定的位置绘制一个 Drawable 对象
onKeyDown(int keyCode, KeyEvent event, MapView mapView)	处理地图的按键按下事件
onKeyUp(int keyCode, KeyEvent event, MapView mapView)	处理地图的按键抬起事件
onTap(GeoPoint p, MapView mapView)	处理地图的“点击事件”，包括地图的触屏点击和地图中心的轨迹球点击
onTouchEvent(MotionEvent e, MapView mapView)	处理地图的触摸事件
onTrackballEvent(MotionEvent e, MapView mapView)	处理地图的轨迹球事件

5. *GeoPoint*

GeoPoint 类封装了一对表示经度和纬度的值，以微度的整数形式存储。可以通过 GeoPoint 类读取地图指定点的经纬度或为地图设定给定的经纬度。GeoPoint 类的构造函数和主要方法如表 15-12 所示。

表 15-12　　GeoPoint 类的主要方法

构造函数或方法名	描述
GeoPoint(int latitudeE6, longitudeE6)	用给定的经纬度值创建一个 GeoPoint 对象
getLatitudeE6()	返回 GeoPoint 对象的纬度值
getLongitudeE6()	返回 GeoPoint 对象的经度值

15.4.2　创建平台为 Google APIs 的 Android 模拟器

由于开发 Google 地图应用，需要使用 Google APIs，同样也需要创建支持 Google APIs 的 Android 模拟器，才能运行 Google 地图应用，创建过程如图 15-6 所示。

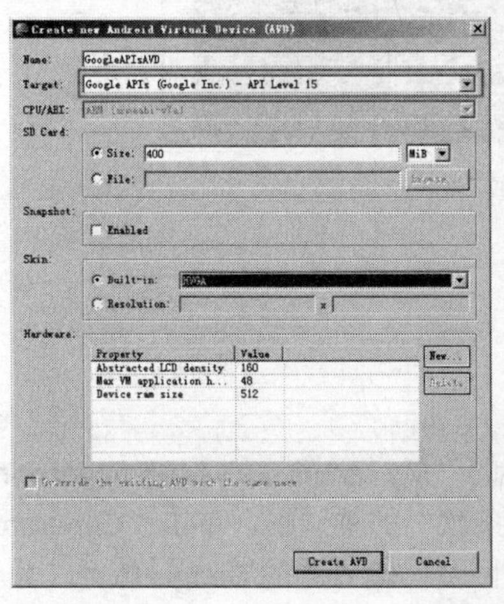

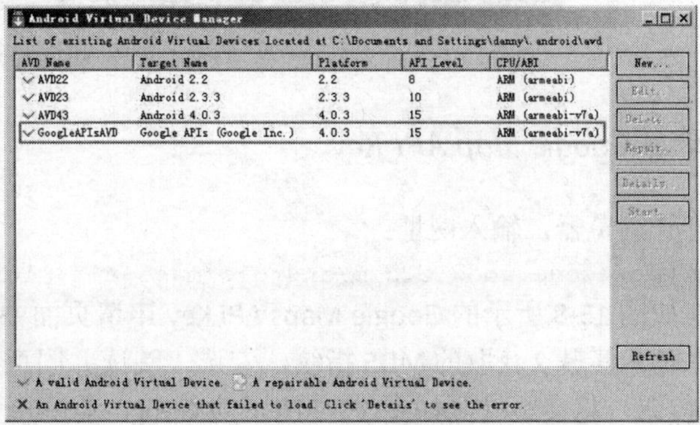

图 15-6　创建平台为 Google APIs 的 Android 模拟器

15.4.3 获取 Google Maps API Key

MapView 用于显示从 Google 地图服务器下载的地图数据。为了使得应用程序以合理的方式使用地图数据，Google 地图服务器需要应用程序开发者在服务器上进行注册，同意服务器的使用条款以及提供一个用于应用程序签名的 MD5 指纹。对于每一个注册的证书指纹，Google 地图服务器将会提供给开发者一个 Maps API Key，该 Key 是一个唯一用于标识注册证书的字母数字字符串。

关于获取 Google Maps API Key 的详细步骤如下。

1. 找到 debug keystore 文件

为了生成 MD5 指纹，首先需要找到用户的 debug keystore 文件。一般而言，该文件由编译工具直接创建在 AVD 文件夹下面。具体位置根据计算机操作系统的区别而略有不同：

```
Windows Vista/7 = C:\Users\<user>\.android\debug.keystore
Windows XP = C:\Documents and Settings\<user>\.android\debug.keystore
OS X/Linux = ~/.android/debug.keystore
```

2. 生成 MD5 指纹

首先在操作系统中依次选择【开始】→【运行】，进入“运行”对话框，然后在“运行”对话框中输入 cmd 进行 cmd 命令行窗口。运行如下命令：

```
keytool -list -keystore <debug.keystore 文件路径>
```

当系统提示输入密码时，输入“Android”，此时系统便会自动生成 MD5 指纹，如图 15-7 所示。

图 15-7 生成 MD5 指纹

3. 申请 Google Map API Key

打开浏览器，输入网址：

```
http://code.google.com/android/maps-api-signup.html
```

在如图 15-8 所示的 Google Maps API Key 申请页面中的“My certificate's MD5 fingerprint:”字段中输入步骤 2 获取的 MD5 指纹，勾选“阅读并同意条款”的单选框，单击“Generate API Key”按钮，将会跳转到如图 15-9 所示的 Google Acount 网页，输入你的 Google 帐号（如没有 Google 帐号的话，需要首先注册一个 Google 帐号）之后，将会在如图 15-10 所示的网页中显示你申请到的 Google Maps API Key。

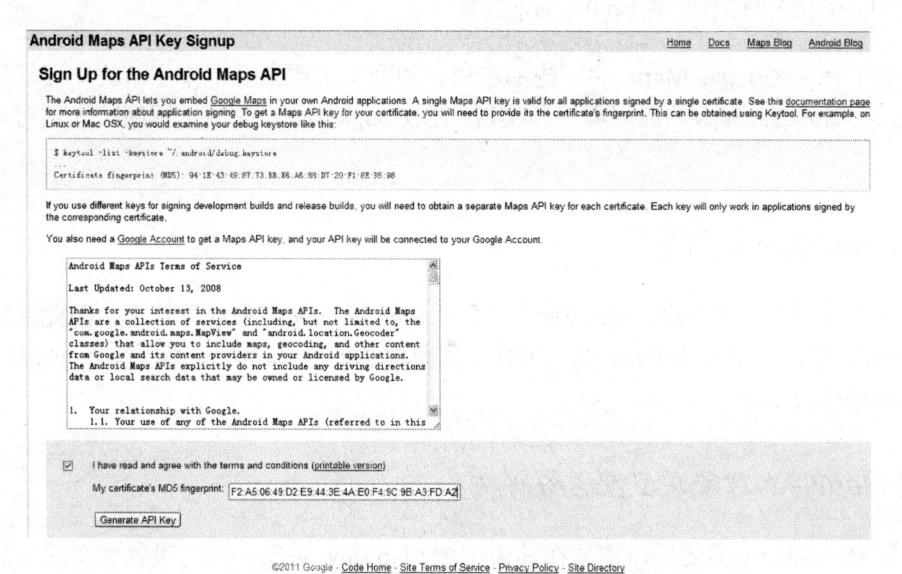

图 15-8　Android Maps API Key Signup 网页

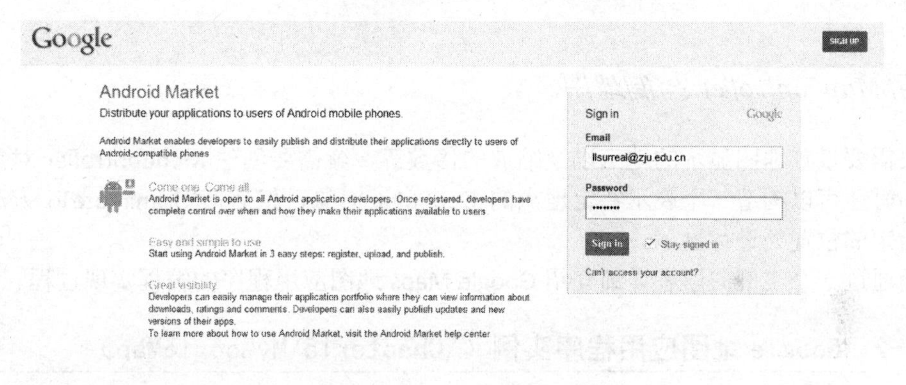

图 15-9　Google Acount 网页

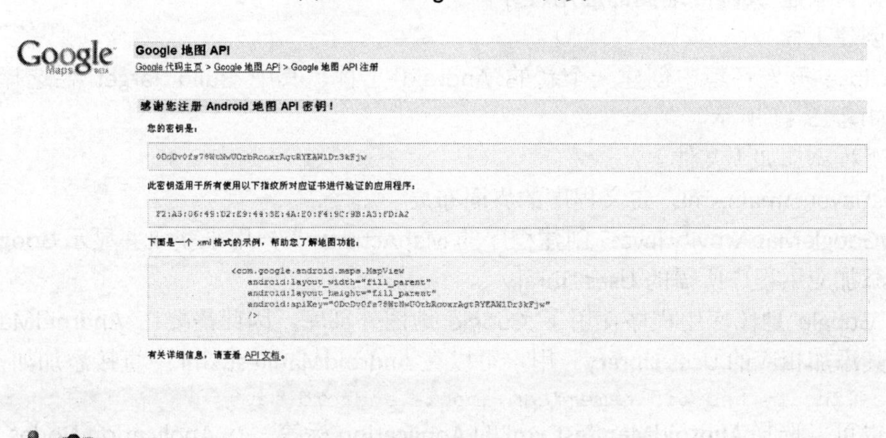

图 15-10　Google Maps API 网页

15.4.4 Google Maps 地图应用程序

在介绍了有关 Google Maps 的一些基本知识和准备工作之后，本小节将向读者展示如何具体实现一个 Google Maps 的应用程序。实现一个 Google Maps 的应用程序，大致可以分为几个要点：

1. 实现 MapActivity

正如本节前面介绍的一样，MapView 需要由 MapActivity 类来进行管理，因此程序必须继承 MapActivity 类，而不是 Activity 类。另外，需要注意的是，程序还必须实现 MapActivity 的 isRouteDisplayed 方法。

2. 创建 MapView 对象并设置地图属性

在实现 MapActivity 类之后，需要在其中创建 MapView 对象，同时设置地图显示的模式，如交通模式、卫星模式等，同时还可以通过 setBuiltInZoomControls 方法设置地图是否支持缩放功能等。

3. 使用 MapController 控制地图

如果需要设置地图显示的地点以及缩放的倍数等，就需要创建 MapController 对象来控制地图。同时还可以构造一个表示特定地点的 GeoPoint 对象，然后使用 animateTo 方法将地图移动到指定的位置处进行显示。

下面通过一个实例向读者详细介绍 Google Maps 地图应用程序的编程实现过程。

实例 15-2 Google 地图应用程序实例（\Chapter15\MyGoogleMap）

演示如何创建 Google 地图的应用程序。

（1）创建工程

在 Eclipse 开发环境中创建一个新的 Android 工程，其中 Build Target 栏选择“Google APIs”，如图 15-11 所示。

为该工程添加如下文件。

①\res\layout\main.xml：定义程序的界面布局。

②MyGoogleMapActivity.java：创建程序的 MapActivity 类，用于获取并显示 Google 地图。

（2）添加应用程序所需的 Uses Library

由于 Google 地图应用程序使用了 Google 地图外部库，因此需要在 AndroidManifest.xml 文件中为其添加相应的 Uses Library。用户可以在 AndroidManifest.xml 中直接添加如下代码：

```
<uses-library android:name="com.google.android.maps"/>
```

另外也可以选择 AndroidManifest.xml 的 Application 标签，在 Application Nodes 中为其添加一个新的 Uses Library，并在 Name 字段中选择“com.google.android.maps”，如图 15-12 所示。

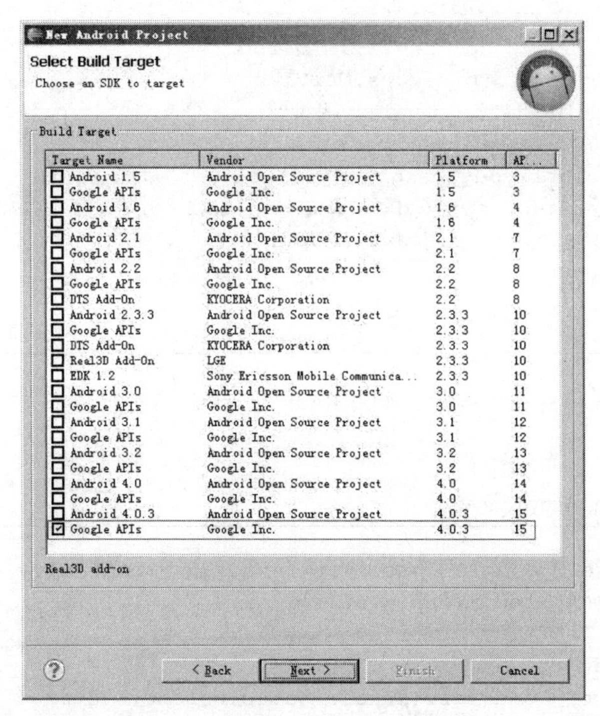

图 15-11 创建新的 Google APIs 项目

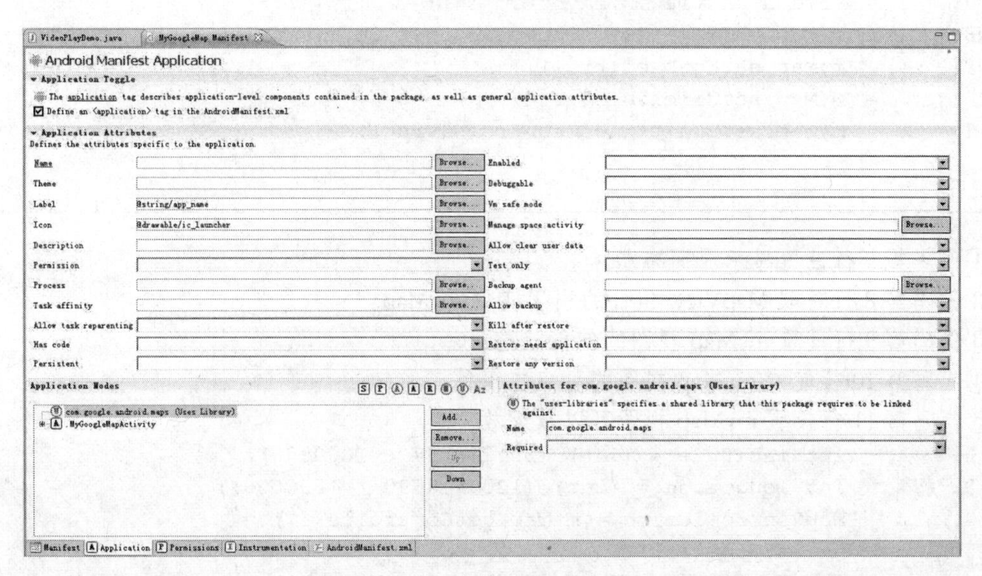

图 15-12 添加 Uses Library

（3）编写代码

代码 15-3 \Chapter15\MyGoogleMap\res\layout\main.xml

```
01. <?xml version="1.0" encoding="utf-8"?>
02. <RelativeLayout
03.     xmlns:android="http://schemas.android.com/apk/res/android"
```

```
04.     android:layout_width="fill_parent"
05.     android:layout_height="fill_parent">
06.     <com.google.android.maps.MapView
07.         android:id="@+id/myMapView"
08.         android:layout_width="fill_parent"
09.         android:layout_height="fill_parent"
10.         android:apiKey="0yPsCJVxEUc4A-cZ2RKofXWtiwOnV4J_xib3zCQ">
11.     </com.google.android.maps.MapView>
12. </RelativeLayout>
```

代码说明

上述代码定义了程序的界面布局，采用 RelativeLayout 相对布局，并在其中放置了 MapView 组件。

代码 15-4　MyGoogleMapActivity.java

```
01. public class MyGoogleMapActivity extends MapActivity {
02.     private MapView myMap = null;
03.     private GeoPoint mGeoPoint = null;
04.     @Override
05.     public void onCreate(Bundle savedInstanceState) {
06.         super.onCreate(savedInstanceState);
07.         setContentView(R.layout.main);
08.         myMap = (MapView) findViewById(R.id.myMapView);
09.         myMap.setEnabled(true);
10.         myMap.setClickable(true);
11.         myMap.setBuiltInZoomControls(true);
```

代码说明

①代码第 7 行设置显示界面布局。
②代码第 8 行获取 MapView 组件的引用实例 myMap。
③代码第 9 行设置 myMap 视图的使能状态。
④代码第 10 行使能 myMap 视图的可点击事件。
⑤代码第 11 行设置 myMap 视图可以被缩放。

```
12.         int latitude = (int) (30.270367 * 1000000);
13.         int longitude = (int) (120.118390 * 1000000);
14.         MapController mc = myMap.getController();
15.         mc.setZoom(12);
16.         mGeoPoint = new GeoPoint(latitude, longitude);
17.         mc.animateTo(mGeoPoint);
18.     }
19.     @Override
20.     protected boolean isRouteDisplayed() {
21.         return false;
22.     }
23. }
```

代码说明

①代码第 14 行实例化 MapController 对象 mc。
②代码第 15 行设置初始缩放大小。
③代码第 16 行实例化 GeoPoint 对象 mGeoPoint。
④代码第 17 行将地图移动至 mGeoPoint 指定的位置。
⑤代码第 11 行设置 myMap 视图可以被缩放。

（4）运行程序

运行程序，界面将显示 Google 地图，并且可以拖动以及缩放地图，如图 15-13 所示。

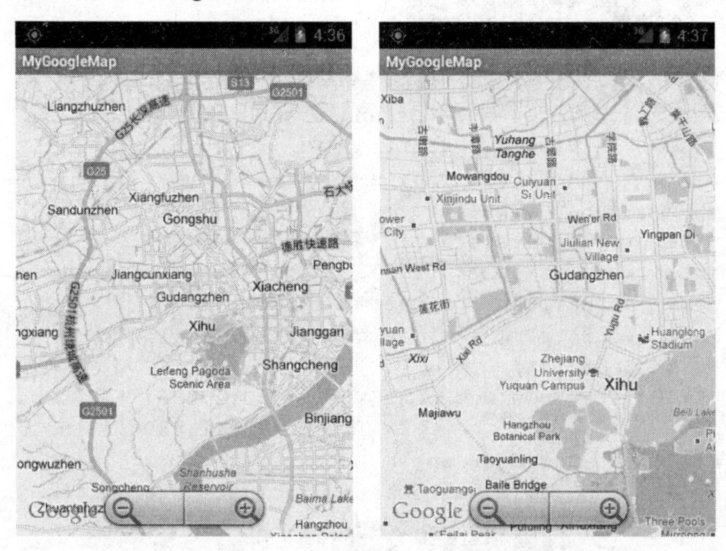

图 15-13　Google 地图界面

15.5　Google Maps 应用扩展

在上一节中，向读者介绍了如何实现 Google Maps 应用，在本节中将向读者介绍 Google Maps 的扩展应用，包括在 Google 地图上的特定位置进行标记以及根据 GPS 位置信息显示指定位置的 Google 地图。

15.5.1　Google 地图标记

当用户在使用 Google 地图时，常常需要在一些地点贴上自己的标记和注释。此时，便需要使用前面介绍到的 Overlay 类在地图上层叠一些可绘制的对象。首先将需要标记点的经纬度转换成屏幕实际的坐标，然后将需要标记的信息绘制在该坐标点上。下面，通过一个实例向读者介绍在 Google 上进行标记的具体过程。

实例 15-3　Google 地图标记实例（\Chapter15\GoogleMapOverlay）

（1）创建工程

创建一个新的 Android 工程，工程名为 GoogleMapOverlay，并为该工程添加如下文件。

GoogleMapOverlayActivity.java：创建程序的 MapActivity 类，用于获取、显示 Google 地图，并在地图上添加标记。

（2）编写代码

代码 15-5 GoogleMapOverlayActivity.java

```
01. public class GoogleMapOverlayActivity extends MapActivity {
02.     private MapView myMap = null;
03.     private GeoPoint mGeoPoint = null;
04.     private List<Overlay> mapOverlayList;
05.     private Drawable drawable;
06.     private MyMapItemizedOverlay mapItem;
07.     @Override
08.     public void onCreate(Bundle savedInstanceState) {
09.        super.onCreate(savedInstanceState);
10.        setContentView(R.layout.main);
11.        myMap = (MapView) findViewById(R.id.myMapView);
12.        myMap.setSatellite(true);
13.        myMap.setEnabled(true);
14.        myMap.setClickable(true);
15.        myMap.setBuiltInZoomControls(true);
16.        MapController mc = myMap.getController();
17.        mc.setZoom(14);
18.        mGeoPoint = new GeoPoint((int) (30.270367 * 1000000),
19.                                (int) (120.118390 * 1000000));
20.        mc.animateTo(mGeoPoint);
21.        MyLocationOverlay myLocationOverlay = new MyLocationOverlay();
22.        List<Overlay> list = myMap.getOverlays();
23.        list.add(myLocationOverlay);
24.     }
25.     @Override
26.     protected boolean isRouteDisplayed() {
27.        return false;
28.     }
```

代码说明

①代码第 12 行设置地图显示模式为卫星视图。

②代码第 21 行创建 MyLocationOverlay 对象 myLocationOverlay，该类是 Overlay 派生子类。

③代码第 22 行获取地图上的 overlay 列表。

④代码第 23 行将 myLocationOverlay 对象添加到 overlay 列表中，从而实现标记。

```
29.     class MyLocationOverlay extends Overlay {
30.        @Override
31.        public boolean draw(Canvas canvas,
32.              MapView mapView, boolean shadow, long when) {
33.           super.draw(canvas, mapView, shadow);
34.           Paint paint = new Paint();
35.           Point myScreenCoords = new Point();
36.           mapView.getProjection().toPixels(mGeoPoint, myScreenCoords);
37.           paint.setStrokeWidth(0);
```

```
38.            paint.setARGB(255, 255, 0, 0);
39.            paint.setStyle(Paint.Style.STROKE);
40.            Bitmap bmp = BitmapFactory.decodeResource(
41.                             getResources(), R.drawable.logo);
42.            canvas.drawBitmap(bmp,
43.                     myScreenCoords.x, myScreenCoords.y, paint);
44.            canvas.drawText("浙江大学",
45.                     myScreenCoords.x, myScreenCoords.y, paint);
46.            return true;
47.         }
48.     }
49. }
```

代码说明

①代码第 29～48 行定义 Overlay 的子类 MyLocationOverlay。
②代码第 31～47 行重写 Overlay 的 draw 方法，用于在地图上绘制标记信息。
③代码第 35 行创建 Point 对象，用于表示屏幕像素坐标。
④代码第 36 行将需要标记点的经纬度转换成屏幕像素坐标。
⑤代码第 37～39 行设置 Paint 画笔对象的线宽、颜色和风格。
⑥代码第 40、41 行获取需要绘制的图片 Bitmap 对象。
⑦代码第 42～45 行在地图上指定点处绘制图片和文本。

（3）运行程序

运行程序，界面将显示带有标记的 Google 地图，如图 15-14 所示。

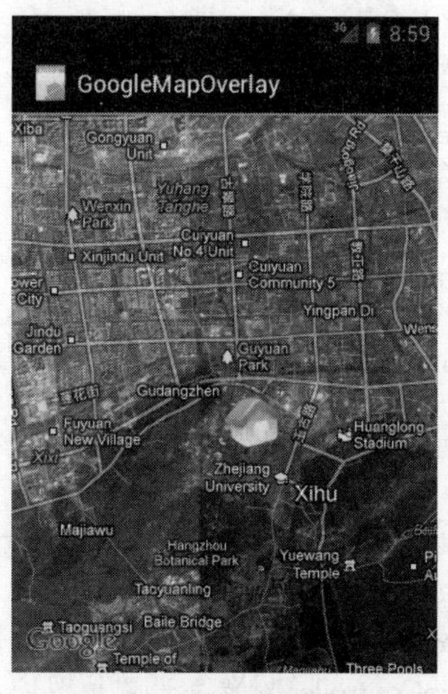

图 15-14　Google 地图标记

15.5.2　根据 GPS 位置信息显示 Google 地图

在本章前面的内容中，已经向读者介绍了如何获取以及更新 GPS 位置信息。事实上，Google 地图通常需要和 GPS 结合使用，当 GPS 位置改变时，实时获取新位置的 Google 地图。

实例 15-4　根据 GPS 信息实时更新 Google 地图实例（\Chapter15\GPSandMap）

（1）创建工程

创建一个新的 Android 工程，工程名为 GPSandMap，并为该工程添加如下文件。

GPSandMapActivity.java：创建程序的 MapActivity，通过 GPS 获取当前位置信息并显示该位置的 Google 地图。

（2）编写代码

代码 15-6　GPSandMapActivity.java

```
01. public class GPSandMapActivity extends MapActivity
02.                                         implements LocationListener {
03.     private MapView myMap = null;
04.     private GeoPoint mGeoPoint = null;
05.     private MapController mc = null;
06.     private String mProviderName = null;
07.     LocationManager mLocationManager = null;
08.     @Override
09.     public void onCreate(Bundle savedInstanceState) {
10.         super.onCreate(savedInstanceState);
11.         setContentView(R.layout.main);
12.         mLocationManager =
13.            (LocationManager) getSystemService(Context.LOCATION_SERVICE);
14.         myMap = (MapView) findViewById(R.id.myMapView);
15.         myMap.setStreetView(true);
16.         myMap.setEnabled(true);
17.         myMap.setClickable(true);
18.         myMap.setBuiltInZoomControls(true);
19.         mc = myMap.getController();
20.         mc.setZoom(12);
21.         mGeoPoint = new GeoPoint((int) (30.270367 * 1000000),
22.                                 (int) (120.118390 * 1000000));
23.         mc.animateTo(mGeoPoint);
24.     }
25.     protected boolean isRouteDisplayed() {
26.         return false;
27.     }
```

代码说明

①代码第 12、13 行获取 LocationManager 对象。

②代码第 14～18 行获取 MapView 对象并设置它的相关属性。

③代码第 19、20 行获取 MapController 对象并设置地图缩放级别。

④代码第 21、22 行以给定经纬度创建 GeoPoint 对象。

⑤代码第 23 行开始动画并移动到 mGeoPoint 点显示地图。

```
28.     public void onLocationChanged(Location location) {
29.         GeoPoint mGeoPoint =
30.                 new GeoPoint((int)(location.getLatitude()*1E6),
31.                         (int)(location.getLongitude()*1E6));
```

```
32.         mc.animateTo(mGeoPoint);
33.     }
34.     protected void onStart() {
35.         super.onStart();
36.         mProviderName = LocationManager.GPS_PROVIDER;
37.         if (!TextUtils.isEmpty(mProviderName)) {
38.             mLocationManager.requestLocationUpdates(
39.                                     mProviderName, 1000, 1, this);
40.         }
41.     }
42.     protected void onResume() {
43.         super.onResume();
44.         if (!TextUtils.isEmpty(mProviderName)) {
45.             mLocationManager.requestLocationUpdates(
46.                                     mProviderName, 1000, 1, this);
47.         }
48.     }
49.     protected void onPause() {
50.         super.onPause();
51.         if (mLocationManager != null) {
52.             mLocationManager.removeUpdates(this);
53.         }
54.     }
55. }
```

代码说明

①代码第 28～33 行重写 onLocationChanged 方法。
②代码第 29～31 行获取 GPS 位置信息更新后的经纬度并用该经纬度创建 GeoPoint 对象。
③代码第 32 行开始动画并移动到更新后的位置显示地图。
④代码第 38、39 行注册位置监听器。
⑤代码第 52 行取消位置监听器。

（3）运行程序

运行程序，界面将首先显示初始位置的地图，如图 15-15 所示；当利用仿真器的 DDMS

图 15-15　初始位置的 Google 地图

工具更新 GPS 位置之后，地图将会移动到新位置并显示新位置的地图，如图 15-16 所示。

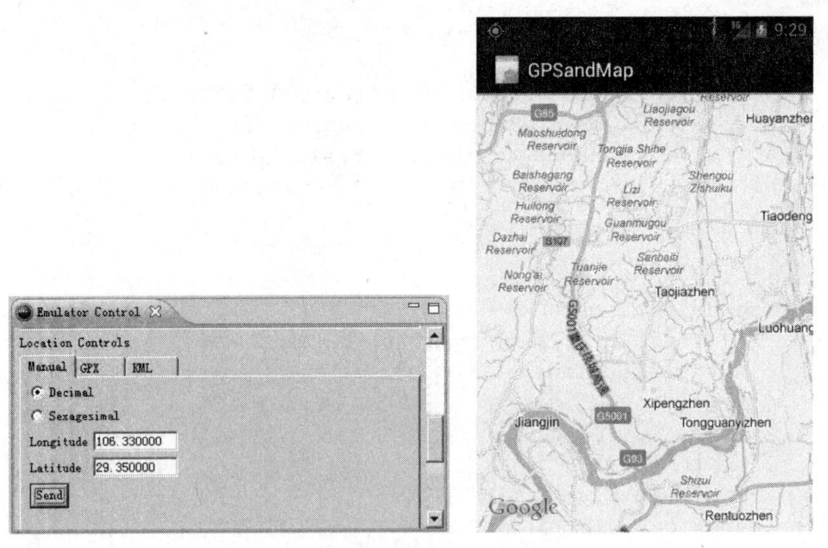

图 15-16　GPS 位置更新后的 Google 地图

第 16 章　Android 4.0 新特性

Android 4.0（代号为 Ice Cream Sandwich，冰淇淋三明治）是 Google 于 2011 年 10 月 19 日对外发布的最新版本的 Android 操作系统。目前，市场上搭载 Android 4.0 操作系统的手机除了随新系统一起发布的三星 GALAXY Nexus 之外，还有即将上市的 HTC One X、索尼 LT22i 以及小米 M2 等。Android 4.0 为手机、平板电脑以及智能电视等设备提供统一的版本，至此 Android 系统设备迎来了统一，这也解决了 Android 3.x 和 Android 2.x 系统版本分化的问题，使得开发者为智能手机和平板电脑开发的应用实现了通用。

Android 4.0 为智能手机和平板电脑等设备提供了精致、统一的 UI 界面，同时也为用户和开发者带来了诸多新特性，本章将向读者介绍 Android 4.0 这些新特性。

16.1　Android 4.0 用户新特性

Android 4.0 在经过之前众多版本的演化之后，在用户体验上实现了较大的提升，对之前版本中的诸多不足进行了改进，使之更加简洁、漂亮和精巧。

16.1.1　精致全新的 UI 界面

Android 4.0 在之前版本的基础上，为用户提供了更加简洁和直观的界面，精致的动画效果使得交互更加生动有趣。另外，Android 4.0 采用了新的 Android 字体 Roboto，使得界面更具现代感和亲切感。如图 16-1 所示为 Android 4.0 的 Home 桌面，可以看到，位于系统栏的虚拟按键取代了之前设备中的物理硬件 Home 按键、Back 按键以及 Menu 按键。

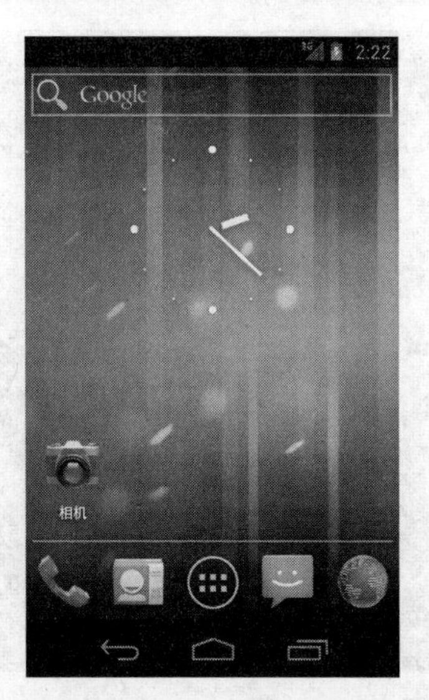

图 16-1　Android 4.0 的 Home 桌面

16.1.2 改进的多任务切换功能

多任务一直是 Android 系统的一个关键技术，Android 4.0 利用虚拟按键中的“Recent Apps”按键，使得对多任务的切换更加生动和简单。“Recent Apps”按键使用系统栏的列表让用户可以从一个任务立即跳转到另一任务中。如图 16-2 所示，任务列表将会显示最近使用的应用程序的简略视图，用户可以通过轻击该视图进入相应的应用中。

图 16-2 最近使用的应用程序列表

16.1.3 桌面文件夹

Android 4.0 的桌面文件夹操作模仿 iOS 系统实现了把两个图标合成一个文件夹的功能。如图 16-3 所示，新建文件夹包含拖拽前的两个应用，点击后则打开该文件夹。

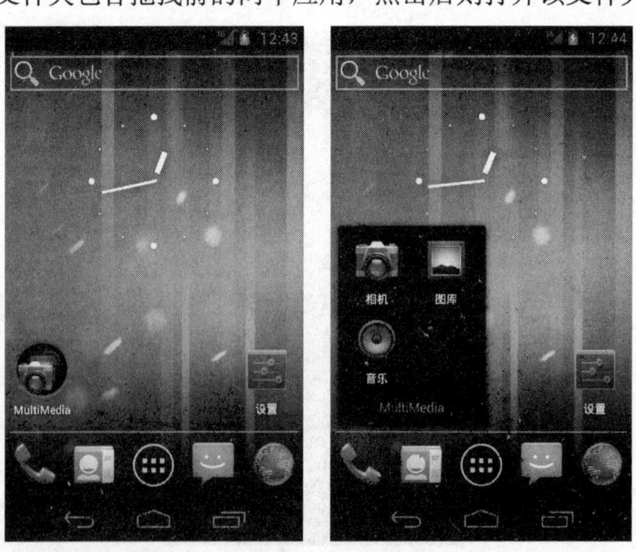

图 16-3 Android 4.0 的文件夹功能

16.1.4　新的锁屏动作

Android 4.0 提供了新的屏幕锁定时的动作，允许用户在不需要解锁的情况下进行更多的操作。如图 16-4 所示，用户可以从滑动锁屏条直接访问相机进行拍照或拉下通知窗口检查消息，当用户在听音乐时，甚至可以管理音乐列表以及查看专辑封面。

图 16-4　锁屏情况下访问相机和查看通知

16.1.5　强大的语音输入引擎

Android 4.0 提供了一种强大的语音输入引擎，允许用户通过语音口述自己想要的文本内容。如图 16-5 所示，当语音输入转化成文字之后，该引擎会在可能出现错误的地方用灰色的下划线标注出来，这样用户就可以轻轻点击标注的文字以实现纠错。Android 4.0 的这一语音输入引擎使得用户可以直接通过语音功能进行短信及邮件的回复等，既方便又省时。

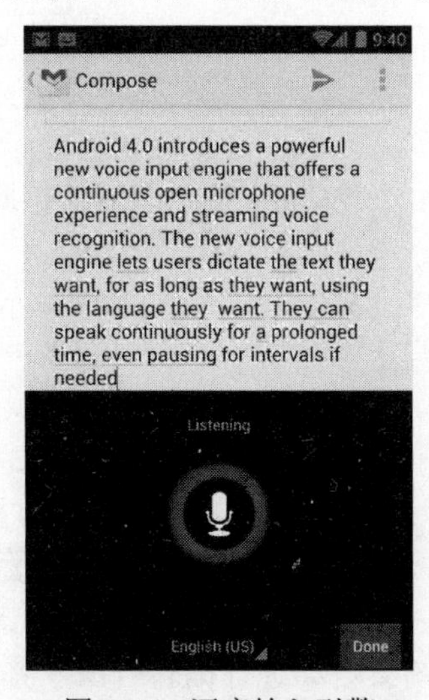

图 16-5　语音输入引擎

16.1.6 网络数据流量监控功能

如图 16-6 所示，Android 4.0 提供了网络数据流量监听功能，允许用户监测数据流量、查看每个应用程序消耗的流量等，并且提供了相应的流量预警功能。该功能对于国内用户而言非常实用，毕竟当前国内移动运营商提供的数据流量费还不算实惠，实时监听能够避免不必要的流量浪费。数据监听功能可以根据过去几个月数据流量的使用情况，来预测本月何时达到一个警戒值，或者根据套餐流量进行预警，这样便可以提醒用户随时调整流量的使用。

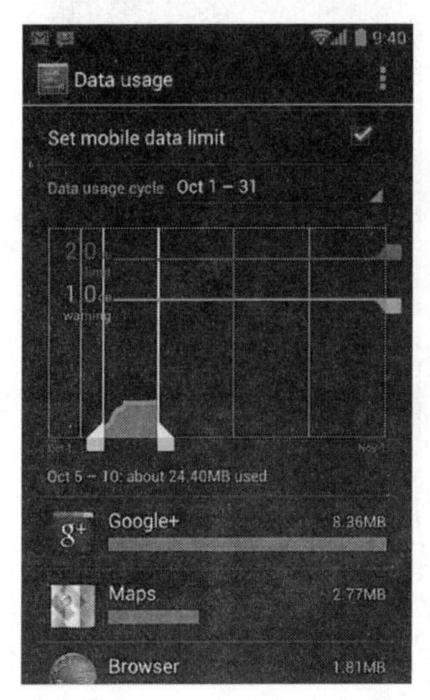

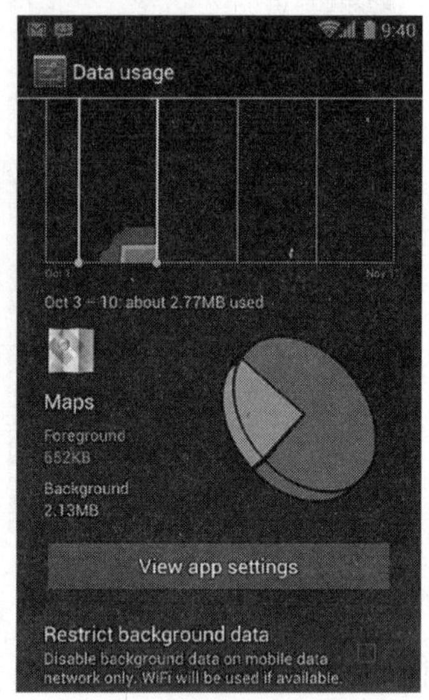

图 16-6　网络数据流量监控功能

另外，流量监控功能还能检测相关应用程序的数据上限以及应用程序消耗的流量。更加细节的设计是，用户可以将时间轴调整到一定时间段，具体查看这个时间段中哪些程序消耗了多少流量，并且会以饼状图的形式进行显示。

16.1.7 强大的图像功能

Android 4.0 提供了强大的图像处理功能，包括改进的拍照功能以及新增的图片编辑、屏幕截图以及人脸识别等功能。

1. 优化的拍照功能

Android 4.0 对拍照功能的提升尤其明显，不仅可以通过快速解锁进入拍照界面，还加入了一些全新的功能。如图 16-7 所示为 Android 4.0 的拍照界面，用户可以通过缩放操作移动焦点，实现变焦效果，如果摄像头中有人脸出现，还能自动识别人脸进行对焦。Android 4.0 还提供了全景拍照模式，当用户点按全景按键，相机会自动切换到全景拍照模式，这时可以左右移动手机，就完成了全景拍照，然后系统会自动进行编辑合成一张全景照片。另外，需要指出的是 Android 4.0 支持 1080p 高清视频拍摄，同时相册支持地理位置编辑和显示功能。

2.　*强大的图片编辑功能*

Android 4.0 系统内置了图片编辑器，拥有强大的图片编辑功能，可以对图片进行裁剪、美化、调色等操作。当用户进行拍照时，拍照界面右上角有菜单标识，通过点击菜单可以进入如图 16-8 所示的编辑模式，实现了照片的及时编辑功能，无需再将照片发送到 PC 端进行编辑，这样就可以将拍到的照片及时分享到网络上。

图 16-7　Android 4.0 的拍照界面

图 16-8　照片编辑模式

3.　*屏幕截图功能*

Android 4.0 新增了屏幕截图功能，如图 16-9 所示。通过电源键+音量调节键实现快速屏幕截图，结束了数据线连接电脑截图或利用第三方软件进行截图的历史。该截图功能非常实用，随时随地就可将屏幕上的精彩内容截图，并存储到相册中，实现即时分享。

4.　*人脸识别解锁功能*

Android 4.0 在解锁方面加入了人脸识别解锁功能，如图 16-10 所示。该功能实现了人机交互的进一步深化，并且提高了用户的隐私安全度。Android 4.0 让智能手机能够“认识”并“记住”自己的主人，通过前置摄像头识别人脸，系统自动判断是否符合解锁规则，然后决定是否对手机进行解锁。如果不是机主本人，系统将不会解锁并做出相应的提示。

图 16-9　屏幕截图功能

图 16-10　人脸识别解锁功能

16.1.8 强大的社交和通信功能

Android 4.0 在社交功能和通信功能方面也实现较大的改进，包括 Gmail 功能、NFC 功能以及整合的社交信息等。

1. 改进的 Gmail 邮箱功能

Gmail 邮箱功能在 Android 4.0 中得到了大幅的提升，支持语音发送邮件、快捷切换邮件以及离线搜索功能，如图 16-11 所示。新系统的 Gmail 邮箱可以左右滑动切换邮件，每一封邮件都可以显示两行正文，方便用户更加快捷地了解邮件内容。另外 Gmail 提供的离线搜索功能，可以让用户在断网的情况下也可以搜索邮件。

2. 基于 NFC 的 Android Beam 功能

Android BEAM 是一项基于 NFC 技术的分享功能，如图 16-12 所示。该功能可以让两部同时拥有此功能的手机进行网站、联系人、导航、视频、应用程序等内容的分享。例如，当一部 Android 手机运行游戏的时候，可以将另外一部手机背靠背地与它放在一起碰触一下，这样第二部手机就可直接进入 Android Market 下载该游戏，省去了用户浏览搜索的过程，更加简便快捷。

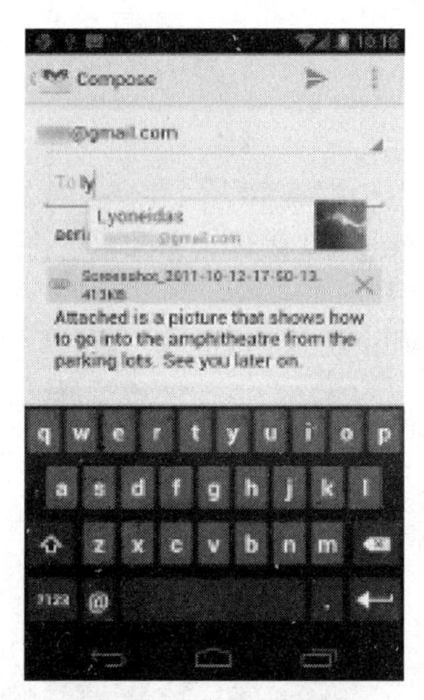

图 16-11　Gmail 邮箱功能

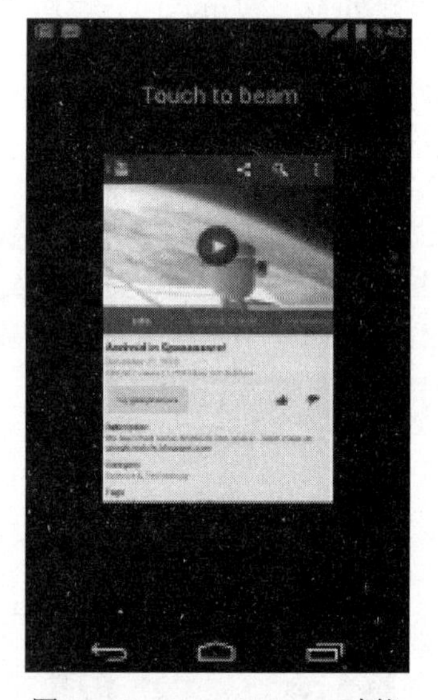

图 16-12　Android Beam 功能

3. 整合的社交信息

Android 4.0 加入了一项 People 应用，可以将联系人的所有联系方式进行整合，包括电话、邮件、社交网络等，并且内置状态更新，能够在第一时间了解到朋友的最新信息。新系统的联系人程序功能更加丰富，所有的联系人都有照片，还可以列出与用户经常联系的人的照片，这是一项基于数据挖掘的技术。如图 16-13 所示，People 应用将联系人的所有可能的联系方式进行展示，包括 Facebook、联系电话、Twitter 等，通过左右滑动就可以选择相应的联系方式，找到更多联络需求和联络通道，而且基于社交网络的信息都会及时更新在联系人之后。

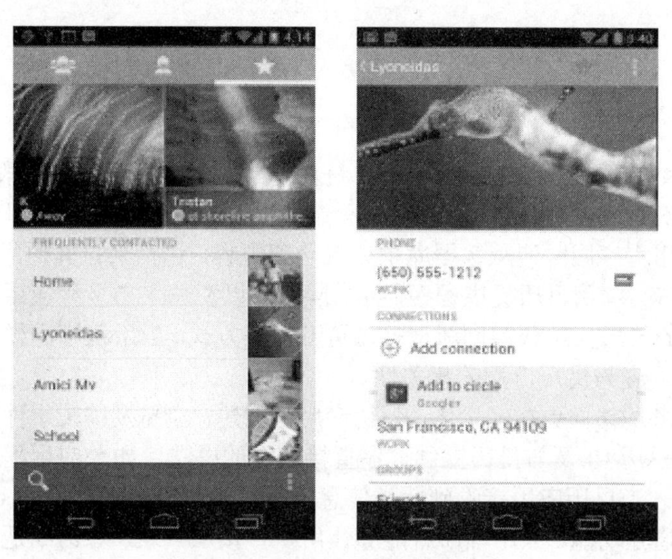

图 16-13　整合的联系人社交信息

16.2　Android 4.0 开发新特性

Android 4.0 提供了大量的开发新特性，允许开发人员实现更加优雅和创新的应用程序。本节将对这些特性向读者进行一一的介绍。

16.2.1　沟通和共享功能开发新特性

Android 4.0 提供了大量的 API 和新组件，允许开发者将沟通与共享功能扩展到设备上的每一款应用程序当中，使得应用程序能够将用户的任何活动或社交网络与自身的联系人、个人资料数据以及日程安排整合起来。

1.　社交 API

社交共享 API 为联系人、个人资料数据、状态更新及照片带来了统一的存储方案。任何获得用户许可的应用程序或社交网络都能够带来新的社交联系人，并使其接触到更多其他应用程序及网络。获得用户许可的应用程序同时也可以读取个人资料数据并将这些内容显示出来。

社交 API 允许应用程序以标准化方式存储各类给定联系人的资料内容，包括大量个人照片及近期活动反馈。近期活动反馈对于应用程序来讲类似一种通过公共活动识别联系人的“标签”，例如，用户对某位联系人发出呼叫、发送邮件或短信等活动。该社交处理体系以近期活动反馈作为联系人排序优先级的参考数据，始终保持那些与我们接触最多的联系人处于名单列表的顶端。

应用程序同时可以让用户从 People 应用中与联系人建立社交连接。当用户添加某位联系人的连接时，该应用程序将会发送一条能够为其他各类应用接收及处理的公共通知，并显示出创建该社交连接所需的 UI。

在社交 API 的基础上，开发人员们能够添加强大的、跨社交网络及联系人资源的全新交互功能。

2. 日历API

日历 API 使其更易于被开发人员所掌握，进而添加到每款处于开发阶段的应用程序中去。经过用户的许可，任何应用程序都可以向共享数据库中添加事件，并管理日程、出席者信息、警报及提醒等。应用程序同时能从数据库中读取全部内容，包括来自其他应用的事件，并将其正确处理并显示出来。利用日历提供程序，各类应用得以汇总来自多种应用程序及协议的事件数据，进而让用户的日程安排获得创新型的浏览及管理方式。应用程序同样会在日历数据的帮助下改善自身其他内容与用户日程的相关性。

为了使日历服务的访问更加轻量化，日历应用为创建、浏览及编辑事件定义了一套公共规范。比起以往采用日历 UI 及与日历提供程序直接整合的办法，如今应用程序得以轻松地在本机上广播日程安排。当日历应用接收到此类信息后，它会立即启动合适的 UI 并存储下全部事件数据。有了日历通知功能，应用程序就能够让用户直接从列表、对话或是主屏幕的某些区域处添加新事件，例如预订餐厅或是与朋友们约好时间。

3. 可视语音信息API

可视语音信息 API 允许开发人员们创建有助于统一化语音邮件存储的应用程序。语音信箱的显示及运行都在手机平台应用中的日志调用标签中实现。

4. Android Beam

Android Beam 是一种基于 NFC（即近距离通信技术）的功能，允许用户只需让两台具备 NFC 功能的手机接近，就能够即时分享他们使用的应用程序信息。当设备之间的距离在几厘米范围内时，系统会设置一条 NFC 连接并显示出共享 UI。想要与对方分享自己设备上所浏览的内容，用户只需在屏幕上进行简单的触控操作即可。

对于开发人员来说，Android Beam 是一种能够触发几乎任何类型设备近距离交流的新途径。例如，它可以让用户即时交换联系人信息、设置多人游戏、加入聊天或视频呼叫、分享照片或视频等。该系统提供了低级 NFC 支持及共享 UI，而前台应用能够将轻量化的关键性数据传送至其他设备上。由于开发人员事先已经把数据的共享方式及处理办法控制好了，因此几乎各类交互功能都能通过这种途径实现。对于数据量更大的有效载入信息，开发人员甚至可以先利用 Android Beam 建立起连接，再通过蓝牙进行数据传输，这就连直观的配对过程也省去了。开发人员即使不打算将以 Android Beam 为基础的自定义交互功能加入应用程序，他们仍然会从中受益，因为 Android Beam 已经深深集成到 Android 系统当中。在默认设置下，系统会共享应用程序的 Android Market URL，因此对用户来讲立即下载或是购买某款应用程序将变得极其简单。

5. *模块化共享组件*

Android 4.0的UI框架中包含了一个全新组件，即ShareActionProvider。它使得开发人员能够快速地将标准化共享功能及 UI 嵌入到自己的应用程序 Action Bar 中。开发人员只需要将ShareActionProvider添加到主菜单中，并设置一下该共享动作所需要的描述即可轻松实现。当用户从菜单中选择对应选项，该系统会自动完成剩下的工作，包括创建能够处理对应通知的应用程序列表。

16.2.2　全新的媒体处理能力

Android 4.0 在媒体处理方面进行了较大的改进，提供了一些全新的媒体处理能力。

1. *低层多媒体流*

Android 4.0 为低层多媒体流提供了一种直接、高效的处理途径。这种新途径需要在媒体数据传送到描述平台前对其保持完全控制。举例来说，媒体应用程序如今能够从任何来源处检索数据（也适用于任何加密/解密机制），接着将数据发送到专门负责显示的平台上。

应用程序现在可以将经过处理的数据以 MPEG-2 TS 流格式当成多元音/视频内容发送到目标平台处。该平台会对内容进行解复用、解码并最终显示出正确内容。音轨由活动音频设备进行渲染，同时视频轨由 Surface 或者 SurfaceTexture 负责处理。当由 SurfaceTexture 处理时，应用程序将能够利用 OpenGL 对每一帧图像进行后续图形效果进行渲染。

为了支持这种低层流，Android 4.0引入了以 Khronos OpenMAX AL 1.0.1 为基础的全新原生API。此 API 与平台现有的 OpenSL ES API 采用同样的底层设备实现，因此开发人员可以在需要的时候同时使用这两款 API。低层多媒体流的支持工具使用的则是即将发布的 Android NDK。

2. *全新的摄像功能*

现在开发人员可以充分体验 Android 4.0 带来的全新摄像功能优势。ZSL 曝光、连续对焦及图像缩放使得应用程序能够更好地捕捉静止及视频图像，这些功能在拍摄视频时也能奏效。应用程序甚至可以在视频拍摄的过程中捕捉全分辨率快照。应用程序现在能够在相机的预览设置中自定义测光区域，然后针对这些区域对白平衡及动态曝光效果加以管理。为了简化聚集及图像处理，人脸检测服务会帮助我们标记及追踪预览画面中的面孔，并将其位置返回到屏幕上的对应坐标处。

3. *图像及视频转换方面的媒体效果*

Android 4.0 提供了一套高性能的转换过滤器让开发人员在任何通过 OpenGL ES 2.0 纹理处理的图像中，都拥有大量丰富的效果可用。开发人员可以使用调整色彩层及亮度、背景变化、锐化、裁剪、旋转、添加镜头失真及其他各类适用的效果。此类转换过程由 GPU 负责处理，因此即使是来自硬盘、相机或是视频流媒体中的图像帧也能获得上佳的处理速度。

4. *音频远程控制*

Android 4.0 新增了一款全新的音频远程控制 API，允许媒体应用程序通过远程视图对播放进行控制。媒体应用程序同样能够调用平台上预置的远程音乐播放控制功能，这使得用户无需解锁设备及操作音乐应用程序即可完成歌曲选择及播放。

在音频远程控制 API 的帮助下，任何音乐或媒体应用程序都可以利用远程控制注册并接收媒体操控按钮设置，再相应管理播放状态。应用程序还可以为远程控制提供诠释资料，例如，专辑封面或影像、播放状态、曲目编号及描述、歌曲长度以及歌曲流派等。

5. *全新的媒体解码器以及容器*

Android 4.0 增加了额外的媒体类型及容器，这为开发人员提供了必要的格式支持。对于高品质压缩图像而言，媒体框架加入了对 WebP 内容的支持。而在视频方面，该框架现在支持 VP8 流媒体内容。对于多媒体流，该框架支持 HTTP 实时流媒体协议第三版及 ADTS 中的 AAC 内容编码。除此之外，开发人员如今还能够针对 Vorbis 及 VP8 内容使用 Matroska 容器。

16.2.3 全新的连接类型

Android 4.0 为开发人员提供了两种全新的连接类型，包括 WiFi 直连以及为医疗设备规范服务的蓝牙连接。

1. *WiFi 直连*

开发人员可以利用 Android 4.0 的框架 API，通过高性能、高安全性的 WiFi 直连来搜索并直接连入附近的设备。这样即使没有互联网连接或热点也没关系了。WiFi 直连为开发人员带来了新的机遇，使他们可以将更多创新型功能带入其应用程序当中。应用程序可以通过 WiFi 直接与台式机及其他 Android 设备共享文件、照片或其他媒体内容。应用程序还能够通过 WiFi 直连从同类设备上接收流媒体内容，进而实现诸如数字电视或音频播放器播放、加入游戏群组、打印文件等功能。

2. *为医疗设备规范（HDP）服务的蓝牙连接*

开发人员们现在可以利用蓝牙在无线通信方面的优势创建医用应用程序，进而在管理医院、健身中心、家庭及其他场所中的无线设备及传感器方面大显身手。应用程序可以从 HDP 源设备处收集数据并加以管理，再将结果传输到后端的医疗应用程序中，例如记录系统、数据分析服务等。通过使用框架 API，应用程序能够借助蓝牙搜索附近的设备、建立可靠的数据流通渠道并管理数据传输。应用程序还能为连续工作的各类设备提供任何由 IEEE 11073 管理器实现的数据检索及解释功能，包括心率监视器、血流计、温度计等。

16.2.4　全新的 UI 组件及功能

Android 4.0 在 UI 界面设计方面也有相当大的提升，增加了一些全新的 UI 组件及功能，使得开发人员可以设计出更加优雅和直观的用户 UI。

1.　*布局增强*

Android 4.0 新增了名为 GridLayout 的全新布局方案，改善了 Android 应用程序在扁平化视图层上的支持效果，带来更快的排布及渲染速度。开发人员还可以在组件对象不具备逻辑关系的前提下对各部分的总体平面图加以管理，进而严格掌控应用程序的 UI 外观。GridLayout 同时也是一款经过专门设计的拖放式设计工具，正如同 ADT Plug-in 之于 Eclipse 一样。

2.　*OpenGL ES 纹理视图*

Android 4.0 提供了一套全新的纹理视图对象使得开发人员直接将 OpenGL ES 纹理作为渲染目标整合到 UI 层当中。该对象允许开发人员将 OpenGL ES 渲染作为层结构中的正常视图对象加以显示及操作，包括按需求移动、转换及动画播放。该纹理视图对象还令开发人员能够更轻松地嵌入拍摄预览、视频解码以及 OpenGL 游戏场景等。纹理视图可以被视为 SurfaceView 对象的增强版本，因为它在提供 GL 表层渲染带来的种种好处之外，还能够充分发挥其表层全面加入普通视图层的优势。

3.　*2D 绘图硬件加速*

所有运行 Android 4.0 系统的 Android 设备都要求具备 2D 绘图硬件加速能力。开发人员能够借助这一优势，在提升 UI 视觉效果的同时保持高分辨率下的优异性能表现，即使在手机设备上也是如此。举例来说，开发人员可以像在纹理视图合成模式下实现过滤、混合及不透明化等效果一样，通过加速机制完成缩放、旋转及其他 2D 绘图操作。

16.2.5　全新的输入方式及文本服务

Android 4.0 在输入方式以及文本服务方面也提供了一些新的开发特性。

1.　*手写输入、多点触控及悬停事件*

Android 4.0 中包含了对手写输入事件的全面支持，诸如倾斜及距离轴、压力感应及相关动作事件属性。为了帮助应用程序区分不同来源的动作事件，该平台还添加了手写笔、手指、鼠标及橡皮擦等多种感应模式。针对多点触控设备的改善需求，当前的平台提供了初级、中级乃至高级动作以及前进与后退动作。悬停及悬停退出事件也为导航及其他辅助功能带来了改进。

开发人员可以将这些全新的输入功能加入自己的应用程序中，以获得更为精确的图形及手势识别、笔迹与形状识别、更好的鼠标输入效果等。

2. 集成拼写检查功能的文本服务 API

Android 4.0 允许应用程序通过查询使用文字服务，例如字典与拼写修改建议、更正以及相似数据联动。文字服务对于输入法编辑器而言属于外部活动，因此开发人员能够以插件的形式为平台创建和发布字典及拼写建议。当应用程序从文字服务处接收到结果时，例如单词拼写建议，它会将其显示在一个专门用于提示建议内容的文本弹出窗口之中，而非通过输入法编辑器加以显示。

16.2.6 增强的辅助功能 API

Android 4.0 增加了新的辅助功能与增强 API，使开发人员得以进一步提高自己的应用程序在用户体验方面的感受，特别是对于那些没有硬件按钮的设备来说。以屏幕阅读器这类无障碍服务为例，该平台提供了新的 API 用于查询窗口内容、简化导航及反馈，并带来更为丰富的用户界面。

1. 辅助功能 API

为了使应用程序在辅助功能启用时获得更加有效的互动体验，该平台为触控模式、滚动操作及文本选择添加了无障碍事件。对于此类事件，该平台可以附加一个名为辅助记录的新对象，旨在提供与该事件相关的额外背景信息。

在辅助记录及相关 API 的帮助下，应用程序如今能够访问与事件相关联的视图层。应用程序可以查询的关键属性包括主次节点、可用状态、支持的操作、屏幕位置等。应用程序还可以要求某些特定属性发生变化，以帮助管理那些重要及选中的状态。举例来说，辅助服务可以利用上述新功能添加诸如屏幕文本搜索等便捷的新特性。

2. 文本语音转换 API

Android 4.0 提供了一款新的框架 API 允许开发人员编写文本到语音的转换引擎，并提供给任何请求 TTS（即文本到语音转换）功能的应用程序。

16.2.7 高效的网络使用率

Android 4.0 提供的网络 API 让用户能够看到其上运行的应用程序正使用多少网络数据流量。他们还可以根据网络类型对数据使用率进行限制，并禁止特定应用程序在后台中使用网络数据。在此前提之下，开发人员需要在自己的应用程序中设计出更为高效的网络连接检查机制。由于用户对网络或网络数据的限制，该平台允许应用程序查询当前网络连接情况及可用性。开发人员可以通过这些信息动态管理网络请求，以确保用户得到最佳的使用体验。开发人员还能够在应用程序中创建个性化的网络及数据使用选项，然后直接通过系统设置通知反馈给用户。

16.2.8　应用程序及内容安全性

Android 4.0 为开发人员提供新的 API 用于保护应用程序和内容的安全。

1.　验证证书的安全管理体系

Android 4.0 使得应用程序更容易地对认证及安全会话加以管理。一款新的钥匙链 API 及底层加密存储机制让应用程序能够顺利存储并检索私有密钥及与其相关的证书。任何应用程序都可以使用钥匙链 API 以安装并安全地存储用户证书及 CA。

2.　地址空间随机布局

Android 4.0 还提供地址空间随机化布局（简称 ASLR）功能，旨在帮助用户保护系统及第三方应用程序远离内存管理问题的困扰。

16.2.9　增强的企业业务

Android 4.0 为企业业务也进行了增强，使得开发人员能够实现一些更加专业的企业业务的应用。

1.　VPN 客户端 API

开发人员现在可以通过一款全新的 VPN API 及底层安全证书存储在平台中创建或扩展自己的 VPN 解决方案。在用户的许可之下，应用程序能够配置地址及路由规则、处理发送及接收到的数据包并与远程服务器之间建立安全传输通道。企业还可以利用系统中内置的 VPN 客户端访问 L2TP 及 IPSec 协议。

2.　摄像头设备管理规范

Android 4.0 增加了一套新的管理规范，用于帮助管理员管理引入此规范的接入设备。管理员们现在能够为那些工作于敏感环境中的用户远程禁用设备上的摄像头。

16.3　Android 4.0 API 新特性介绍

Android 4.0 继承了之前 3.x 和 2.x 的 API，同时还增加了一些用于实现新功能的 API 和组件，本节将对这些 API 和组件的使用方法进行简单的介绍。

16.3.1 Fragment

Fragment 是 Android 4.0 继承 3.x 的新部件，它表示一个 Activity 中的一种行为或一部分用户界面，可以在一个 Activity 中合并多个 Fragment 以实现多个 UI 面板，也可以在多个 Activity 中重用同一个 Fragment。可以将 Fragment 理解为 Activity 的一个部件，它有自己的生命周期，接收自己的输入事件，同时允许用户在 Activity 运行期间添加和删除它。

一个 Fragment 必须被嵌入一个 Activity 中，并且它的声明周期直接受该 Activity 所影响。举例来说，当一个 Activity 暂停时，该 Activity 中的所有 Fragment 都会暂停；当 Activity 销毁时，其中所有的 Fragment 也会被销毁。然而，当一个 Activity 正在运行时，可以对其中的每一个 Fragment 进行单独的操作，如删除或添加。当在执行 Fragment 事务时，还可以将其添加到由宿主 Activity 管理的后台堆栈中，该堆栈中的每一条数据都对应一个 Fragment 事务记录。正是得益于后台堆栈，因此用户可以使用 Back 按键导航回退到先前的 Fragment 中。

Fragment 的设计初衷是为了在大屏幕设备上支持更加动态灵活的 UI 设计。因为一个大屏幕设备拥有更多的空间可以合并和交换 UI 的各个部分，Fragment 可以在无需管理复杂的视图层次改变的前提下进行这样的设计。通过将一个 Activity 划分成若干的 Fragment，使得用户可以在程序运行期间修改 Activity 的布局视图，并且将这些更改保存在后台堆栈中以方便回退。

如图 16-14 所示,应用程序可以使用一个 Fragment 在界面的左边显示文章列表并在界面的右边使用另一个 Fragment 显示文章的内容。这两个 Fragment 显示在同一个 Activity 中，每一个 Fragment 拥有自己的生命周期和自己的用户输入事件。

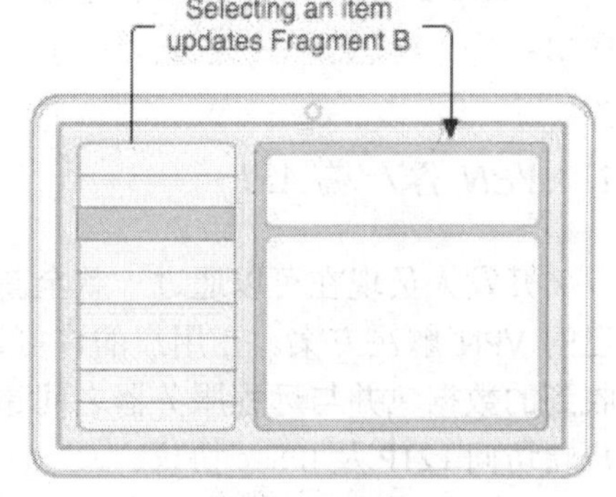

图 16-14 一个 Activity 包含两个 Fragment

Fragment 的生命周期和 Activity 非常类似，它也拥有如 onCreate()、onStart()以及 onStop()等回调方法。

如图 16-15 所示为 Fragment 的生命周期，其中在使用 Fragment 时至少要实现其中的 3 个生命周期方法：

（1）onCreate()

该方法在创建 Fragment 时被调用，应该在该方法中初始化一些必要的组件在暂停或停止时进行保留以便重新开始。

（2）onCreateView()

该方法在 Fragment 首次绘制它的用户界面时被调用。为了绘制 Fragment 的 UI 界面，必须从该方法中返回一个 View 作为 Fragment 的根布局容器。

（3）onPause()

该方法在用户离开 Fragment 时被调用，应该在该方法中提交一些需要被保存的更改信息。

由于 Fragment 的宿主 Activity 的生命周期会直接影响它自身的生命周期，因此 Fragment 提供了一些生命周期回调方法处理与 Activity 之间的交互，如执行创建和销毁 Fragment 的 UI 的动作。

如图 16-16 所示为 Fragment 与 Activity 的生命周期之间的关系，其中包含了如表 16-1 所示的几种用于与 Activity 之间交互的生命周期方法。

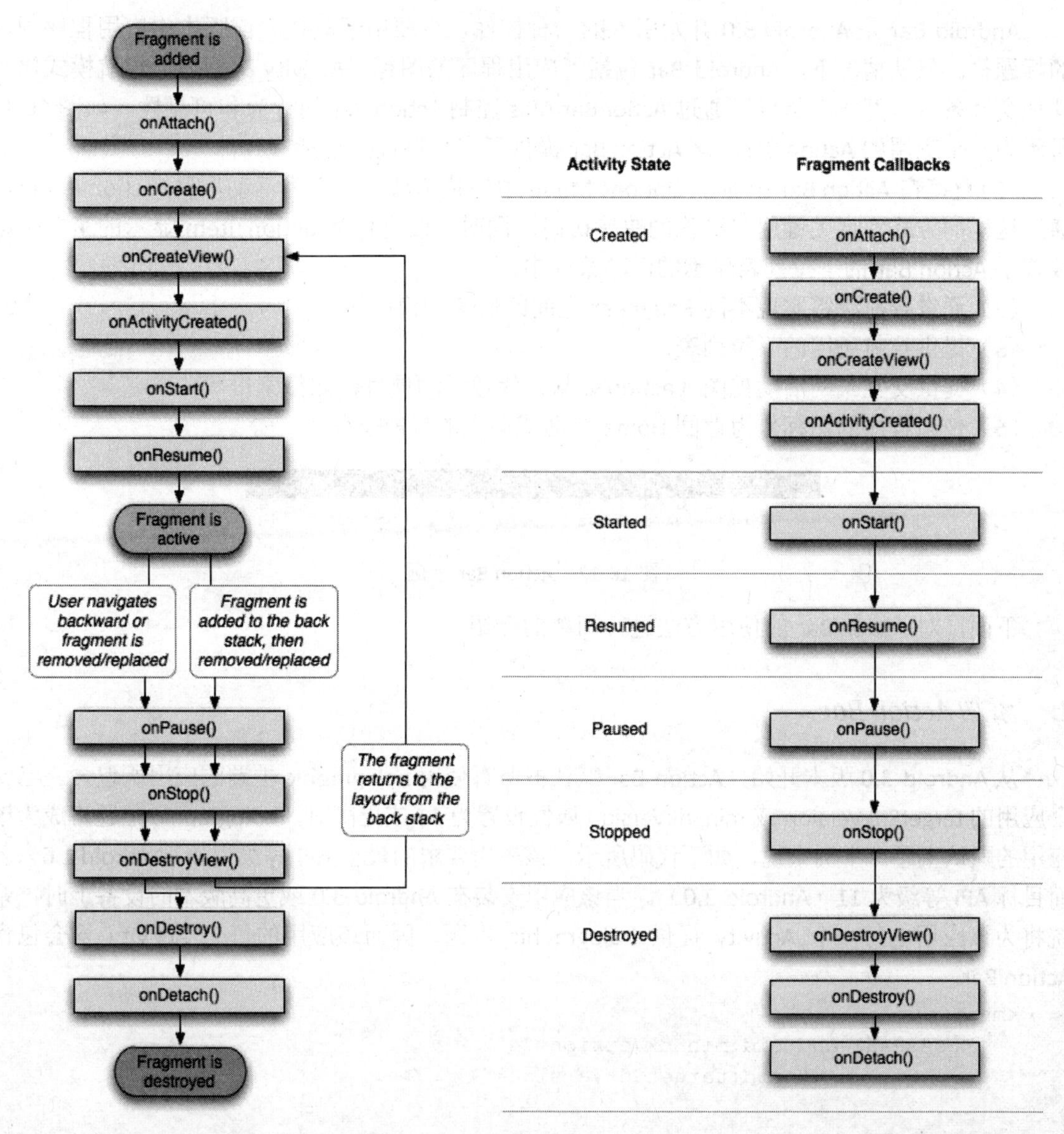

图 16-15　Fragment 的生命周期　　图 16-16　Fragment 与 Activity 的生命周期之间的关系

表 16-1　Fragment 用于与 Activity 交互的生命周期方法

方法名	描述
onAttach()	当 Fragment 被绑定到 Activity 时被调用
onCreateView()	Fragment 首次绘制它的用户界面时被调用
onActivityCreated()	当 Activity 的 onCreate()返回时被调用
onDestroyView()	当 Fragment 的用户界面被删除时被调用
onDetach()	当 Fragment 从 Activity 解除关联时被调用

16.3.2 Action Bar

Android Bar 是 Android 3.0 开始引入的一种控件，主要用于取代之前版本中应用程序项部的标题栏。默认情况下，Android Bar 包括了应用程序的图标、Activity 的标题、导航模式以及其他交互条目。开发人员可以通过 ActionBar APIs 控制 Action Bar 的行为和可见性。如图 16-17 所示为一个应用的 Action Bar，该 Action Bar 提供了多种特性，包括：

（1）直接在 Action Bar 中显示 Options Menu 中的菜单项，称之为活动项目（action item）。通过这样的方式实现关键用户操作的快速访问。同时，没有作为 action item 显示的菜单项则放置于 Action Bar 的下拉列表显示的浮动菜单中；

（2）通过导航标签实现不同 Fragment 之间的快速切换；

（3）提供导航所用的下拉列表；

（4）提供交互式的活动视图（action view）代替活动项目，如搜索框等；

（5）使用程序的图标作为返回 Home 桌面或向上的导航操作。

图 16-17　Action Bar 示例

下面，对 Action Bar 的使用方法进行简单的介绍。

1. *添加 Action Bar*

从 Android 3.0 版本开始，Action Bar 默认被所有使用 holographic 主题的应用所包含。当一个应用的 targetSdkVersion 或 minSdkVersion 属性设置为 11 或更高时，holographic 主题将成为该应用的默认主题。举例来说，如下代码所示，该应用要求的最小 API 等级为 4（Android 1.6），而目标 API 等级为 11（Android 3.0）。当该应用安装在 Android 3.0 或更高版本的设备上时，系统将为该应用的每一个 Activity 提供 holographic 主题，因而该应用的每个 Activity 均会包含 Action Bar。

```
<manifest ... >
    <uses-sdk android:minSdkVersion="4"
              Android:targetSdkVersion="11" />
    ...
</manifest>
```

值得注意的是，如果希望使用 Action Bar 的 APIs，如添加标签或修改 Action Bar 的风格，则需要设置 android:minSdkVersion 属性为 11，这样才能使用 ActionBar 类。

2. *移除 Action Bar*

如果希望某个指定的 Activity 不包含 Action Bar，此时只需要将该 Activity 的主题设置为 Theme.Holo.NoActionBar 即可，如下代码所示：

```
<activity android:theme="@android:style/Theme.Holo.NoActionBar">
```

另外，也可以在程序运行时调用 ActionBar 的 hide()来隐藏 Action Bar，之后调用 show()方法则可以再次显示它，如下代码所示：

```
ActionBar actionBar = getActionBar();
actionBar.hide();
```

当 Action Bar 隐藏时，系统将调整 Activity 的内容来填充可用的屏幕空间。

3.　添加活动项目

事实上，活动项目仅仅是 Option Menu 中被声明要直接显示在 Action Bar 上的菜单项。通常而言，一个活动项目可以包括一个图标和/或文本。如果一个菜单项不是活动项目，那么系统将把它放在浮动式菜单中，用户可以通过选择 Action Bar 右侧的菜单图标打开浮动式菜单。

当 Activity 启动之后，系统将通过调用 onCreateOptionMenu()来为 Activity 生成 Action Bar 和浮动式菜单。

开发者可以指定某一菜单项作为活动项目显示，只需要在菜单资源中为<item>元素声明 android:showAsAction="ifRoom"。这样，该菜单项会在空间足够时显示在 Action Bar 中以供快速选择。如果空间不足，该项目同样将被置于浮动式菜单中。另外，也可以通过在应用程序代码中对 MenuItem 调用 setShowAsAction()方法并传递 SHOW_AS_ACTION_IF_ROOM 参数将对应的菜单项指定为活动项目。

如果菜单项同时提供了标题和图标，那么活动项目默认只显示图标。如果希望让活动项目包含文本，需要在 xml 文件中对 android:showAsAction 属性添加 withText 标志，或是在程序代码中调用 setShowAsAction()方法并使用 SHOW_AS_ACTION_WITH_TEXT 标志。如下代码展示了如何设置活动项目同时带文字和图标：

```
<?xml version="1.0" encoding="utf-8"?>
<menu xmlns:android="http://schemas.android.com/apk/res/android">
   <item android:id="@+id/menu_save"
        android:icon="@drawable/ic_menu_save"
        android:title="@string/menu_save"
   android:showAsAction="ifRoom|withText" />
</menu>
```

如图 16-18 所示显示了拥有两个同时带文字和图标的活动项目的 Action Bar。

图 16-18　同时带文字和图标的活动项目

4.　使用应用图标进行导航

Action Bar 中显示的应用图标可以为用户提供“回到 Home 桌面”或“向上一级”的导航功能，这在应用程序中的 Activity 总是以某种固定的顺序出现并期望用户能方便地返回上一级 Activity 的情况下特别有用。

当用户单击图标时，系统以 android.R.id.home 的 ID 调用 Activity 的 onOptionsItemSelected()方法。因此，需要在 onOptionsItemSelected()方法中添加一个条件判断来侦听 android.R.id.home 并执行正确的行为，例如启动 Home Activity 或是回到上一级 Activity。如果设置应用图标为回到 Home 桌面，则需要定义 Intent 对象并在其中包含 FLAG_ACTIVITY_CLEAR_TOP 标志，这样，

如果要启动的 Activity 已经存在于当前任务的话，所有在其上的 Acitivity 将被销毁，该 Activity 将位于最上层。否则，当前任务会存在一个很长的 Activity 栈。实现应用图标回到 Home 桌面的代码如下所示：

```
@Override
public boolean onOptionsItemSelected(MenuItem item) {
    switch (item.getItemId()) {
        case android.R.id.home:
            // app icon in Action Bar clicked; go home
            Intent intent = new Intent(this, HomeActivity.class);
            intent.addFlags(Intent.FLAG_ACTIVITY_CLEAR_TOP);
            startActivity(intent);
            return true;
        default:
            return super.onOptionsItemSelected(item);
    }
}
```

另外，当需要设置应用图标作为“向上一级”的导航时，唯一需要额外做的工作是调用 setDisplayHomeAsUpEnabled(true)将 Action Bar 设置为“show home as up”，如下代码所示：

```
@Override
protected void onStart() {
    super.onStart();
    ActionBar actionBar = this.getActionBar();
    actionBar.setDisplayHomeAsUpEnabled(true);
}
```

图 16-19 显示了标准的 E-mail 图标和拥有“向上一级”导航功能的 E-mail 图标。

5. *添加活动视图*

活动视图是在 Action Bar 上出现的一种控件，作为活动项目的一种替代。例如，如果在 Option Menu 中有一个“搜索”菜单项，那么当该项作为活动项目使用时可以在 Action Bar 中为该项目添加一个提供 SearchView 控件的视图，如图 16-20 所示。

图 16-19 “向上一级”导航的 E-mail 图标

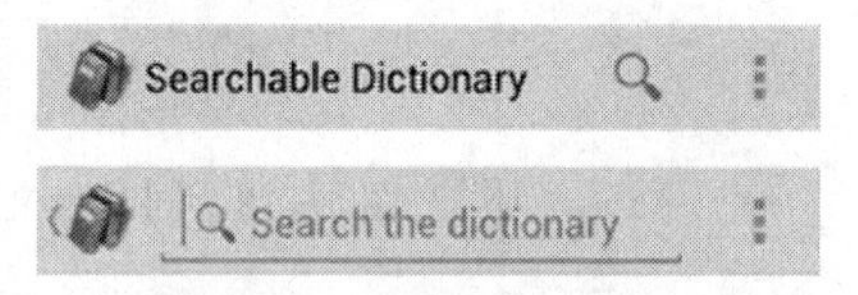

图 16-20 Search 活动视图

为一个菜单项声明活动视图最好的方式是在菜单资源中使用 android:actionLayout 或是 android:actionViewClass 属性。

使用 android:actionLayout 属性时，该属性的值必须是一个指向布局文件的指针，如下代码所示。

```
<?xml version="1.0" encoding="utf-8"?>
<menu xmlns:android="http://schemas.android.com/apk/res/android">
    <item android:id="@+id/menu_search"
        android:title="Search"
```

```
        android:icon="@drawable/ic_menu_search"
        android:showAsAction="ifRoom"
        android:actionLayout="@layout/searchview" />
</menu>
```

当使用 android:actionViewClass 属性时，该属性的值必须是一个所要使用的 View 的完整类名，如下代码所示。

```
<?xml version="1.0" encoding="utf-8"?>
<menu xmlns:android="http://schemas.android.com/apk/res/android">
    <item android:id="@+id/menu_search"
        android:title="Search"
        android:icon="@drawable/ic_menu_search"
        android:showAsAction="ifRoom"
        android:actionViewClass="android.widget.SearchView" />
</menu>
```

6. *添加 Tab 标签*

Action Bar 可以显示标签以使用户在 Activity 内的不同 Fragment 之间切换，每一个标签可以包含一个标题和/或一个图标。如图 16-21 所示为含有 Tab 标签的 Honeycomb Gallary 应用的 Action Bar。

图 16-21　带 Tab 标签的 Action Bar

当需要为 Activity 添加 Tab 标签时，首先必须确保布局文件中有一个视图容器，该容器中包含了与每一个 Tab 相关的 Fragment，同时需要确保该视图容器拥有资源 ID，以便在代码中引用该容器。一般而言，为 Activity 添加 Tab 的步骤如下：

（1）实现 ActionBar.TabListener 接口，同时重写该接口的回调方法用于响应用户的交互事件，这些方法包括 onTabSelected()、onTabUnselected()和 onTabReselected()，如下代码所示。

```
private class MyTabListener implements ActionBar.TabListener {
    private TabContentFragment mFragment;
    // Called to create an instance of the listener when adding a new tab
    public MyTabListener(TabContentFragment fragment) {
        mFragment = fragment;
    }
    public void onTabSelected(Tab tab, FragmentTransaction ft) {
        ft.add(R.id.fragment_content, mFragment, null);
    }
    public void onTabUnselected(Tab tab, FragmentTransaction ft) {
        ft.remove(mFragment);
    }
    public void onTabReselected(Tab tab, FragmentTransaction ft) {
        // do nothing
    }
}
```

从上述代码中可以注意到，ActionBar.TabListener 接口的回调方法的参数中并没有指明与 Tab 相关联的 Fragment 对象，因此需要为该接口添加一个构造函数，用于保存于 Tab 关联的

Fragment 对象，这样便可以在回调函数中通过 Fragment 事务对象 ft 对关联的 Fragment 对象进行添加或删除等操作。

（2）调用 getActionBar()方法获取 Activity 的 ActionBar 对象，同时需要通过调用 ActionBar 的 setNavigationMode(NAVIGATION_MODE_TABS)方法设置 Tab 的可见性，如下代码所示：

```
ActionBar actionBar = getActionBar();
actionBar.setNavigationMode(NAVIGATION_MODE_TABS);
```

编者手记

需要注意的是，通常上述代码均会放在 Activity 的 onCreate 方法中，这里必须确保在获取 ActionBar 对象之前已经调用 setContentView()方法，否则将获取 ActionBar 对象失败。

（3）对于每一个添加的 Tab，实例化 ActionBar.Tab 对象，并调用 setTabListener()方法为该 Tab 设置 ActionBar.TabListener，同时调用 setText()和 setIcon()方法为 Tab 设置标题和图标，代码如下所示：

```
Fragment artistFragment = new ArtistFragment();
Tab tab = actionBar.newTab();
tab.setTabListener(new TabListener(artistFragment));
tab.setText("Artist");
tab.setIcon(R.drawable.icon_tab);
```

其中，artistFragment 是与该 Tab 相关联的 Fragment。

（4）调用 addTab()将 Tab 添加到 Action Bar 中，代码如下所示：

```
actionBar.addTab(tab);
```

16.3.3 UI 界面和视图

Android 4.0 提供了多种新的视图和 UI 组件。

1. *GridLayout*

GridLayout 是一种新的视图容器，它将子视图排列在一个矩形网格中。和 TableLayout 不同的是，GridLayout 采用平铺结构，并不依靠如表行这样的中间视图进行布局。在布局时，通过指定子视图具体占据的行和列进行排列（子视图可以跨越多行或列），并且按照网格的行和列顺序向后排列。GridLayout 的子视图之间的间隔距离可以通过新的 Space 视图实例或指定响应子视图之间的边距参数进行设置。如图 16-22 所示为 Android 4.0 提供的 ApiDemos 中 GridLayout 布局的设计，从中可以明显看出矩形网格的排布。

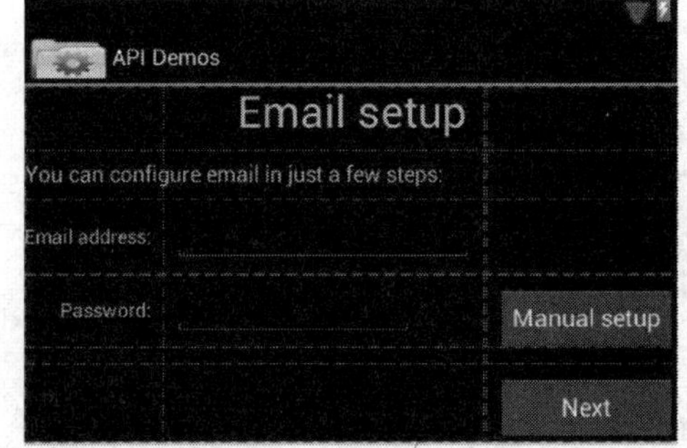

图 16-22　GridLayout 布局

2. *Switch Widget 开关*

Switch 是一种有两种状态的 Widget 组件，用户可以通过滑动或点击方式选择两种状态中的一种。另外，还可以通过 text 属性控制 Switch 显示的文本标识。

3. *TextureView 视图*

TextureView 是一种全新的视图，它允许用户显示内容流，如视频或 OpenGL 界面。虽然和 SurfaceView 很相似，但 TextureView 却是独特的，他表现得更像一个普通的视图，而不是创建的一个独立窗口。在使用 TextureView 时，完全可以将其视为其他普通视图一样对待，如使用 setAlpha()方法调整它的透明度或对其进行变换等操作。

4. *可选择的 Menu 按钮*

从 Android 4.0 开始，手机不再需要 Menu 硬件按键。如果现在的应用程序提供一个 Optional 菜单并且希望有一个 Menu 按钮，那么为了确保应用程序可以正确执行，系统会为应用程序在屏幕上提供一个 Menu 按钮。

16.3.4 输入框架

Android 4.0 添加了对光标悬停、手写笔以及鼠标按钮事件的支持。

1. *光标悬停（Hover）事件*

Android 4.0 为界面视图组件提供了悬停事件的支持以便通过指针设备（鼠标或其他驱动屏幕光标的设备）实现更加丰富的交互。

为了使得视图接收悬停事件，需要实现 View.OnHoverListener 接口并且将悬停监听器通过 setOnHoverListener 方法进行注册。当悬停事件发生时，悬停监听器将会调用 onHover 方法对其进行处理，onHover 方法的参数中包括触发悬停事件的 View 对象以及描述悬停事件类型的 MotionEvent 对象。其中，悬停事件包括如下 3 种：

（1）ACTION_HOVER_ENTER：指针光标进入视图；
（2）ACTION_HOVER_EXIT：指针光标离开视图；
（3）ACTION_HOVER_MOVE：指针光标在视图上移动。

一般而言，实现的 View.OnHoverListener 接口需要返回在处理完悬停事件之后返回 true，否则悬停事件将会被继续分派给父视图进行处理。如果应用程序使用了如按钮等随状态改变外观的控制，则可以通过 android:state_hovered 属性和状态列表提供不同的背景来响应控件的悬停事件。

2. *手写笔和鼠标按钮事件*

Android 4.0 提供了新的 APIs 用于接收来自手写设备的输入，如数字化平板电脑周边设备或启动手写笔的触摸屏。

手写输入的操作方式和触摸或鼠标输入非常相似，当手写笔接触数字信号面板时，应用程序就会接收到触摸事件，这和手指触摸显示屏的效果是一样的。当手写笔悬停在数字信号面板时，应用程序就会接收到悬停事件。

通过 MotionEvent 的 getToolType()方法可以获取每一个指针设备的工具类型，应用程序可以区分手指、鼠标、手写笔和擦除动作。目前系统定义的工具类型有：TOOL_TYPE_UNKNOWN、TOOL_TYPE_FINGER、TOOL_TYPE_MOUSE、TOOL_TYPE_STYLUS 以及 TOOL_TYPE_ERASER。通过查询工具类型，应用程序可以对不同输入方式进行不同的处理。

16.3.5 传感器设备

Android 4.0 增加了两种新的传感器设备：

（1）TYPE_AMBIENT_TEMPERATURE：一种提供环境（室）摄氏温度的温度传感器。

（2）TYPE_RELATIVE_HUMIDITY：一种提供相对环境（室）百分比湿度的湿度传感器。

如果一个设备同时拥有这两种传感器，则可以利用它们来计算露点温度和绝对湿度。需要说明的是，之前设备支持的温度传感器 TYPE_TEMPERATURE 如今已被 Android 4.0 弃用，应该使用 TYPE_AMBIENT_TEMPERATURE 取代它。

另外，Android 4.0 对 3 大综合传感器（重力传感器、旋转矢量传感器以及加速度传感器）进行了非常大的提高，使得它们拥有更低的延时和更加平滑的输出。

16.3.6 网络使用

Android 4.0 使用户能够更加精确、明显地看到他们的应用程序使用的网络数据量，应用程序设置允许用户管理并设置网络数据的使用权，甚至禁止某个应用使用后台数据。为了避免应用程序被禁止访问后台数据，应该优化策略，更加有效地利用连接数据并且调整可用网络连接的类型。

如果应用程序需要执行很多网络交互，应该提供用户设置以控制应用程序数据，如多久执行数据同步，是否只在 Wifi 环境下执行上传下载操作，是否使用数据漫游等。通过提供这些设置，当用户实行数据限制时，就不太可能禁用该程序，因此，此时用户可以更加精确地控制应用程序的数据使用。如果使用一个 preference Activity 来设置这些选项，应该在它的清单文件中声明一个 intent filter，并且设置该 filter 的 action 为 ACTION_MANAGE_NETWORK_USAGE，如下代码所示：

```
<activity android:name="DataSetting" android:label="@string/title">
    <intent-filter>
       <action android:name="android.intent.action_MANAGE_NETWORK_USAGE"/>
       <category android:name="android.intent.category.default"/>
    </intent-filter>
</activity>
```

其中的 intent filter 向系统表明，这个 Activity 是用于控制应用程序的网络数据使用的。因此，当用户在 Setting 中检查该应用程序使用了多少数据量时，便会显示一个“View application settings”的按钮来启动自定义的 preference Activity，从而使得用户知道该应用程序所使用的数据详情。

16.3.7 媒体（Media）

Android 4.0 提供一些新的 APIs 用于应用程序和照片、视频和音乐等媒体的交互。

1. 媒体效果框架（Media Effects）

一种新的媒体效果框架允许应用程序对图像和视频使用各种视觉效果。例如，通过图像效果框架可以轻松修复红眼，将图像转换为灰度图像，调整亮度和饱和度，选择图像以及使用鱼眼镜头效果等。系统将该媒体效果框架分配到 GPU 上执行，以实现最佳的性能。

为了实现最佳效果，媒体效果框架直接使用了 OpenGL 的纹理，因此应用程序必须拥有一个有效的 OpenGL Context 才能使用该框架的 API。应用效果的纹理可以被用于位图、视频甚至相机，但是必须满足一些限制：

（1）纹理必须被绑定到一个 GL_TEXTURE_2D 纹理图像；

（2）纹理必须至少包含一个 mipmap 级别。

2. 远程控制客户端（Remote Control Client）

新的 RemoteControlClient 允许媒体播放器可以被远程控制客户端所控制。另外，媒体播放器还可以使远程控制器显示当前播放媒体的信息，如进度信息和专辑封面信息等。

3. 媒体播放器

Android 4.0 对媒体播放器 MediaPlayer 也进行了一些修改，包括：

（1）使用 MediaPlayer 播放网络在线媒体时，需要为其添加 Intenet 权限；

（2）setSurface()方法允许程序定义一个 Surface 作为视频接收器；

（3）setDataSource()方法允许程序在请求时发送额外的 HTTP 头信息，这在 HTTP（S）的实时流媒体中将会非常有用。

另外，Android 4.0 增加了对几种媒体类型的支持，包括：

（1）HTTP/HTTPS 实时流媒体协议第 3 版本；

（2）ADTS 的原生 AAC 音频编码；

（3）WEBP 图像；

（4）Matroska 视频。

16.3.8 相机（Camera）

Android 4.0 对 Camera（相机）类提供了一些新的 APIs，用于人脸检测、聚焦和感光区域控制。

1. 人脸检测（Face Detection）

Android 4.0 通过使用人脸检测的 APIs 进一步提升了相机应用程序的能力，使得这些应用程序不但可以检测人脸，并且还可以检测如眼睛、嘴等面部特征。为了在应用程序中检测人脸，需要通过调用 setFaceDetectionListener()方法来注册 Camera.FaceDetectionListener 监听器。当系统在相机场景中检测到一个或多个人脸时，便会立即调用 onFaceDetection()回调方法返回一组 Camera.Face 对象。其中，Camera.Face 类对象提供了检测到的人脸的各种信息，包括：

（1）一个相对于相机当前视野的矩形框（Rect 对象），用于指定人脸边界；

（2）一个 1 到 100 之间的整数，用于表示系统对于检测到的人脸的置信度；

（3）一个唯一的 ID，用于表示每个检测到的人脸；

（4）多个 Point 对象，用于指定眼睛和嘴的位置。

编者手记

值得注意的是，并不是所有 Android 4.0 的设备都支持人脸检测这一功能，此时应该首先调用 getMaxNumDetectedFaces()方法。当该方法返回值大于 0 时，说明当前设备支持人脸检测。另外，还有一些设备可能支持人脸检测，但是却不支持眼睛和嘴的定位，在这种情况下，Camera.Face 对象将会为 null。

2. *聚焦和感光区域*

Android 4.0 中的相机程序可以控制用于相机聚焦以及调整白平衡和自动曝光的区域。这两个功能都使用新的 Camera.Area 类来指定相机当前视图用于聚焦或是调整白平衡和自动曝光的区域。Camera.Area 类的实例定义了该区域的边界和该区域的比重（该比重用于表示当前区域相对于其他区域的重要性）。在设置聚焦和感光区域之前，应先调用 getMaxNumFocusArea()或 getMaxNumMeteringArea()方法以确保当前设置支持相应的功能。

为了指定聚焦和感光所用的区域，应该调用 setFocusAreas()和 setMeteringAreas()方法，这两个方法将会返回一个包含 Camera.Area 类对象的列表分别指定相应的区域。例如，当允许用户通过触摸预览的一个区域来设置聚焦区域，程序便会将该区域转化成一个 Camera.Area 对象，然后要求相机聚焦在场景的该区域上。需要说明的是，当聚焦或感光区域会随着相机场景而不断变化。

3. *连续自动聚焦*

Android 4.0 为拍照提供了连续自动聚焦（Continuous Auto Focusing，CAF）功能。为了使相机程序使用 CAF 功能，需要传递 FOCUS_MODE_CONTINUOUS_PICTURE 参数给 setFocusMode 方法。当程序准备好进行拍摄图片时，调用 autoFocus()方法，Camera.AutoFocusCallback 对象便会立即接收到一个回调值以指示是否获取了焦点。如果接收到回调值后还需要重新进行自动对焦，则需要调用 cancelAutoFocus()方法。另外，拍摄视频时也支持 CAF 功能，此时需要将参数设置为 FOCUS_MODE_CONTINUOUS_VIDEO。

4. *其他相机特性*

Android 4.0 还提供了一些其他的相机特性，包括：

（1）当相机进行视频录制时，可以调用 takePicture()方法实现在不中断视频拍摄的前提下保存照片。但是，在这样做之前，需要调用 isVideoSnapshotSupported()方法以确保当前硬件设备支持这个功能；

（2）可以通过调用 setAutoExposureLock()和 setAutoWhiteBalanceLock()方法锁定自动曝光和白平衡以阻止这些属性被更改；

（3）在相机预览运行期间，可以调用 setDisplayOrientation()方法更改屏幕的显示方向。

5. 相机广播 Intent

Android 4.0 提供了两种新的相机广播 Intent，分别是：

（1）Camera.ACTION_NEW_PICTURE：该 Intent 表明用户已经拍摄了一张新的照片。Android 4.0 的内置相机程序在拍摄照片后将会调用此广播。同样，读者在实现自己的相机程序时，也需要在拍摄完一张照片之后调用此广播；

（2）Camera.ACTION_NEW_VIDEO：该 Intent 表明用户已经拍摄了一段新的视频。Android 4.0 内置的摄像程序在拍摄视频之后将会调用此广播。同样，读者在实现自己的相机程序时，也需要在拍摄完一段视频之后调用此广播。

16.4　Android 4.0 API 新特性实例

本节将对 Android 4.0 中的几种新组件和 API 以实例形式向读者做进一步的介绍。

16.4.1　Fragment 实例

本小节通过一个实例演示 Fragment 的使用，我们将在一个 Activity 中横向放置两个 Fragment，左边的用于显示文章的标题，而右边的则用于显示文章的内容。

实例 16-1　Fragment 使用实例（\Chapter16\FragmentDemo）

（1）创建工程

创建一个新的 Android 工程，工程名为 FragmentDemo，并为该工程添加如下文件。

①\res\layout\main.xml：定义程序的界面布局。

②ContentFragment.java：创建 ContentFragment 类，表示程序中用于显示具体内容的 Fragment 对象。

③TitleFragment.java：创建 TitleFragment 类，表示程序中用于显示标题的 Fragment 对象。

（2）编写代码

代码 16-1　\Chapter16\\FragmentDemo\res\layout\main.xml

```
01. <LinearLayout
02.     xmlns:android="http://schemas.android.com/apk/res/android"
03.     android:orientation="horizontal"
04.     android:layout_width="match_parent"
05.     android:layout_height="match_parent">
06.     <fragment class="com.dannyAndroid.fragmentdemo.TitleFragment"
```

```
07.         android:id="@+id/titles"
08.         android:layout_weight="1"
09.         android:layout_width="0px"
10.         android:layout_height="match_parent">
11.     </fragment>
12.     <FrameLayout android:id="@+id/contents"
13.         android:layout_weight="1"
14.         android:layout_width="0px"
15.         android:layout_height="match_parent"
16.         android:background="?android:attr/detailsElementBackground">
17.     </FrameLayout>
18. </LinearLayout>
```

代码说明

上述代码定义根布局容器为 LinearLayout，其中横向放置了两个名为 titles 和 contents 的 Fragment。

代码 16-2 ContentFragment.java

```
01. public class ContentFragment extends Fragment {
02.     public static ContentFragment newInstance(int index){
03.         ContentFragment f = new ContentFragment();
04.         Bundle bundle = new Bundle();
05.         bundle.putInt("index", index);
06.         f.setArguments(bundle);
07.         return f;
08.     }
```

代码说明

①代码第 2～8 行定义 newInstance 方法用于新建一个 ContentFragment 对象。

②代码第 3 创建 ContentFragment 对象。

③代码第 4、5 行创建一个 Bundle 对象，并为该 Bundle 对象添加一个名为 index 的 int 型变量，用于表示所要显示文章的序号。

④代码第 6 行为 ContentFragment 初始化参数，将 Bundle 对象添加到 ContentFragment 中。

```
09.     public View onCreateView(LayoutInflater inflater,
10.                              ViewGroup container, Bundle savedInstanceState){
11.         if(container == null){
12.             return null;
13.         }
14.         ScrollView scroller = new ScrollView(getActivity());
15.         TextView text = new TextView(getActivity());
16.         int padding =
17.             (int)TypedValue.applyDimension(TypedValue.COMPLEX_UNIT_DIP,
18.             4,getActivity().getResources().getDisplayMetrics());
19.         text.setPadding(padding,padding,padding,padding);
20.         scroller.addView(text);
```

```
21.        text.setText(CONTENTS[getShowIndex()]);
22.        return scroller;
23.     }
24.     public int getShowIndex(){
25.        return getArguments().getInt("index");
26.     }
27.     public static final String[] CONTENTS = {
28.         ......
29.     }
30. }
```

代码说明

①代码第 9～23 行重写 onCreateView 方法创建 Fragment 的显示视图。

②代码第 14 行创建滚动视图 scroller。

③代码第 15 行创建 TextView。

④代码第 16～19 行为 TextView 设置上下左右的边距。

⑤代码第 20 行将 TextView 添加到 ScrollView 中。

⑥代码第 21 行为 TextView 设置显示文本内容。

⑦代码第 22 行返回滚动视图 scroller 作为 Fragment 的显示视图。

⑧代码第 24～26 行定义 getShowIndex 方法获取需要显示的文章的序号。

⑨代码第 27～29 行定义表示文章内容的 String 数组 CONTENTS。

代码 16-3　TitleFragment.java

```
01. public class TitleFragment extends ListFragment {
02.    boolean mDualPane;
03.    int mCurCheckPosition;
04.    public void onSaveInstanceState (Bundle outState){
05.       super.onSaveInstanceState(outState);
06.       outState.putInt("curPosition", mCurCheckPosition);
07.    }
08.    public void onActivityCreated(Bundle savedInstanceState){
09.       super.onActivityCreated(savedInstanceState);
10.       setListAdapter(new ArrayAdapter<String>(getActivity(),
11.             android.R.layout.simple_list_item_activated_1,TITLES));
12.       View contentsFrame = getActivity().findViewById(R.id.contents);
13.       mDualPane = contentsFrame!= null &&
14.             contentsFrame.getVisibility()==View.VISIBLE;
15.       if(savedInstanceState != null){
16.          mCurCheckPosition =
17.             savedInstanceState.getInt("curPosition",0);
18.       }
19.       if(mDualPane){
20.          getListView().setChoiceMode(ListView.CHOICE_MODE_SINGLE);
21.          showContents(mCurCheckPosition);
22.       }
23.    }
```

代码说明

①代码第 6 行将当前选中项标题的序号保存到 outState 中。

②代码第 8～23 行重写 onActivityCreated 方法初始化 TitleFragment。

③代码第 10、11 行为 TitleFragment 设置列表适配器。

④代码第 12 行获取 contentFragment 的视图。

⑤代码第 13、14 行判断 contentFragment 的视图是否存在。

⑥代码第 20 行设置列表的选择模式。

⑦代码第 21 行显示选中项的内容。

```
24.     public void onListItemClick(ListView l, View v, int position, long id){
25.        showContents(position);
26.     }
27.     private void showContents(int position) {
28.        int index = position;
29.        if(mDualPane){
30.           getListView().setItemChecked(index, true);
31.           ContentFragment df =
32.                 (ContentFragment)getFragmentManager()
33.                        .findFragmentById(R.id.contents);
34.           if(df == null || df.getShowIndex() != index){
35.              df = ContentFragment.newInstance(index);
36.              FragmentTransaction ft =
37.                             getFragmentManager().beginTransaction();
38.              ft.replace(R.id.contents, df);
39.              ft.setTransition(
40.                             FragmentTransaction.TRANSIT_FRAGMENT_FADE);
41.              ft.commit();
42.           }
43.        }
44.     }
45.     public static final String[] TITLES = {
46        .......
47.     };
48. }
```

代码说明

①代码第 24～26 行设置列表点击事件监听，将会显示选中项的内容。

②代码第 27～44 行显示选中项的内容。

③代码第 30 行设置列表选中项的状态。

④代码第 31～33 行获取 ContentFragment 对象实例。

⑤代码第 35 行当获取 ContentFragment 对象失败时创建一个新的 ContentFragment 对象。

⑥代码第 36、37 行获取 Fragment 事务对象实例。

⑦代码第 39、40 行设置显示的 Fragment 以及显示时的动画效果为淡入淡出。

⑧代码第 41 行提交 Fragment 的设置。

⑨代码第 45～47 行定义文章标题数组。

（3）运行程序

运行程序，界面如图 16-23 所示。

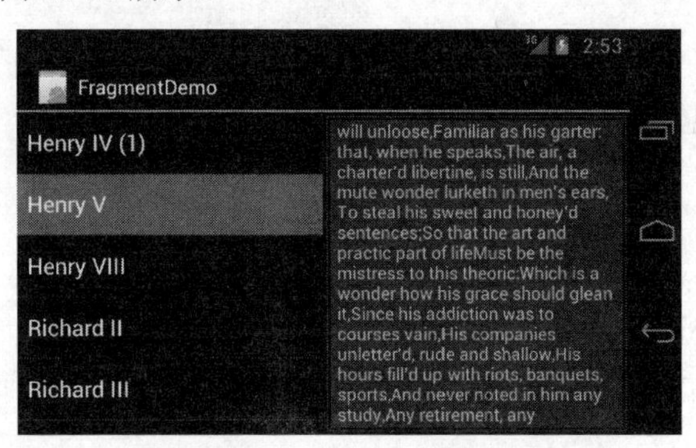

图 16-23　FragmentDemo 运行界面

16.4.2　GridLayout 实例

本小节将通过一个实例演示 GridLayout 的使用方法，利用 GridLayout 设计一个登录界面。

实例 16-2　GridLayout 使用实例（\Chapter16\GridLayoutDemo）

演示 GridLayout 的使用方法，利用 GridLayout 设计一个登录界面。

（1）创建工程

创建一个新的 Android 工程，工程名为 GridLayoutDemo，并为该工程添加如下文件。

\res\layout\main.xml：定义程序的界面布局。

（2）编写代码

代码 16-4　\Chapter16\GridLayoutDemo\res\layout\main.xml

```
01. <?xml version="1.0" encoding="utf-8"?>
02. <GridLayout xmlns:android="http://schemas.android.com/apk/res/android"
03.     android:layout_width="match_parent"
04.     android:layout_height="wrap_content"
05.     android:alignmentMode="alignBounds"
06.     android:columnCount="3"
07.     android:columnOrderPreserved="false"
08.     android:useDefaultMargins="true" >
09.     <TextView
10.         android:layout_column="0"
11.         android:layout_columnSpan="3"
12.         android:layout_gravity="center_horizontal"
13.         android:layout_row="0"
14.         android:text="用户登录界面"
15.         android:textSize="32dip" >
16.     </TextView>
17.     <TextView
18.         android:text="用户名:"
          ...... >
```

```
19.    </TextView>
20.    <EditText
         ...... >
21.    </EditText>
22.    <TextView
23.        android:text="密码:"
         ...... >
24.    </TextView>
25.    <EditText
         ...... >
26.    </EditText>
27.    <Button
28.        android:text="登录"
         ...... />
29.    <Button
30.        android:text="取消"
         ...... />
31. </GridLayout>
```

代码说明

①代码第 5 行设置对齐方式。
②代码第 6 行设置 GridLayout 的最大列数。
③代码第 7 行设置列边界与列序号保持一致。
④代码第 8 行设置 GridLayout 使用默认的间距。
⑤代码第 10、13 行设置 TextView 位于 GridLayout 的第 0 行和第 0 列的位置。
⑥代码第 11 行设置 TextView 的水平宽度为 3 列。

（3）运行程序

运行程序，登录界面如图 16-24 所示。

图 16-24　GridLayout 实现的登录界面

16.4.3　Switch 实例

本小节将通过一个实例向读者介绍 Switch 的具体使用方法。

实例 16-3　Switch 使用实例（\Chapter16\SwitchDemo）

（1）创建工程

创建一个新的 Android 工程，工程名为 SwitchDemo，并为该工程添加如下文件。

①\res\layout\main.xml：定义程序的界面布局。

②SwitchDemoActivity.java：创建程序的 Activity 类，用于显示 Switch 组件及其状态。

（2）编写代码

代码 16-5　\Chapter16\SwitchDemo\res\layout\main.xml

```
01. <LinearLayout
02.     xmlns:android="http://schemas.android.com/apk/res/android"
03.     android:layout_width="fill_parent"
04.     android:layout_height="fill_parent"
05.     android:orientation="vertical" >
06.     <Switch android:id="@+id/TestSwitch"
07.         android:text="请选择开关："
08.         android:checked="false"
09.         android:textOn="Yes"
10.         android:textOff="No"
11.         android:layout_width="wrap_content"
12.         android:layout_height="wrap_content"
13.         android:layout_marginTop="32dip"
14.         android:layout_gravity="center_horizontal">
15.     </Switch>
16. </LinearLayout>
```

代码说明

①代码第 7 行设置 Switch 显示的文本内容。

②代码第 8 行设置 Switch 的初始选择状态。

③代码第 9、10 行设置 On 和 Off 两种状态的标识文本。

代码 16-6　SwitchDemoActivity.java

```
01. public class SwitchDemoActivity extends Activity {
02.     public void onCreate(Bundle savedInstanceState) {
03.         super.onCreate(savedInstanceState);
04.         setContentView(R.layout.main);
05.         Switch s = (Switch) findViewById(R.id.TestSwitch);
06.         s.setOnCheckedChangeListener(new OnCheckedChangeListener() {
07.             public void onCheckedChanged(
08.                         CompoundButton buttonView, boolean isChecked) {
09.                 Toast.makeText(SwitchDemoActivity.this,
10.                                 "你选择了" + (isChecked ? "Yes" : "No"),
11.                                 Toast.LENGTH_LONG).show();
12.             }
13.         });
14.     }
15. }
```

代码说明

①代码第 5 行获取 Switch 引用实例。

②代码第 6～13 行为 Switch 设置选择状态改变事件监听器。

③代码第 9～11 行以 Toast 方式提示用户的选择状态。

（3）运行程序

运行程序，Switch 的显示界面如图 16-25 所示。

图 16-25　Switch 显示界面